中央财政支持提升专业服务产业发展能力项目
水利工程专业课程建设成果

水利工程
施工与造价

主　编　何祖朋　朱显鸽　赵旭升
副主编　王清雷　穆创国　杜旭斌　杨　波
主　审　卜贵贤

中国水利水电出版社
www.waterpub.com.cn
·北京·

内 容 提 要

本书是“中央财政支持高等职业学校提升专业服务产业发展能力”计划项目——杨凌职业技术学院水利工程专业系列建设成果之一，全书共八个模块，二十五个单元。主要内容包括土石方工程施工、地基处理、混凝土工程施工、砌筑工程施工、施工组织设计、工程造价的基本知识、工程概算编制、水利工程招投标与清单计价等。

本书主要作为高职高专院校水利工程、水利水电建筑工程等专业的教材，也可供水利类专业教师及从事水利工程施工、监理、造价咨询等工程技术人员参考。

图书在版编目（CIP）数据

水利工程施工与造价 / 何祖朋，朱显鸽，赵旭升主编. -- 北京 : 中国水利水电出版社，2016.12(2023.2重印)
中央财政支持提升专业服务产业发展能力项目水利工程专业课程建设成果
ISBN 978-7-5170-4983-8

Ⅰ. ①水… Ⅱ. ①何… ②朱… ③赵… Ⅲ. ①水利工程－工程施工－高等职业教育－教材②水利工程－工程造价－高等职业教育－教材 Ⅳ. ①TV5

中国版本图书馆CIP数据核字(2016)第298389号

书　　名	中央财政支持提升专业服务产业发展能力项目水利工程专业课程建设成果 **水利工程施工与造价** SHUILI GONGCHENG SHIGONG YU ZAOJIA
作　　者	主　编　何祖朋　朱显鸽　赵旭升 副主编　王清雷　穆创国　杜旭斌　杨　波 主　审　卜贵贤
出版发行	中国水利水电出版社 （北京市海淀区玉渊潭南路1号D座　100038） 网址：www.waterpub.com.cn E-mail：sales@mwr.gov.cn 电话：(010) 68545888（营销中心）
经　　售	北京科水图书销售有限公司 电话：(010) 68545874、63202643 全国各地新华书店和相关出版物销售网点
排　　版	中国水利水电出版社微机排版中心
印　　刷	北京印匠彩色印刷有限公司
规　　格	184mm×260mm　16开本　20印张　474千字
版　　次	2016年12月第1版　2023年2月第2次印刷
印　　数	3001—5000册
定　　价	**58.00**元

《水利工程施工与造价》教材编写团队

主　编：杨凌职业技术学院　何祖朋　朱显鸽　赵旭升

副主编：北京市大兴区水务局　王清雷

杨凌职业技术学院　穆创国　杜旭斌　杨　波

参　编：杨凌职业技术学院　芦　琴　杨　川　郭　庆

高振兴　张敬博　张鑫华

国电新疆开都河流域水电开发有限公司　朱孔光

中国国电集团公司西藏分公司　李志龙

主　审：杨凌职业技术学院　卜贵贤

前　言

Preface

按照《教育部 财政部关于支持高等职业学校提升专业服务产业发展能力的通知》（教职成〔2011〕11号）要求，为提升专业服务产业发展能力（以下简称专业服务能力），整体提高高等职业学校办学水平和人才培养质量，提高高等职业教育服务国家经济发展方式转变和现代产业体系建设的能力，教育部、财政部决定2011—2012年在全国独立设置公办高等职业学校中，实施“支持高等职业学校提升专业服务能力”项目，支持1000个左右高等职业教育专业进行重点建设，提升高等职业教育服务经济社会能力，以推动高等职业学校加快人才培养模式改革，创新体制机制，提高人才培养质量和办学水平，提高服务国家经济社会发展的能力，为中国创造战略目标的实施输送大批优秀高端技能型专门人才。

在杨凌职业技术学院2009年顺利通过国家示范院校项目验收和全国水利示范院校建设的基础上，学院决定把水利工程专业列入“高等职业学校提升专业服务产业发展能力”计划项目，并根据陕西省水利发展需求制定了专业建设方案，计划使用中央财政425万元用于水利工程专业人才培养方案制定与实施、课程与教学资源建设、实习实训条件改善、师资队伍与服务能力建设4个二级项目建设，该项目于2013年12月顺利通过省级验收。

按照子项目建设方案，在广泛调研的基础上，与行业企业专家共同研讨，在国家示范院校建设成果的基础上引入水利水电建筑工程专业“合格＋特长”的人才培养模式，以水利工程建设一线的主要技术岗位职业能力培养为主线，兼顾学生职业迁移和可持续发展需要，构建工学结合的课程体系，优化课程内容，实现“五个对接”，进行专业平台课与优质专业核心课的建设。为了固化项目建设成果，进一步深化“水利工程施工与造价”课程建设，经学院专门会议审核，决定正式出版优质专业核心课程系列教材，共计8部。

水利工程施工与造价文件的编制是从事水利工程建设工作必备的知识与技能，是水利工程专业学生胜任工作应具备的核心能力。本册《水利工程施工与造价》是根据水利类施工、监理、造价咨询等单位的主要技术岗位工作要求，以工作过程中所涉及的施工组织设计、施工方案制定、现场施工管理、造价计算等工作任务构建课程内容体系，以工作任务为导向，贯彻工程规范要求，遵循学习认知规律，编排本书的内容，力求浅显易学、基础实用。

本书编写团队由高职院校教师和行业企业专家共同组成。全书由杨凌职业技术学院何祖朋、朱显鸽、赵旭升任主编。其中模块一的单元一和单元二、模块七的单元二由杨凌职业技术学院何祖朋编写，模块三由杨凌职业技术学院朱显鸽编写，模块二、模块四由杨凌职业技术学院赵旭升编写，模块一的单元三由北京市大兴区水务局王清雷编写，模块五的单元一和单元二由杨凌职业技术学院穆创国编写，模块五的单元三和单元四由杨凌职业技术学院杨波编写，模块五的单元五由杨凌职业技术学院杜旭斌编写，模块五的单元六由杨凌职业技术学院芦琴编写，模块五的单元七和单元八由杨凌职业技术学院杨川编写，模块六的单元一和单元二由杨凌职业技术学院郭庆编写，模块六的单元三和单元四由杨凌职业技术学院张敬博编写，模块七的单元一由杨凌职业技术学院张鑫华编写，模块七的单元三由杨凌职业技术学院高振兴编写，模块八的单元一由中国国电集团公司西藏分公司李志龙编写，模块八的单元二由国电新疆开都河流域水电开发有限公司朱孔光编写。全书由杨凌职业技术学院卜贵贤任主审。

本书编写出版过程中得到中国水利教育协会、中国水利职教集团、中国水利水电出版社、陕西省水利厅的大力支持，同时杨凌职业技术学院拜存有教授鼎力协助，并提出了建设性意见。另外借鉴了多所院校有关课程教材，书后未能一一列出，编者在此一并表示诚挚的感谢！由于编者经验和水平有限，书中错误与缺陷在所难免，恳望各位专家与读者多提宝贵意见！

编者

2016年10月

目　　录

Contents

模块一　土石方工程施工

单元一　土方开挖工程施工

【单元重点】

土料工程类型，土料开挖的方法与机械设备，土料运输的方法与机械设备。

【学习目标】

能对土料工程类型进行分类，能合理选择土料开挖的机械设备，能合理选择土料运输的机械设备。

任务一　土料工程类型的辨识

一、土料物理性质指标

1. 土的密度

按孔隙中充水程度不同，分为天然密度、干密度、饱和密度。

(1) 天然密度（湿密度）。天然状态下土的密度称为天然密度，以下式表示：

$$\rho=\frac{m}{V}=\frac{m_s+m_w}{V_s+V_v} \tag{1-1}$$

式中　ρ——土的天然密度，g/cm^3；

m——土的质量，g；

V——土的体积，cm^3；

m_s——干固体颗粒的质量，g；

m_w——土中所含水的质量，g；

V_s——土固体颗粒的体积，cm^3；

V_v——土中孔隙部分的体积，cm^3。

土的密度取决于土粒的密度、孔隙体积的大小和孔隙中水的质量多少，它综合反映了土的物质组成和结构特征。

土的密度可在室内及野外现场直接测定，砂土一般是 $1.4g/cm^3$。一般采用“环刀法”测定，称得环刀内土样质量，求得环刀容积，两者比值即为土的密度。

(2) 干密度。土的孔隙中完全不含水时的密度称为干密度，是指土单位体积中土粒的质量，即固体颗粒的质量与土的总体积之比值：

$$\rho_d=\frac{m_s}{V} \tag{1-2}$$

土的干密度一般常在1.4～1.7g/cm³。

在工程上常把干密度作为评定土体密实程度的标准，以控制填土工程的施工质量。

（3）饱和密度。土的孔隙完全被水充满时的密度称为饱和密度。即土的孔隙中全部充满液态水时的单位体积质量，可用下式表示：

$$\rho_{sat}=\frac{m_s+V_v\rho_w}{V} \tag{1-3}$$

式中　ρ_w——水的密度，g/cm³（工程计算中可取1g/cm³）。

土的饱和密度的常见值为1.8～2.3g/cm³。

2. 含水率（含水量）

土的含水率定义为天然土中水的质量与土粒质量之比，以百分数表示，即

$$w=\frac{m_w}{m_s}\times 100\%=\frac{m-m_s}{m_s}\times 100\% \tag{1-4}$$

土的含水率也可用土的密度与干密度计算得到：

$$w=\frac{\rho-\rho_d}{\rho_d}\times 100\% \tag{1-5}$$

室内测定：一般用“烘干法”，先称小块原状土样的湿土质量，然后置于烘箱内维持100～105℃烘至恒重，再称干土质量，湿、干土质量之差与干土质量的比值就是土的含水量。

天然状态下土的含水率称为土的天然含水率。一般砂土的天然含水率都不超过40%，以10%～30%最为常见，一般黏土的天然含水率大多在10%～80%之间，常见值20%～50%。

3. 孔隙率与孔隙比

孔隙率：是土的孔隙体积与土体积之比，或单位体积土中孔隙的体积，以百分数表示，即

$$n=\frac{V_v}{V}\times 100\% \tag{1-6}$$

孔隙比：是土中孔隙体积与土粒体积之比，以小数表示，即

$$e=\frac{V_v}{V_s} \tag{1-7}$$

孔隙比和孔隙率都是用以表示孔隙体积含量的概念，两者有如下关系：

$$n=\frac{e}{1+e}\text{或}\ e=\frac{n}{1-n} \tag{1-8}$$

土的孔隙比或孔隙率都可用来表示同一种土的松密程度。它随土形成过程中所受的压力、粒径级配和颗粒排列的状况而变化。一般来说，粗粒土的孔隙率小，细粒土的孔隙率大。

4. 相对密度

砂土的密实度常用相对密度来反映：

$$D=\frac{e_{max}-e}{e_{max}-e_{min}} \tag{1-9}$$

式中　D——砂土的相对密度；

e——砂土在天然状态或某种控制状态时的孔隙比；

e_{max}——砂土在最松散状态时的孔隙比，即最大孔隙比；

e_{min}——砂土在最密实状态时的孔隙比，即最小孔隙比。

二、土料的工程分类与鉴识

水利水电工程施工中常用土的工程分类，依开挖难易程度等分 4 类，开挖方法上，用铁锹或略加脚踩开挖的土为Ⅰ类；用铁锹且需用脚踩开挖的土为Ⅱ类；用镐、三齿耙开挖或用锹需用力加脚踩开挖的土为Ⅲ类；用镐、三齿耙等开挖的土为Ⅳ类。土的工程分类见表 1－1。

表 1－1　　土的工程分类

土质的级别	土质名称	天然密度 /(kg/m³)	外观及其组成特性	开挖方法
Ⅰ	砂土、种植土	1650～1750	疏松、黏着力差或易进水，略有黏性	用铁锹或略加脚踩开挖
Ⅱ	壤土、淤泥、含根种植土	1750～1850	开挖时能成块，并易打碎	用铁锹，需用脚踩开挖
Ⅲ	黏土、干燥黄土、干淤泥、含少量碎石的黏土	1800～1950	黏手、看不见砂粒，或干硬	用镐、三齿耙等开挖或用锹需用力加脚踩开挖
Ⅳ	坚硬黏土、砾质黏土	1900～2100	结构坚硬，分裂后成块状，或含黏粒、砾石较多	用镐、三齿耙等开挖

任务二　土料的开挖与运输

一、土方开挖的边坡确定

对于重要的土方开挖边坡，应专门进行边坡稳定设计，对于中小型临时边坡，坡度可根据经验确定或参考表 1－2 选用。

表 1－2　　中小型土质边坡允许坡度值

土料种类	土料性质	容许坡度值	
		坡高<5m	坡高 5～10m
碎石土	密实	1∶0.35～1∶0.50	1∶0.50～1∶0.75
	中密	1∶0.50～1∶0.75	1∶0.75～1∶1.00
	稍密	1∶0.75～1∶1.00	1∶1.00～1∶1.25
黏土	饱和度 $Sr<0.5$	1∶1.00～1∶1.25	1∶1.25～1∶1.50

续表

土料种类	土　料　性　质		容许坡度值	
			坡高<5m	坡高5～10m
黏性土	坚硬		1∶0.75～1∶1.00	1∶1.00～1∶1.25
	硬塑		1∶1.00～1∶1.25	1∶1.25～1∶1.50
黄土	按地质年代划分	次生黄土	1∶0.50～1∶0.75	1∶0.75～1∶1.00
		马兰黄土	1∶0.30～1∶0.50	1∶0.50～1∶0.75
		离石黄土	1∶0.20～1∶0.30	1∶0.30～1∶0.50
		午城黄土	1∶0.10～1∶0.20	1∶0.20～1∶0.30

二、挖运施工机械

1. 挖掘机械

挖掘机械的种类繁多，就其构造及工作特点，有循环单斗式和多斗连续式。就其传动系统又有索式、链式和液压传动式。液压传动具有突出的优点，现代工程机械多采用液压传动。

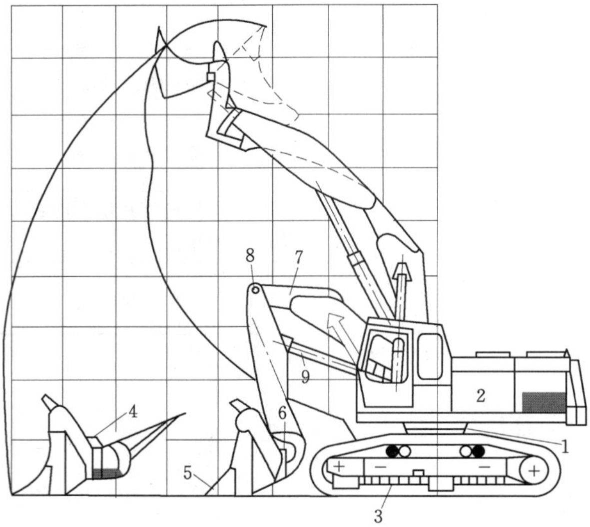

图1-1　液压正铲挖掘机

1—底座齿轮；2—发动机；3—履带行驶机构；4—挖斗；5—斗齿；6—斗柄；7—动臂；8—铰；9—斗柄液压缸

（1）单斗式挖掘机。单斗式挖掘机分为正铲和反铲。正铲挖掘机主要挖掘停机地面以上的土石方，也可以挖掘停机地面以下不深的地方，但不能用于水下开挖，如图1-1所示。反铲挖掘机用来挖挖掘停机地面以下和水下开挖，如图1-2所示。

若要挖掘停机地面以下深处和进行水下开挖，还可将正铲挖掘机的工作机构改装成用索具操作铲斗的索铲和合瓣式抓斗的抓铲。

（2）多斗式挖掘机。斗轮式挖掘机是陆上使用较普遍的一种多斗连续式挖掘机，如图1-3所示。它的生产率很高。美国在建造圣路易·沃洛维尔高土坝时，仅用了一台斗轮式挖掘机就承担了该工程66%的采料任务，其小时生产率达2300m^3/h。该机装有多个挖斗，开挖料先卸入输送皮带，再卸入卸料皮带导向卸料口装车。我国陕西石头河水库工程施工时也采用了这种设备，取得了很好的效果。

2. 运输机械

运输机械有循环式和连续式两种。

循环式有有轨机车和机动灵活的汽车。一般工程自卸汽车的吨位是10～35t，汽车吨

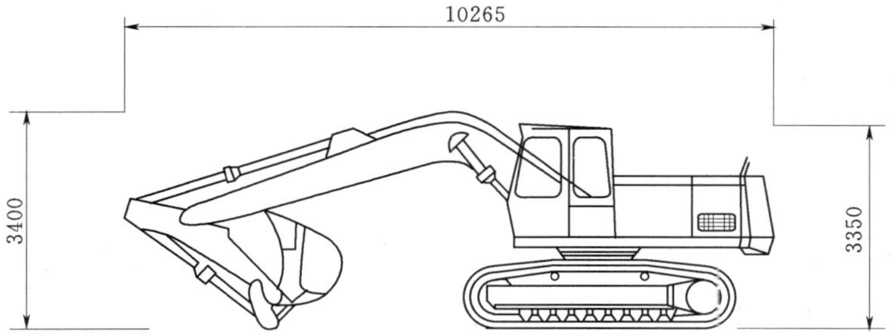

图 1－2　液压反铲挖掘机（单位：mm）

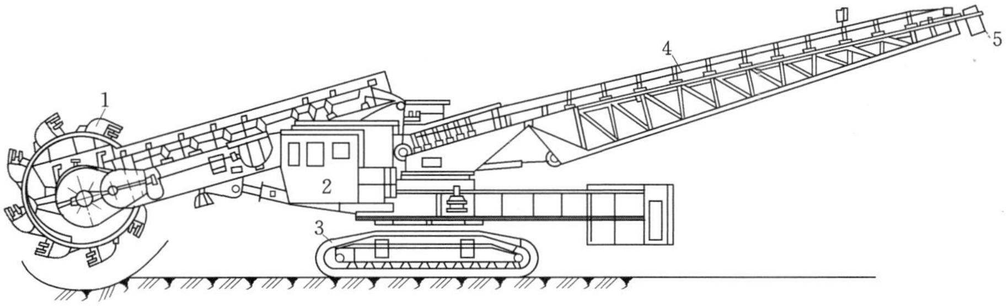

图 1－3　斗轮式挖掘机

1—斗轮；2—机房；3—履带行驶机构；4—臂式带式运输机；5—卸料装置

位大小应根据需要并结合路面条件来考虑。前者多用于短距离运输和散体材料的装卸堆存。

最常用的连续运输机械是带式运输机。根据有无行驶装置，分为移动式和固定式两种。多用于长距离运输，美国圣路易·沃洛维尔高土坝采用带式运输机运距长达 19.7km。固定式常采用分段布置，每段一般在 200m 以内，图 1－4 为固定式带式运输机的构造图。

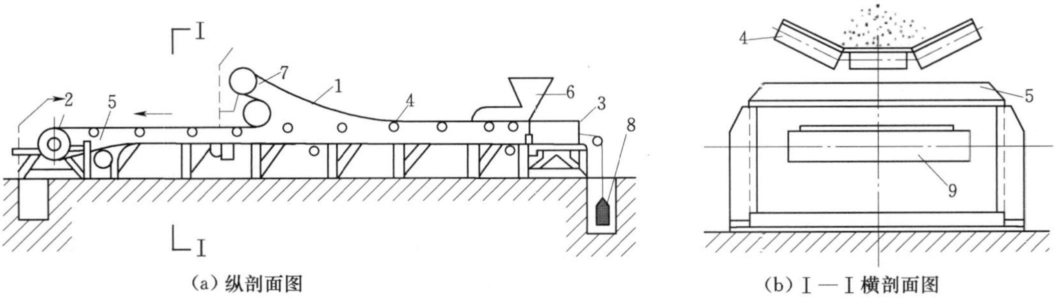

图 1－4　固定带式运输机构造图

1—皮带；2—驱动鼓轮；3—张紧鼓轮；4—上托辊；5—机架；6—喂料器；
7—卸料小车；8—张紧重锤；9—下托辊

带式运输机运行时驱动轮带动皮带连续运转。为防止皮带松弛下垂，在机架端部设有张紧鼓轮，沿机架设有上下托辊避免皮带下垂。为保证运输途中卸料，设卸料小车沿机架上的轨道移到卸料位置卸料。

带式运输机有金属带和橡胶带，常用后者。带宽一般为 800～1200mm，最大带宽 1800mm，最大运行速度 240m/min，最大生产率达 12000t/h。这种运输设备不受地形限制，结构简单，运行方便灵活，生产率高。使用时应防止和减轻带的磨损、老化和断裂。

装载机是一种短程装运结合的机械，常用的斗容量 1～$3m^3$，运行灵活方便。图 1－5 是斗容量 $2m^3$ 的国产 ZL－40 型装载机的外形尺寸图。

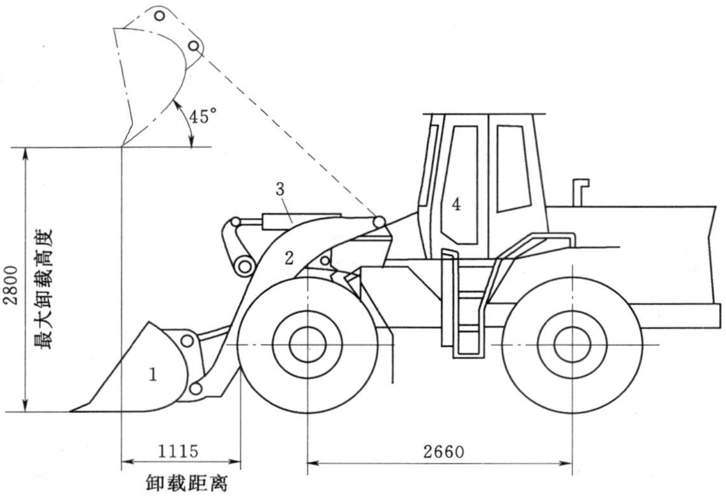

图 1－5　ZL－40 型装载机外形尺寸图（单位：mm）

1—装载斗；2—活动臂；3—臂杆油缸；4—操作台

3. 挖运组合机械

挖运组合机械能同时担负开挖、运输、卸土、铺土任务的机械，有推土机和铲运机。

（1）推土机。以拖拉机为原动机械，另加切土片的推土器，既可薄层切土又能短距离推运。它又按推土器在平面能否转动分为固定式和万能式，前者结构简单而牢固，应用普遍，多用液压操作。图 1－6 为国产移山－120 型推土机的外形。

若长距离推土，土料从推土器两侧散失较多，有效推土量大为减少。推土机的经济运距为 60～100m，堆高 3m。为了减少推土过程中土料的散失，可在推土器两侧加挡板，或先推成槽，然后在槽中推土，或多台并列推土。

（2）铲运机。按行驶方式，铲运机分为牵引式和自行式。前者用拖拉机牵引铲斗，后者自身有行驶动力装置。目前多用自行式，因其结构简便，可带较大的铲斗，行驶速度高，多用低压轮胎，有较好的越野性能。图 1－7 是铲斗容量为 $7m^3$ 的国产 CL7 型自行式铲运机。

国产铲运机的铲斗容量一般为 6～$7m^3$。国外大容量铲运机多用底卸式，其斗容量高达 $57.5m^3$。铲运机的经济运距与铲斗容量有关，一般在几百米至几千米以内。大容量的铲运机要求牵引力大，但其运行的灵活性会降低。

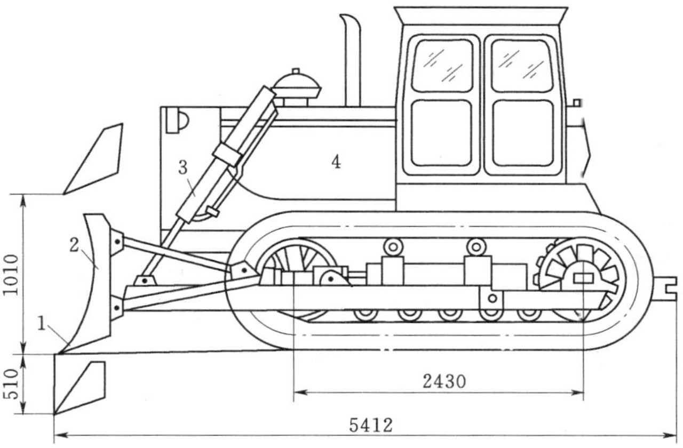

图 1－6　国产移山－120（马力）型推土机（单位：mm）

1—刀片；2—推土器；3—切土液压装置；4—拖拉机

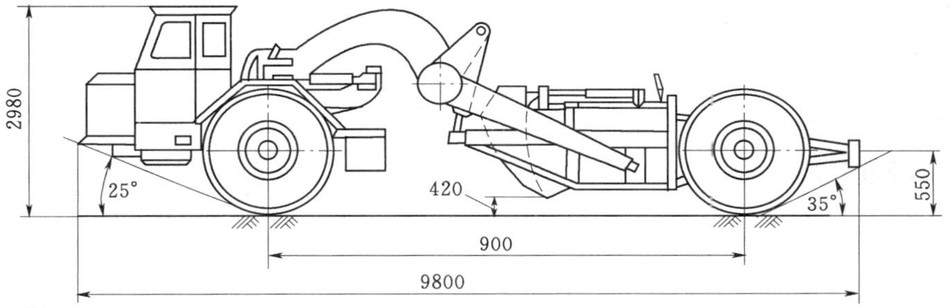

图 1－7　CL7 型自行式铲运机（单位：mm）

单元二　石方开挖工程施工

【单元重点】

爆破材料认识，起爆方法和起爆网路设计，爆破装药量计算，爆破方法设计，爆破施工。

【学习目标】

能合理选用爆破材料，能进行起爆方法和起爆网路设计，能计算爆破装药量，能进行爆破方法设计，能组织爆破施工。

在水利水电工程建设中，经常涉及各种建筑物岩基与石料开挖等项目，由于岩石比较坚硬，机械难以直接挖掘，目前均采用炸药爆破的方法进行。

爆破是利用炸药的爆炸能量对周围的岩石、混凝土或土等介质进行破碎、抛掷或压缩达到预定的开挖、填筑或处理等工程目的的技术。

在露天进行的明挖通常涉及建筑物岩基开挖、岩石高边坡开挖、堆石坝石料开采等项目。

暗挖工程包括水工隧洞、地下电站厂房等。

任务一 爆破材料认识

一、炸药

炸药是指在一定条件下能够发生快速化学反应、放出能量、生成气体产物并显示出爆炸效应的化合物或混合物。由氧化剂和还原剂两类物质组成。

按组成成分炸药分为单体（质）炸药和混合炸药两大类。

单体炸药又称为爆炸化合物。它本身是一种化合物，即一种均一的相对稳定的化合物。

混合炸药是由两种或两种以上化学性质不同的组分组成的混合物。混合炸药是目前工程爆破中应用最广、品种最多的一类炸药。

（一）炸药的性能

1. 感度

工业炸药常用的起爆能有 3 种：热能、机械能和爆炸能。

炸药的感度是指炸药在外界起爆能的作用下发生爆炸的难易程度。感度的高低是以激发炸药爆炸反应所需要的起爆能的大小来衡量的。炸药起爆时所需的起爆能小，表示炸药的感度高；反之，所需的起爆能大，则表示炸药的感度低。

2. 炸药的威力

炸药的威力是指其所具有的总能量。在理论上可用炸药的做功能力近似地表示炸药的威力，在工程实践中则采用一些标准的实验方法对炸药的威力进行相对的比较。

3. 炸药的猛度

炸药的猛度是指炸药爆炸瞬间爆轰波和爆炸产物直接对与之接触的固体介质局部产生破碎的能力。猛度的大小主要取决于爆速，爆速越高，猛度越大，岩石被粉碎得越厉害。

炸药猛度的实测方法一般采用铅柱压缩法。

4. 炸药的殉爆

一个药包（卷）爆炸后，引起与它不接触的邻近药包（卷）爆炸的现象称为殉爆。殉爆在一定程度上反映了炸药对冲击波的敏感度。通常将先爆炸的药包称为主动药包，而将被主动药包引爆的药包称为被动药包。前者引爆后者的最大距离称作殉爆距离，一般以厘米计，表示一种炸药的殉爆能力，在工程爆破中，殉爆距离对于确定分段装药、盲炮处理和合理的孔网参数等都具有指导意义。在炸药厂和危险品库房的设计中，殉爆距离又是确定安全距离的重要依据。

5. 安定性

炸药在长期储存中保持自身性质稳定不变的能力，包括物理安定性和化学安定性。

（二）常用混合炸药

1. 粉状硝铵类炸药

以硝酸铵为主要成分的炸药称作硝铵类炸药，简称硝铵炸药。由于硝酸铵为常用的化工产品，来源广泛，易于制造，成本低廉，所以国内外广泛用于制作各种类型的混合炸药。

（1）铵梯炸药。铵梯炸药是我国应用最广泛的工业炸药品种。它是一种以硝酸铵（NH_4NO_3）、TNT和木粉为主要原料的粉状混合炸药。根据用途可分为岩石炸药、露天炸药和煤矿许用炸药。

几种铵梯炸药的成分和性能列于表1-3中。

表1-3　　　　铵梯炸药的成分与性能

成分与性能		岩石铵梯炸药		露天铵梯炸药		
		1号	2号	1号	2号	3号
成分/%	NH_4NO_3	82±1.5	85±1.5	82±2.0	86±2.0	88±2.0
	TNT	14±1.0	11±1.0	10±1.0	5±1.0	3±1.0
	木粉	4±0.5	4±0.5	8±1.0	9±1.0	9±1.0
性能	水分/%	≤0.3	≤0.3	≤0.5	≤0.5	≤0.5
	爆力/mL	350	320	300	250	230
	猛度/mm	13	12	11	8	5
	殉爆距离/cm	6	5	4	3	2

铵锑炸药有效储存期一般为6个月，临界直径为18～20mm，直径为32～35mm处于最佳密度时的药炸速为3600m/s。

工业用铵梯炸药品种还有很多，一般多用2号岩石铵梯炸药。

（2）铵油炸药。铵油炸药的主要成分是硝酸铵和柴油，是我国冶金、有色矿山应用最多的一种钝感猛性炸药。

铵油炸药的原料来源广，价格低廉，加工制作简单，爆炸性能良好，但容易吸湿和结块，不能用于水中爆破。有效储存期仅为7～15天，一般在施工现场拌制。

（3）铵松蜡炸药。为了克服铵梯炸药和铵油炸药吸湿性能、保存期短的缺点，结合我国的资源特点，20世纪70年代以来，我国研制成功了铵松蜡炸药。铵松蜡炸药除了保持铵油炸药的优点外，还具有抗水性能良好、保存期长、性能指标达到2号岩石铵梯炸药的标准等优点。

铵松蜡炸药是由硝酸铵、木粉、松香、石蜡和柴油混制而成。

另外，还有铵沥炸药、铵沥蜡炸药等。这些炸药的毒气生成量较大，主要缺点是由于石蜡和松香的燃点低，不能用于有瓦斯和粉尘爆炸危险的地下矿山。

2. 含水硝铵类炸药

含水硝铵炸药包括浆状炸药、水胶炸药、乳化炸药等。它们的共同特点是将硝铵或硝酸钾、硝酸钠溶解于水成为硝酸盐的水溶液，当其饱和后便不再吸收水分，这样能起到“以水抗水”的作用。

乳化炸药具有威力高、感度高、抗水性好的特点，被誉为“第四代”炸药。

乳化炸药的性能不仅与其组成配比有关，而且也与它的生产工艺特别是乳化技术有关。

(1) 抗水性好。常温下浸泡在水中7天后，炸药的爆炸性能无明显变化，仍然可用8号雷管起爆，可替代硝化甘油炸药在水中的使用。

(2) 爆速高。爆速可达4000～5000m/s，故猛度高。

(3) 感度高。由于加入了发泡剂，使氧化剂水溶液成为微滴，敏化剂气泡均匀地分散在其中，故爆轰敏感度高，且具有雷管感度。

(4) 密度范围可调。炸药的密度可在0.8～1.45g/cm^{3}之间调节。

(5) 安全性能好。乳化炸药对于冲击、摩擦、撞击的感高都较低，而且爆炸后的有毒气体生成量少，使用安全，储存期长，在常温下可储存半年以上。

二、起爆器材

起爆器材是指用于起爆工业炸药的一切点火和起爆工具，按其作用可分为起爆材料和传爆材料，各种雷管属于起爆材料，导爆索、导爆管属于传爆材料，继爆管、导爆索既可起爆，也可用于传爆。

(一) 雷管

工程爆破中常用的工业雷管有火雷管、电雷管和导爆管雷管等。电雷管和导爆管雷管又可分为瞬发、秒延期、毫秒延期等品种。

1. 火雷管

在工业雷管中，火雷管是最简单的一种品种，但又是其他各种雷管的基本部分。火雷管的结构如图1-8所示，它由以下几个部分组成。

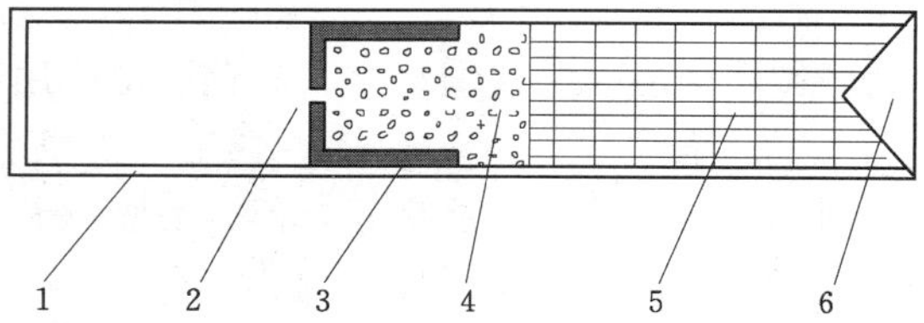

图1-8　火雷管结构示意图

1—管壳；2—传火孔；3—加强帽；4—DDNP正起爆药；5—加强药（副起爆药）；6—聚能穴

工业雷管按其起爆药量的多少，可以分为10个等级，号数越大，其起爆药量越多，雷管的起爆能力越强。目前，工程爆破中常用的是8号和6号雷管。

火雷管的结构简单，使用方便，不受杂散电流和雷电引爆的威胁，可用于直接起爆和间接起爆各种炸药和导爆索，多用在地面采石场、隧道爆破、水利建设工程中。随着起爆器材的发展，这种雷管应用范围变小，在有瓦斯、煤尘和矿尘爆炸危险的场合禁止采用。

2. 电雷管

(1) 瞬发电雷管。瞬发电雷管也称即发电雷管，它是一种通电即爆炸的电雷管。瞬发电雷管的结构如图1-9所示。它的装药部分与火雷管相同。不同之处在于其管内装有电点火装置。电点火装置由脚线、桥丝和引火药组成。通电后桥丝发热引发引火药燃烧爆炸，进而引发雷管爆炸，引发电雷管爆炸必须给输入一定电流，保证在1min内使任何一发电雷管都能起爆的最小恒定的直流电流称为准爆电流，一般为0.7A。

工程爆破中最常见的是8号瞬发电雷管，其起爆药量与8号火雷管的起爆药量相同。

(2) 秒延期电雷管。秒延期电雷管就是通电后隔一段以秒为计量单位的时间才爆炸的电雷管，秒延期电雷管的结构如图1-10所示。

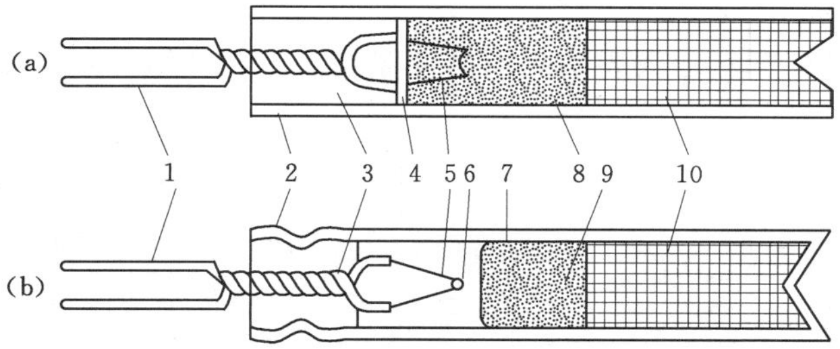

图 1-9　瞬发电雷管结构示意图

1—脚线；2—管壳；3—密封塞；4—纸垫；5—线芯；6—桥丝（引火药）；
7—加强帽；8—散装 DDNP；9—正起爆药；10—副起爆药

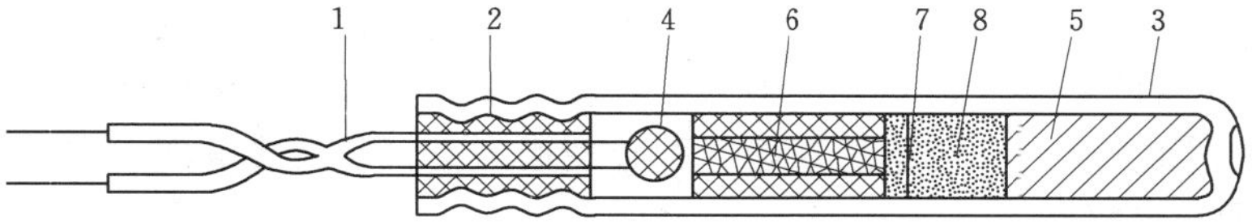

图 1-10　秒延雷管结构示意图

1—脚线；2—密封塞；3—管壳；4—引火头；5—副起爆药；
6—导火索；7—加强帽；8—正起爆药

它的组成与瞬发电雷管基本相同。不同的是引火头与加强帽之间多安置了一个延期装置。秒延期电雷管的延期装置一般是用精致导火索制成的，雷管的延期时间的多少由导火索的长短来控制。根据通电后延期时间的长短，将秒延期电雷管划分为各种不同的段别。延期时间长的秒延期电雷管段别高，见表 1-4。

利用秒延期电雷管可以实现分段起爆。但它的延期时间过长，而且精度太低。

表 1-4　　　　秒延期电雷管的段别和延期时间

段　别	延期时间/s	标志（脚线颜色）
1	≤1.0	灰—蓝
2	1.0±0.5	灰—白
3	2.0±0.6	灰—红
4	3.0±0.7	灰—绿
5	4.0±0.8	灰—黄
6	5.0±0.9	黑—蓝
7	6.0±1.0	黑—白

（3）毫秒延期电雷管。毫秒延期电雷管简称毫秒电雷管，它通电后爆炸的延期时间是以毫秒来计算的。毫秒延期电雷管的组成基本上与秒延期电雷管相同，不同点在于延期装置是延期药，常用硅铁（还原剂）和铅丹（氧化剂）的混合物，并掺入适量的硫化锑，以调节氧化剂的反应速度。

3. 非电毫秒雷管

非电毫秒雷管是用塑料导爆管引爆而延期时间以毫秒数量计量的雷管，它的结构如图1-11所示。

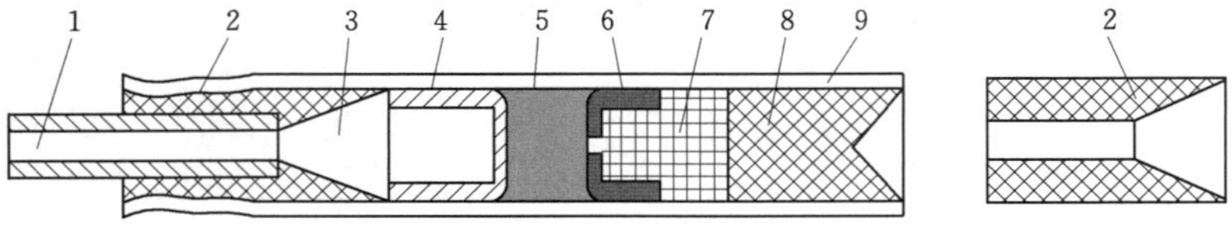

图1-11　非电毫秒雷管结构示意图

1—塑料导爆管；2—塑料连接套；3—消爆空腔；4—信号帽；5—延期药；6—加强帽；7—正起爆药DDNP；8—副起爆药RDX；9—金属管壳

它与毫秒延期电雷管的主要区别在于：不用毫秒电雷管中的电点火装置，而用一个与塑料导爆管相连接的塑料连接套，由塑料导爆管的爆轰波来点燃延期药。

除了非电毫秒雷管外，与塑料导爆管配合使用的雷管还有非电即发雷管。

（二）索状起爆材料

1. 导火索

导火索是以具有一定密度的粉状或粒状黑火药为索芯，外面用棉纱线、塑料或纸条、沥青等材料包缠而成的圆形索状起爆材料。导火索的用途是产生并传递火焰以起爆火雷管或点燃黑火药。

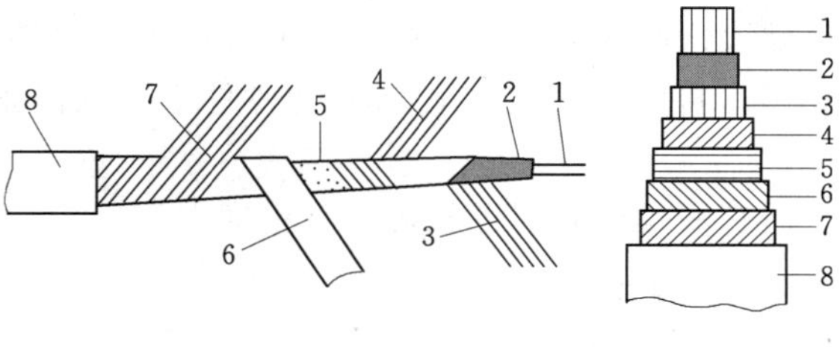

图1-12　工业导火索结构示意图

1—芯线；2—索芯；3—内层线；4—中层线；5—防潮层；6—纸条层；7—外线层；8—涂料层

导火索由索芯和索壳组成（图1-12），其索芯是用轻微压缩的粉状或粒状黑火药做成。

工业导火索在外观上一般呈白色，其外径为5.2～5.8mm，索芯药量一般为7～8g/m，燃烧速度为100～125s/m，为了保证可靠地引爆雷管，导火索还应具有一定的防潮耐火能力：在1m深的常温静水中浸泡2h后，其燃速和燃烧性能不变。

普通导火索不能在有瓦斯或矿尘爆炸危险的地场所使用。

2. 导爆索

导爆索是用单质猛炸药黑索金或泰安作为索芯，用棉、麻、纤维及防潮材料包缠成索状的起爆材料。导爆索能够传递爆轰波，经雷管起爆后，导爆索可直接引爆炸药，也可作为独立的爆破能源。爆速不低于6500m/s。

普通导爆索能直接起爆炸药。但是这种导爆索在爆炸过程中，产生强烈的火焰，所以只能用于露天爆破和没有瓦斯或矿尘爆炸危险的井下作业。

普通导爆索具有一定的防水性能和耐热性能。在0.5m深的水中，浸泡24h后，其感度和爆炸性能仍能符合要求，在(50±3)℃的条件下保温6h，其外观和传爆性能不变。

3. 导爆管

导爆管是20世纪70年代出现的一种全新的非电起爆系统的主体。

导爆管是一种内壁涂有混合炸药粉末的塑料软管，管壁材料是高压聚乙烯，外径为3mm，内径为1.5mm。混合炸药含量为91%的奥克托金或黑索金和9%的铝粉。药量为14～16mg/m。

工业雷管、普通导爆索、火帽、专用电子型点火器等能够产生冲击波的起爆器材都可以激发导爆管的爆轰，一个8号工业雷管可激发50根以上的导爆管。最适宜可靠的激发根数为20根。但是一般的机械冲击不能激发导爆管。导爆管的传爆速度一般为（1950±50)m/s，也有的为（1580±30)m/s。导爆管的传爆性能良好，一根长达数千米的导爆管，中间没有中继雷管接力或导爆管管内的断药长度不超过15cm时，都可以正常传爆。导爆管具有良好的抗水性能，将导爆管与非电雷管组合后，具有很好的抗水性能，在水下80m深处放置48h后仍能正常起爆。若对雷管加以适当的保护措施，还可以在水下135m深处起爆炸药。

导爆管具有传爆可靠性高、使用方便、安全性能好、成本低等优点，而且可以作为非危险品运输。

任务二　起爆方法和起爆网路设计

一、非电起爆

应用导火索、导爆管、导爆索、引爆药包的方法都属非电起爆。

（一）导火索起爆法（火雷管起爆法）

导火索起爆法是利用点燃导火索产生的火焰，首先引起火雷管爆炸，然后再引起炸药爆炸的起爆方法（也称火雷管起爆法）。

导火索起爆法的优点是操作简单、成本低、其缺点是安全性能较差、无法准确控制起爆时差。目前其使用范围逐渐缩小，仅在爆破作业量小而分散的条件下，或不具备其他起爆方法的条件下使用。主要用于引爆导爆管、导爆索。

（二）导爆索起爆法

导爆索起爆法是利用捆绑在导爆索一端的雷管爆炸引爆导爆索，然后由导爆索传爆，将捆在导爆索另一端的起爆药包起爆的一种起爆方法。

导爆索起爆不同于导火索和导爆管起爆，它可直接起爆药包，无需在起爆药包中装入雷管。

1. 导爆索起爆网路和连接方法

导爆索的起爆网路包括主干索、支干索和引入每个深孔和药室中的引爆索。导爆索起爆网路的连接方法有开口网路和环形网路两种。

（1）开口网路（又称分段并联网路）。开口网路由一根主干索、若干根并联的支干索以及各深孔中的引爆索组成，整个网路是开口的，如图1-13所示。各深孔中的引爆索并联在分支干索上，各分支干索又并联在主干索上。

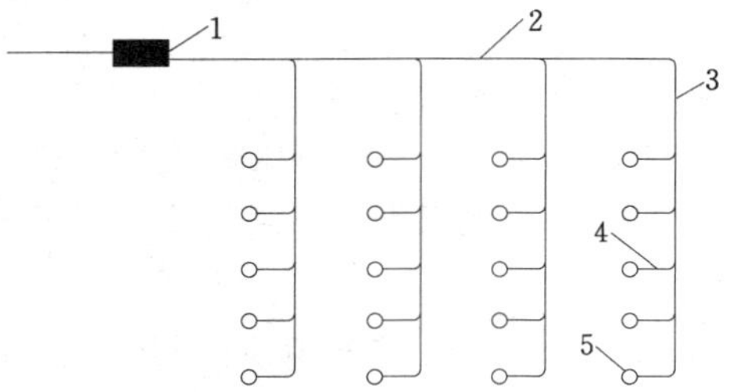

图 1-13　导爆索开口网路示意图
1—引爆雷管；2—主干索；3—支干索；
4—引爆索；5—炮孔

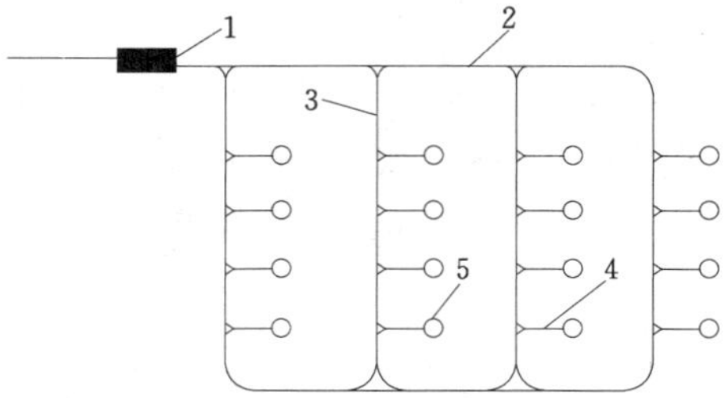

图 1-14　导爆索环形网路示意图
1—引爆雷管；2—主干索；3—支干索；
4—引爆索；5—炮孔

（2）环行网路（又称双向并联）。环行网路是一种闭口网路，连接方法如图 1-14 所示。这种网路的特点是各个深孔或药室中的引爆索可以接受从两个方向传来的爆轰波，起爆的可靠性比开口网路要可靠得多，但导爆索消耗增大。

在应用导爆索起爆法时，为了实现微差起爆，可在起爆网路中的适当位置连接继爆管，组成微差起爆网路。

2. 应用范围和特点

导爆索起爆法适用于深孔爆破、洞室爆破和光面爆破。其主要优点是操作简单，与用电雷管起爆法相比，准备工作量少，安全性较高，除非雷电直接击中导爆索，一般不受外业电的影响；导爆索的爆速较高，有利于提高被起爆的炸药传爆的稳定性，可以使成组炮孔或药室同时起爆，而且同时起爆的炮孔数不受限制。导爆索起爆法的缺点是成本较高（用这种起爆法的费用几乎比其他起爆法高出 1 倍以上），在起爆前不能用仪表检查起爆网路的质量，在露天爆破时，噪声较大。

（三）导爆管起爆法

导爆管起爆法是利用导爆管传递爆轰波引爆雷管进而引爆工业炸药的一种起爆方式。导爆管传递的爆轰波是一种低爆速的弱爆轰波，它本身不能直接起爆工业炸药，只能起爆炮孔中的雷管，再由雷管的爆炸引爆炮孔内的炸药。

1. 导爆管起爆系统的工作原理

导爆管起爆系统如图 1-15 所示。它由三部分组成：击发元件、传爆元件（或称连接元件）和末端工作元件。

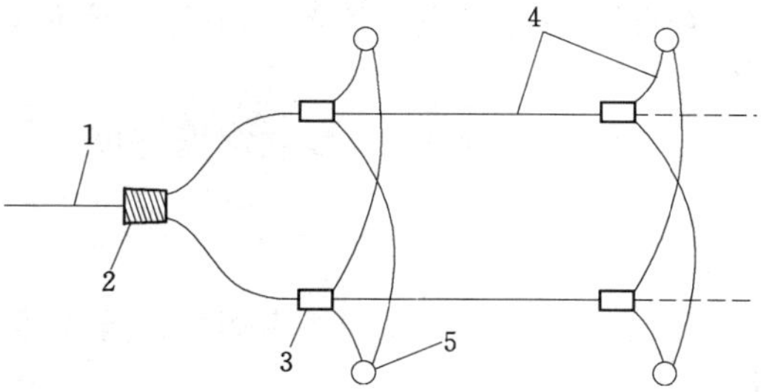

图 1-15　导爆管起爆系统的组成
1—导火索；2—火雷管；3—连通管；
4—导爆管；5—炮孔

导爆管起爆系统的工作过程是：击发元件引起传爆元件中的导爆管起爆，传爆到连通管并带动各导爆管起爆和传爆。

2. 爆破网路

导爆管爆破网路的连接方法是在串联和并联基础上的混合联，如并并联、并串并联等。实践证明：导爆管起爆系统用于隧道爆破以并并联网路为好；用于露天深孔爆破以并串并联网路为宜；用于楼房拆除爆破，区域内以簇联（也称“大把抓”，一并联）为好；区域间（即干线）以并串联较为方便。

（1）并并联。图 1－16 是某隧道开挖爆破采用的并并联导爆管连接网路。38 个炮孔分成 5 组（编号分别为 1、3、5、7、9），每组并联（属于簇并联）7～8 根导爆管，5 组再并联于火雷管上。特征是在各支路上为并联，然后各支路再并联。

（2）并串并联。露天深孔爆破常用并串并联网路，如图 1－17 所示。特征是在各分支路上有并联，然后这些并联路再串联，各分支路再并联。三峡船闸槽开挖也属于并串并联的形式。

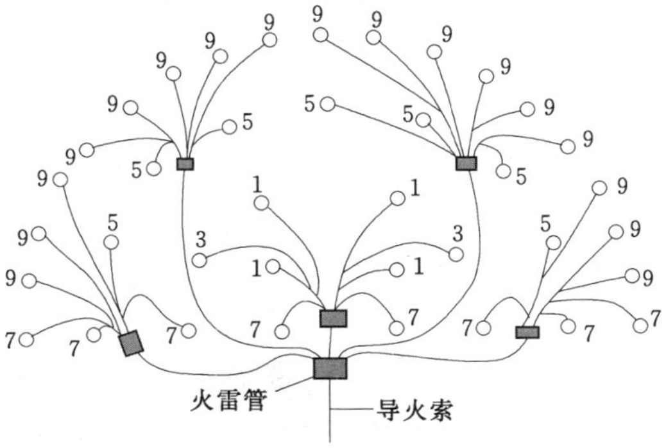

图 1－16　弧形导坑光面爆破并并联网路

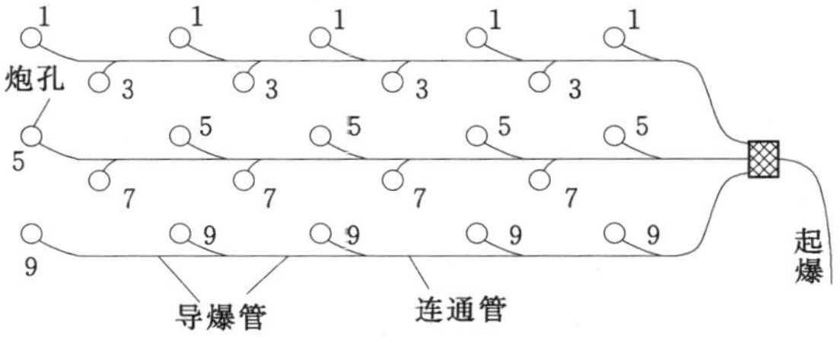

图 1－17　并串并联爆破网路

3. 应用范围和特点

导爆管起爆法的应用范围比较广泛，除了在有沼气和矿尘爆炸危险的环境中不能采用以外，几乎在各种条件下都可使用。

导爆管起爆法的优点是安全性好，不受外来电的影响，使用简单，起爆方便，网路敷设容易；能使成组炮孔或药室同时起爆，并且能实现各种方式的微差爆破。导爆管起爆法的缺点是起爆前无法用仪表来检查起爆网路连接质量；爆区太长或延期段数太多时，空气冲击波或地震波可能会破坏起爆网路，在高寒地区，由于塑料管的硬化，可能会恶化导爆管的传爆性能。

二、电力起爆

利用电雷管通电后起爆产生的爆炸能引爆炸药的方法，称为电力起爆法。电力起爆法是通过由电雷管、导线和起爆电源三部分组成的起爆网路来实施的。电力起爆法的使用范围十分广泛，无论是露天或井下，小规模或大规模爆破，还是其他工程爆破中均可使用。电力起爆网路的基本形式为串联法和并联法，如图 1－18 所示。

在工程爆破中，单纯的串联或并联网路只适用于小规模爆破。为了准爆和减少电线消耗，施工中多采用混合连接网路，如串并联或并串联网路，如图 1－18（c）、（d）所示。对于分段起爆的网路，若各段分别采用即发或某一延迟雷管时，则宜采用并串并联网路，如图 1－18（e）所示。

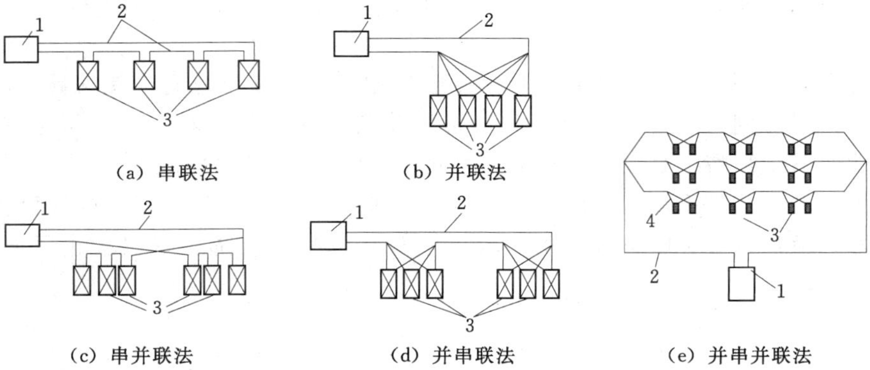

图 1-18　电力起爆网路

1—电源；2—网路干线；3—药包；4—网路支线

任务三　爆破方法设计

采用爆破方法破碎介质，根据不同工程任务的需要，一般有裸露爆破法、炮眼爆破法、药壶爆破法和洞室爆破法等基本方法，其中以炮眼爆破方法最为常用。如基岩开挖、洞室开挖、石料开采等工程都采用炮眼爆破的方法进行。

炮眼爆破根据炮眼深度大小（或台阶高度大小）区分为浅孔爆破和深孔爆破。

爆破工程中通常将孔径在 50mm 以上及深度在 5m 以上的钻孔称为深孔。

开挖起爆存在时差的爆破称为梯段爆破。在水电工程建设施工中，当基岩开挖厚度较大时，常以深孔梯段爆破作为主要的开挖方法，对开挖深度不大的基岩可采用浅孔爆破的方法。

为达到某种质量目标，按炮眼起爆的时间顺序和作用方式又表现出不同的形式，常见的有齐发爆破、微差爆破、小抵抗线宽孔距爆破和微差挤压爆破等，对周边起控制作用的还有预裂爆破和光面爆破。

一、露天小台阶炮眼（浅孔）爆破

露天小台阶炮眼（浅孔）爆破在露天多以台阶形式进行爆破开挖，每个台阶至少有水平的和倾斜的两处自由面。可能由于地形条件或者出于开挖的需要，小台阶炮眼开挖方法也是经常用到的。在水平面上进行钻眼、装药、堵塞及起爆作业。爆破时岩石朝着倾斜自由面的方向崩落，然后形成新的倾斜自由面，如图 1-19 所示。其中 $W_{底}$ 表示炮孔中心至台阶底部表面的距离，是爆破阻力最大的地方。h 为炮眼超深（也称超钻）长度，超深的目的是为了降低装药高度，以利于克服底部的阻力，使爆后能形成平整的台阶面。

（一）炮眼排列方式

炮眼排列形式可分为单排眼和多排眼两种。一次爆破量较小时用单排眼，一次爆破量较大时，则要布置多排眼，一般不宜超过 3～4 排，多排眼的排列可以是平行的，也可以是交错的。图 1-20 为常用的炮眼布置形式。

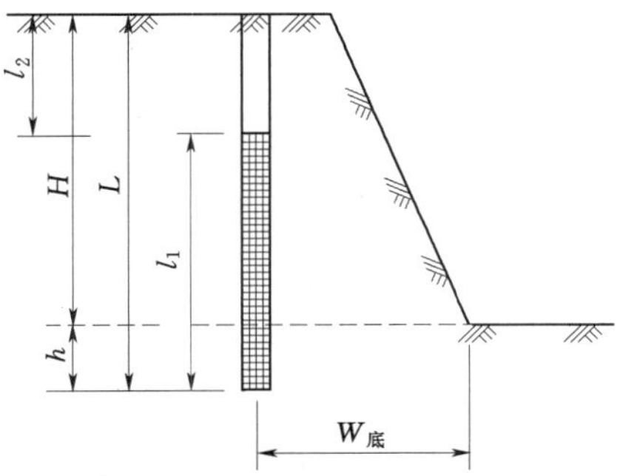

图 1-19 露天小台阶炮眼爆破的炮眼
H—台阶高度；L—眼深；h—超深；l_1—装药长度；l_2—堵塞药长度；$W_底$—底盘抵抗线

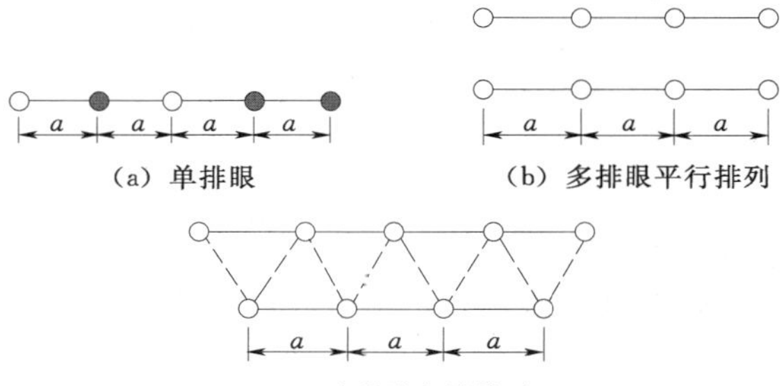

图 1-20 露天小台阶炮眼爆破的炮眼布置形式

(二) 爆破参数

爆破参数应根据施工现场的具体条件和类似矿山的经验选取，并通过实验检验修正，以取得最佳参数值。

1. 单位炸药消耗量 q

q 值与岩石性质、台阶自由面数目、炸药种类、炮眼直径等多种因素有关。在大孔径深孔台阶爆破中，q 值在 0.2～0.6kg/m^3 范围内变化，浅眼小台阶爆破可参照此数值或稍高一些选取。

2. 炮眼直径 d 和炮眼深度 L

露天小台阶炮眼爆破的炮眼直径和炮眼深度都比较小，炮眼直径多在 50mm 内，眼深多在 5m 之内，此时台阶高度 H 也在 5m 以内，若台阶底部辅以倾斜炮眼，台阶高度可适当增加，如图 1-21 所示。

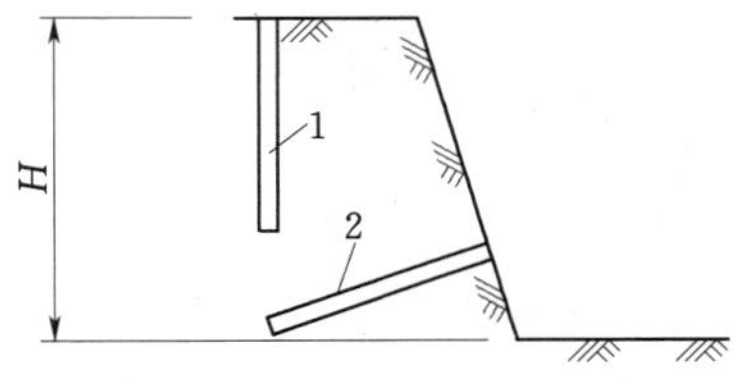

图 1-21 小台阶炮眼示意
1—垂直眼；2—倾斜眼

3. 底盘抵抗线 $W_底$

在台阶爆破中，一般都用这一参数代替最小抵抗线进行有关计算，以便保证台阶底部能获得预期的爆破效果，$W_底$ 与台阶高度 H 有如下关系：

$$W_底=(0.4\sim1.0)H(或\ K_w d) \tag{1-10}$$

式中 K_w——岩质系数，一般取 15～30，坚硬岩石取小值，松软岩石取大值；

d——钻孔直径，mm。

在坚硬难爆的岩体中，若台阶高度较高时，计算时应取较小的系数。

4. 炮眼超深 h

如前所述，为了克服台阶底部岩石对爆破的阻力，炮眼深度要适当超出台阶高度 H，其超出部分 h 为超深，h 一般取台阶高度的 10%～15%，即

$$h=(0.1\sim0.15)H \tag{1-11}$$

5. 炮眼孔距 a 与排距 b

同一排炮眼间的距离称为炮眼间距，常用 a 表示。通常 a 不大于 L，不小于 $W_底$，并

有以下关系：

$$a=(1.0\sim2.0)W_{底} \tag{1-12}$$

$$a=(0.5\sim1.0)L \tag{1-13}$$

$$b=(0.8\sim1.0)W \tag{1-14}$$

6. 装药量计算

浅孔爆破药量按延长药包计算，单孔药量为

$$Q=qaWH \tag{1-15}$$

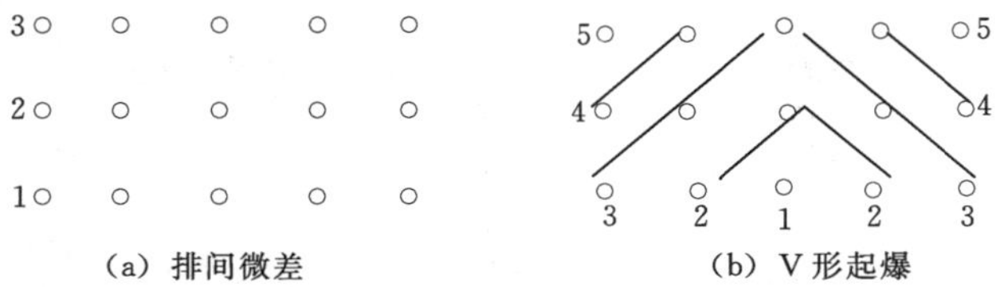

图 1-22　台阶爆破的微差间隔起爆方式
1、2、3、4、5—雷管段别

装药长度通常为孔深的 1/3～1/2，雷管置于自上部算起装药全长的 1/3～1/2 处。孔口用炮泥堵塞。

7. 起爆网路

浅孔台阶爆破现多采用导爆管起爆网路，进行微差间隔起爆。常用的微差间隔起爆方法包括排间微差和 V 形起爆，如图 1-22 所示。

二、预裂爆破和光面爆破

为保证保留岩体按设计轮廓面成型并防止围岩破坏，须采用轮廓控制爆破技术。常用的轮廓控制爆破技术包括预裂爆破和光面爆破。

所谓预裂爆破，就是首先起爆布置在设计轮廓线上的预裂爆破孔药包，形成一条沿设计轮廓线贯穿的裂缝，再在该人工裂缝的屏蔽下进行主体开挖部位的爆破，保证保留岩体免遭破坏。

光面爆破是先爆除主体开挖部位的岩体，然后再起爆布置在设计轮廓线上的周边孔药包，将光爆层炸除，形成一个平整的开挖面。

预裂爆破和光面爆破在坝基、边坡和地下洞室岩体开挖中获得了广泛应用。

（一）成缝机理

预裂爆破和光面爆破都要求沿设计轮廓产生规整的爆生裂缝面，两者成缝机理基本一致。现以预裂缝为例论述它们的成缝机理。

预裂爆破采用不耦合装药结构，其特征是药包和孔壁间有环状空气间隔层，该空气间隔层的存在削减了作用在孔壁上的爆炸压力峰值。因为岩石的抗压强度远大于抗拉强度，因此可以控制削减后的爆压不致使孔壁产生明显的压缩破坏，但切向拉应力能使炮孔四周产生径向裂纹。加之孔与孔间彼此的聚能作用，使孔间连线产生应力集中，孔壁连线上的初始裂纹进一步发展，而滞后的高压气体的准静态作用，使沿缝产生气刃劈裂作用，使周边孔间连线上的裂纹全部贯通成缝。

（二）质量控制标准

（1）开挖壁面岩石的完整性用岩壁上炮孔痕迹率来衡量，炮孔痕迹率也称半孔率，为开挖壁面上的炮孔痕迹总长与炮孔总长的百分比率。在水电部门，对节理裂隙极发育的岩体，一般要求炮孔痕迹率达到10%～50%；节理裂隙中等发育者应达50%～80%；节理裂隙不发育者应达80%以上。围岩壁面不应有明显的爆生裂隙。

（2）围岩壁面不平整度（又称起伏差）的允许值为±15cm。

（3）在预裂面上，预裂缝宽度一般不宜小于1cm。实践表明，对软岩（如葛洲坝工程软岩）预裂缝宽度可达2cm以上，而坚硬岩石预裂缝难以达到1cm。

（三）预裂爆破与光面爆破参数选择及装药量计算

1. 经验数据法

预裂爆破装药量建议按表1-5选用。光面爆破装药量不仅与钻孔直径、孔距有关，还与最小抵抗线有关，建议参照表1-6选用。

表1-5　　预裂爆破装药量经验数据

岩石性质	岩石抗压强度/MPa	钻孔直径/mm	钻孔间距/m	线装药量/(g/m)
软弱岩石	60以下	80、100	0.6～0.8、0.8～1.0	100～180、150～250
中硬岩石	60～80	80、100	0.6～0.8、0.8～1.0	180～300、250～350
次坚石	80～120	90、100	0.8～0.9、0.8～1.0	250～400、300～450
坚石	>120	90～100	0.8～1.0	300～700

注　表中未列入地质状况，其影响体现在线装药量的变化里。

表1-6　　光面爆破装药量经验数据

钻孔直径/mm	钻孔间距/m	最小抵抗线/m	线装药量/(g/m)
37	0.6	0.9	120
44	0.6	0.9	170
50	0.8	1.1	250
62	1.0	1.3	350

2. 装药量计算的经验公式

我国于20世纪70年代末期提出许多依据不同岩石抗压强度与孔径和孔距等有关的预裂爆破装药量计算公式，现推荐下式：

$$\Delta = 0.034[\sigma_p]^{0.63}a^{0.67} \tag{1-16}$$

式中　Δ——线装药量，g/m；

$[\sigma_p]$——岩石极限抗压强度，MPa；

a——钻孔间距，m。

在岩体内进行预裂爆破，用岩石极限抗压强度显然是不合理的，应当用岩体抗压强度，因岩体内存在节理裂隙，影响预裂的效果。因此，若用岩体抗压强度代替岩石极限抗压强度，可将岩石极限抗压强度减低10%～30%计算。

光面爆破药量计算在国内尚没有较为成熟的经验公式，按水电工程的应用经验，一般用式（1-16）计算，然后再减少10%～30%进行施工。

（四）装药结构设计

合理的装药结构应满足下列要求：从孔口到孔底线装药密度的变化应与岩性的变化相适应；导爆索上的药卷应均匀分布，药卷间的中心距离不大于50cm。设计的线装药密度 q，可作为中段装药密度 $q_{中}$。在岩性均匀部位，装药结构分成三段，如图1-23所示。

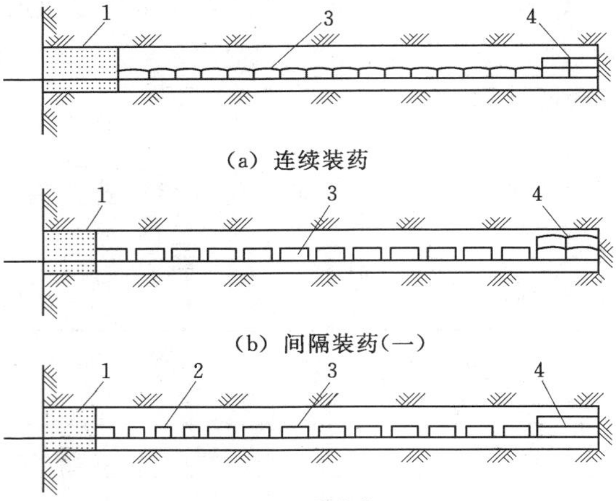

(a) 连续装药

(b) 间隔装药(一)

(c) 间隔装药(二)

图1-23　预裂孔结构示意图

1—堵塞段；2—顶部减弱装药段（孔口段）；3—正常药段（中间段）；4—底部增强装药段（孔底段）

（1）孔口段。根据地面岩石风化程度确定线装药密度。一般 $q_{孔口}=(1/2\sim1/3)q_{中}$，装药长度1～2m。在地面岩石坚硬完整部位，$q_{孔口}=q_{中}$。

（2）中间段。是预裂爆破的主要装药段，对预裂缝的形成和预裂缝的宽度起控制作用，$q_{中}=q$。

（3）孔底段。底部装药量随着孔深增加而加大，集中分布在孔底1～2m范围内，以克服岩体底部对预裂缝面的夹制力。底部线装药密度可参照下列数据：

孔深 L/m	底部线装药密度 $q_{底}$
<10	(1～2) $q_{中}$
10～15	(2～3) $q_{中}$
15～20	(3～4) $q_{中}$

当孔深超过20m时，可根据地质等条件酌情处理。

全孔为不耦合装药，不耦合系数 m（孔径与药卷直径之比）一般取2～3。

预裂爆破中还须注意以下几个方面：

（1）为了保证预裂缝面能延伸至建基面，又不伸入基础，均钻至建基面终孔。药卷底部与建基面间预留0.2m的空隙。

（2）紧邻预裂缝面的梯段爆破最后一排炮孔称为缓冲孔。缓冲孔与预裂缝的距离应考虑岩石性质、药包直径大小、梯段爆破起爆方式及炮孔排数等综合因素。对于岩性软弱、节理裂隙发育的岩石，在爆炸力作用下，岩体稍松动即可挖除，缓冲孔与预裂缝间距可控制在2m内。对于中等强度，整体性较好的岩石，如砂岩、砾岩等，间距应控制在1.0m以内。

缓冲孔的药包直径应小于梯段爆破主爆孔的药包直径，一般为主爆孔药径的1/2～2/3。为了根除炮根和防止爆破对后冲方向岩体的破坏，底部1～2m药包直径应同主爆孔，上部1～2m视炮孔至预裂缝面的距离而定，距离近，应布置小直径药包。缓冲孔单位耗药量同主爆孔，单孔药量应为主爆孔的1/2～2/3，因此其抵抗线和孔距均小于主爆孔。缓冲孔距应不小于抵抗线。

(3) 有临空面条件的预裂爆破。在有临空面的情况下，进行预裂爆破时，爆炸应力有可能使缝面前的岩体向临空面方向移动或坍塌，这主要取决于岩石的性质与台阶宽度。台阶宽度小于5m时，不论何种岩石，预裂爆破均应与松动爆破同一次进行，预裂炮孔提前75～100ms起爆，若不同次进行，会给后期造成困难；台阶宽度5～10m时预裂爆破与梯段爆破也可同次进行；若台阶宽度大于10m，岩体内无软弱水平层时，可按一般施工程序进行。

(4) 预裂爆破振动大于光面爆破，某些条件下，采用预裂爆破减振微弱而不适宜，采用光面爆破可有效控制边坡坡面平整和稳定。

任务四　爆　破　施　工

一、梯段爆破作业施工

(一) 凿岩作业

在完成凿岩设备的定型选择以后，首先架设供电线路、供水、供风的管网等，做好各种准备工作，然后完成布孔、钻孔等。

1. 布孔

在接到凿岩作业通知书以后，按照作业通知书上规定的参数实施布孔，布孔由有经验的老工人进行，也可以由技术人员来布孔。

2. 钻孔

钻孔有风钻钻孔、潜孔钻钻孔等方法。

(1) 风钻钻孔。风钻是风动冲击式凿岩机在水利工程中使用较多，风钻按其应用条件及架持方法，可分为手持式、柱架式和伸缩式。

(2) 潜孔钻钻孔。潜孔钻是一种回转冲击式钻孔设备，其工作机构（冲击器）直接潜入炮孔内进行凿岩，故名潜孔钻。潜孔钻是先进的钻孔设备，它的工效高、构造简单，在大型水利工程中被广泛采用。

3. 炮孔检查

炮孔检查是指检查孔深和孔距。孔距一般都能按参数控制，因此炮孔的检查，主要是炮孔深度的检查。孔深的检查分三级检查负责制，即打完孔后个人检查、接班人或班长抽查及专职检查人员验收，检查的方法最简单的是用软绳（或测绳）系上重锤（球）来测量炮孔深度，测量时要做好记录。

为防止堵孔，应该做到：钻完孔后，要将岩渣吹干净，防止回填，若不能吹净，应摸清规律适当加大钻孔深度；凿岩时将孔口岩石清理干净，防止掉落孔内，防止雨天的雨水流入到孔内，可采用围绕孔口作围堤的办法，在有条件的地方打完孔后，尽快爆破也是防止堵孔的一个重要方法。

对于没有防水炸药的情况，可以将孔内积水排除，排水方法有提水法、爆破法、高压风吹出法等，使用这些方法孔内积水仍无法排干时，应该采用防水炸药进行爆破。

（二）爆破作业技术

台阶深孔爆破是一项涉及面广、影响范围较大、工作环节较多的作业，包括爆区的准备工作、炸药的运搬、装药、填塞、网路的连接，爆破警戒，起爆，爆后检查等。

1. 爆区的准备工作

爆区的准备工作是多方面的，从劳动组织、安全工作到技术准备都需要认真进行。

2. 炸药的搬运

这里只对炸药在爆区外缘向爆区内的搬运作叙述。

炸药的搬运除了要遵照安全规程对搬运过程的有关规定执行外，还要注意以下几点：

（1）搬运时要做到专人指挥，专人清点不同品种的炸药。

（2）搬运炸药要做到轻拿轻放。

（3）人工搬运炸药时，要有专人指挥车辆的移动，车辆移动前要鸣号示警，然后才能移动。

（4）人工搬运时，道路要平整，防止跌倒或扭伤。

炸药搬运以后，要核对爆区总药量，如有差错，应及时采取措施。

3. 装药

爆区装药量核对无误，应在装药开始前先核对孔深、水深，再核对每孔的炸药品种、数量，然后清理孔口附近的浮渣、石块，做好装药准备，再核查微差雷管段别，装药时炸药应避免与岩渣接触，装粉状炸药要用无纺布口袋，装防水炸药要用铝铲将炸药切成小块，保持装药顺畅。

加工起爆药包就是将起爆雷管装入药包内。加工起爆药包时，首先要将药包的一端用手揉松，然后把此端的包装纸打开，用专用锥子（木质的、竹质的或铜质的）沿药包中央长轴方向扎一个小孔，然后将起爆雷管全部插入，并将药包四周的包装纸收拢紧贴在导火索上，最后用胶布或细绳捆扎好。

4. 填塞

填塞工作是在完成装药工作以后进行的，对于塑性较好的炸药，应在完成装药后过10～30min 再进行填塞，以防填塞物渗入炸药内。填塞物块度小于 30mm，填塞前要用塑料袋装一小袋岩渣放入孔内，然后再正式充填；填塞时要防止导线或导爆管被砸断、砸破，填塞的长度应遵照设计要求，不得用石头、木桩堵塞炮孔或代替充填物，以防飞石远抛事故。

5. 网路的连接

由于爆轰波的作用力在其传播方向上最强，与爆轰波传播方向成夹角的导爆索方向上，起爆能力会减弱，减弱的程度与此夹角大小有关。所以导爆索与导爆索之间的连接方式以搭接应用最多，为保证传爆可靠，搭接部分的长度应大于 15cm，支导爆索与主导爆索搭接时，其接头应朝向爆轰波的传播方向，在导爆索搭接较多的情况下，为了防止弄错传爆方向，可以采用图 1－24 所示的三角形接法，这种方法不论主导爆索传爆方向如何都能保证起爆。

导爆索与雷管的连接方式较为简单，可直接将雷管捆在导爆索上，不过雷管的聚能穴端应与导爆索传爆方向相同。

导爆索网路的敷设要严格按设计的方式和要求进行。敷设工作必须从最远端开始，逐步向起爆源后退，也就是说先进行炮孔导爆索与相应支导爆索的连接，然后逐段进行支导爆索与主导爆索以及继爆管的连接。支导爆索与主导爆索的连接全部完成，经检查无误，所有操作人员全部撤出危险区之后，方可进行起爆雷管与主导爆索的连接。

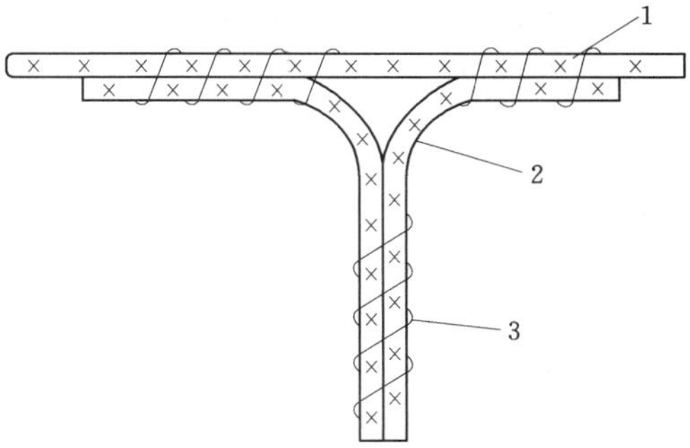

图 1-24　导爆索的三角形连接
1—主导爆索；2—支导爆索；3—捆绳

导爆管起爆网路的敷设应严格按设计进行，网路敷设应从离起爆点最远处开始，逐步向起爆点后退进行。敷设应避免导爆管打结、对折、管壁破损、管径拉细、异物入管等问题，以保证爆轰波正常传播避免拒爆。

6. 起爆

按爆破设计采用相关起爆方法进行，非电起爆方法采用火雷管击发引爆时，导火线应按安全撤离距离设置导火索长度。

点火起爆的工作一般在生产工人撤离现场或下班以后进行。爆破指挥人员要确认周围的警戒工作完成，并确认发布放炮信号后方可发出起爆命令。

7. 爆破警戒

爆破实施警戒工作应按规定执行，警戒范围主要依爆破安全距离。

（1）按指定的时间到达警戒地点进行警戒。

（2）按指定的警戒范围，爆破员负责禁止人员、设备、车辆进入警戒范围。

（3）本身的避炮位置要安全可靠。

（4）爆破后经检查确认安全，经爆破责任人许可后方可撤除警戒。

8. 爆后检查

爆后必须对爆破现场进行检查，检查的内容包括是否全部炮孔起爆，爆后对周围设备及建筑物的影响情况，爆堆的形状及安全状况。检查出有盲炮时，应分析出盲炮的原因。

9. 盲炮处理

网路未被破坏时，可以重新起爆，如果抵抗线有变化，则要验算安全距离，加强警戒，再连线起爆。也可以采用诱爆法，在距离炮孔口不小于10倍炮孔直径处另打平行孔装药起爆，参数应另行确定；对不抗水炸药可以向孔内灌水，使炸药失效，然后作进一步处理。

二、爆破公害和安全防护

在完成岩石爆破破碎的同时，爆破作业必然会伴生爆破飞石、地震、空气冲击波、噪声、粉尘和有毒气体等负面效应即爆破公害。因此，在爆破作业中，需研究爆破公害的产生原因、公害强度的分布与衰减规律，通过科学的爆破设计，采用有效的施工工艺措施，以确保保护对象（包括人员、设备及邻近的建筑物或构筑物等）的安全。

为防范与控制爆破地震波、飞石和空气冲击波等的危害，一般应根据各种情况对安全控制距离进行计算，以便确定警戒范围和安全保护措施。

对钻孔爆破，目前尚无计算飞石安全距离的公式。GB 6722—2003《爆破安全规程》对飞石安全距离仅规定了最小值，见表1-7。

表1-7　　露天土岩爆破个别飞石对人员最小安全距离

爆破方法	个别飞石最小安全距离/m	爆破方法	个别飞石最小安全距离/m
破碎大块岩体裸露药包爆破法	400	深孔爆破	按设计，但不小于300
破碎大块岩体浅孔爆破法	300	深孔药壶爆破	按设计，但不小于300
浅孔爆破	300	浅孔孔底扩壶爆破	50
深孔药壶爆破	300	深孔孔底扩壶爆破	100
蛇穴爆破	300	洞室爆破	按设计，但不小于300

爆破公害的控制与防护可以从爆源、公害传播途径以及保护对象三方面采取措施。

1. 在爆源控制公害强度

在爆源控制公害强度是公害防护最为积极有效的措施。

合理的爆破参数、炸药单耗和装药结构既可保证预期的爆破效果，又可避免爆炸能量过多地转化为震动、冲击波、飞石和爆破噪声等公害；采用深孔台阶微差爆破技术可有效削弱爆破震动和空气冲击波强度；合理布置岩石爆破中最小抵抗线方向不仅可有效控制飞石方向和距离，而且对降低与控制爆破震动、空气冲击波和爆破噪声强度也有明显的效果。保证炮孔的堵塞长度与质量、针对不良的地质条件采取相应的爆破控制措施对消减爆破公害的强度也是非常重要的。

2. 在传播途径上削弱公害强度

在爆区的开挖轮廓线进行预裂爆破或开挖减震槽，可有效降低传播至保护区岩体中的爆破地震波强度。

对爆区临空面进行覆盖、架设防波屏削弱空气冲击波强度，阻挡飞石。

3. 保护对象的防护

当爆破规模已定，而在传播途径上的防护措施尚不能满足要求时，可对危险区内的建筑物及设施进行直接防护。对保护对象的直接防护措施有防震沟、防护屏以及表面覆盖等。

此外，严格执行爆破作业的规章制度，对施工人员进行安全教育也是保证安全施工的重要环节。

三、爆破材料安全储存与保管运输

（一）爆破材料的储存与保管

（1）爆破材料应储存在干燥、通风良好，相对湿度不大于65%的仓库内，库内温度应保持在18～30℃；爆破材料周围5m内的范围，须清除一切树木和草皮。仓库应远离民房、工厂、铁路、公路等并应有一定的安全距离。库房应有避雷装置，库内应有消防设施。

(2) 炸药与雷管须分开储存，两库房的安全距离不应小于有关规定。同一库房内不同性质、不同批号的炸药应分开存放，库房应严防虫鼠。

(3) 炸药与雷管成箱（盒）堆放要平稳、整齐，成箱炸药宜放在木板上，堆放高度不得超过 1.7m，宽不超过 2m，堆与堆之间应留有不小于 1.3m 的通道，药堆与墙壁间的距离不应小于 0.3m。

(4) 施工现场临时仓库内爆破材料应严格控制储存数量，炸药不得超过 3t，雷管不得超过 10000 个，导火索不超过相应数量。雷管应放在专用的木箱内，离炸药不少于 2m 距离。

（二）装卸、运输与管理

(1) 爆破材料的装卸均应轻拿轻放，不得受到摩擦震动、撞击，不能抛掷和倒转，堆放时要摆放平稳，不得散装、改装和倒放。

(2) 爆破材料应使用专车运输，炸药与起爆材料、硝铵炸药与黑火药不得在同一车辆、车厢装运，用汽车运输时，装载不得超过允许载量的 2/3，行驶速度不应超过 40km/h，车顶应遮盖。

单元三 土石方填筑施工

【单元重点】

压实理论，压实方法，压实机械设备，压实标准，压实质量检查。

【学习目标】

能合理选择土料压实的方法和机械设备，能合理确定土料压实标准，能进行压实质量检查。

任务一 压实机械的选择

一、土料压实理论

填筑于土坝或土堤上的土方，通过对其压实，可以达到以下目的：提高土体密度，提高土方承载能力加大土坝或土堤坡角，减小填方断面面积，减少工程量，从而减少工程投资，加快工程进度；提高土方防渗性能，提高土坝或土堤的渗透稳定性。土坝或土堤填方的稳定性主要取决于土料的内摩擦力和黏聚力。土料的内摩擦力、黏聚力和防渗性能都随填土的密实程度的增大而提高。例如，某种砂壤土的干密度由 1.4g/cm^3 压实到 1.7g/cm^3，其抗压强度可提高 4 倍，渗透系数将降低为原来的 1/2000。

土体是三相体，即由固相的土粒、液相的水和气相的空气组成。通常土粒和水是不会被压缩的，土料压实的实质是将水包裹的土粒挤压填充到土粒间的空隙里，排走空气占有的空间，使土料的空隙率减少，密实度提高。所以，土料压实的过程实际上就是在外力作用下土料的三相重新组合的过程。

黏性土的主要压实阻力是土体内的黏聚力。在铺土厚度不变的条件下，黏性土的压实效果（即干密度）随含水量的增大而增大，当含水量增大到某一临界值时，干密度达到最大，此时如进一步增加土体含水量，干密度反而减小，此临界含水量值称为土体的最优含水量，即相同压实功能时压实效果最大的含水量。当土料中的含水量超过最优含水量后，土体中的空隙体积逐步被水填充，此时作用在土体上的外荷，有一部分作用在水上，因此即使压实功能增加，但由于水的反作用抵消了一部分外荷，被压实土体的体积变化却很小，而呈此伏彼起的状态，土体的压实效果反而降低。

对于非黏性土，压实的主要阻力是颗粒间的摩擦力。由于土料颗粒较粗，单位土体的表面积比黏性土小得多，土体的空隙率小，可压缩性小，土体含水量对压实效果的影响也小，在外力及自重的作用下能迅速排水固结。黏性土颗粒细，孔隙率大，可压缩性也大，由于其透水性较差，所以排水固结速度慢，难以迅速压实。此外，土体颗粒级配的均匀性对压实效果也有影响。颗粒级配不均匀的砂砾料，较级配均匀的砂土易于压实。

二、压实方法及压实机械

黏性土料黏聚力是主要的，要求压实作用外力能克服黏聚力；非黏性土料（砂性土料、石渣料、砾石料）内摩擦力是主要的，要求压实作用外力能克服颗粒间的内摩擦力。不同的压实机械产生的压实作用外力不同，大体可分为碾压、夯击和振动三种基本类型，如图 1－25 所示。

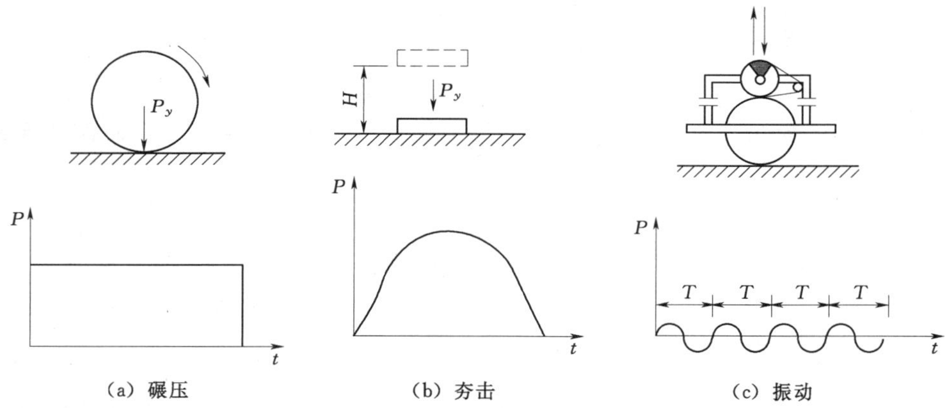

图 1－25　土料压实作用外力示意图

碾压的作用力是静压力，其大小不随作用时间变化，如图 1－25（a）所示。

夯击的作用力为瞬时动力，有瞬时脉冲作用，其大小随时间和落高而变化，如图 1－25（b）所示。

振动的作用力为周期性的重复动力，其大小随时间呈周期性变化，振动周期的长短，随振动频率的大小而变化，如图 1－25（c）所示。

根据压实作用力来划分。通常有碾压、夯击、振动压实三种机具。随着工程机械的发展，又有振动和碾压同时作用的振动碾，产生振动和夯击作用的振动夯等。常用的压实机具有以下几种。

1. 羊脚碾

羊脚碾的外形如图 1－26 所示，它适于黏性土料的压实。它与平碾不同，在碾压滚筒

图 1-26　羊脚碾外形图

1—羊脚；2—加载孔；3—碾滚筒；4—杠辕框架

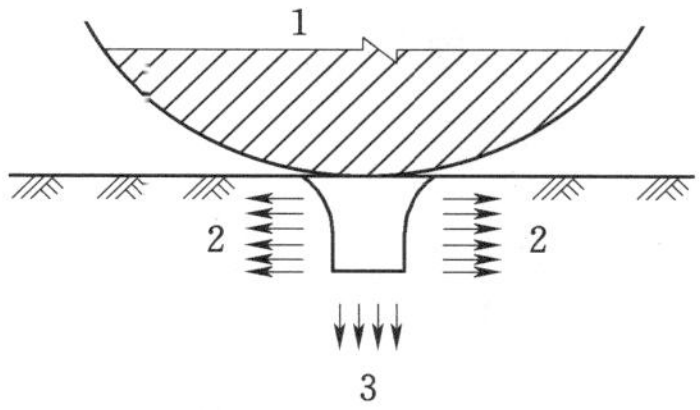

图 1-27　羊脚对土料的正压力和侧压力

1—碾滚；2—侧压力；3—正压力

表面设有交错排列的截头圆锥体，状如羊脚。钢铁空心滚筒侧面设有加载孔，加载大小根据设计需要确定。加载物料有铸铁块和砂砾石等。碾滚的轴由框架支承，与牵引的拖拉机用杠辕相连。羊脚的长度随碾滚的重量增加而增加，一般为碾滚直径的 1/7～1/6。羊脚过长，其表面积过大，压实阻力增加，羊脚端部的接触应力减小，影响压实效果。重型羊脚碾碾重可达 30t，羊脚相应长 40cm，拖拉机的牵引力随碾重增加而增加。

羊脚碾的羊脚插入土中，不仅使羊脚端部的土料受到压实，而且使侧向土料受到挤压，从而达到均匀压实的效果，如图 1-27 所示。在压实过程中，羊脚对表层土有翻松作用，无需刨毛就能保证土料良好的层间结合。

2. 振动碾

这是一种振动和碾压相结合的压实机械，如图 1-28 所示。

非黏性土料在振动作用下，土粒间的内摩擦力迅速降低，同时由于颗粒大小不均匀，质量有差异，导致惯性力存在差异，从而产生相对位移，使细颗粒填入粗颗粒间的空隙而达到密实。

然而，黏性土颗粒间的黏结力是主要的，且土粒相对比较均匀，在振动作用下，不能取得像非黏性土那样的压实效果。

由于振动作用，振动碾的压实影响深度比一般碾压机械大 1～3 倍，可达 1m 以上。它的碾压面积比振动夯、振动器压实面积大，生产率很高。国产 SD-80-13.5 型振动碾，全机重 13.5t，振动频率 1500～1800 次/min，

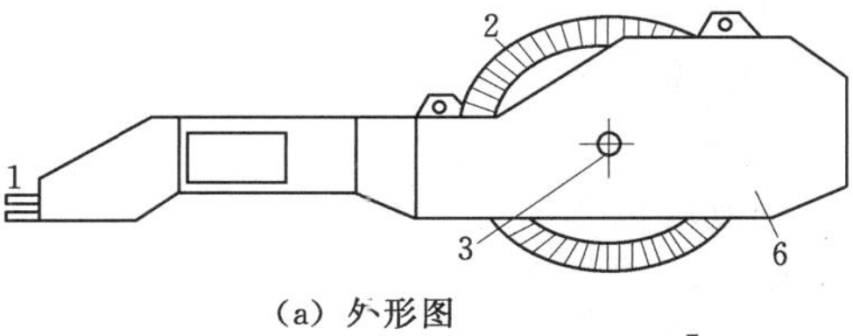

(a) 外形图

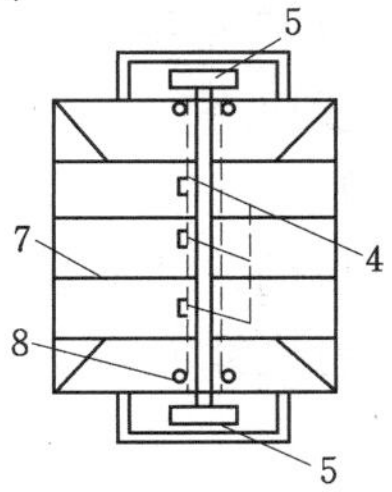

(b) 滚碾构造图

图 1-28　SD-80-13.5 振动碾示意图

1—牵引挂钩；2—滚碾；3—轴；4—偏心块；5—皮带轮；6—车架侧壁；7—隔板；8—弹簧悬架

生产率高达 600m³/h。

3. 气胎碾

气胎碾有单轴和双轴之分。单轴主要由装载荷重的金属车厢和装在轴上的 4～6 个气胎组成。碾压时在金属车厢内加载，并同时将气胎充气至设计压力。为防止气胎损坏，停工时用千斤顶将金属厢支托起来，并把胎内的气放掉，如图 1-29 所示。

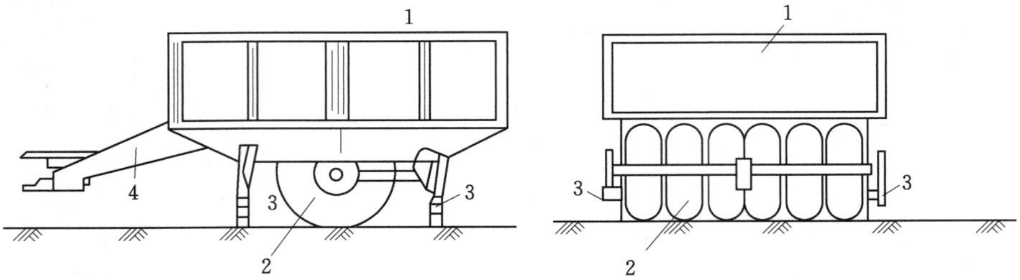

图 1-29　拖行单轴式气胎碾

1—金属车厢；2—充气轮胎；3—千斤顶；4—牵挂杠辕

气胎碾在碾压土料时，气胎随土体的变形而变形。随着土体压实密度的增加，气胎的变形也相应增加，从而使气胎与土体的接触面积随之增大，始终能保持较为均匀的压实效果。它与刚性碾比较，气胎不仅对土体的接触压力分布均匀而且作用时间长，压实效果好，压实土料厚度大，生产效率高。

平碾碾滚是刚性的，不能适应土体的变形，荷载过大就会使碾滚的接触应力超过土体极限强度，这就限制了这类碾朝重型方向发展。气胎碾却不然，随着荷载的增加气胎与土体的接触面增大，接触应力仍不致超过土体的极限强度。所以只要牵引力能满足要求，就不妨碍气胎碾朝重型高效方向发展。早在 20 世纪 60 年代，美国就生产了重 200t 的超重型气胎碾。气胎碾既适宜于压实黏性土料，又适宜于压实非黏性土料，能做到一机多用，有利于防渗土料与坝壳土料平起同时上升，用途广泛，很有发展前途。

4. 夯板

夯板可以吊装在去掉土斗的挖掘机臂杆上，借助卷扬机操纵绳索系统使夯板上升。夯击土料时将索具放松，使夯板自由下落。夯实土料，其压实铺土厚度可达 1m，生产效率较高。对于大颗粒填料可用夯板夯实，其破碎率比用碾压机械压实大得多。为了提高夯实效果，适应夯实土料特性，在夯击黏性土料或略受冰冻的土料时，尚可将夯板装上羊脚，即成羊脚夯。

夯板的尺寸与铺土厚度密切相关。在夯击作用下，土层沿垂直方向应力的分布随夯板短边 b 的尺寸而变化。当 $b=h$ 时，底层应力与表层应力之比为 0.965；当 $b=h/2$ 时，底层应力与表层应力比为 0.473。若夯板尺寸不变，表层和底层的应力差值随铺土厚度增加而增加，差值越大，压实后的土层竖向密度越不均匀。故选择夯板尺寸时，尽可能使夯板的短边尺寸接近或略大于铺土厚度。

夯板工作时，机身在压实地段中部后退移动，随夯板臂杆的回转，土料被夯实的夯迹呈扇形。为避免漏夯，夯迹与夯迹之间要套夯，其重叠宽度为 10～15cm，夯迹排与排之间也要搭接相同的宽度。为充分发挥夯板的工作效率，避免前后排套压过多，夯板的工作转角以不大于 80°～90°为宜，如图 1-30 所示。

三、压实机械的适用与选择

1. 各种压实机械的适用情况

根据碾压设备情况，宜用 50t 气胎碾碾压黏性土、砾质土、压实含水量略高于最优含水量（或塑限）的土料。用 9.0～16.4t 的双联羊脚碾压实黏性土，重型羊脚碾宜用于含水量低于最优含水量的重黏性土，对于含水量较高、压实标准较低的轻黏性土也可用肋型碾和平碾压实。堆石与含有大于 500mm 特大粒径的砂卵石多用 10～25t 的自行式振动碾压实。用直径 110cm 重 2.5t 的夯板夯实砂砾料和狭窄地带的填土，对与刚性建筑物、岸坡等的接触带，边角、拐角等部位可用轻便夯夯实，例如采用 HW-01 型蛙式夯。

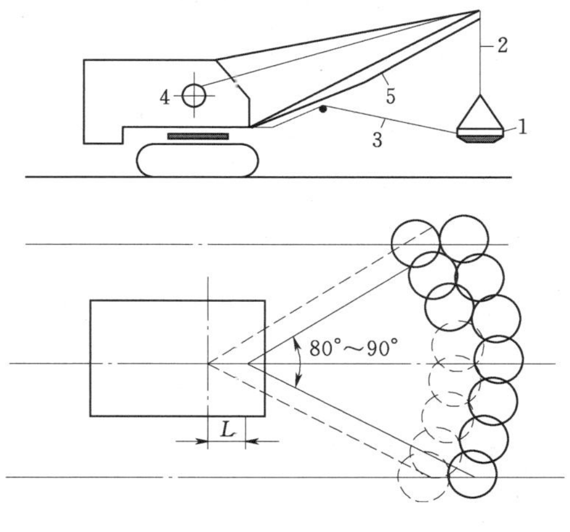

图 1-30 夯板及其工作示意图

1—夯板；2—提升索；3—操纵索；4—机房；5—支杆

2. 选择压实机械的原则

选择压实机械通常需考虑以下原则：

（1）与压实土料的物理力学性质相适应。

（2）能够满足设计压实标准。

（3）可能取得的设备类型。

（4）满足施工强度要求。

（5）设备类型、规格与工作面的大小、压实部位相适应。

（6）施工队伍现有装备和施工经验等。

任务二 压实质量的控制与检查

土石料的压实，是保证土石坝施工质量的关键。维持土石坝自身稳定的土料内部阻力（黏聚力和内摩擦力）、土料的防渗性能等，都随土料密实度的增加而提高。

一、土石料的压实特性

土石料压实特性与土石料本身的性质、颗粒组成情况、级配特点、含水量大小以及压实功能等有关。黏性土料与非黏性土料的压实有着显著的差别。

（1）一般黏性土料的黏聚力较大，内摩擦力较小，具有较大的压缩性。但由于其透水性小，排水困难，压缩过程慢，所以很难达到固结压实。而非黏性土料黏聚力小，内摩擦力大，具有较小的压缩性，但由于透水性大，排水容易，压缩过程快，能很快达到密实。

（2）土料颗粒粗细组成也影响压实效果。颗粒越细，孔隙比就越大，所含矿物分散度越高，就越不容易压实。所以黏性土的压实干表观密度低于非黏性土的压实干表观密度。

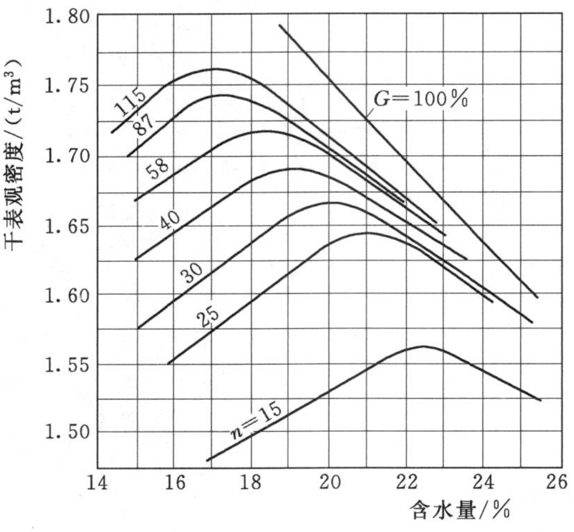

图 1-31　某工程粉质黏土的击实曲线

颗粒不均匀的砂砾料比颗粒均匀的砂砾料可能达到的干表观密度大一些。

(3) 土料的含水量是影响压实效果的重要因素之一。用击实仪（原南京水利实验处提出，简称南实仪）对黏性土的击实试验，得到一组击实次数、干表观密度与含水量的关系曲线，如图 1-31 所示，图中 n 为击实次数，G 为饱和度。

在某一击实次数下，干表观密度达到最大值时的含水量为最优含水量；对每一种土料，在一定的压实功能下，只有在最优含水量范围内，才能获得最大的干表观密度，且压实也较经济。非黏性土料的透水性大，排水容易，压缩过程快，能够很快达到压实，不存在最优含水量，含水量不作专门控制。这是非黏性土料与黏性土料压实特性的根本区别。

(4) 压实功能的大小，也影响着土料干表观密度的大小，从图 1-31 可以看出，击实次数增加，干表观密度也随之增大，而最优含水量则随之减小。说明同一种土料的最优含水量和最大干表观密度并不是一个恒定值，而是随压实功能的不同而异。

一般说来，增加压实功能可增加干表观密度，这种特性，对于含水量较低（小于最优含水量）的土料比对于含水量较高（大于最优含水量）的土料更为显著。

二、土石料的压实标准

土石料压实得越好，物理力学性能指标就越高，坝体填筑质量就越有保证，但土石料的过分压实，不仅提高了压实费用，而且会产生剪切破坏，反而达不到应有的技术经济效果。土石料的压实标准是根据水工设计要求和土料的物理力学特性提出来的。

黏性土的压实标准，主要以压实干表观密度 γ_d 和施工含水量这两个指标来控制。

判断非黏性土密实度最简便的方法是根据孔隙比的大小来进行，但这种方法有其不足之处，因为颗粒的形成和级配对孔隙比的影响很大，故孔隙比不能表明某一土地松密，只有拿相同的土处于最松与最密实状态的孔隙比来和所碾压的土料孔隙比作比较，才能判断非黏性土的松密，因此，非黏性土料（如砂土及砂砾石）以相对密度 D 来控制。

石渣或堆石体则可用孔隙率作为压实指标。根据国内外的经验，碾压堆石坝体压实后孔隙率应小于 32%，为了防止过大的沉陷，一般规定为 22%～28%。

在现场用相对密度来控制施工质量不太方便。通常将相对密度转换成对应的干表观密度来控制，其大小按非黏性土不同砾石含量，分别确定不同标准，其换算公式为

$$\gamma_d=\frac{\gamma_1\gamma_2}{\gamma_2(1-D)+\gamma_1 D} \tag{1-17}$$

式中　γ_1、γ_2——土料极松散和极紧密时的干表观密度，t/m³。

三、压实质量检查

填筑体填筑时，应对铺土厚度、填土块度、含水量大小、压实后的干表观密度等进行检查，并提出质量控制措施。对黏性土，含水量的检测是关键。简单办法是“手检”，即手握土料能成团，手指撮可成碎块，则含水量合适。手试法靠经验估计，不十分可靠；工地多用取样烘干法，如酒精灯燃烧法、红外线烘干法、高频电炉烘干法、微波含水量测定仪等；采用核子水分密度仪能够迅速准确地测定压实土料的含水量及表观密度。

压实表观密度的测定，黏性土一般可用体积为 200～500cm^3 的环刀测定；砂可用体积为 500cm^3 的环刀测定；砾质土、砂砾料、反滤料用灌水法或灌砂法测定。堆石因其空隙大，一般用灌水法测定。当砂砾料因缺乏细料而架空时，也用灌水法测定。

灌砂法试验时在试验地铲平一块 40cm×40cm 地面，找出试坑口轮廓线，向下挖至要求深度，将试坑内的试样装入塑料袋内称重，并测量试样含水量（%）。

容砂瓶装满砂后，称出瓶和砂的质量，将容砂瓶的砂子倒入试坑内，直到砂子灌满试坑，称剩下砂子和容砂瓶的质量，计算出注满试坑所用砂子的质量，则可计算出试样密度和干密度：

$$\rho_0 = \frac{m_p \rho_\sigma}{m_s}, \rho_d = \frac{\rho_0}{1+w} \tag{1-18}$$

式中 m_p——试坑内的试样质量，g；

m_s——注满试坑所有标准砂质量，g；

ρ_0——试样密度，g/cm^3；

ρ_σ——标准砂的密度，g/cm^3；

ρ_d——试样干密度，g/cm^3；

w——试样含水量，%。

知识技能训练

一、思考题

1. 水利工程施工中常用土依开挖难易程度如何分类？
2. 土方开挖机械有哪些？土方运输机械有哪些？各有什么特点？
3. 常用的炸药有哪几种？分别适用于哪些场合？
4. 浅孔阶梯爆破的炮孔布置的主要参数哪些？怎么设计？
5. 爆破作业的防护安全措施有哪些？
6. 土石方压实机械有哪些？适用哪些情况？
7. 土石方压实标准有哪些？如何测定？

二、案例

某水利枢纽岩石边坡开挖，边坡高 7m，开挖厚度 3～5m，试作爆破设计，设计爆破参数、起爆网络及安全防护措施等 。

模块二　地　基　处　理

单元一　土　基　处　理

【单元重点】

土基处理的几种方法：换填垫层法、挤密桩复合地基、高压喷射灌浆。

【学习目标】

掌握换填垫层法、挤密桩复合地基、高压喷射灌浆等地基处理方法的特点，能合理选择土基处理方法，能合理组织地基处理施工。

任务一　换填垫层法施工

一、换填法的概念

换填法就是将基础底面以下不太深的一定范围内的软弱土层挖去，然后以质地坚硬、强度较高、性能稳定、具有抗侵蚀性的砂、碎石、卵石、素土、灰土、煤渣、矿渣等材料分层充填，并同时以人工或机械方法分层压、夯、振动，使之达到要求的密实度，成为良好的人工地基。

换土垫层与原土相比，具有承载力高、刚度大、变形小等优点。

按换填材料的不同，将垫层分为砂垫层、砂卵石垫层、碎石垫层、灰土或素土垫层、煤渣垫层、矿渣垫层以及用其他性能稳定、无侵蚀性的材料做的垫层等。

换填法适用于浅层地基处理，包括淤泥、淤泥质土、松散素填土、杂填土、已完成自重固结的吹填土等地基处理以及暗塘、暗沟等浅层处理和低洼区域的填筑。换填法还适用于一些地域性特殊土的处理，用于膨胀土地基可消除地基土的胀缩作用，用于湿陷性黄土地基可消除黄土的湿陷性，用于山区地基可用于处理岩面倾斜、破碎、高低差，软硬不匀以及岩溶等，用于季节性冻土地基可消除冻胀力和防止冻胀损坏等。

二、施工方法

换土垫层的施工可按换填材料（如砂石垫层、素土垫层、灰土垫层、粉煤灰垫层和矿渣垫层等）分类，或按压（夯、振）实方法分类。目前国内常用的垫层施工方法，主要有机械碾压法、重锤夯实法和振动压实法。

机械碾压法是采用各种压实机械，如压路机、羊足碾、振动碾等来压实地基土的一种压实方法。这种方法常用于大面积填土的压实、杂填土地基处理、道路工程基坑面积较大的换土垫层的分层压实。施工时，先按设计挖掉要处理的软弱土层，把基础底部土碾压密实后，再分层填土，逐层压密填土。

重锤夯实法是利用起重设备将夯锤提升到一定高度，然后自由落锤，利用重锤自由下落时的冲击能来夯实浅层土层，重复夯打，使浅部地基土或分层填土夯实。主要设备为起重机、夯锤、钢丝绳和吊钩等。重锤夯实法一般适用地下水位距地表 0.8m 以上非饱和的黏性土、砂土、杂填土和分层填土，用以提高其强度，减少其压缩性和不均匀性，也可用于消除或减少湿陷性黄土的表层湿陷性，但在有效夯实深度内存在软弱土时，或当夯击振动对邻近建筑物或设备有影响时，不得采用。因为饱和土在瞬间冲击力作用下水不易排出，很难夯实。

振动压实法是利用振动压实机将松散土振动密实。地基土的颗粒受振动而发生相对运动，移动至稳固位置，减小土的孔隙而压实。此法适用于处理无黏性土或黏粒含量少、透水性较好的松散杂填土以及矿渣、碎石、砾砂、砾石、砂砾石等地基。

总的来说，垫层施工应根据不同的换填材料选择施工机械。粉质黏土、灰土宜采用平碾、振动碾和羊足碾，中小型工程也可采用蛙式打夯机、柴油夯；砂石等宜采用振动碾；粉煤灰宜用平碾、振动碾、平板式振动器、蛙式夯；矿渣宜采用平碾、振动碾、平板式振动器。

1. 材料要求

在垫层的施工中，填料质量的好坏、是直接影响垫层施工质量的关键因素。对于砂、石料和矿渣等垫层主要检验其粒径级配以及含泥量，对于土、石灰填料主要检查其含水量是否接近最优含水量，石灰的质量等级以及活性 CaO＋MgO 的含量、存放时间等。

2. 施工参数、机具及方法选择

砂石垫层选用的砂石料应进行室内击实试验，根据曲线确定最大干密度和最优含水量，然后根据设计要求的压实系数确定设计要求的，以此作为检验砂石垫层质量控制的技术指标。在无击实试验数据时，砂石垫层的中密状态可作为设计要求的干密度：中砂 $1.6g/cm^3$，粗砂 $1.7g/cm^3$，碎石、卵石 $2.0\sim2.1g/cm^3$ 即可。

砂和砂石垫层采用的施工机具和方法对垫层的施工质量至关重要。下卧层是高灵敏度的软土时，在铺设第一层时要注意不能采用振动能量大的机具扰动下卧层，除此之外，一般情况下，砂及砂石垫层首先用振动法。因为，振动法更能有效地使砂和砂石密实。我国目前常采用的方法有振动压实法（包括平振和插振）、夯实法、碾压法等。常采用的机具有振捣器、振动压实机、平板振动器、蛙式打夯机、压路机等。

三、施工要点

（1）施工前应验槽，先将浮土清除。基槽（坑）的边坡必须稳定，以防止塌土。槽底和两侧如有孔洞、沟、井和墓穴等，应在施工前加以处理。

（2）人工级配的砂、石材料，应按级配拌和均匀，再进行铺填捣实。

（3）砂地基和砂石地基的底面宜铺设在同一标高上，如深度不同时，施工应按先深后浅的程序进行。图面应挖成台阶或斜坡搭接，搭接处应注意捣实。

（4）分段施工时，接头处应做成斜坡，每层错开 0.5～1.0m，并应充分捣实。

（5）采用碎石换填时，为防止基坑底面的表层软土发生局部破坏，应在基坑底部及四测先铺一层砂，然后再铺设碎石垫层。

（6）换填应按分层铺垫，分层夯（压）实，每层的铺设厚度和压实遍数等施工参数宜通过工地压实试验确定，不具备试验条件的按经验值确定。分层厚度可用样桩控制。捣实砂层应注意不要扰动基坑底部和四侧的土，以免影响和降低地基强度。每铺好一层垫层，经密实度检验合格后方可进行上一层施工。

（7）冬季施工时，不得采用夹有冰块的砂石做垫层，并应采用措施防止砂石内水分冻结。

任务二　挤密桩复合地基施工

一、灰土和土挤密桩

灰土挤密桩是利用锤击将钢管打入土中，侧向挤密土体形成桩孔，将管拔出后，在桩孔中分层回填 2∶8 或 3∶7 灰土并夯实而成，与桩间土共同组成复合地基以承受上部荷载。适用于处理地下水位以上、天然含水量 12%～25%、厚度 5～15m 的素填土、杂填土、湿陷性黄土以及含水率较大的软弱地基等。

土桩挤密地基由桩间挤密土和分层填夯的素土桩组成，土桩桩体和桩间土均为被机械挤密的重塑土，两者均属同类土料。因此，两者的物理力学指标无明显差异。因而，土桩挤密地基可视为厚度较大的素土垫层。

（一）挤密桩的设计

1. 桩的布置

灰土挤密桩或素土挤密桩处理地基的面积，应大于基础或建筑物底层平面的面积。并应符合下列规定：

（1）采用局部处理超出基础底面的宽度时，对非自重湿陷性黄土、素填土和杂填土等地 基，每边不应小于基底宽度的 0.25 倍，并不应小于 0.50m；对自重湿陷性黄土地基，每边不应小于基底宽度的 0.75 倍，并不应小于 1.00m。

（2）当采用整片处理时，超出建筑物外墙基础底面外缘的宽度，每边不宜小于处理土层 厚度的 1/2，并不应小于 2m。

2. 处理深度

灰土挤密桩或土挤密桩处理地基的深度，应根据建筑场地的土质情况、工程要求和成孔及夯实设备等综合因素确定。对湿陷性黄土地基，应符合现行的国家标准 GB 50025—2004《湿陷性黄土地区建筑规范》的有关规定。

3. 桩径

桩孔直径宜为 300～500mm，并可根据所选用的成孔设备或成孔方法确定。为使桩间土均匀挤密，桩孔宜按等边三角形布置，桩孔之间的中心距离 s，可为桩孔直径的 2.0～2.5 倍。

（二）成孔和回填夯实

成孔和孔内回填夯实，应符合下列要求：

（1）成孔和孔内的回填夯实的施工顺序，对整片处理，宜从里（或中间）向外间隔1～2孔进行，对大型大程，可采取分段工；对局部处理，宜从外向里间隔1～2孔进行。

（2）向孔内填料前，孔底应夯实，并应抽样检查桩孔的直径、深度和垂直度。

（3）桩孔的垂直度偏差不应大于1.5%。

（4）桩孔中心点的偏差不应超过桩距设计值的5%。

（5）经检验合格后，按设计要求，向孔内分层填入筛好的素土、灰土或其他填料，并应分层夯实至设计标高。

此外铺设灰土垫层前，应将桩顶标高以上的松动土层挖除或夯（压）密实。

（三）施工问题处理方法

（1）夯打时桩孔内有渗水、涌水、积水现象可将孔内水排出地表，或将水下部分改为混凝土桩或碎石桩，水上部分仍为土（或灰土）桩。

（2）沉管成孔过程中遇障碍物时可采取以下措施处理：

1）用洛阳铲探查并挖除障碍物，也可在其上面或四周适当增加桩数，以弥补局部处理深度的不足，或从结构上采取适当措施进行弥补。

2）对未填实的墓穴、坑洞、地道等面积不大，挖除不便时，可将桩打穿通过，并在此范围内增加桩数，或从结构上采取适当措施进行弥补。

（3）夯打时造成缩径、堵塞、挤密成孔困难、孔壁坍塌等情况，可采取以下措施处理：

1）当含水量过大缩径比较严重时，可向孔内填干砂、生石灰块、碎砖渣、干水泥、粉煤灰；如含水量过小，可预先浸水，使之达到或接近最优含水量。

2）遵守成孔顺序，由外向里间隔进行（硬土由里向外）。

3）施工中宜打一孔，填一孔，或隔几个桩位跳打夯实。

4）合理控制桩的有效挤密范围。

（四）质量检验

成桩后，应及时抽样检验灰土挤密桩或素土挤密桩处理地基的质量。对一般工程，主要应检查施工记录、检测全部处理深度内桩体和桩间土的干密度，并将其分别换算为平均压实系数和平均挤密系数。对重要工程，除检测上述内容外，还应测定全部处理深度内桩间土的压缩性和湿陷性。

抽样检验的数量，对一般工程不应少于桩总数的1%；对重要工程不应少于桩总数的1.5%。

夯实质量的检验方法有下列几种：

（1）轻便触探检验法。先通过试验夯填，求得“检定锤击数”，施工检验时以实际锤击数不小于检定锤击数为合格。

（2）环刀取样检验法。先用洛阳铲在桩孔中心挖孔或通过开剖桩身，从基底算起沿深度方向每隔1.0～1.5m用带长把的小环刀分层取出原状夯实土样，测定其干密度。

（3）载荷试验法。对重要的大型工程应进行现场载荷试验和浸水载荷试验，直接测试承载力和湿陷情况。

上述前两项检验法，其中对灰土桩应在桩孔夯实后48h内进行，二灰桩应在36h内进行，否则将由于灰土或二灰的胶凝强度的影响而无法进行检验。

对一般工程，主要应检查桩和桩间土的干密度和承载力；对重要或大型工程，除应检测上述内容外，尚应进行载荷试验或其他原位测试。也可在地基处理的全部深度内取样测定桩间土的压缩性和湿陷性。

二、其他挤密桩

1. 砂石桩

砂桩和砂石桩统称砂石桩，是指用振动、冲击或水冲等方式在软弱地基中成孔后，再将砂或砂卵石（或砾石、碎石）挤压入土孔中，形成大直径的由砂或砂卵（碎）石所构成的密实桩体。适用于挤密松散砂土、素填土和杂填土等地基，起到挤密周围土层、增加地基承载力的作用。

2. 水泥粉煤灰碎石桩

水泥粉煤灰碎石桩简称CFG桩，是近年发展起来的处理软弱地基的一种新方法。它是在碎石桩的基础上掺入适量石屑、粉煤灰和少量水泥，加水拌和后制成的具有一定强度的桩体。

任务三　高压喷射灌浆施工

高压喷射注浆法是利用钻机把带有喷嘴的注浆管钻进至土层的预定位置后，以20MPa左右的高压水流从喷嘴中喷射出来，冲击破坏土体，再用泥浆泵注入压力为2～5MPa的水泥浆与土体混合，浆液凝固后，在土中形成较大的增强固结体。

高压喷射注浆法适用于处理淤泥、淤泥质土、流塑、软塑或可塑黏性土、粉土、砂土、黄土、素填土和碎石土等地基。

高压喷射注浆法具有增强地基强度、提高地基承载力、止水防渗、减少支挡建筑物土压力、防止砂土液化和降低土的含水量等多种功能，可用于既有建筑物和新建建筑地基加固，深基坑、地铁等工程的土层加固或防水；在深基坑防渗帷幕、水库坝基防渗、多层及高层建筑的地基处理、挡土墙加固等工程中应用广泛。

一、高压喷射灌浆的方法

高压喷射灌浆法的基本种类有单管法、二管法、三管法和多管法四种方法，目前国内以二管法和三管法应用较多。

1. 单管法

单管法是用高压泥浆泵以20～25MPa或更高的压力，从喷嘴中喷射出水泥浆液射流，冲击破坏土体，同时提升或旋转喷射管，使浆液与土体上剥落下来的土石掺搅混合，经一定时间后凝固，在土中形成凝结体。这种方法形成凝结体的范围（桩径或延伸长度）较小，一般桩径为0.5～0.9m，板状凝结体的延伸长度可达1～2m。其加固质量好，施工速度快，成本低。

2. 二管法

二管法是用高压泥浆泵等高压发生装置产生 20～25MPa 或更高压力的浆液，用压缩空气机产生 0.7～0.8MPa 压力的压缩空气。浆液和压缩空气通过具有两个通道的喷管，在喷射管底部侧面的同轴双重喷嘴中喷射出高压浆液和空气两种射流，冲击破坏土体，其直径达 0.8～1.5m。

3. 三管法

三管法是使用能输送水、气、浆的三个通道的喷射管，从内喷嘴中喷射出压力为30～50MPa 的超高压水流，水流周围环绕着从外喷嘴中喷射出一般压力为 0.7～0.8MPa 的圆状气流，同轴喷射的水流与气流冲击破坏土体。由泥浆泵灌注压力为 0.2～0.7MPa、浆量 80～100L/min、密度 1.6～1.8g/cm^3 的水泥浆液进行充填置换。其直径一般为 1.0～2.0m，较二管法大，较单管法要大 1～2 倍。

二、高压喷射灌浆的喷射形式

高压喷射灌浆的喷射形式有旋喷、摆喷和定喷三种。

高压喷射灌浆形成凝结体的形状与喷嘴移动方向和持续时间有密切关系。喷嘴喷射时，一面提升，一面进行旋喷则形成柱状体；一面提升，一面进行摆喷则形成哑铃体；当喷嘴一面喷射，一面提升，方向固定不变，进行定喷，则形成板状体。这三种喷射形式切割破碎土层的作用，以及被切割下来的土体与浆液搅拌混合，进而凝结、硬化和固结的机制基本相似，只是喷嘴运动方式的不同致使凝结体的形状和结构有所差异。

三、高压喷射灌浆的施工程序

高压喷射灌浆应分排分序进行。在坝、堤基或围堰中，由多排孔组成的高喷墙应先施工下游排孔，后施工上游排孔，最后施工中间排孔。在同一排内如采用钻、喷分别进行的程序施工时，应先施工Ⅰ序孔，后施工Ⅱ序孔。先导孔应最先施工。Ⅰ序孔和Ⅱ序孔可采用“焊”接或“切”入式连接。

施工程序为钻孔、下置喷射管、喷射提升、成桩成板或成墙等，如图 2－1 所示。

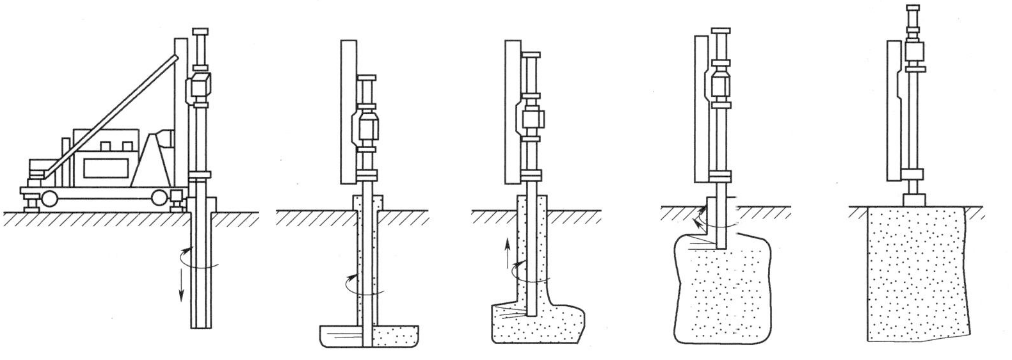

(a) 钻孔　(b) 下置喷射管　(c) 喷射提升（一）(d) 喷射提升（二）(e) 成桩成板或成墙

图 2－1　高压喷射灌浆施工程序

单元二　岩　基　处　理

【单元重点】

岩基处理的方法：帷幕灌浆与固结灌浆，帷幕灌浆与固结灌浆的作用、施工程序。

【学习目标】

掌握帷幕灌浆与固结灌浆地基处理方法的特点，能合理选择岩基处理方法，能合理制定岩基处理方案，组织处理施工。

任务一　帷幕灌浆施工

帷幕灌浆是指布置在靠近上游迎水面的坝基内，通过钻孔向其中压入浆液，形成一道连续的防渗幕墙，以减少坝基的渗流量，降低坝底渗透压力，保证基础渗透稳定的工程措施。

帷幕灌浆呈深而窄的特征，质量要求高，作业难度大，为保证灌浆的质量，一般安排在水库蓄水前完成。由于帷幕灌浆的工程量大，与坝体施工在时间安排上有矛盾，所以若为混凝土坝，通常安排在坝体基础灌浆廊道内进行，这样既可实现坝体上升与基岩灌浆同步进行，也使灌浆施工具备了一定厚度的混凝土压重，有利于提高灌浆压力，保证了灌浆质量，但对于各种土石坝，一般还是安排在坝体防渗体填筑之前于露天进行。对于高坝的灌浆帷幕，常常要深入两岸坝肩较大范围岩体中，一般需要在两岸分层开挖灌浆平洞。许多工程在坝基与两岸山体中所形成的地下灌浆帷幕，其面积较之可见的坝体迎水面要大得多。体现帷幕灌浆状态的参数有防渗标准、帷幕形式和深度、帷幕的厚度和排数以及灌浆的压力等。

一、浆液类型

（1）纯水泥浆。它是一种最常用的灌注浆液，适用于基岩固结灌浆和基岩帷幕灌浆。

（2）细水泥浆液。它分为干磨细水泥浆液、湿磨细水泥和超细水泥浆液，适用于微细裂隙基岩的灌浆。前两种浆液，一般情况下，其最大粒径 D_{max} 在 35μm 以下，平均粒径 D_{50} 为 6～10μm。超细水泥为一种特制水泥，其最大粒径一般在 12μm 以下，平均粒径为 3～6μm。

（3）稳定浆液。常在水泥浆液中掺有少量稳定剂（例如膨润土），其析水率不大于 5%。适用于高压帷幕灌浆和遇水性能易恶化或注入量较大的地层的灌浆。例如克孜尔水库主坝右坝肩岩体为遇水易软化、崩解的泥岩，在固结灌浆中采用了稳定浆液，其配合比和性能见表 2-1。

在拌制细水泥浆液和稳定浆液时，必须加入减水剂和采用高速搅拌机。

（4）混合浆液。在水泥浆液中掺有掺合料，例如水泥砂浆、水泥黏土浆、水泥粉煤灰浆、水泥水玻璃浆等，适用于注入量大或地下水流速较大地层的灌浆。如掺用粉煤灰，应采用高速搅拌机。

表 2-1　稳定浆液配合比和性能

水泥	水	膨润土	减水剂	析水率/%	漏斗黏度/s	塑性屈服强度/Pa	塑性黏度/(Pa·s)	初凝时间/(h:min)	终凝时间/(h:min)	抗压强度/MPa	备注
100	80	1	0.5	5.1	19.0	1.5	0.0082	13:05	15:25	14.7	浆液通过胶体磨高速搅拌
100	60	1	0.5	1.8	26.7	0.75	0.0123	11:31	14:24	16.5	
100	50	0.5	0.5	2.5	27.4	1.25	0.0164	7:41	11:46	25.4	

(5) 膏状浆液。这种浆液塑性屈服强度大（常大于20Pa），稠度如牙膏，适用于大孔隙地层（如喀斯特空洞、岩体宽大裂隙、堆石体等）的灌浆。由于其明显的塑性特征，在灌浆过程中具有良好的浆液可控性，有利于控制大孔隙地层灌浆浆液扩散的范围。

二、灌浆施工

灌浆施工程序包括灌浆孔位放样、钻孔、钻孔裂隙冲洗、压水试验、浆液配制、灌注浆液、灌浆结束、灌浆质量检查。

1. 放样

一般用测量仪器放出建筑物边线或中线后，再根据建筑物中线或边线定灌浆孔的位置，钻孔的开孔位置与设计位置的偏差不得大于10cm，帷幕灌浆还应测出各孔高程。

2. 钻孔

灌浆孔有铅直孔和斜孔两种。钻孔原则应尽可能多地和岩石裂隙层理互相交叉。倾角较大的裂隙一般打斜孔，裂隙倾角小于40°的可打直孔，打直孔比打斜孔可提高工效30%～50%，因此，最好多打直孔。钻孔应按设计好的顺序进行。

帐幕灌浆的钻孔宜采用回转式钻机和金刚石钻头或硬质合金钻头，其钻进效率较高，不受孔深、孔向、孔径和岩石硬度的限制，还可钻取岩芯。钻孔的孔径一般在75～90mm。固结灌浆则可采用各式合适的钻机与钻头。

钻孔的质量对灌浆效果影响很大。钻孔质量包括：①确保孔深、孔向、孔位符合设计要求；②力求孔径上下均一、孔壁平顺；③钻进过程中产生的岩粉细屑较少。

孔深的控制可根据钻杆钻进的长度推测。孔斜的控制相对较困难，特别是钻设斜孔，掌握钻孔方向更加困难。在工程实践中，按钻孔深度不同规定了钻孔偏斜的允许值，见表2-2，当深度大于60m时，则允许的偏差不应超过钻孔的间距。钻孔结束后，应对孔深、孔斜和孔底残留物等进行检查，不符合要求的应采取补救处理措施。

表 2-2　钻孔孔底最大允许偏差值

钻孔深度/m	20	30	40	50	60
允许偏差/m	0.25	0.50	0.80	1.15	1.50

3. 钻孔（裂隙）冲洗

钻孔后，进入冲洗阶段，冲洗工作通常分为：①钻孔冲洗，将残存在钻孔底和黏滞在孔壁的岩粉碎屑等冲洗出来；②岩层裂隙冲洗，将岩层裂隙中的充填物冲洗出孔外，以便浆液进入到腾出的空间，使浆液结石与基岩胶结成整体。在断层、破碎带和细微裂隙等复杂地层中灌浆，冲洗的质量对灌浆效果影响极大。

一般采用灌浆泵将水压入孔内循环管路进行冲洗。

岩层裂隙冲洗方法分单孔冲洗和群孔冲洗两种。

在岩层比较完整，裂隙比较少的地方，可采用单孔冲洗。冲洗方法有高压压水冲洗、高压脉动冲洗和扬水冲洗等。

4. 压水试验作业

灌浆施工时的压水试验，使用的压力通常为同段灌浆压力的80%，但一般不大于1MPa。试验时，可在预定压力之下，每隔5min记录一次流量读数，直到流量稳定30～60min，取最后的流量作为计算值，计算该地层的透水率q。

帷幕灌浆孔压水试验结果符合下列标准之一时，试验工作即可结束，且以最终压入流量读数作为计算流量。

(1) 当流量大于5L/min时，连续4次读数的最大值与最小值之差小于最终流量的10%。

(2) 当流量小于5L/min时，连续4次读数的最大值与最小值之差小于最终流量的20%。

(3) 连续4次读数流量均小于0.5L/min。

压水试验应自上而下分段进行。分段的长度一般为5m。对于透水性较强的岩层、构造破碎带、裂隙密集带、岩层接触带以及岩溶洞穴等部位，应根据具体情况确定试段的长度。同一试验段不宜跨越透水性相差悬殊的两种岩层，这样获得的试验资料更具有代表性。如果地层比较单一完整，透水性又较小时，试验段长度可适当延长，但不宜超过10m。

5. 灌浆的方法与工艺

为了确保岩基灌浆的质量，必须注意以下问题：

(1) 钻孔灌浆的次序。单排帷幕孔的钻灌次序是先钻灌第Ⅰ序孔，然后依次钻灌第Ⅱ、第Ⅲ序孔，如有必要再钻灌第Ⅳ序孔（图2-2）。

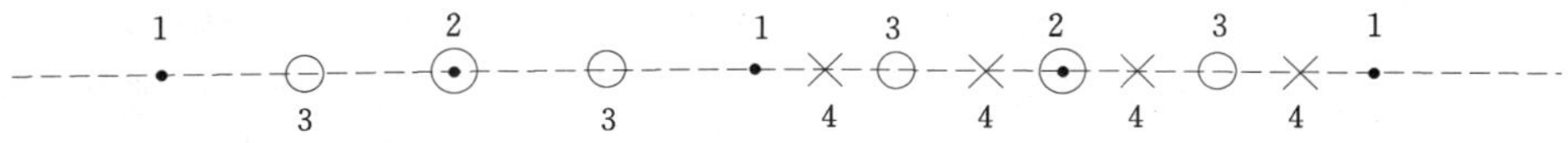

图2-2 单排帷幕孔的钻灌次序

1—第Ⅰ序孔；2—第Ⅱ序孔；3—第Ⅲ序孔；4—第Ⅳ序孔

双排和多排帷幕孔，在同一排内或排与排之间均应按逐渐加密的次序进行钻灌作业。双排孔帷幕通常是先灌下游排，后灌上游排；多排孔帷幕是先灌下游排，再灌上游排，最后灌中间排。在坝前已经壅水或有地下水活动的情况下，更有必要按照这样的次序进行钻灌作业，以免浆液过多地流失到灌浆区范围以外。

帷幕灌浆各个序孔的孔距视岩层完好程度而定，一般多采用第Ⅰ序孔孔距8～12m，然后内插加密，第Ⅱ序孔孔距4～6m，第Ⅲ序孔孔距2～3m，第Ⅳ序孔孔距1～1.5m。

(2) 注浆方式。按照灌浆时浆液灌注和流动的特点，灌浆方式有纯压式和循环式两种。对于帷幕灌浆，应优先采用循环式。

（3）钻灌方法。按照同一钻孔内的钻灌顺序，有全孔一次钻灌和全孔分段钻灌两种方法。

全孔一次钻灌系将灌浆孔一次钻到设计孔底，并沿全孔进行灌浆。这种方法施工简便，多用于孔深不超过 6m，地质条件良好，基岩比较完整的情况。

6. 灌浆效果检查

基岩灌浆属于隐蔽性工程，必须加强灌浆质量的控制与检查，为此，一方面要认真做好灌浆施工的原始记录，严格灌浆施工的工艺控制，防止违规操作；另一方面，要在一个灌浆区灌浆结束以后，进行专门的质量检查，作出科学的灌浆质量评定。基岩灌浆的质量检查结果，是整个工程验收的重要依据。

灌浆质量检查的方法很多，常用的有：①在已灌地区钻设检查孔，通过压水试验和浆液注入率试验进行检查；②通过检查孔，钻取岩芯进行检查，或进行钻孔照相和孔内摄像，观察孔壁的灌浆质量；③开挖平洞、竖井或钻设大口径钻孔，检查人员直接进去观察检查，并在其中进行抗剪强度、弹性模量等方面的试验；利用地球物理勘探技术，测定基岩的弹性模量、弹性波速等，对比这些参数在灌浆前后的变化，借以判断灌浆的质量和效果。

任务二　固结灌浆施工

一、固结灌浆的认识

固结灌浆是为了改善节理裂隙发育或有破碎带的岩石的物理力学性能而进行的灌浆工程。其主要作用如下：

（1）提高岩体的整体性与均质性。

（2）提高岩体的抗压强度与弹性模量。

（3）减少岩体的变形与不均匀沉陷。

对混凝土重力坝，多进行坝基全面积固结灌浆；对混凝土拱坝或重力拱坝，还要对受力较大的坝肩拱座岩体进行固结灌浆；对水工隧洞，常在衬砌后进行岩体固结灌浆。在破碎的岩层中开挖隧洞时，为避免岩体坍塌或集中渗漏，可在开挖前进行一定范围内的斜孔或水平孔超前固结灌浆。在土石坝防渗体底部设置混凝土垫层时，也常对垫层下部岩体进行固结灌浆。为保证灌浆质量，需在岩基表面浇筑混凝土盖板或有一定厚度的混凝土后才进行固结灌浆。

二、固结灌浆施工

1. 灌浆方式

固结灌浆灌浆方式有循环式和纯压式两种，灌浆施工工艺和帷幕灌浆基本相同。

2. 灌浆技术要求

灌浆孔的施工按分序加密的原则进行，可分为二序施工或三序施工。每孔采取自上而下分段钻进、分段灌浆或钻进终孔后进行灌浆。

灌浆孔基岩段长小于 6m 时，可全孔一次灌浆。当地质条件不良或有特殊要求时，可分段灌浆。灌浆压力不大于 3MPa 的工程，灌浆孔应分段进行灌浆。

灌浆孔应采用压力水进行裂隙冲洗，直至回水清净。冲洗压力可为灌浆压力的 80%，该值大于 1MPa，应采用 1MPa。

灌浆孔灌浆前的压水试验应在裂隙冲洗后进行，采用单点法。试验孔数不宜少于总孔数的 5%。

3. 施工工艺

岩石地质条件复杂时，一般先进行现场固结灌浆试验，确定技术参数（孔距、排距、孔深、布孔形式、灌浆次序、压力等）。

浅层固结灌浆孔多用风钻钻孔；深层孔多用潜孔钻或岩心钻钻孔。

平面布孔形式有梅花形、方格形和六角形。排距和最终孔距一般为 3～6m，按逐渐加密方法钻灌。

灌浆材料以水泥浆液为主，在岩石节理、裂隙发育地段，吃浆量很大时，常改灌水泥砂浆。灌浆时先从稀浆开始，逐渐变浓，直至达到结束标准。

灌浆全部结束后，对固结效果的检查方法有：①钻检查孔进行压水试验和岩心检查；②测定弹性波速与弹性模量；③必要时开挖平洞或竖井直观检查。

知识技能训练

一、思考题

1. 土基处理方法有哪些？
2. 试述高压喷射灌浆的喷射形式和施工工序。
3. 简述帷幕灌浆的施工程序。
4. 试述帷幕灌浆的钻灌次序、注浆方式和钻灌方法有哪些？
5. 试分析帷幕灌浆和固结灌浆的不同。

二、案例

某混凝土重力高坝地基处理，岩石透水率较大，采用帷幕灌浆，试制定帷幕灌浆的施工技术方案。

模块三 混凝土工程施工

单元一 混凝土施工

【单元重点】

混凝土施工的工序：骨料生产，混凝土拌和，混凝土运输，混凝土浇筑和混凝土质量控制。

【学习目标】

能合理制定骨料生产、混凝土拌和、混凝土运输、混凝土浇筑施工方案和混凝土质量控制措施，能组织混凝土工程施工，控制混凝土质量。

任务一 砂石骨料生产

一、料源规划

水利水电工程砂石料料源有天然砂砾石骨料、人工骨料与工程开挖利用料。部分规模小、部位分散、距离长（如堤防工程、调水工程）的工程亦可结合当地商品砂石料生产情况直接采购成品骨料。

（一）天然料场

按其产地、料层位置可分为陆上料场、河滩料场和河床水下料场等几类。其天然骨料级配往往与工程要求有较大差距，需通过级配加工或外购骨料补充不足级配料来调整，以满足工程需要。采取何种工艺，需结合料场分布位置、开采条件、储量、料源品质等因素综合考虑。天然骨料开采、加工条件一般优于人工料场，应创造条件尽量利用。天然砂砾石料场的开采往往受水文条件影响，其开采与储备必须统筹计划。同时还必须处理好开采对通航、环保及对水资源的影响。

一般覆盖层较厚的陆上料场，杂质含量较高，但开采不受河水的影响。

大部分的天然砂石料场为河滩料场，一般在枯水期出露，在汛期淹没或部分淹没，绝大部分砂石料位于水下。

河床料场实际上就是指常年处于河水面以下的料场，这种料场常与河滩料场连成一片。

（二）人工料场

人工料场是作为人工骨料的原岩料场，也常称为采石场，人工料场具有与施工干扰较少，受自然因素影响小等特点，可常年开采，加工出的成品骨料质量稳定，管理相对集中，有利于均衡生产，级配易于按需调整，减少堆料场地。

（三）工程开挖利用料

水利水电工程施工中，诸如导流隧洞、大坝基础、通航建筑物及电站厂房等主体工程的开挖，常有大量工程弃渣要外运弃置，其中有很大一部分可利用作为人工骨料的原材料。工程弃渣的利用大大降低砂石骨料的成本，能减少工程弃渣处置费用，有利于环保，应优先考虑，综合利用。

工程弃渣的利用应尽量使工程开挖施工进度与弃渣利用时间结合。工程弃渣的利用水平亦与工程管理密切相关。

统筹规划、协调管理是充分利用工程弃渣的关键，一般应遵循以下原则：

（1）应在石方开挖出渣前，规划建设好可利用料堆储场地。

（2）石方开挖工程要选用合适的钻爆参数，以使可利用料的出渣块度适应加工厂粗碎设备的粒径要求。

（3）从施工总进度计划着手，在不影响控制进度的前提下，协调开挖和浇筑进度，以减少利用料堆储量，提高利用率。

（4）尽量创造条件，使利用料直接从开挖现场运至加工系统，减少二次挖运量，降低成本。

（5）避免有用料与无用料混杂，避免降低系统的加工能力。

二、骨料加工

（一）毛料开采

1. 砂石料毛料开采量的确定

砂石料毛料开采量是以主体工程混凝土量为计算依据，并考虑工程地质缺陷处理、超挖回填、临建工程、施工损耗等附加混凝土工程量。一般在规划设计时大中型工程可按5%～8%考虑；施工设计时需结合主体工程的坝型设计及坝址地质条件等因素综合分析确定。对水工混凝土而言，砂石料需要量应按各级配混凝土需要量，按比例分别计算。在初步估算时可按每立方米混凝土约需 1.5m^3 砂石净骨料（其中粗骨料约 1.067m^3，细骨料 0.433m^3）计算，折合成料场开采量需计入开采、加工、运输，储存等损耗系数。人工料和天然料各种系数有所差别，计算时应分别考虑。

2. 河滩、河床天然料场的开采

河床或河滩开采天然砂砾料，一般使用链斗式采砂船开采，配套砂驳作水上运输至岸边，然后用皮带机上岸，最后组织陆路运输至骨料加工厂毛料堆场。

天然料场受施工和自然因素影响较大，在料源规划时，必须充分考虑工程特点、采运设备技术性能、运输线季节性中断及料场的储量与质量间的相互关系。一般坝上游料场在截流或蓄水后往往淹没在水下，开采运输困难，应安排在截流或蓄水前使用，有的料场则因航深及开采设备自身条件限制，只能在丰水或枯水季节使用。

较大的天然砂砾料场，砂石的天然级配在深度和广度上往往有所变化，因此常需分层分区进行开采，一般应遵循以下原则：

（1）分层分区应保证开采和运输线路的连续性。

(2) 应将覆盖层薄、料层厚、易开采、运距近、交通方便的料区安排在工程的高峰施工时段(或年度)开采,以便提高生产效率,减少采运设备。

(3) 对于陆基水下开采的河滩料场,应尽可能将洪水位(或汛期开采水位)以上的料层或料区留待汛期开采,枯水期则集中开采洪水位以下部位的料层或料区。

(4) 河滩和河床料场的分区开采应注意避免汛期冲走有用料层,对某些料场,还可以创造条件,使开采后形成的料坑被洪水挟带的砂砾石重新淤积起来,枯水期重新加以利用。

(5) 料区的开采计划应尽可能照顾各个时期的级配平衡。

3. 人工料场的开采

一般采用钻爆法松动岩体,然后沿作业面用正铲、反铲或装载机装渣,用自卸汽车、列车、皮带机等运至骨料加工厂毛料堆场。与一般土石方开挖作业不同,料场要求采用钻爆作业控制开采块石的粒径,一般采用微差挤压爆破法,控制爆破后的骨料粒径,尽量降低超过粗碎设备允许进料粒径的超径大块石的含量,同时避免过多石渣的产生。一般颚式和旋回破碎机的允许最大进料粒径为进料口尺寸的80%~85%,准确数据应以生产厂家的技术资料为准。

(二)粗骨料生产

无论以天然河床料场、人工料场、工程开挖利用料为原料的骨料不能直接用于拌制混凝土,需要通过破碎、筛分、冲洗等加工过程,制成符合级配要求、除去杂质的各级粗、细骨料。把骨料破碎、筛分、冲洗、运输和堆放等一系列生产过程集中布置,成为骨料加工厂。当采用天然骨料时,加工的主要作业是筛分和冲洗;当采用人工骨料时,主要作业是破碎、筛分、冲洗和棒磨制砂。

1. 破碎

为了将开采的石料破碎到规定的粒径,往往需要经过几次破碎才能完成。因此,通常将骨料破碎过程分为粗碎(将原石料破碎到70~300mm)、中碎(破碎到20~70mm)和细碎(破碎到1~20mm)三种。

骨料用碎石机进行破碎。碎石机的类型有颚式碎石机、锥式碎石机、辊式碎石机和锤式碎石机等。

2. 筛分与冲洗

筛分是将天然或人工的混合砂石料,按粒径大小进行分级。冲洗是在筛分过程中清除骨料中夹杂的泥土。骨料筛分作业的方法有机械和人工两种。大中型工程一般采用机械筛分。

在筛分的同时,一般通过筛网上安装的几排带喷水孔的压力水管,不断对骨料进行冲洗,冲洗水压应大于0.2MPa。

在骨料筛分过程中,由于筛孔偏大,筛网磨损、破裂等因素,往往产生超径骨料,即下一级骨料中混入的上一级粒径的骨料。相反,由于筛孔偏小或堵塞、喂料过多、筛网倾角过大等因素,往往产生逊径骨料,即上一级骨料中混入的下一级粒径的骨料。超径和逊径骨料的百分率(按重量计)是筛分作业的质量控制指标。要求超径石不大于5%,逊径石不大于10%。

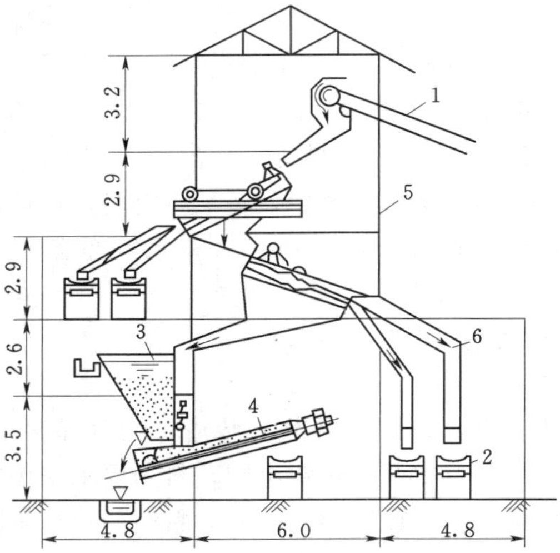

图 3-1　筛分楼分层布置示意图（单位：m）
1—进料皮带机；2—出料皮带机；3—沉砂箱；
4—洗砂机；5—筛分楼；6—溜槽

大中型工程常设置筛分楼，利用楼内安装的 2～4 套筛、洗机械，专门对骨料进行筛分和冲洗的联合作业，其设备布置和工艺流程如图 3-1 所示。

进入筛分楼的砂石混合料，首先经过预筛分，剔出粒径大于 150mm（或 120mm）的超径石。经过预筛分运来的砂石混合料，由皮带机输送至筛分楼，再经过两台筛分机筛分和冲洗，四层筛网（一台筛分机设有两层不同筛孔的筛网）筛出了五种粒径不同的骨料，即特大石、大石、中石、小石、砂子，其中特大石在最上一层筛网上不能过筛，首先被筛分出，砂子、淤泥和冲洗水则通过最下一层筛网进入沉砂箱，砂子落入洗砂机中，经淘洗后可得到清洁的砂。

经过筛分的各级骨料，分别由皮带机运送到净料堆储存，以供混凝土制备的需要。

3. 制砂

制砂工艺是砂石加工厂的关键技术，以前多以棒磨机为主要制砂设备。近年来随着冲击式破碎机、旋盘式破碎机、“石打石”立轴式破碎机等新机型的出现，制砂工艺由单一棒磨机制砂方式，发展到多种类型及联合型的制砂方式。在联合式制砂工艺中，棒磨机往往起调整砂细度模数和补充产量的作用。单一方式制砂一般用于中小型或临时工程，联合型则适合大型或特大型工程。如三峡工程，采用了棒磨机、筛分石渣，“石打石”立式冲击破碎机制砂后混合的工艺；二滩工程为棒磨机与旋盘式制砂机联合制砂工艺。

新型破碎机制砂成本均较棒磨机低，设备结构简单，土建工程量少，其共同的工艺特点是破碎机产品中小于 5mm 颗粒含量高，最大排料粒径在 40mm 左右，采用检查筛分可分成小于 5mm 的砂与中、小石。国内大部分工程采用湿法制砂工艺，国外大部分工程采用干法生产，近年我国一些工程也采用干法生产工艺，并取得成功。

任务二　常态混凝土拌和料生产

随着现代水利水电施工技术的发展，大型混凝土拌和楼被广泛采用，混凝土生产系统（又称混凝土工厂）一般由拌和楼（站）及与其配套的辅助设施组成，包括混凝土原材料储运、二次筛分和冷却（或加热）等设施组成。

一、混凝土生产系统的组成

通常混凝土生产系统由拌和楼（站）、骨料储运设施、胶凝材料储运设施、外加剂车间、冲洗筛分车间、预冷预热车间、空压站、实验室及其他辅助车间等组成。

1. 拌和楼

拌和楼是混凝土生产系统主要部分，也是影响混凝土生产系统布置的关键设备。一般根据混凝土质量要求、浇筑强度、混凝土骨料最大粒径、混凝土品种和混凝土运输等要求选择拌和楼。

2. 骨料储运设施

骨料储运设施包括骨料输送和储存设施，按拌和楼生产要求，向拌和楼供应各种满足质量要求的粗细骨料。拌和楼一般采用轮换上料，净骨料（包括细骨料）供料点至拌和楼的输送距离宜在 300m 以内，当大于 300m 时，应在混凝土生产系统设置骨料调节堆（仓）。若骨料采用汽车运输，骨料中转较困难时，粗骨料调节堆的活容积一般为混凝土生产系统生产高峰日平均需要量 2～3 天的用量，细骨料不宜小于 3 天需用量；若采用胶带机转运骨料，场地布置困难，粗骨料调节堆活容积为混凝土生产系统生产高峰日平均需要量 1～2 天的用量，细骨料为 2～3 天的用量。混凝土生产系统骨料调节堆可采用料堆堆料和料仓储料两种方式。对混凝土工程量较小、生产时间短的工程可采用料堆堆料，堆料高度 5～8m；对混凝土工程量较大，生产时间长、生产环境要求高，混凝土月强度较高的工程，为减少骨料二次污染，宜采用料仓堆料。

3. 胶凝材料储运

混凝土生产系统胶凝材料储运设施一般包括水泥和粉煤灰两部分，距拌和楼距离不宜大于 200m。目前，大、中型水利水电工程一般不采用袋装水泥，混凝土生产系统应设置一定数量的散装水泥罐。因大、中型水利水电工程施工时间较长，粉煤灰供应不确定因素多，粉煤灰源多而不稳定，质量差异较大，为利于混凝土质量控制，粉煤灰罐不宜少于 2 个。混凝土生产系统胶凝材料从料源到工地运输，必要时可设置胶凝材料中转库，中转库的布置地点，一般由施工总组织确定。混凝土生产系统内胶凝材料宜采用气力输送。

4. 二次冲洗筛分

粗骨料在长距离运输和多次转储过程中，常常发生破碎和二次污染，为了满足骨料质量要求，一般在混凝土生产系统设置二次冲洗筛分设施，控制骨料超逊径含量，排除石渣石屑。二次冲洗筛分有两种形式：其一是地面冲洗二次筛分，冲洗筛分后骨料直接储存在一次风冷料仓，如三峡二期工程 98.7m 高程等五个混凝土生产系统；其二是地面冲洗、楼顶二次筛分，筛分后的骨料直接进拌和楼料仓，如湖南五强溪工程 96.0m 高程混凝土生产系统。

5. 实验室

混凝土生产系统应设置混凝土实验室，承担混凝土材料、混凝土拌和质量控制和检验。混凝土生产系统实验室建筑面积可按混凝土工程量来计算，每 1 万 m^3 混凝土实验室建筑面积不宜小于 $1m^2$（包括监理单位现场实验室），且不宜小于 $250m^2$。

6. 外加剂车间

目前，水利水电工程外加剂成品一般以浓缩液或固体形状运到工地，再配成液剂使用。固体浓缩外加剂在工地一般设置拆包、溶解、稀释、匀化稳定和输送几道工序。外加剂溶解在不能自流时，用提升泵输送至拌和楼，拌和楼外加剂贮液灌应设置回液管至外加剂车间。如三峡二期工程 90m 和 79m 高程混凝土生产系统。如采用液体外加剂在工地可不设置专用车间，随配随用。如水口工程采用液体外加剂，在拌和楼下配制后，直接用泵输送上楼。

7. 其他辅助车间

根据工程需要，混凝土生产系统还设有汽车停车场（如使用铁路运输时还应设机车场和机车线）、冲洗间、修理间、仓库、油库、调度控制室、配电所等，承担系统辅助生产任务。

二、混凝土拌和楼选择的一般原则

一个混凝土生产系统拌和楼不宜超过 3 座，也不宜超过 2 种楼型。过多的拌和楼会使混凝土生产系统工艺布置、生产管理和施工组织复杂化，混凝土各种材料供应、储存和运输干扰加大，胶带机上楼布置也困难。

三、拌和楼生产能力的选取

拌和楼的生产能力在不同程度上受到骨料冷却（或加热）、掺合料、混凝土坍落度、级配改变、机械电气设备的运行维修、控制系统等因素的影响，在确定拌和楼生产能力时，应按铭牌生产能力，根据使用条件进行核算，类比国内外相同楼型，相似使用条件下拌和楼实际达到的生产能力，最终确定所选拌和楼的生产能力。部分拌和楼生产能力参见表 3－1。

表 3－1　　部分拌和楼生产能力统计表

拌和楼型号	铭牌生产能力/(m^3/h)	实际生产能力（常态）/m^3			碾压混凝/(m^3/月)	备　注
		h	日	月		
2×1.0m^3	48～60	50	800	16000		
3×1.0m^3	72～90	75	1200	25000		
3×1.5m^3	108～135	100	1600	34000	26000	
4×1.5m^3	125	120	2000	40000	30000	
4×3.0m^3	276	240	3800	75000	60000～64000	
2×3.0m^3	120	150		45000		
2×4.5m^3	324	289	3800	76000	70000～76000	强制式
4×4.5m^3	360	300	4800	88000	75000～81000	
2×6.0m^3	200	180		50000		
4×6.0m^3	360	260	4000	76000	60000	三峡二期工程
2×9.0m^3	530	300				

四、拌和楼型式的选择

拌和楼按结构布置型式可分为直立式、二阶式和移动式三种型式，按搅拌机配置可分为自落式、强制式及涡流式等型式拌和楼。

1. 直立式拌和楼

直立式拌和楼将骨料、胶凝材料的进料、储料、称量、拌和、混凝土出料等各工艺环节由上而下垂直布置在一座楼内，物料只做一次提升，这种楼型在国内外广泛采用，用于混凝土工程量大、使用周期长、施工场地狭小的水利水电工程。

2. 二阶式拌和楼

二阶式拌和楼是将直立式拌和楼分成两大部分，一部分包括骨料进料、料仓及称量设备，另一部分包括胶凝材料配料、混凝土拌和、混凝土出料设备和控制台等，两部分中间一般用胶带连接，将配好的骨料送入搅拌机，骨料分两次提升。两个部分一般布置在同一个高程上，也可根据地形高差布置在两个高程上。这种结构布置形式拌和楼安装拆迁方便、机动灵活、时间短。小浪底工程混凝土生产系统 $4\times3m^3$ 拌和楼采用这种结构型式。

3. 移动式拌和楼

移动式拌和楼一般用于小型水利水电工程，混凝土骨料粒径在 80mm 以下。混凝土拌和船是建造在浮动船舶上的拌和站，主要用于石油、海湾港口码头、河防、桥梁工程等。

五、混凝土生产设备选型与生产作业

（一）混凝土配料

混凝土制备的过程包括储料、供料、配料和拌和。其中配料和拌和是主要生产环节，也是质量控制的关键，要求品种无误、配料准确、拌和充分。

混凝土配料是按设计要求，称量每次拌和混凝土的材料用量。配料的精度直接影响混凝土质量。混凝土配料要求采用重量配料法，即将砂、石、水泥、掺和料按重量计量，水和外加剂溶液按重量折算成体积计量。施工规范对配料精度（按重量百分比计）的要求是水泥、掺和料、水、外加剂溶液为±1%，砂石料为±2%。

设计配合比中的加水量根据水灰比计算确定，并以饱和面干状态的砂子为标准。由于水灰比对混凝土强度和耐久性影响极为重大，绝不能任意变更；施工采用的砂子，其含水量又往往较高，在配料时采用的加水量，应扣除砂子表面含水量及外加剂中的水量。

1. 给料设备

给料是将混凝土各组分从料仓按要求供到称料料斗。给料设备的工作机构常与称量设备相连，当需要给料时，控制电路开通给料。当计量达到要求时，即断电停止给料。常用的给料设备见表 3-2。

表 3-2　　常用给料设备

序号	名　　称	特　　　点	适宜给料对象
1	皮带给料机	运行稳定、无噪声、磨损小、使用寿命长、精度较高	砂
2	给料闸门	结构简单、操作方便、误差较大，可手控、气控、电磁控制	砂、石
3	电磁振动给料机	给料均匀，可调整给料量，误差较大、噪声较大	砂、石
4	叶轮给料机	运行稳定、无噪声、称料准确，可调给料量，满足粗、精称量要求	水泥、混合材料
5	螺旋给料机	运行稳定、给料距离灵活、工艺布置方便，但精度不高	水泥、混合材料

2. 配料称量设备

混凝土配料称量的设备，有简易称量（地磅）、电动磅秤、自动配料杠杆秤、电子秤、配水箱及定量水表。

（二）混凝土拌和

用拌和机拌和混凝土较广泛，能提高拌和质量和生产率。拌和机械有自落式和强制式两种。

1. 混凝土搅拌机

(1) 自落式混凝土搅拌机。自落式搅拌机是通过筒身旋转，带动搅拌叶片将物料提高，在重力作用下物料自由坠下，反复进行，互相穿插、翻拌、混合使混凝土各组分搅拌均匀的。

(2) 强制式混凝土搅拌机。强制式混凝土搅拌机一般筒身固定，搅拌机片旋转，使物料受到剪切、挤压而翻滚、滑动、混合，使混凝土各组分搅拌均匀。

2. 混凝土搅拌机的安装、使用

(1) 混凝土搅拌机的安装：

1) 搅拌机的运输。搅拌机运输时，应将进料斗提升到上止点，并用保险铁链锁住。轮胎式搅拌机的搬运可用机动车拖行，但其拖行速度不得超过15km/h。如在不平的道路上行驶，速度还应降低。

2) 搅拌机的安装。按施工组织设计确定的搅拌机安放位置，根据施工季节情况搭设搅拌机工作棚，棚外应挖有排除清洗搅拌机废水的排水沟，能保持操作场地的整洁。

固定式搅拌机，应安装在牢固的台座上。当长期使用时，应埋置地脚螺栓；如短期使用，可在机座下铺设木枕并找平放稳。

轮胎式搅拌机，应安装在坚实平整的地面上，全机重量应由四个撑脚负担而使轮胎不受力，否则机架在长期荷载作用下会发生变形，造成连接件扭曲或传动件接触不良而缩短搅拌机使用寿命。当搅拌机长期使用时，为防止轮胎老化和腐蚀，应将轮胎卸下另行保管。机架应以枕木垫起支牢，进料口一端抬高3～5cm，以适应上料时短时间内所造成的偏重。轮轴端部用油布包好，以防止灰土泥水侵蚀。

某些类型的搅拌机须在上料斗的最低点挖上料地坑，上料轨道应伸入坑内，斗口与地面齐平，斗底与地面之间加一层缓冲垫木，料斗上升时靠滚轮在轨道中运行，并由斗底向搅拌筒中卸料。

(2) 搅拌机的使用：

1) 搅拌机使用前的检查。搅拌机使用前应按照“十字作业法”（清洁、润滑、调整、紧固、防腐）的要求检查离合器、制动器、钢丝绳等各个系统和部位是否机件齐全、机构灵活、运转正常，并按规定位置加注润滑油脂。检查电源电压，电压升降幅度不得超过搅拌电气设备规定的5%。随后进行空转检查，检查搅拌机旋转方向是否与机身箭头一致，空车运转是否达到要求值，供水系统的水压、水量是否满足要求。在确认以上情况正常后，搅拌筒内加清水搅拌3min然后将水放出，再可投料搅拌。

2) 开盘操作。在完成上述检查工作后，即可进行开盘搅拌，为不改变混凝土设计配合比，补偿黏附在筒壁、叶片上的砂浆，第一盘应减少石子约30%或多加水泥、砂各 15%。

3）正常运转：

a. 投料顺序。普通混凝土一般采用一次投料法或两次投料法。一次投料法是按砂（石子）、水泥、石子（砂）的次序投料，并在搅拌的同时加入全部拌和水进行搅拌；二次投料法是先将石子投入拌和筒并加入部分拌和用水进行搅拌，清除前一盘拌和料黏附在筒壁上的残余，然后再将砂、水泥及剩余的拌和用水投入搅拌筒内继续拌和。

b. 搅拌时间。混凝土搅拌质量直接和搅拌时间有关，搅拌时间应满足表 3-3 的要求。

c. 操作要点。搅拌机操作要点见表 3-4。

表 3-3　混凝土搅拌的最短时间　单位：s

混凝土坍落度/cm	搅拌机机型	搅拌机容量/L		
		<250	250～500	>500
≤3	强制式	60	90	120
	自落式	90	120	150
>3	强制式	60	60	90
	自落式	90	90	120

注　掺有外加剂时，搅拌时间应适当延长。

表 3-4　搅拌机操作要点

序号	项目	操作要点
1	进料	1. 应防止砂、石落入运转机构。 2. 进料容量不得超载。 3. 进料时避免水泥先进，避免水泥黏结机体
2	运行	1. 注意声响，如有异常，应立即检查。 2. 运行中经常检查紧固件及搅拌叶片，防止松动或变形
3	安全	1. 上料斗升降区严禁任何人通过或停留。检修或清理该场地时，用链条或锁闩将上料斗扣牢。 2. 进料手柄在非工作时或工作人员暂时离开时，必须用保险环扣紧。 3. 出浆时操作人员应手不离开操作手柄，防止手柄自动回弹伤人（强制式机更要重视）。 4. 出浆后、上料前，应将出浆手柄用安全钩扣牢，方可上料搅拌。 5. 停机下班，应将电源拉断，关好开关箱。 6. 冬季施工下班，应将水箱、管道内的存水排清
4	停电或机械故障	1. 快硬、早强、高强混凝土，及时将机内拌和物掏清。 2. 普通混凝土，在停拌 45min 内将拌和物掏清。 3. 缓凝混凝土，根据缓凝时间，在初凝前将拌和物掏清。 4. 掏料时，应将电源拉断，防止突然来电

d. 搅拌质量检查。混凝土拌和物的搅拌质量应经常检查，混凝土拌和物颜色均匀一致，无明显的砂粒、砂团及水泥团，石子完全被砂浆所包裹，说明其搅拌质量较好。

4）停机。每班作业后应对搅拌机进行全面清洗，并在搅拌筒内放入清水及石子运转 10～15min 后放出，再用竹扫帚洗刷外壁。搅拌筒内不得有积水，以免筒壁及叶片生锈，如遇冰冻季节应放尽水箱及水泵中的存水，以防冻裂。

每天工作完毕后，搅拌机料斗应放至最低位置，不准悬于半空。电源必须切断，锁好电闸箱，保证各机构处于空位。

任务三　混凝土运输

一、混凝土运输方案选定

混凝土运输是整个混凝土施工中的一个重要环节，对工程质量和施工进度影响较大。由于混凝土料拌和后不能久存，而且在运输过程中对外界的影响敏感，运输方法不当或疏忽大意，都会降低混凝土质量，甚至造成废品。如供料不及时或混凝土品种错误，正在进行的混凝土浇筑将不能顺利进行。因此要解决好混凝土拌和、浇筑、水平运输和垂直运输之间的协调配合问题，还必须采取适当的措施，保证运输混凝土的质量。

混凝土料在运输过程中应满足下列基本要求：

（1）运输设备应不吸水、不漏浆，运输过程中不发生混凝土拌和物分离、严重泌水及过多降低坍落度。

（2）同时运输两种以上强度等级的混凝土时，应在运输设备上设置标志，以免混淆。

（3）尽量缩短运输时间、减少转运次数。运输时间不得超过表 3－5 的规定。因故停歇过久，混凝土产生初凝时，应作废料处理。在任何情况下，严禁中途加水后运入仓内。

表 3－5　　混凝土允许运输时间

气温/℃	混凝土允许运输时间/min	气温/℃	混凝土允许运输时间/min
20～30	30	5～10	60
10～20	45		

注　本表数值未考虑外加剂、混合料及其他特殊施工措施的影响。

（4）运输道路基本平坦，避免拌和物振动、离析、分层。

（5）混凝土运输工具及浇筑地点，必要时应有遮盖或保温设施，以避免因日晒、雨淋、受冻而影响混凝土的质量。

（6）混凝土拌和物自由下落高度以不大于 2m 为宜，超过此界限时应采用缓降措施。

混凝土运输包括两个运输过程：一是从拌和机前到浇筑仓前，主要是水平运输；二是从浇筑仓前到仓内，主要是垂直运输。混凝土运输方案的选用应保证混凝土质量，并根据混凝土浇筑方案、施工特点、地形条件及施工总布置，通过技术经济比较后确定。

混凝土运输中为了保证混凝土的质量需要一些辅助设备，如吊罐、集料斗、溜槽、溜管等，用于混凝土装料、卸料和转运入仓，对于保证混凝土质量和运输工作顺利进行起着相当大的作用。

二、混凝土水平运输

由于混凝土运输方量和运输强度非常大，需采用大型运输设备。下面介绍水利水电工程中常用的混凝土水平运输方案。

（一）自卸汽车运输

1. 自卸汽车—栈桥—溜筒

如图3-2组合钢筋柱或预制混凝土柱作立柱，用钢轨梁和面板作桥面构成栈桥，下挂溜筒，自卸汽车通过溜筒入仓。它要求坝体能比较均匀地上升，浇筑块之间高差不大。这种方式可从拌和楼一直运至栈桥卸料，生产率高。

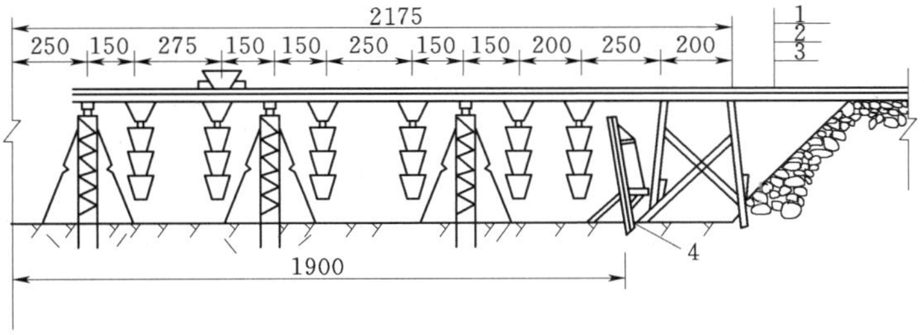

图3-2 自卸汽车—栈桥入仓

1—护轮木；2—木板；3—钢轨；4—模板

2. 自卸汽车—履带式起重机

自卸汽车自拌和楼受料后运至基坑后转至混凝土卧罐，再用履带式起重机吊运入仓。履带式起重机可利用土石方机械改装。

3. 自卸汽车—溜槽（溜筒）

自卸汽车转溜槽（溜筒）入仓适用于狭窄、深塘混凝土回填。斜溜槽的坡度一般在1∶1左右，混凝土的坍落度一般为6cm左右。每道溜槽控制的浇筑宽度为5～6m，如图3-3所示。

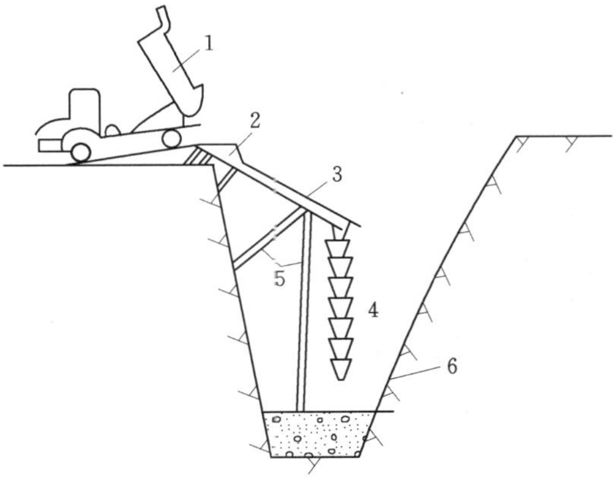

图3-3 自卸汽车转溜槽、溜筒入仓

1—自卸汽车；2—储料斗；3—斜溜槽；4—溜筒（漏斗）；5—支撑；6—基岩面

4. 自卸汽车直接入仓

(1) 端进法。端进法是在刚捣实的混凝土面上铺厚6～8mm的钢垫板，自卸汽车在其上驶入仓内卸料浇筑，如图3-4所示浇筑层厚度不超过1.5m。端进法要求混凝土坍落度小于3～4cm，最好是干硬性混凝土。

(2) 端退法。自卸汽车在仓内已有一定强度的老混凝土面上行驶。汽车铺料与平仓振捣互不干扰，且因汽车卸料定点准确，平仓工作量也较小，如图3-5所示混凝土的龄期应据施工条件通过试验确定。

用汽车运输凝土时，应遵守下列技术规定：装载混凝土的厚度不应小于40cm，车厢应严密平滑，砂浆损失应控制在1%以内；每次卸料，应将所载混凝土卸净，并应及时清洗车厢，以免混凝土黏附；以汽车运输混凝土直接入仓时，应有确保混凝土质量的措施。

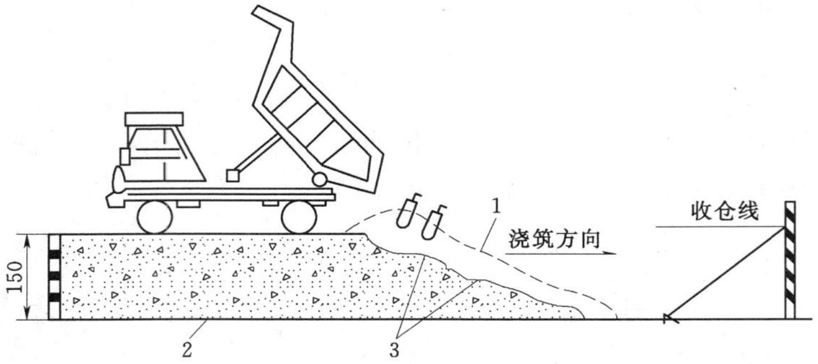

图 3-4　端进法示意图
1—新入仓混凝土；2—老混凝土面；3—振捣后的台阶

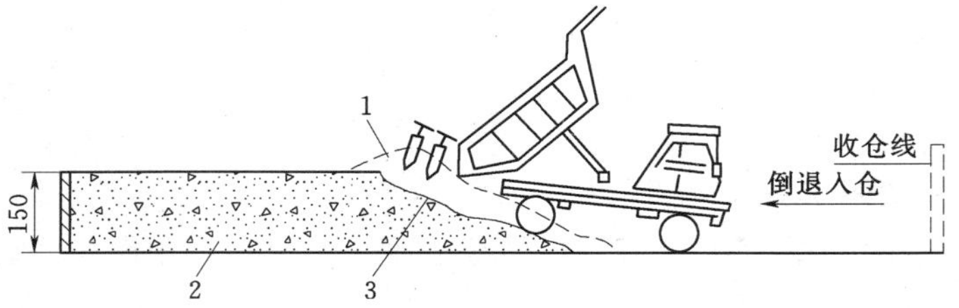

图 3-5　端退法示意图
1—新入仓混凝土；2—老混凝土；3—振捣后的台阶

（二）铁路运输

大型工程多采用铁路平台列车运输混凝土，以保证相当大的运输强度。

铁路运输常用机车拖挂数节平台列车，上放混凝土立式吊罐 2～4 个，直接到拌和楼装料。列车上预留 1 个罐的空位，以备转运时放置起重机吊回的空罐。这种运输方法，有利于提高机车和起重机的效率，缩短混凝土运输时间。

（三）皮带机运输

皮带机运送混凝土有固定式和移动式两种。

固定式皮带机是用钢筋柱（或预制混凝土排架）支撑皮带机通过仓面，每台皮带机控制浇筑宽度 5～6m。这种布置方式每次浇筑高度约 10m。为使混凝土比较均匀地分料入仓，每台皮带机上每间隔 6m 装置一个固定式或移动式刮板，混凝土经溜槽或溜筒入仓。移动式皮带机用布料机与仓面上的一条固定皮带机正交布置，混凝土通过布料机接溜筒入仓。此外，在三峡等大型工程还有将皮带机和塔机结合的塔带机，它从拌和楼受料用皮带送至仓面附近再通过布料杆将混凝土直接送至浇筑仓面。

（四）混凝土搅拌运输车

混凝土搅拌运输车的特点是在运量大、运距远的情况下，能保证混凝土的质量均匀，一般用于混凝土制备点（商品混凝土站）与浇筑点距离较远时使用。它的运送方式有两种：一是在 10km 范围内做短距离运送时，只做运输工具使用，即将拌和好的混凝土运送至浇筑点，在运输途中为防止混凝土分离，让搅拌筒只做低速搅动，使混凝土拌和物不致分离、凝结；二是在运距较长时，搅拌运输两者兼用，即先在混凝土拌和站将干料（砂、石、水泥）按配比装入搅拌鼓筒内，并将水注入配水箱，开始只做干料运送，然后在到达距使用点 10～15min 路程时，启动搅拌筒回转，并向搅拌筒注入定量的水，这样在运输途中边运输边搅拌成混凝土拌和物，送至浇筑点卸出。

三、混凝土垂直运输

（一）履带式起重机

履带式起重机多由开挖石方的挖掘机改装而成，直接在地面上开行，无需轨道。它的提升高度不大，控制范围比门机小。但起重量大、转移灵活，适应工地狭窄的地形，在开工初期能及早投入使用，生产率高。该机适用于浇筑高程较低的部位。

（二）门式起重机

门式起重机（门机）是一种大型移动式起重设备。它的下部为一钢结构门架，门架底部装有车轮，可沿轨道移动。门架下有足够的净空，能并列通行 2 列运输混凝土的平台列车。门架上面的机身包括起重臂、回转工作台、滑轮组（或臂架连杆）、支架及平衡重等。整个机身可通过转盘的齿轮作用，水平回转 360°。该机运行灵活、移动方便，起重臂能在负荷下水平转动，但不能在负荷下变幅。变幅是在非工作时，利用钢索滑轮组使起重臂改变倾角来完成的。图 3-6 所示为某高架门机。

（三）塔式起重机

塔式起重机（简称塔机）在门架上装置高达数十米的钢架塔身，用以增加起吊高度。其起重臂多是水平的，起重小车钩可沿起重臂水平移动，用以改变起重幅度，如图 3-7 所示。

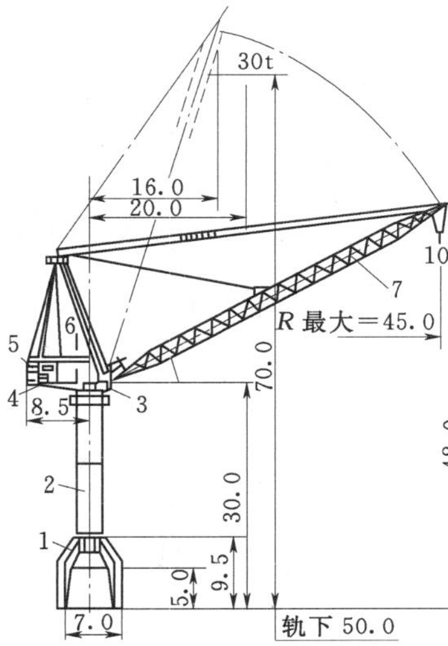

图 3-6　某高架门机（单位：m）

1—门架；2—圆筒形高架塔身；3—回转盘；4—机房；5—平衡重；6—操纵台；7—起重臂

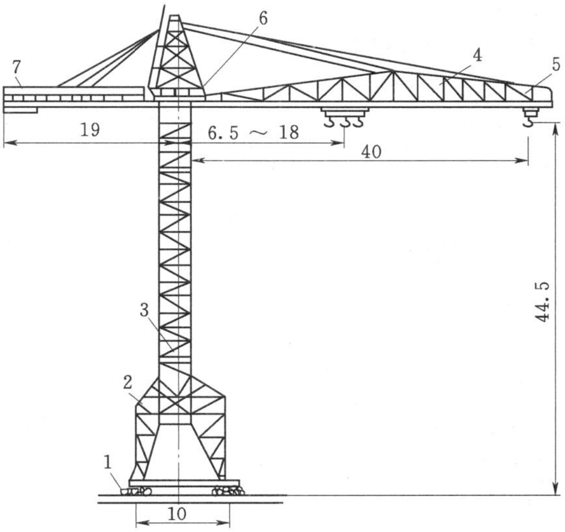

图 3-7　10/25 型塔式起重机（单位：m）

1—车轮；2—门架；3—塔身；4—伸臂；5—起重小机；6—回转塔架；7—平衡重

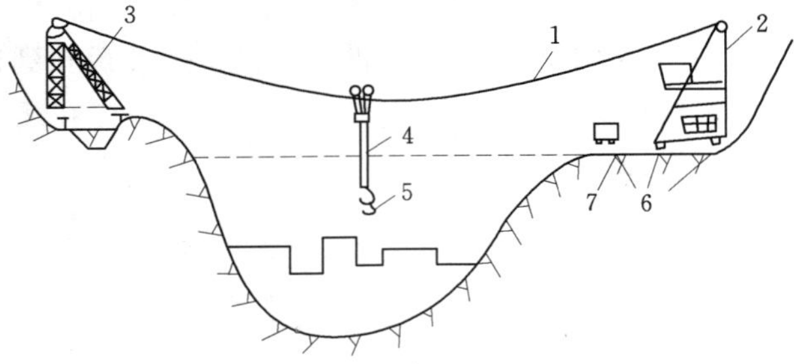

图 3-8　缆式起重机简图
1—承重索；2—首塔；3—尾塔；4—起重索；5—吊钩；
6—起重机轨道；7—混凝土列车

（四）缆式起重机

缆式起重机（简称缆机）由一套凌空架设的缆索系统、起重小车、主塔架、副塔架等组成，图 3-8 所示的主塔内设有机房和操纵室，并用对讲机和工业电视与现场联系，以保证缆机的运行。

缆机的类型，一般按主、副塔的移动情况划分，有固定式、平移式和辐射式三种。

缆机适用于狭窄河床的混凝土坝浇筑，它不仅具有控制范围大、起重量大、生产率高的特点，而且能提前安装和使用，使用期长，不受河流水文条件和坝体升高的影响，对加快主体工程施工具有明显的作用。

任务四　混 凝 土 浇 筑

一、混凝土浇筑前准备

混凝土施工准备工作的主要项目有基础处理、施工缝处理、设置卸料入仓的辅助设备、模板及钢筋的架设、预埋件及观测设备的埋设、施工人员的组织、浇筑设备及其辅助设施的布置、浇筑前的检查验收等。

（一）建基面处理

土基应先将开挖基坑时预留下来的保护层挖除，并清除杂物，然后用碎石垫底，盖上湿砂，再进行压实，浇筑 8～12cm 厚素混凝土垫层。砂砾地基应清除杂物，整平基础面，并浇筑 10～20cm 厚素混凝土垫层。

对于岩基，一般要求清除到质地坚硬的新鲜岩面，然后进行整修。整修是用铁撬等工具去掉表面松软岩石、棱角和反坡，并用高压水冲洗，压缩空气吹扫。若岩面上有油污、灰浆及其黏结的杂物，还应采用钢丝刷反复刷洗，直至岩面清洁为止。清洗后的岩基在混凝土浇筑前应保持洁净和湿润。

当有地下水时，处理方法是：做截水墙，拦截渗水，引入集水井排出；对基岩进行必要的固结灌浆，以封堵裂缝，阻止渗水；沿周边打排水孔，导出地下水，在浇筑混凝土时埋管，用水泵抽出孔内积水，直至混凝土初凝，7 天后灌浆封孔；将底层砂浆和混凝土的水灰比适当降低。

（二）施工缝处理

施工缝是指浇筑块之间新老混凝土之间的结合面。为了保证建筑物的整体性，在新混凝土浇筑前，必须将老混凝土表面的水泥膜（又称乳皮）清除干净，并使其表面新鲜整洁、有石子半露的麻面，以利于新老混凝土的紧密结合。但对于要进行接缝灌浆处理的纵缝面，可不凿毛，只需冲洗干净即可。

施工缝的处理方法有以下几种：

（1）风砂枪喷毛。将经过筛选的粗砂和水装入密封的砂箱，并通入压缩空气。高压空气混合水砂，经喷砂喷出，把混凝土表面喷毛。一般在混凝土浇后24～48h开始喷毛，视气温和混凝土强度增长情况而定。如能在混凝土表层喷洒缓凝剂，则可减少喷毛的难度。

（2）高压水冲毛。在混凝土凝结后但尚未完全硬化以前，用高压水（压力0.1～0.25MPa）冲刷混凝土表面，形成毛面，对龄期稍长的可用压力更高的水（压力0.4～0.6MPa），有时配以钢丝刷刷毛。高压水冲毛的关键是掌握冲毛时机，过早会使混凝土表面松散和冲去表面混凝土；过迟则混凝土变硬，不仅增加工作困难，而且不能保证质量。一般春秋季节，在浇筑完毕后10～16h开始；夏季掌握在6～10h；冬季则在18～24h后进行。如在新浇混凝土表面洒刷缓凝剂，则延长冲毛时间。

（3）刷毛机刷毛。在大而平坦的仓面上，可用刷毛机刷毛，它装有旋转的粗钢丝刷和吸收浮渣的装置，利用粗钢丝刷的旋转刷毛并利用吸渣装置吸收浮渣。

喷毛、冲毛和刷毛适用于尚未完全凝固混凝土水平缝面的处理。全部处理完后，需用高压水清洗干净，要求缝面无尘无渣，然后再盖上麻袋或草袋进行养护。

（4）风镐凿毛或人工凿毛。已经凝固混凝土利用风镐凿毛或石工工具凿毛，凿深为1～2cm，然后用压力水冲净。凿毛多用于垂直缝。

仓面清扫应在即将浇筑前进行，以清除施工缝上的垃圾、浮渣和灰尘，并用压力水冲洗干净。

（三）仓面准备

浇筑仓面的准备工作，包括机具设备、劳动组合、照明、风水电供应、所需混凝土原材料的准备等，应事先安排就绪，仓面施工的脚手架、工作平台、安全网、安全标识等应检查是否牢固，电源开关、动力线路是否符合安全规定。

仓位的浇筑高程、上升速度、特殊部位的浇筑方法和质量要求等技术问题，须事先进行技术交底。

地基或施工缝处理完毕并养护一定时间，已浇好的混凝土强度达到2.5MPa后，即可在仓面进行放线，安装模板、钢筋和预埋件，架设脚手等作业。

（四）模板、钢筋及预埋件检查

开仓浇筑前，必须按照设计图纸和施工规范的要求，对仓面安设的模板、钢筋及预埋件进行全面检查验收，签发合格证。

（1）模板检查。主要检查模板的架立位置与尺寸是否准确，模板及其支架是否牢固稳定，固定模板用的拉条是否弯曲等。模板板面要求洁净、密缝并涂刷脱模剂。

（2）钢筋检查。主要检查钢筋的数量、规格、间距、保护层、接头位置与搭接长度是否符合设计要求。要求焊接或绑扎接头必须牢固，安装后的钢筋网应有足够的刚度和稳定性，钢筋表面应清洁。

（3）预埋件检查。对预埋管道、止水片、止浆片、预埋铁件、冷却水管和预埋观测仪器等，主要检查其数量、安装位置和牢固程度。

二、入仓铺料

开始浇筑前，要在岩面或老混凝土面上，先铺一层2～3cm厚的水泥砂浆（接缝砂浆），以保证新混凝土与基岩或老混凝土结合良好。砂浆的水灰比应较混凝土水灰比减少0.03～0.05。混凝土的浇筑，应按一定厚度、次序、方向分层推进。

铺料厚度应根据拌和能力、运输距离、浇筑速度、气温及振捣器的性能等因素确定。

一般情况下，浇筑层的允许最大厚度不应超过表3-6规定的数值，如采用低流态混凝土及大型强力振捣设备时，其浇筑层厚度应根据试验确定。

表3-6　　混凝土浇筑层的允许最大铺料厚度

项次	振捣器类别或结构类型		浇筑层的允许最大铺料厚度
1	插入式	电动硬轴振捣器	振捣器工作长度的0.8倍
		软轴振捣器	振捣器工作长度的1.25倍
2	表面式	在无筋或单层钢筋结构中	250mm
		在双层钢筋结构中	120mm

常用的浇筑方法有以下三种。

1. 平层浇筑法

平层浇筑法是混凝土按水平层连续地逐层铺填，第一层浇完后再浇第二层，依次类推直至达到设计高度，如图3-9（a）所示。

平层浇筑法，因浇筑层之间的接触面积大（等于整个仓面面积），应注意防止出现冷缝（即铺填上层混凝土时，下层混凝土已经初凝）。为了避免产生冷缝，仓面面积A和浇筑层厚度h必须满足

$$Ah \leqslant KQ(t_2 - t_1) \tag{3-1}$$

式中　A——浇筑仓面最大水平面积，m^2；

h——浇筑厚度，取决于振捣器的工作深度，m，一般为0.3～0.5m；

K——时间延误系数，可取0.8～0.85；

Q——混凝土浇筑的实际生产能力，m^3/h；

t_2——混凝土初凝时间，h；

t_1——混凝土运输、浇筑所占时间，h。

平层铺料法实际应用较多，有以下特点：

（1）铺料的接头明显，混凝土便于振捣，不易漏振。

（2）平层铺料法能较好地保持老混凝土面的清洁，保证新老混凝土之间的结合质量。

（3）适用于不同坍落度的混凝土。

（4）适用于有廊道、竖井、钢管等结构的混凝土。

2. 斜层浇筑法

当浇筑仓面面积较大，而混凝土拌和、运输能力有限时，采用平层浇筑法容易产生冷

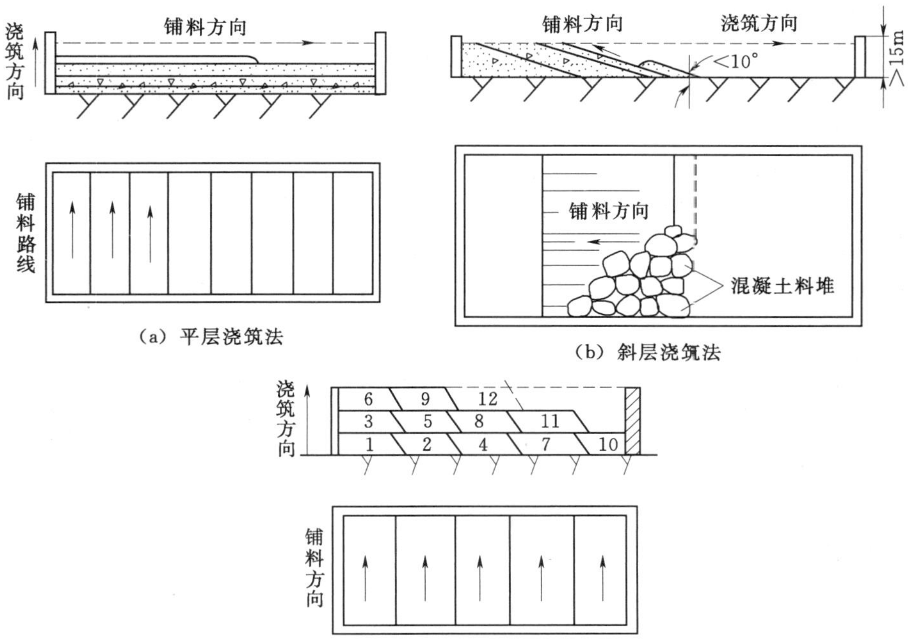

(a) 平层浇筑法　(b) 斜层浇筑法　(c) 台阶浇筑法

图 3－9　混凝土浇筑法

缝时，可用斜层浇筑法和台阶浇筑法。

斜层浇筑法是在浇筑仓面，从一端向另一端推进，推进中及时覆盖，以免发生冷缝。斜层坡度不超过 10°，否则在平仓振捣时易使砂浆流动，骨料分离，下层已捣实的混凝土也可能产生错动，如图 3－9（b）所示。浇筑块高度一般限制在 1.5m 左右。当浇筑块较薄，且对混凝土采取预冷措施时，斜层浇筑法是较常见的方法，因浇筑过程中混凝土冷量损失较小。

3. 台阶浇筑法

台阶浇筑法是从块体短边一端向另一端铺料，边前进、边加高，逐步向前推进并形成明显的台阶，直至把整个仓位浇到收仓高程。浇筑坝体迎水面仓位时，应顺坝轴线方向铺料，如图 3－9（c）所示。

施工要求如下：

（1）浇筑块的台阶层数以 3～5 层为宜，层数过多，易使下层混凝土错动，并使浇筑仓内平仓振捣机械上下频率调动，容易造成漏振。

（2）浇筑过程中，要求台阶层次分明。铺料厚度一般为 0.3～0.5m，台阶宽度应大于 1.0m，长度应大于 2～3m，坡度不大于 1：2。

（3）水平施工缝只能逐步覆盖，必须注意保持老混凝土面的湿润和清洁。在老混凝土面上边摊铺接缝砂浆边浇新混凝土。

（4）平仓振捣时注意防止混凝土分离和漏振。

（5）在浇筑中如因机械和停电等故障而中止工作时，要做好停仓准备，即必须在混凝土初凝前，把接头处混凝土振捣密实。

应该指出，不管采用上述何种铺筑方法，浇筑时相邻两层混凝土的间歇时间均不允许超过混凝土铺料允许间隔时间。混凝土允许间隔时间是指自混凝土拌和机出料口到初凝前覆盖上层混凝土为止的这一段时间，它与气温、太阳辐射、风速、混凝土入仓温度、水泥品种、掺外加剂品种等条件有关，见表3-7。

表3-7　混凝土浇筑允许间隔时间

混凝土浇筑时的气温/℃	允许间隔时间/min	
	普通硅酸盐水泥	矿渣硅酸盐水泥及火山灰质硅酸盐水泥
20～30	90	120
10～20	135	180
5～10	195	低温不适合使用，故没有值

注　本表数值未考虑外加剂、混合料及其他特殊施工措施的影响。

三、平仓振捣

（一）平仓

平仓是把卸入仓内成堆的混凝土摊平到要求的均匀厚度。平仓不好会造成离析，使骨料架空，严重影响混凝土质量。

振捣器平仓时应将振捣器斜插入混凝土料堆下部，使混凝土向操作者位置移动，然后一次一次地插向料堆上部，直至混凝土摊平到规定的厚度为止。如将振捣器垂直插入料堆顶部，平仓工效固然较高，但易造成粗骨料沿锥体四周下滑，砂浆则集中在中间形成砂浆窝，影响混凝土匀质性。经过振动摊平的混凝土表面可能已经泛出砂浆，但内部并未完全捣实，切不可将平仓和振捣合二为一，影响浇筑质量。

（二）振捣

振捣是振动捣实的简称，它是保证混凝土浇筑质量的关键工序。振捣的目的是尽可能减少混凝土中的空隙，以清除混凝土内部的孔洞，并使混凝土与模板、钢筋及埋件紧密结合，从而保证混凝土的最大密实度，提高混凝土质量。

当结构钢筋较密，振捣器难于施工，或混凝土内有预埋件、观测设备，周围混凝土振捣力不宜过大时采用人工振捣。人工振捣要求混凝土拌和物坍落度大于5cm，铺料层厚度小于20cm。人工振捣工具有捣固锤、捣固杆和捣固铲。人工振捣工效低，混凝土质量不易保证。

1. 混凝土振捣器

混凝土振捣器的分类如图3-10所示。

（1）插入式振捣器。根据使用的动力不同，插入式振捣器有电动式、风动式和内燃机式三类。内燃机式仅用于无电源的场合。风动式因其能耗较大、不经济，同时风压和负载变化时会使振动频率显著改变，因而影响混凝土振捣密实质量，逐渐被淘汰。因此一般工程均采用电动式振捣器。

（2）外部式振捣器包括附着式、平板（梁）式及振动台三种类型。附着式振捣器和平

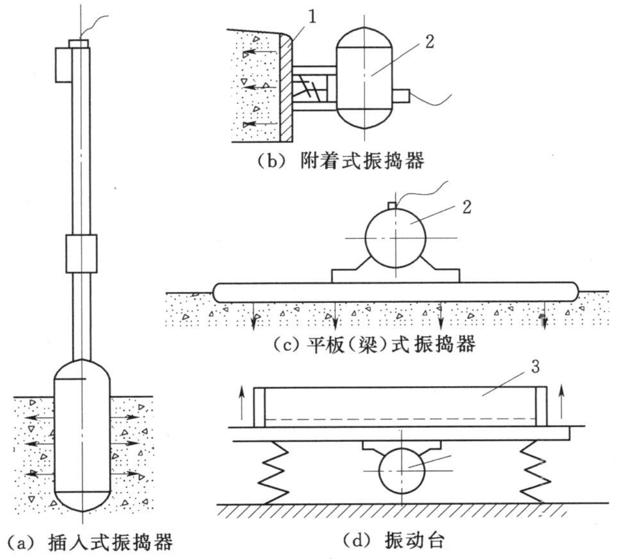

图 3-10　混凝土振捣器

1—模板；2—振捣器；3—振动台

板（梁）式振捣器的振捣作用都是由混凝土表面传入的，其区别仅在于附着式振捣器本身无振板，用螺栓或夹具固定在混凝土结构的模板上进行振捣，模板就是它的振板；而平板（梁）式振捣器则自带振板，可直接放置在混凝土表面进行振捣。

2. 插入式振捣器的使用

振捣在平仓之后立即进行，此时混凝土流动性好，振捣容易，捣实质量好。对于素混凝土或钢筋稀疏的部位，宜用大直径的振捣棒；坍落度小的干硬性混凝土，宜选用高频和振幅较大的振捣器。振捣作业路线保持一致，并顺序依次进行，以防漏振。振捣棒尽可能垂直地插入混凝土中。如振捣棒较长或把手位置较高，垂直插入感到操作不便时，也可略带倾斜，但与水平面夹角不宜小于45°，且每次倾斜方向应保持一致，否则下部混凝土将会发生漏振。这时作用轴线应平行，如不平行也会出现漏振点，如图 3-11 所示。

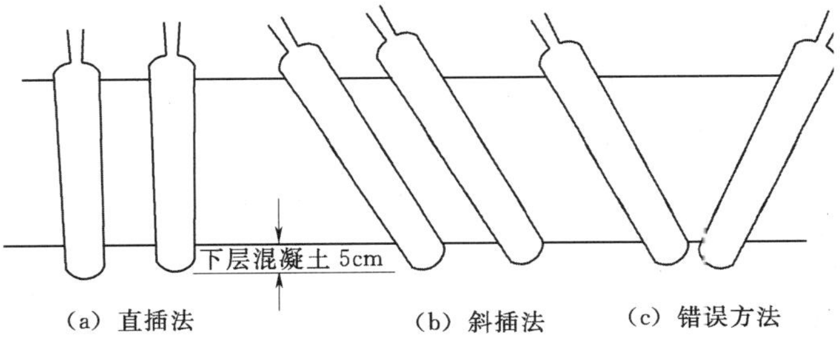

图 3-11　插入式振捣器操作示意图

振捣棒应快插、慢拔。插入过慢，上部混凝土先捣实，就会阻止下部混凝土中的空气和多余的水分向上逸出；拔得过快，周围混凝土来不及填铺振捣棒留下的孔洞，将在每一层混凝土的上半部留下只有砂浆而无骨料的砂浆柱，影响混凝土的强度。

为使上下层混凝土振捣密实均匀，可将振捣棒上下抽动，抽动幅度为 5～10cm。振捣棒的插入深度，在振捣第一层混凝土时，以振捣器头部不碰到基岩或老混凝土面，但相距不超过 5cm 为宜；振捣上层混凝土时，则应插入下层混凝土 5cm 左右，使上下两层结合良好。

在斜坡上浇筑混凝土时，振捣棒仍应垂直插入，并且应先振低处，再振高处，否则在振捣低处的混凝土时，已捣实的高处混凝土会自行向下流动，致使密实性受到破坏。软轴振捣棒插入深度为棒长的 3/4，过深时软轴和振捣棒结合处容易损坏。

振捣棒在每一孔位的振捣时间，以混凝土不再显著下沉，水分和气泡不再逸出并开始泛浆为准。振捣时间和混凝土坍落度、石子类型及最大粒径、振捣器的性能等因素有关，一般为 20～30s。振捣时间过长，不但降低工效，且使砂浆上浮过多，石子集中在下部，混凝土产生离析，严重时，整个浇筑层呈“千层饼”状态。

振捣器的插入间距控制在振捣器有效作用半径的 1.5 倍以内，实际操作时也可根据振捣后在混凝土表面留下的圆形泛浆区域能否在正方形排列（直线行列移动）的 4 个振捣孔径的中点［如图 3－12（a）中的 A、B、C、D 点］或三角形排列（交错行列移动）的 3 个振捣孔位的中点［如图 3－12（b）中的 A、B、C、D、E、F 点］相互衔接来判断。在模板边、预埋件周围、布置有钢筋的部位以及两罐（或两车）混凝土卸料的交界处，宜适当减少插入间距，以加强振捣，但不宜小于振捣棒有效作用半径的 1/2，并注意不能触及钢筋、模板及预埋件。

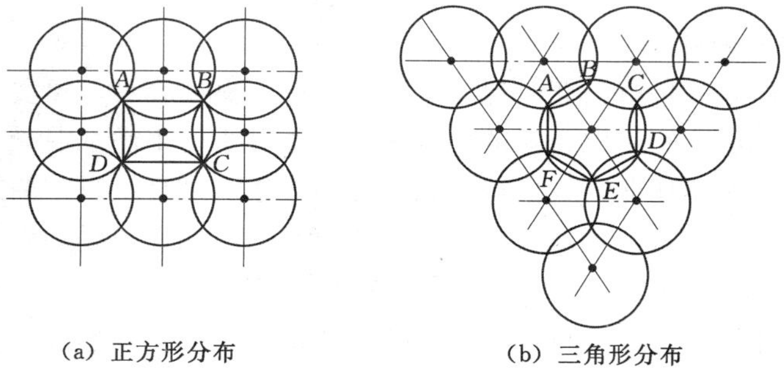

（a）正方形分布　（b）三角形分布

图 3－12　振捣孔位布置

为提高工效，振捣棒插入孔位尽可能呈三角形分布。据计算，三角形分布较正方形分布工效可提高 30%，此外，将几个振捣器排成一排，同时插入混凝土中进行振捣。这时两台振捣器之间的混凝土可同时接收到这两台振捣器传来的振动，振捣时间可因此缩短，振动作用半径也即加大。

振捣时出现砂浆窝时应将砂浆铲出，用脚或振捣棒从旁边将混凝土压送至该处填补，不可将别处石子移来（重新出现砂浆窝）。如出现石子窝，按同样方法将松散石子铲出同样填补。振捣中发现泌水现象时，应经常保持仓面平整，使泌水自动流向集水地点，并用人工掏除。泌水未引走或掏除前，不得继续铺料、振捣。集水地点不能固定在一处，应逐层变换掏水位置，以防弱点集中在一处。也不得在模板上开洞引水自流或将泌水表层砂浆排出仓外。

振捣器的电缆线应注意保护，不要被混凝土压住。万一压住时，不要硬拉，可用振捣棒振动其附近的混凝土，使其液化，然后将电缆线慢慢拔出。

软轴式振捣器的软轴不应弯曲过大，弯曲半径一般不宜小于 50cm，也不能多于两弯，电动直联偏心式振捣器因内装电动机，较易发热，主要依靠棒壳周围混凝土进行冷却，不要让它在空气中连续空载运转。

3. 外部式振捣器的使用

（1）外部式振捣器使用前的准备工作：

1）振捣器安装时，底板的安装螺孔位置应正确，否则底脚螺栓将扭斜，并使机壳受到不正常的应力，影响使用寿命。底脚螺栓的螺帽必须紧固，防止松动，且要求四只螺栓的紧固程度保持一致。

2）如插入式振捣器一样检查电机、电源等内容。

3）在松软的平地上进行试运转，进一步检查电气部分和机械部分运转情况。

（2）平板式振捣器的操作：

1）操作人员应穿绝缘胶鞋、戴绝缘手套，以防触电。

2）平板式振捣器要保持拉绳干燥和绝缘，移动和转向时，应蹬踏平板两端，不得蹬踏电机。操作时可通过倒顺开关控制电机的旋转方向，使振捣器的电机旋转方向正转或反转从而使振捣器自动地向前或向后移动。沿铺料路线逐行进行振捣，两行之间要搭接 5cm 左右，以防漏振。

当混凝土拌和物停止下沉、表面平整、往上返浆且已达到均匀状态并充满模壳时，表明已振实，可转移作业面。振捣时间一般为 30s 左右。在转移作业面时，要注意电缆线勿被模板、钢筋露头等挂住，防止拉断或造成触电事故。振捣混凝土时，一般横向和竖向各振捣一遍即可，第一遍主要是密实，第二遍是使表面平整，其中第二遍是在已振捣密实的混凝土面上快速拖行。

（3）附着式振捣器安装时应保证转轴水平或垂直，如图 3－13 所示，在一个模板上安装多台附着式振捣器同时进行作业时，各振捣器频率必须保持一致，相对安装的振捣器的位置应错开。振捣器所装置的构件模板，要坚固牢靠，构件的面积应与振捣器的额定振动板面积相适应。

4. 混凝土振动台操作

混凝土振动台是一种强力振动成型机械装置，必须安装在牢固的基础上，地脚螺栓应有足够的强度并拧紧。在振捣作业中，必须安置牢固可靠的模板锁紧夹具，以保证模板和混凝土与台面一起振动。

四、混凝土养护

混凝土浇筑完毕后，在一个相当长的时间内，应保持其适当的温度和足够的湿度，以造成混凝土良好的硬化条件，这就是混凝土的养护工作。混凝土表面水分不断蒸发，如不设法防止水分损失，水化作用未能充分进行，混凝土的强度将受到影响，还可能产生干缩裂缝。因此混凝土养护的目的，一是创造有利条件，使水泥充分水化，加速混凝土的硬

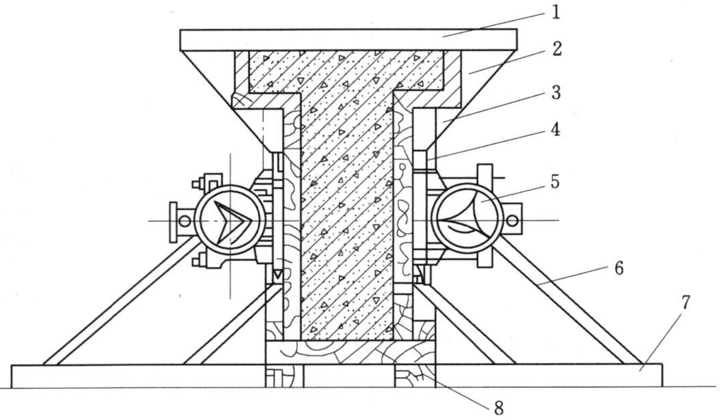

图 3-13　附着式振捣器的安装

1—模板面卡；2—模板；3—角撑；4—夹木枋；5—附着式振动器；
6—斜撑；7—底横枋；8—纵向底枋

化；二是防止混凝土成型后因曝晒、风吹、干燥等自然因素影响，出现不正常的收缩、裂缝等现象。

混凝土的养护方法分为自然养护和热养护两类，见表 3-8。养护时间取决于当地气温、水泥品种和结构物的重要性，见表 3-9。

表 3-8　　混凝土的养护

类别	名　称	说　　明
自然养护	洒水（喷雾）养护	在混凝土面不断洒水（喷雾），保持其表面湿润
	覆盖浇水养护	在混凝土面覆盖湿麻袋、草袋、湿砂、锯末等，不断洒水保持其表面湿润
	围水养护	四周围成土埂，将水蓄在混凝土表面
	铺膜养护	在混凝土表面铺上薄膜，阻止水分蒸发
	喷膜养护	在混凝土表面喷上薄膜，阻止水分蒸发
热养护	蒸汽养护	利用热蒸汽对混凝土进行湿热养护
	热水（热油）养护	将水或油加热，将构件搁置在其上养护
	电热养护	对模板加热或微波加热养护
	太阳能养护	利用各种罩、窑、集热箱等封闭装置对构件进行养护

表 3-9　　混凝土养护时间

水　泥　种　类	养护时间/d
硅酸盐水泥、普通硅酸盐水泥	14
火山灰质硅酸盐水泥、矿渣硅酸盐水泥、粉煤灰硅酸盐水泥、硅酸盐大坝水泥	21

注　重要部位和利用后期强度的混凝土，养护时间不少于 28 天。夏季和冬季施工的混凝土，以及有温度控制要求的混凝土养护时间按设计要求进行。

五、混凝土季节性施工

（一）混凝土冬季施工

1. 混凝土冬季施工的一般要求

现行施工规范规定：寒冷地区的日平均气温稳定在5℃以下或最低气温稳定在3℃以下时，温和地区的日平均气温稳定在3℃以下时，均属于低温季节，这就需要采取相应的防寒保温措施，避免混凝土受到冻害。

混凝土在低温条件下，水化凝固速度大为降低，强度增长受到阻碍。当气温在－2℃时，混凝土内部水分结冰，不仅水化作用完全停止，而且结冰后由于水的体积膨胀，使混凝土结构受到损害，当冰融化后，水化作用虽将恢复，混凝土强度也可继续增长，但最终强度必然降低。试验资料表明：混凝土受冻越早，最终强度降低越大。如在浇筑后3～6h受冻，最终强度至少降低50%以上；如在浇筑后2～3天受冻，最终强度降低只有15%～20%。如混凝土强度达到设计强度的50%以上（在常温下养护3～5天）时再受冻，最终强度则降低极小，甚至不受影响，因此，低温季节混凝土施工，首先要防止混凝土早期受冻。

2. 冬季施工措施

低温季节混凝土施工可以采用人工加热、保温蓄热及加速凝固等措施，使混凝土入仓浇筑温度不低于5℃；同时保证混凝土浇筑后的正温（0℃以上）养护条件，在未达到允许受冻临界强度以前不遭受冻结。

（1）调整配合比和掺外加剂：

1）对非大体积混凝土，采用发热量较高的快凝水泥。

2）提高混凝土的配制强度。

3）掺早强剂或减水剂。其中氯盐的掺量应按有关规定严格控制，并不适用于钢筋混凝土结构。

4）采用较低的水灰比。

5）掺加气剂可减缓混凝土冻结时在其内部水结冰时产生的静水压力，从而提高混凝土的早期抗冻性能。但含气量应限制在3%～5%。因为，混凝土中含气量每增加1%，会使强度损失5%，为弥补由于加气剂招致的强度损失，最好与减水剂并用。

（2）原材料加热法。当日平均气温为－2～－5℃时，应加热水拌和；当气温再低时，可考虑加热骨料。水泥不能加热，但应保持正温。

水的加热温度不能超过80℃，并且要先将水和骨料拌和，这时水温不超过60℃，以免水泥产生假凝。所谓假凝是指水泥颗粒表面将会形成一层薄的硬壳，使混凝土和易性变差，后期强度降低的现象。

砂石加热要求与水拌和后不能超过60℃，并力求加热均匀。对大中型工程，常用蒸汽直接加热骨料，即直接将蒸汽通过需要加热的砂、石料堆中，料堆表面用帆布盖好，防止热量损失。

（3）蓄热法。蓄热法是将浇筑好的混凝土在养护期间用保温材料加以覆盖，尽可能把混凝土在浇筑时所包含的热量和凝固过程中产生的水化热蓄积起来，以延缓混凝土的冷却速度，使混凝土在达到抗冰冻强度以前，始终保证正温。

（4）加热养护法。当采用蓄热法不能满足要求时可以采用加热养护法，即利用外部热源对混凝土加热养护，包括暖棚法、蒸汽加热法和电热法等。大体积混凝土多采用暖棚法，蒸汽加热法多用于混凝土预制构件的养护。

1）暖棚法。即在混凝土结构周围用保温材料搭成暖棚，在棚内安设热风机、蒸汽排管、电炉或火炉进行采暖，使棚内温度保持在15～20℃以上，保证混凝土浇筑和养护处于正温条件下。暖棚法费用较高，但暖棚为混凝土硬化和施工人员的工作创造了良好的条件。此法适用于寒冷地区的混凝土施工。

2）蒸汽加热法。利用蒸汽加热养护混凝土，不仅使新浇混凝土得到较高的温度，而且还可以得到足够的湿度，促进水化凝固作用，使混凝土强度迅速增长。

3）电热法。是用钢筋或薄铁片作为电极，插入混凝土内部或贴附于混凝土表面，利用新浇混凝土的导电性和电阻大的特点，通以50～100V的低压电，直接对混凝土加热，使其尽快达到抗冻强度。由于耗电量大，大体积混凝土较少采用。

上述几种施工措施，在严寒地区往往是同时采用，并要求在拌和、运输、浇筑过程中，尽量减少热量损失。

3. 冬季施工注意事项

（1）砂石骨料宜在进入低温季节前筛洗完毕。成品料堆应有足够的储备和堆高，并进行覆盖，以防冰雪和冻结。

（2）拌和混凝土前，应用热水或蒸汽冲洗搅拌机，并将水或冰排除。

（3）混凝土的拌和时间应比常温季节适当延长。延长时间应通过试验确定。

（4）在岩石基础或老混凝土面上浇筑混凝土前，应检查其温度。如为负温，应将其加热成正温。加热深度不小于10cm，并经验证合格方可浇筑混凝土。仓面清理宜采用喷洒温水配合热风枪，寒冷期间亦可采用蒸汽枪，不宜采用水枪或风水枪。在软基上浇筑第一层混凝土时，必须防止与地基接触的混凝土遭受冻害和地基受冻变形。

（5）混凝土搅拌机应设在搅拌棚内并设有采暖设备，棚内温度应高于5℃。混凝土运输设备应有保温装置。

（6）浇筑混凝土前和浇筑过程中，应注意清除钢筋、模板和浇筑设施上附着的冰雪和冻块，严禁将冻雪冻块带入仓内。

（7）在低温季节施工的模板，一般在整个低温期间都不宜拆除。如果需要拆除，要求：

1）混凝土强度必须大于允许受冻的临界强度。

2）具体拆模时间及拆模后的要求，应满足温控防裂要求。当预计拆模后混凝土表面降温可能超过6～9℃时，应推迟拆模时间：如必须拆模时，应在拆模后采取保护措施。

（8）低温季节施工期间，应特别注意温度检查。

（二）混凝土雨季施工

混凝土工程在雨季施工时，应做好以下准备工作：①砂石料场的排水设施应畅通无阻；②浇筑仓面宜有防雨设施；③运输工具应有防雨及防滑设施；④加强骨料含水量的测定工作，注意调整拌和用水量。

混凝土在无防雨棚仓面小雨中进行浇筑时，应采取以下技术措施：①减少混凝土拌和用水量；②加强仓面积水的排除工作；③做好新浇混凝土面的保持工作；④防止周围雨水流入仓面。

无防雨棚的仓面，在浇筑过程中，如遇大雨、暴雨，应立即停止浇筑，并遮盖混凝土表面。雨后必须先行排除仓内积水，受雨水冲刷的部位应立即处理。如停止浇筑的混凝土尚未超出允许间歇时间或还能重塑时，应加砂浆继续浇筑，否则应按施工缝处理。

抗冲、耐磨、需要抹面部位及其他高强度混凝土不允许在雨天施工。

（三）混凝土夏季施工

1. 高温环境对新拌及刚成型混凝土的影响

（1）拌制时，水泥容易出现假凝现象。

（2）运输时，坍落度损失大，捣固或泵送困难。

（3）成型后直接曝晒或受干热风影响，混凝土面层急剧干燥，外硬内软，出现塑性裂缝。

（4）昼夜温差较大，易出现温差裂缝。

2. 夏季高温期混凝土施工的技术措施

（1）原材料：

1）掺用外加剂（缓凝剂、减水剂）。

2）用水化热低的水泥。

3）供水管埋入水中，储水池加盖，避免太阳直接曝晒。

4）当天用的砂、石用防晒棚遮蔽。

5）预冷骨料。

6）用深井冷水或冰水拌和，但不能直接加入冰块。

（2）搅拌运输：

1）送料装置及搅拌机不宜直接曝晒，应有荫棚。

2）搅拌系统尽量靠近浇筑地点。

3）运输设备应遮盖。

（3）模板：

1）因干缩出现的模板裂缝，应及时填塞。

2）浇筑前充分将模板淋湿。

（4）浇筑：

1）适当减小浇筑层厚度，从而减少内外部温差。

2）浇筑后立即用薄膜覆盖，不使水分外逸。

3）露天预制场宜设置可移动荫棚，避免制品直接曝晒。

任务五 混凝土施工质量控制

混凝土工程质量包括结构外观质量和内在质量。前者指结构的尺寸、位置、高程等；后者则指混凝土原材料、设计配合比、配料、拌和、运输、浇筑振捣等。

一、原材料的控制检查

1. 水泥

水泥是混凝土主要胶凝材料，水泥质量直接影响混凝土的强度及其性质的稳定性。运至工地的水泥应有生产厂家品质试验报告，工地试验室外必须进行复验，必要时还要进行化学分析。进场水泥每 200～500t 同品种、同等级的水泥作一取样单位，如不足 200t 亦作为一取样单位。可采用机械连续取样，混合均匀后作为样品，其总量不少于 10kg。检查的项目有水泥等级、凝结时间、体积安定性。必要时应增加稠度、细度、密度和水化热试验。

2. 粉煤灰

粉煤灰每天至少检查 1 次细度和需水量比。

3. 砂石骨料

（1）在筛分场每班检查 1 次各级骨料超逊径、含泥量、砂子的细度模数。

（2）在拌和厂检查砂子、小石的含水量、砂子的细度模数以及骨料的含泥量、超逊径。

4. 外加剂

外加剂应有出厂合格证，并经试验认可。

5. 混凝土拌和物

拌制混凝土时，必须严格按试验室签发的配料单进行称量配料，严禁擅自更改。控制检查的项目如下：

（1）衡器的准确性。各种称量设备应经常检查，确保称量准确。

（2）拌和时间。每班至少抽查 2 次拌和时间，保证混凝土充分拌和，拌和时间符合要求。

（3）拌和物的均匀性。混凝土拌和物应均匀，经常检查其均匀性。

（4）坍落度。现场混凝土坍落度每班在机口应检查 4 次。

（5）取样检查。按规定在现场取混凝土试样做抗压试验，检查混凝土的强度。

二、混凝土浇捣质量控制

（一）混凝土运输

混凝土运输过程中应检查混凝土拌和物是否发生分离、漏浆、严重泌水及过多降低坍落度等。

（二）基础面、施工缝的处理及钢筋、模板、预埋件安装

开仓前应对基础面、施工缝的处理及钢筋、模板、预埋件安装做最后一次检查，应符合规范要求。

（三）混凝土浇筑

严格按规范要求控制检查接缝砂浆的铺设、混凝土入仓铺料、平仓、振捣、养护等情况。

（四）混凝土外观质量和内部质量缺陷控制

1. 麻面

麻面是指混凝土表面呈现出无数绿豆大小的不规则的小凹点。

（1）混凝土麻面产生的原因有：①模板表面粗糙、不平滑；②浇筑前没有在模板上洒水湿润，湿润不足，浇筑时混凝土的水分被模板吸去；③涂在钢模板上的油质脱模剂过厚，液体残留在模板上；④使用旧模板，板面残浆未清理，或清理不彻底；⑤新拌混凝土浇灌入模后，停留时间过长，振捣时已有部分凝结；⑥混凝土振捣不足，气泡未完全排出，有部分留在模板表面；⑦模板拼缝漏浆，构件表面浆少，或成为凹点，或成为若断若续的凹线。

（2）混凝土麻面的预防措施有：①模板表面应平滑；②浇筑前，不论是哪种模型，均需浇水湿润，但不得积水；③脱模剂涂擦要均匀，模板有凹陷时，注意将积水拭干；④旧模板残浆必须清理干净；⑤新拌混凝土必须按水泥或外加剂的性质，在初凝前振捣；⑥尽量将气泡排出；⑦浇筑前先检查模板拼缝，对可能漏浆的缝，设法封嵌。

（3）混凝土麻面的修补。混凝土表面的麻点，如对结构无大影响，可不作处理。如需处理，方法如下：①用稀草酸溶液将该处脱模剂油点或污点用毛刷洗净，于修补前用水湿透；②修补用的水泥品种必须与原混凝土一致，砂子为细砂，粒径最大不宜超过 1mm；③水泥砂浆配合比为 1：（2～2.5），由于数量不多，可用人工在小灰桶中拌匀，随拌随用；④按照漆工刮腻子的方法，将砂浆用刮刀大力压入麻点内，随即刮平；⑤修补完成后，即用草帘或草席进行保湿养护。

2. 蜂窝

蜂窝是指混凝土表面无水泥浆，形成蜂窝状的孔洞，形状不规则，分布不均匀，露出石子深度大于 5mm，不露主筋，但有时可能露箍筋。

（1）混凝土蜂窝产生的原因有：①配合比不准确，砂浆少，石子多；②搅拌用水过少；③混凝土搅拌时间不足，新拌混凝土未拌匀；④运输工具漏浆；⑤使用干硬性混凝土，但振捣不足；⑥模板漏浆，加上振捣过度。

（2）混凝土蜂窝的预防方法是：①砂率不宜过小；②计量器具应定期检查；③用水量如少于标准，应掺用减水剂；④计量器具应定期检查；⑤搅拌时间应足够；⑥注意运输工具的完好性，及时修理；⑦捣振工具的性能必须与混凝土的坍落度相适应；⑧浇筑前必须检查和嵌填模板拼缝，并浇水湿润；⑨浇筑过程中，有专人巡视模板。

（3）混凝土蜂窝修补。如系小蜂窝，可按麻面方法修补。如系较大蜂窝，按下法修补：①将修补部分的软弱部分凿去，用高压水及钢丝刷将基层冲洗干净；②修补用的水泥应与原混凝土的一致，砂子用中粗砂；③水泥砂浆的配合比为 1：2～1：3，应搅拌均匀；④按照抹灰工的操作方法，用抹子大力将砂浆压入蜂窝内刮平，在棱角部位用靠尺将棱角取直；⑤修补完成后即用草帘或草席进行保湿养护。

3. 混凝土露筋、空洞

主筋没有被混凝土包裹而外露，或在混凝土孔洞中外露的缺陷称之为露筋。混凝土表面有超过保护层厚度，但不超过截面尺寸 1/3 的缺陷，称之为空洞。

（1）混凝土出现露筋、空洞的原因有：①漏放保护层垫块或垫块位移；②浇灌混凝土时投料距离过高过远，又没有采取防止离析的有效措施；③搅拌机卸料入吊斗或小车时，或运输过程中有离析，运至现场又未重新搅拌；④钢筋较密集，粗骨料被卡在钢筋上，加上振捣不足或漏振；⑤采用干硬性混凝土而又振捣不足。

（2）露筋、空洞的预防措施有：①浇筑混凝土前应检查垫块情况；②应采用合适的混凝土保护层垫块；③浇筑高度不宜超过2m；④浇灌前检查吊斗或小车内混凝土有无离析；⑤搅拌站要按配合比规定的规格使用粗骨料；⑥如为较大构件，振捣时由专人在模板外用木槌敲打，协助振捣；⑦构件的节点、柱的牛腿、桩尖或桩顶、有抗剪筋的吊环等处钢筋较密，应特别注意捣实；⑧加强振捣；⑨模板四周，用人工协助捣实；如为预制构件，在钢模周边用抹子插捣。

（3）混凝土露筋、空洞的处理措施：①将修补部位的软弱部分及突出部分凿去，上部向外倾斜，下部水平；②用高压水及钢丝刷将基层冲洗干净。修补前用湿麻袋或湿棉纱头填满，使旧混凝土内表面充分湿润；③修补用的水泥品种应与原混凝土的一致，小石混凝土强度等级应比原设计高一级；④如条件许可，可用喷射混凝土修补；⑤安装模板浇筑；⑥混凝土可加微量膨胀剂；⑦浇筑时，外部应比修补部位稍高；⑧修补部分达到结构设计强度时，凿除外倾面。

4. 混凝土施工裂缝

（1）混凝土施工裂缝产生的原因：①曝晒或风大，水分蒸发过快，出现的塑性收缩裂缝；②混凝土塑性过大，成型后发生沉陷不均，出现的塑性沉陷裂缝；③配合比设计不当引起的干缩裂缝；④骨料级配不良，又未及时养护引起的干缩裂缝；⑤模板支撑刚度不足，或拆模工作不慎，外力撞击的裂缝。

（2）预防方法：①成型后立即进行覆盖养护，表面要求光滑，可采用架空措施进行覆盖养护；②配合比设计时，水灰比不宜过大；搅拌时，严格控制用水量；③水灰比不宜过大，水泥用量不宜过多，灰骨比不宜过大；④骨料级配中，细颗粒不宜偏多；⑤浇筑过程应有专人检查模板及支撑；⑥注意及时养护；⑦拆模时，尤其是使用吊车拆大模板时，必须按顺序进行，不能强拆。

（3）混凝土施工裂缝的修补：

1）混凝土微细裂缝修补：①用注射器将环氧树脂溶液黏结剂或甲凝溶液黏结剂注入裂缝内；②注射时宜在干燥、有阳光的时候进行；裂缝部位应干燥，可用喷灯或电风筒吹干；在缝内湿气逸出后进行；③注射时，从裂缝的下端开始，针头应插入缝内，缓慢注入；使缝内空气向上逸出，黏结剂在缝内向上填充。

2）混凝土浅裂缝的修补：①顺裂缝走向用小凿刀将裂缝外部扩凿成V形，宽约5～6mm，深度等于原裂缝深；②用毛刷将V形槽内颗粒及粉尘清除，用喷灯或电风筒吹干；③用漆工刮刀或抹灰工小抹刀将环氧树脂胶泥压填在V形槽上，反复搓动，务使紧密黏结；④缝面按需要做成与结构面齐平，或稍微突出成弧形。

3）混凝土深裂缝的修补。做法是将微细缝和浅缝两种措施合并使用：①先将裂缝面凿成V形或凹形槽；②按上述办法进行清理、吹干；③先用微细裂缝的修补方法向深缝内注入环氧或甲凝黏结剂，填补深裂缝；④上部开凿的槽坑按浅裂缝修补方法压填环氧胶泥黏结剂。

5. 混凝土空鼓

混凝土空鼓常发生在预埋钢板下面。产生的原因是浇灌预埋钢板混凝土时，钢板底部未饱满或振捣不足。

预防方法：①如预埋钢板不大，浇灌时用钢棒将混凝土尽量压入钢板底部；浇筑后用敲击法检查；②如预埋钢板较大，可在钢板上开几个小孔排除空气，亦可做观察孔。

混凝土空鼓的修补：①在板外挖小槽坑，将混凝土压入，直至饱满，无空鼓声为止；②如钢板较大或估计空鼓较严重，可在钢板上钻孔，用灌浆法将混凝土压入。

6. 混凝土强度不足

混凝土强度不足产生的原因：①配合比计算错误；②水泥出厂期过长，或受潮变质，或袋装重量不足；③粗骨料针片状较多，粗、细骨料级配不良或含泥量较多；④外加剂质量不稳定；⑤搅拌机内残浆过多，或传动皮带打滑，影响转速；⑥搅拌时间不足；⑦用水量过大，或砂、石含水率未调整，或水箱计量装置失灵；⑧秤具或称量斗损坏，不准确；⑨运输工具漏浆，或经过运输后严重离析；⑩振捣不够密实。

混凝土强度不足是质量上的大事故。处理方案由设计单位决定。通常处理方法如下：

（1）强度相差不大时，先降级使用，待龄期增加，混凝土强度发展后，再按原标准使用。

（2）强度相差较大时，经论证后采用水泥灌浆或化学灌浆补强。

（3）强度相差较大而影响较大时，拆除返工。

单元二　钢　筋　工　程　施　工

【单元重点】

钢筋工程施工的工序：钢筋材料验收、储存与配料，钢筋加工，钢筋绑扎安装。

【学习目标】

能组织钢筋材料验收，能计算钢筋下料长度并配料，能制定钢筋加工、安装方案并组织施工。

任务一　钢筋材料验收、储存与配料

一、钢筋的验收与储存

（一）钢筋的验收

钢筋进场应具有出厂证明书或试验报告单，每捆（盘）钢筋应有标牌，同时应按有关标准和规定进行外观检查和分批做力学性能试验。钢筋在使用时，如发现脆断、焊接性能不良或机械性能显著不正常等，则应进行钢筋化学成分检验。

1. 外观检查

外观检查应满足表 3－10 要求。

2. 验收要求

钢筋、钢丝、钢绞线应做成批验收，做力学性能试验时其抽样方法，应按相应标准所规定的规则抽取。

表 3-10　钢筋外观检查要求

钢筋种类	外观要求
热轧钢筋	表面不得有裂纹、结疤和折叠，如有凸块不得超过横肋的高度，其他缺陷的高度和深度不得大于所在部位尺寸的允许偏差，钢筋外形尺寸等应符合国家标准
热处理钢筋	表面不得有裂纹、结疤和折叠，如局部凸块不得超过横肋的高度。钢筋外形尺寸应符合国家标准
冷拉钢筋	表面不得有裂纹和局部缩颈
冷拔低碳钢丝	表面不得有裂纹和机械损伤
碳素钢丝	表面不得有裂纹、小刺、机械损伤、锈皮和油漆
刻痕钢丝	表面不得有裂纹、分层、锈皮、结疤
钢绞线	不得有折断、横裂和相互交叉的钢丝，表面不得有润滑剂、油渍

检验要求，如有一个试样一项试验指标不合格，则另取双倍数量的试样进行复检，如仍有一个试样不合格，则该批钢筋不予验收。

（二）钢筋的储存

钢筋进场后，必须严格按批分等级、牌号、直径、长度挂牌存放，不得混淆。钢筋应尽量堆入仓库或料棚内。条件不具备时，应选择地势较高、土质坚硬的场地存放。堆放时，钢筋下部应垫高，离地至少 20cm 高，以防钢筋锈蚀。在堆场周围应挖排水沟，以利泄水。

二、钢筋的配料

钢筋的配料是指识读工程图纸、计算钢筋下料长度和编制配筋表。

（一）钢筋下料长度

1. 钢筋长度

施工图（钢筋图）中所指的钢筋长度是钢筋外缘至外缘之间的长度，即外包尺寸。

2. 混凝土保护层厚度

混凝土保护层厚度是指受力钢筋外缘至混凝土表面的距离，其作用是保护钢筋在混凝土中不被锈蚀。

3. 钢筋接头增加值

由于钢筋直条的供货长度一般为 6～10m，而有的钢筋混凝土结构的尺寸很大，需要对钢筋进行接长。钢筋接头增加值见表 3-11～表 3-13。

表 3-11　钢筋绑扎接头的最小搭接长度

钢筋级别	Ⅰ级钢筋	Ⅱ级钢筋	Ⅲ级钢筋	5 号钢筋
受拉区	$30d$	$35d$	$40d$	$30d$
受压区	$20d$	$25d$	$30d$	$20d$

注　d 为钢筋直径。

表 3-12　钢筋对焊长度损失值　单位：mm

钢筋直径	<16	16～25	>25
损失值	20	25	30

表 3-13　　钢筋搭接焊最小搭接长度

焊接类型	Ⅰ级钢筋	Ⅱ级、Ⅲ级及5号钢筋
双面焊	$4d$	$5d$
单面焊	$8d$	$10d$

4. 钢筋弯曲调整长度

钢筋有弯曲时，在弯曲处的内侧发生收缩，而外皮却出现延伸，而中心线则保持原有尺寸。一般量取钢筋尺寸时，对于架立筋和受力筋量外皮、箍筋量内皮，下料则量中心线。这样，对于弯曲钢筋计算长度和下料长度均存在差异。

(1) 弯钩增加长度。根据规定，Ⅰ级钢筋两端做180°弯钩，其弯曲直径 $D=2.5d$，平直部分为 $3d$（手工弯钩为 $1.75d$），如图 3-14 所示。度量方法以外包尺寸度量，其每个弯钩的增加长度为

$$\begin{aligned} EF=ABC+EC-AF &= 1/2\pi(D+d)+3d-(1/2D+d) \\ &= 0.5\pi(2.5d+d)+3d-(0.5\times 2.5d+d) \\ &= 6.25d \end{aligned}$$

同理可得135°斜弯钩每个弯钩的增加长度为 $5d$。

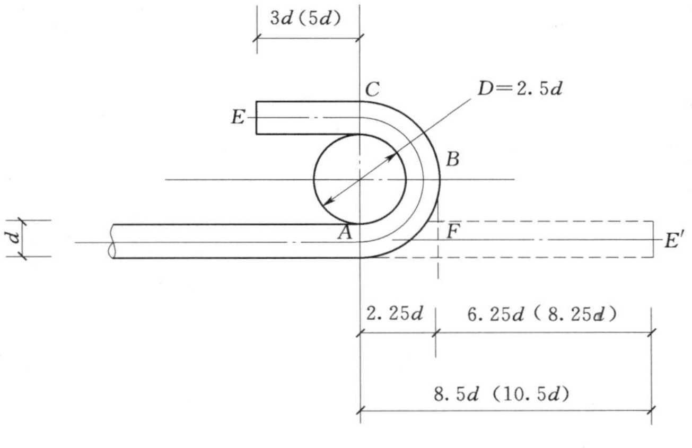

图 3-14　钢筋弯曲180°尺寸图

(2) 弯折减少长度。90°弯折时按施工规范有两种情况：Ⅰ级钢筋弯曲直径 $D=2.5d$，Ⅱ级钢筋弯曲直径 $D=4d$，如图 3-15 所示。其每个弯曲的减少长度为

$$\begin{aligned} ABC-A'C'-C'B' &= 1/4\pi(D+d)-2(0.5D+d) \\ &= -(0.215D+1.215d) \end{aligned}$$

当弯曲直径 $D=2.5d$ 时，其值为 $-1.75d$；

当弯曲直径 $D=4d$ 时，其值为 $-2.07d$。

为计算方便，两者都取其近似值 $-2d$。

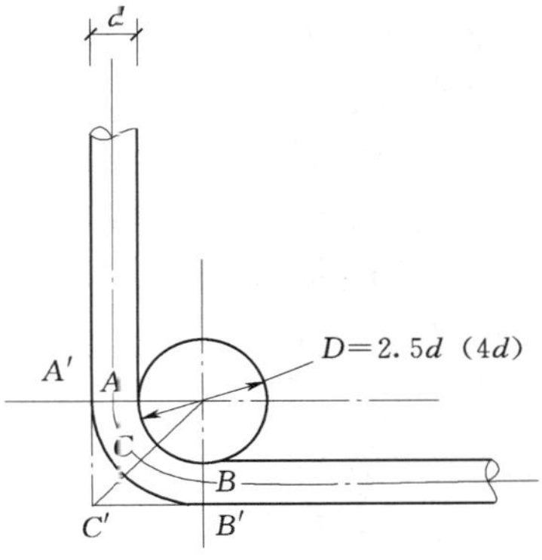

图 3-15　钢筋弯曲90°尺寸图

同理可得45°、60°、135°弯折的减少长度分别为 $-0.5d$、$-0.85d$、$-2.5d$。将上述结果整理成表

3 -14。

表 3 - 14　　钢筋弯曲调整长度

弯曲类型	弯钩			弯折				
	180°	135°	90°	30°	45°	60°	90°	135°
调整长度	6.25d	5d	3.2d	−0.35d	−0.5d	−0.85d	−2d	−2.5d

为了箍筋计算方便，一般将箍筋的弯钩增加长度、弯折减少长度两项合并成一箍筋调整值，见表 3 - 15。计算时将箍筋外包尺寸或内皮尺寸加上箍筋调整值即为箍筋下料长度。

表 3 - 15　　箍筋调整值　　单位：mm

箍筋量度方法	箍筋直径			
	4～5	6	8	10～12
量外包尺寸	40	50	60	70
量内皮尺寸	80	100	120	150～170

（二）钢筋下料长度计算

直筋下料长度＝构件长度－保护层厚度＋搭接长度＋弯钩增加长度

弯起筋下料长度＝直段长度＋斜段长度＋搭接长度－弯折减少长度＋弯钩增加长度

箍筋下料长度＝直段长度＋弯钩增加长度－弯折减少长度

＝箍筋周长＋箍筋调整值

（三）钢筋配料

钢筋配料是依据钢筋表合理安排同规格、同品种的下料，使钢筋的出厂规格长度能够得以充分利用，或库存各种规格和长度的钢筋得以充分利用。

1. 归整相同规格和材质的钢筋

下料长度计算完毕后，把相同规格和材质的钢筋进行归整和组合，同时根据现有钢筋的长度和能够及时采购到的钢筋的长度进行合理组合加工。

2. 合理利用钢筋的接头位置

对有接头的配料，在满足构件中接头的对焊或搭接长度，接头错开的前提下，必须根据钢筋原材料的长度来考虑接头的布置。要充分考虑原材料被截下来的一段长度的合理使用，如果能够使一根钢筋正好分成几段钢筋的下料长度，则是最佳方案。但往往难以做到，所以在配料时，要尽量地使用被截下的一段能够长一些，这样才不致使余料成为废料，使钢筋能得到充分利用。

3. 钢筋配料应注意的事项

（1）配料计算时，要考虑钢筋的形状和尺寸在满足设计要求的前提下，要有利于加工安装。

（2）配料时，要考虑施工需要的附加钢筋。如板双层钢筋中保证上层钢筋位置的撑脚、墩墙双层钢筋中固定钢筋间距的撑铁、柱钢筋骨架增加四面斜撑等。

根据钢筋下料长度计算结果和配料选择后，汇总编制钢筋配料单。在钢筋配料单中必须反映出工程部位、构件名称、钢筋编号、钢筋简图及尺寸、钢筋直径、钢号、数量、下料长度、钢筋重量等。

列入加工计划的配料单，将每一编号的钢筋制作一块料牌作为钢筋加工的依据，并在安装中作为区别各工程部位、构件和各种编号钢筋的标志，如图 3-16 所示。

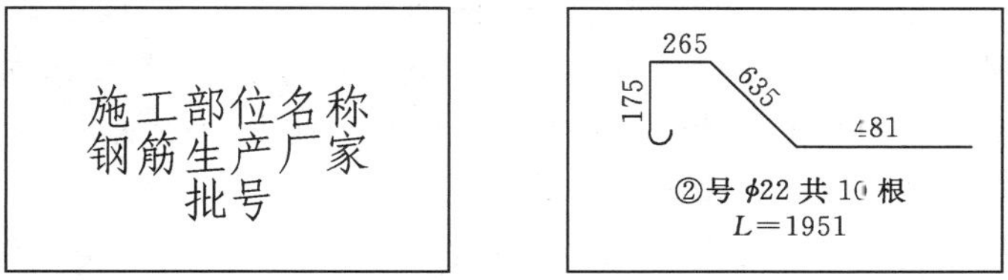

正面　　反面

图 3-16　钢筋料牌

钢筋配料单和料牌，应严格校核，必须准确无误，以免返工浪费。

三、钢筋代换

钢筋加工时，由于工地现有钢筋的种类、钢号和直径与设计不符，应在不影响使用的条件下进行代换。但代换必须征得工程监理的同意。

1. 钢筋代换的基本原则

（1）等强度代换。不同种类的钢筋代换，按抗拉设计值相等的原则进行代换。

（2）等截面代换。相同种类和级别的钢筋代换，按截面相等的原则进行代换。

2. 钢筋代换方法

（1）等强度代换。如施工图中所用的钢筋设计强度为 f_{y1}，钢筋总面积为 A_{s1}，代换后的钢筋设计强度为 f_{y2}，钢筋总面积为 A_{s2}，则应使

$$A_{s1} f_{y1} \leqslant A_{s2} f_{y2} \tag{3-2}$$

即

$$\frac{n_1 \pi d_1^2 f_{y1}}{4} \leqslant \frac{n_2 \pi d_2^2 f_{y2}}{4} \tag{3-3}$$

$$n_2 \geqslant \frac{n_1 d_1^2 f_{y1}}{d_2^2 f_{f2}} \tag{3-4}$$

式中　n_1——施工图钢筋根数；

n_2——代换钢筋根数；

d_1——施工图钢筋直径；

d_2——代换钢筋直径。

（2）等截面代换。如代换后的钢筋与设计钢筋级别相同，则应使

$$A_{s1} \leqslant A_{s2} \tag{3-5}$$

则

$$n_2 \geqslant \frac{n_1 d_1^2}{d_2^2} \tag{3-6}$$

式中符号意义同上。

3. 钢筋代换注意事项

在水利水电工程施工中进行钢筋代换时，应注意以下事项：

(1) 以一种钢号钢筋代替施工图中规定钢号的钢筋时，应按设计所用钢筋计算强度和实际使用的钢筋计算强度经计算后，对截面面积作相应的改变。

(2) 某种直径的钢筋以钢号相同的另一种钢筋代替时，其直径变更范围不宜超过4mm，变更后的钢筋总截面积较设计规定的总截面积不得小于2%或超过3%。

(3) 如用冷处理钢筋代替设计中的热轧钢筋时，宜采用改变钢筋直径的方法而不宜采用改变钢筋根数的方法来减少钢筋截面积。

(4) 以较粗钢筋代替较细钢筋时，部分构件（如预制构件、受挠构件等）应校核钢筋握裹力。

(5) 要遵守钢筋代换的基本原则：①当构件受强度控制时，钢筋可按等强度代换；②当构件按最小配筋率配筋时，钢筋可按等截面代换；③当构件受裂缝宽度或挠度控制时，代换后应进行裂缝宽度或挠度验算。

(6) 对一些重要构件，凡不宜用Ⅰ级光面钢筋代替其他钢筋的，不得轻易代用，以免受拉部位的裂缝开展过大。

(7) 在钢筋代换中不允许改变构件的有效高度，否则就会降低构件的承载能力。

(8) 对于在施工图中明确不能以其他钢筋进行代换的构件和结构的某些部位，均不得擅自进行代换。

(9) 钢筋代换后，应满足钢筋构造要求，如钢筋的根数、间距、直径、锚固长度。

任务二　钢　筋　加　工

一、钢筋场内加工

(一) 钢筋的除锈

在生锈初期，钢筋表面呈黄褐色，称水锈或色锈，这种水锈除在焊点附近必须清除外，一般可不处理；但是当钢筋锈蚀进一步发展，钢筋表面已形成一层锈皮，受锤击或碰撞可见其剥落，这种铁锈不能很好地和混凝土黏结，影响钢筋和混凝土的握裹力，并且在混凝土中继续发展，需要清除。

钢筋除锈方式有三种：一是手工除锈，如用钢丝刷、砂堆、麻袋砂包、砂盘等擦锈；二是除锈机械除锈；三是在钢筋的其他加工工序的同时除锈，如在冷拉、调直过程中除锈。

(二) 钢筋调直

钢筋在使用前必须经过调直，否则会影响钢筋受力，甚至会使混凝土提前产生裂缝，如未调直直接下料，会影响钢筋的下料长度，并影响后续工序的质量。

钢筋调直应符合下列要求：

(1) 钢筋的表面应洁净，使用前应无表面油渍、漆皮、锈皮等。

(2) 钢筋应平直，无局部弯曲，钢筋中心线同直线的偏差不超过其全长的1%。成盘的钢筋或弯曲的钢筋均应调直后才允许使用。

(3) 钢筋调直后其表面伤痕不得使钢筋截面积减少 5%以上。

1. 人工调直

人工调直方法有钢丝的人工调直、直径 10mm 以下的盘圆钢筋可用绞磨拉直等。

2. 机械调直

钢筋的机械调直可用钢筋调直机、弯筋机、卷扬机等调直。钢筋调直机用于圆钢筋的调直和切断，并可清除其表面的氧化皮和污迹。

(三) 钢筋切断

钢筋切断前应做好以下准备工作：

(1) 汇总当班所要切断的钢筋料牌，将同规格（同级别、同直径）的钢筋分别统计，按不同长度进行长短搭配，一般情况下先断长料，后断短料，以尽量减少短头，减少损耗。

(2) 检查测量长度所用工具或标志的准确性，在工作台上有量尺刻度线的，应事先检查定尺卡板（图 3－17）的牢固和可靠性。在断料时应避免用短尺量长料，防止在量料中产生累计误差。

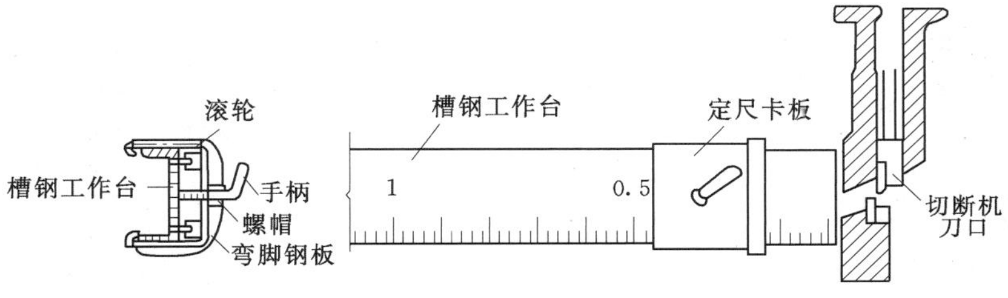

图 3－17　切断机工作台和定尺卡板

(3) 对根数较多的批量切断任务，在正式操作前应试切 2～3 根，以检验长度的准确。

钢筋切断有手工切断、机械切断、氧气切割三种方法。直径大于 40mm 的钢筋一般用氧气切割。

1. 手工切断

手工切断的工具如下：

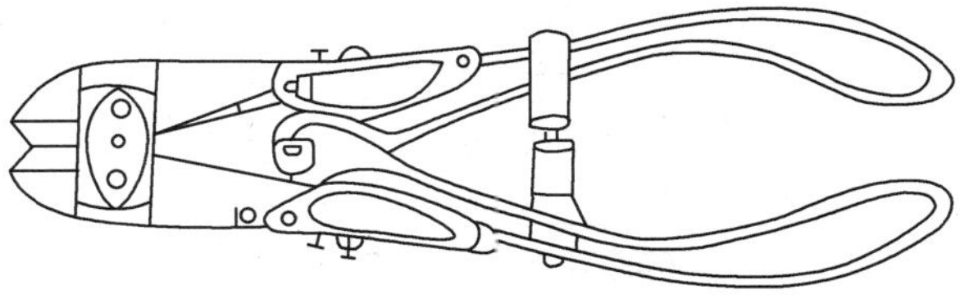

图 3－18　断线钳

(1) 断线钳。断线钳是定型产品，如图 3－18 所示，按其外形长度可分为 450mm、600mm、750mm、900mm、1050mm 五种，最常用的是 600mm。断线钳用于切断 5mm 以下的钢丝。

(2) 手动液压钢筋切断机。手动液压钢筋切断机构造如图 3－19 所示。它由滑轨、刀片、压杆、柱塞、活塞、储油筒、回位弹簧及缸体等组成，能切断直径为 16mm 以下的钢筋、直径 25mm 以下的钢绞线。这种机具具有体积小、重量轻、操作简单、便于携带的特点。

(3) 手压切断器。手压切断器用于切断直径 16mm 以下的 I 级钢筋，如图 3－20 所

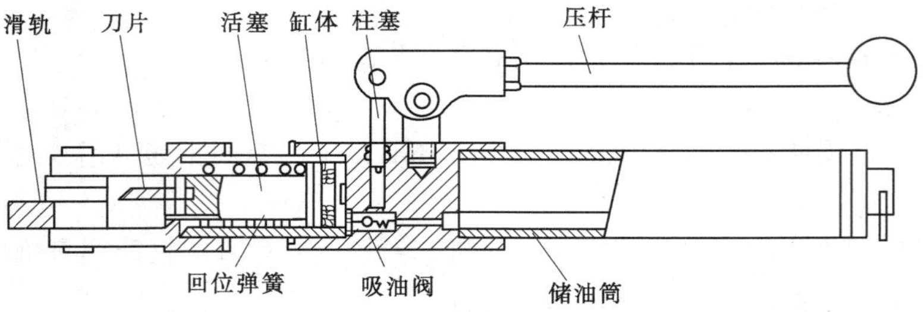

图 3-19　GJ5Y-16 型液压切断机

示。手压切断器由固定刀片、活动刀片、底座、手柄等组成，固定刀片连接在底座上，活动刀片通过几个轴（或齿轮）以杠杆原理加力来切断钢筋，当钢筋直径较大时可适当加长手柄。

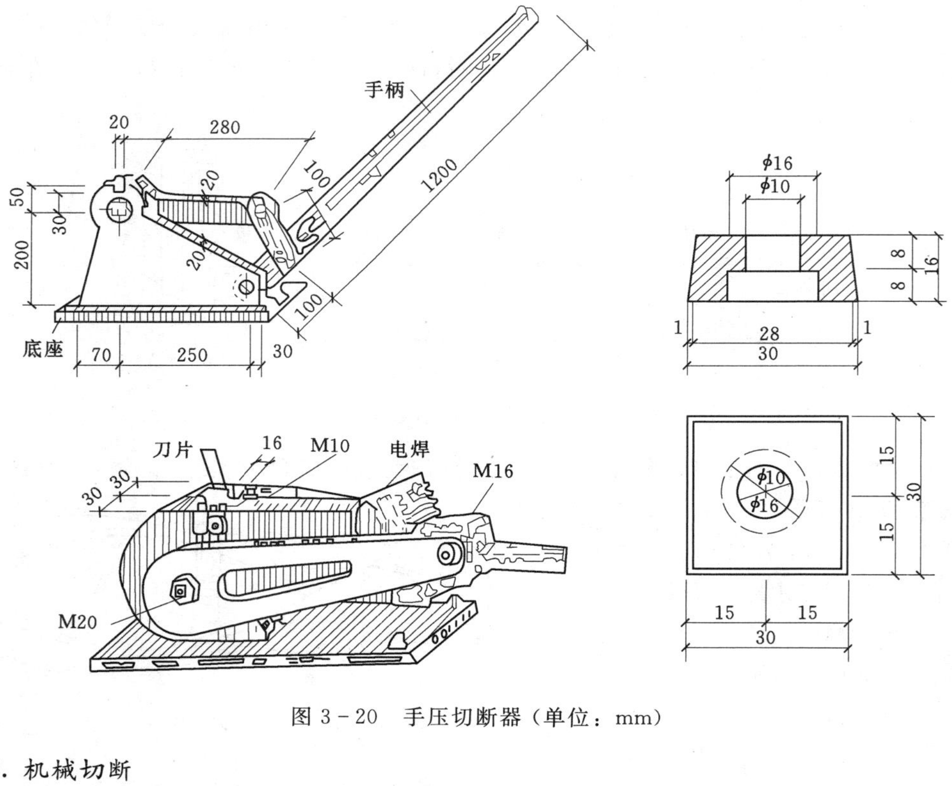

图 3-20　手压切断器（单位：mm）

2. 机械切断

钢筋切断机是用来把钢筋原材料或已调直的钢筋切断，其主要类型有机械式、液压式和手持式钢筋切断机。机械式钢筋切断机有偏心轴立式、凸轮式和曲柄连杆式（图 3-21）等型式。

操作钢筋切断机注意事项如下：

(1) 被切钢筋应先调直后才能切断。

(2) 在断短料时，不用手扶的一端应用 1m 以上长度的钢管套压。

(3) 切断钢筋时，操作者的手只准握在靠边一端的钢筋上，禁止使用两手分别握在钢

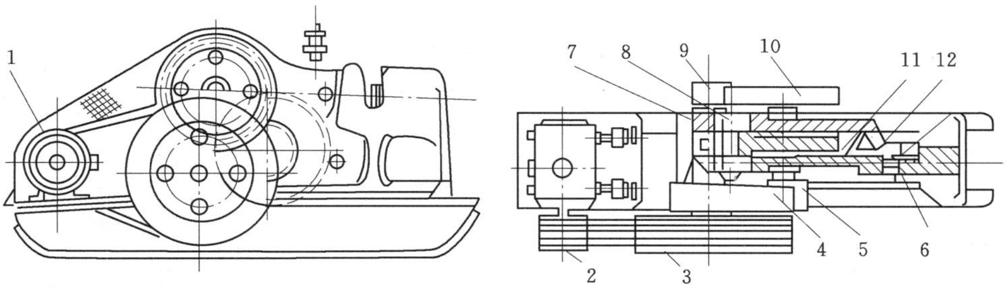

图 3－21　曲柄连杆式钢筋切断机

1—电动机；2、3—三角皮带轮；4、5、9、10—减速齿轮；6—固定刀片；7—连杆；8—偏心轴；11—滑块；12—活动刀片

筋的两端剪切。

（4）向切断机送料时，要注意：①钢筋要摆直，不要将钢筋弯成弧形；②操作者要将钢筋握紧；③应在冲切刀片向后退时送进钢筋，如来不及送料，宁可等下一次退刀时再送料，否则，可能发生人身安全或设备事故；④切断 30cm 以下的短钢筋时，不能用手直接送料，可用钳子将钢筋夹住送料；⑤机器运转时，不得进行任何修理、校正或取下防护罩，不得触及运转部位，严禁将手放在刀片切断位置，铁屑、铁末不得用手抹或嘴吹，一切清洁扫除应在停机后进行；⑥禁止切断规定范围外的材料、烧红的钢筋及超过刀刃硬度的材料；⑦操作过程中如发现机械运转不正常，或有异常响声，或者刀片离合不好等情况，要立即停机，并进行检查、修理。

（5）电动液压式钢筋切断机须注意：①检查油位及电动机旋转方向是否正确；②先松开放油阀，空载运转 2min，排掉缸体内空气，然后拧紧，手握钢筋稍微用力将活塞刀片拨动一下，给活塞以压力，即可进行剪切工作。

（6）手动液压式钢筋切断机还须注意：①使用前应将放油阀按顺时针方向旋紧；切断完毕后，立即按逆时针方向旋开；②在准备工作完毕后，拔出柱销，拉开滑轨，将钢筋放在滑轨圆槽中，合上滑轨，即可剪切。

二、钢筋弯曲成型

将已切断、配好的钢筋，弯曲成所规定的形状尺寸是钢筋加工的一道主要工序。钢筋弯曲成型要求加工的钢筋形状正确，平面上没有翘曲不平的现象，便于绑扎安装。

钢筋弯曲成型有手工和机械弯曲成型两种方法。

（一）手工弯曲成型

1. 加工工具及装置

（1）工作台。弯曲钢筋的工作台，台面尺寸约为 600cm×80cm（长×宽），高度为 80～90cm。工作台要求稳固牢靠，避免在工作时发生晃动。

（2）手摇板。手摇板是弯曲盘圆钢筋的主要工具，如图 3－22 所示。手摇板甲是用来弯制 12mm 以下的单根钢筋；手摇板乙可弯制 8mm 以下的多根钢筋，一次可弯制 4～8 根，主要适宜弯制箍筋。

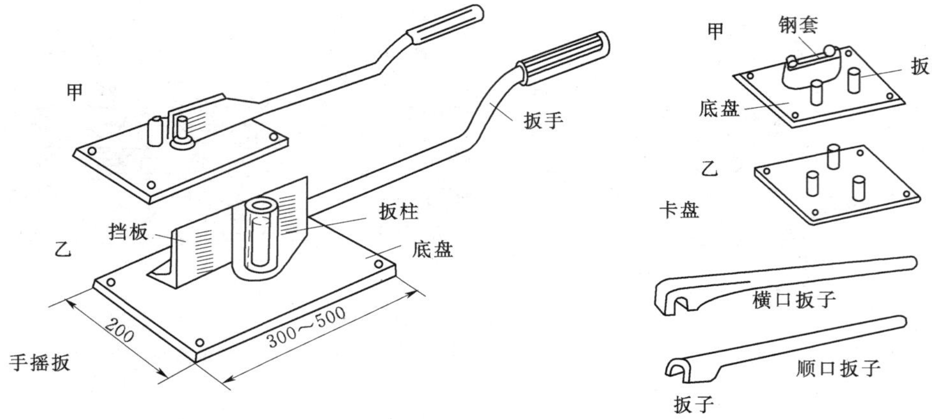

图 3-22 手工弯曲钢筋的工具

手摇板为自制，它由一块钢板底盘和扳柱、扳手组成。扳手长度 30～50cm，可根据弯制钢筋直径适当调节，扳手用 14～18mm 钢筋制成；扳柱直径为 16～18mm；钢板底盘厚 4～6mm。操作时将底盘固定在工作台上，底盘面与台面相平。

如果使用钢制工作台，挡板、扳柱可直接固定在台面上。

(3) 卡盘。卡盘是弯粗钢筋的主要工具之一，它由一块钢板底盘和扳柱组成。底盘约厚 12mm，固定在工作台上；扳柱直径应根据所弯制钢筋来选择，一般为 20～25mm。

卡盘有两种型式：一种是在一块钢板上焊四个扳柱（图 3-22 卡盘甲），水平方向净距为 100mm，垂直方向净距为 34mm，可弯制 32mm 以下的钢筋，但在弯制 28mm 以下的钢筋时，在后面两个扳柱上要加不同厚度的钢套；另一种是在一块钢板上焊三个扳柱（图 3-22 中卡盘乙），扳柱的两条斜边净距为 100mm，底边净距为 80mm，这种卡盘不需配备不同厚度的钢套。

(4) 钢筋扳子。钢筋扳子有横口扳子和顺口扳子两种，它主要和卡盘配合使用。横口扳子又有平头和弯头两种，弯头横口扳子仅在绑扎钢筋时纠正某些钢筋形状或位置时使用，常用的是平头横口扳子。当弯制直径较粗钢筋时，可在扳子柄上接上钢管，加长力臂省力。

钢筋扳子的扳口尺寸以比弯制钢筋大 2mm 较为合适，过大会影响弯制形状的正确性。

2. 手工弯制作业

(1) 准备工作。熟悉要进行弯曲加工钢筋的规格、形状和各部分尺寸，确定弯曲操作的步骤和工具。确定弯曲顺序，避免在弯曲时将钢筋反复调转，影响工效。

(2) 划线。一般划线方法是在划弯曲钢筋分段尺寸时，将不同角度的长度调整值在弯曲操作方向相反的一侧长度内扣除，划上分段尺寸线，这条线称为弯曲点线，根据这条线并按规定方法弯曲后，钢筋的形状和尺寸与图纸要求的基本相符。当形状比较简单或同一形状根数较多的钢筋进行弯曲时，可以不划线，而在工作台上按各段尺寸要求固定若干标志，按标志操作。

（3）试弯。在成批钢筋弯曲操作之前，各种类型的弯曲钢筋都要试弯一根，然后检查其弯曲形状、尺寸是否和设计要求相符；并校对钢筋的弯曲顺序、划线，所定的弯曲标志、扳距等是否合适。经过调整后，再进行批量生产。

（4）弯曲成型。在钢筋开始弯曲前，应注意扳距和弯曲点线、扳柱之间的关系。为了保证钢筋弯曲形状正确，使钢筋弯曲圆弧有一定曲率，且在操作时扳子端部不碰到扳柱，扳子和扳柱间必须有一定的距离，这段距离称扳距，如图 3-23 所示。扳距的大小是根据钢筋的弯制角度和直径变化的，扳距可参考表 3-16。

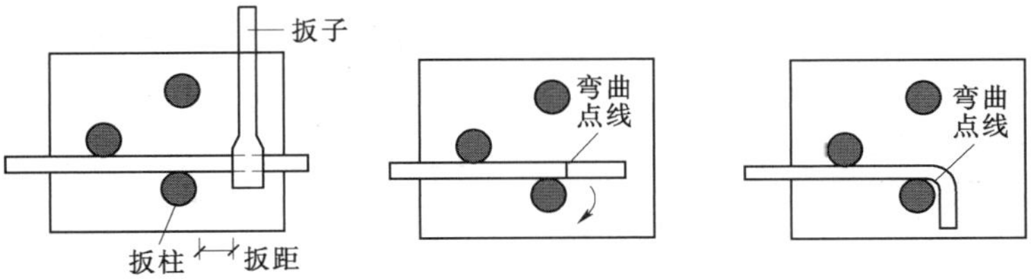

图 3-23　扳距、弯曲点和扳柱的关系

表 3-16　　**弯曲角度与扳距关系表**

弯曲角度/(°)	45	90	135	180
扳距	(1.5～2)d	(2.5～3)d	(3～3.5)d	(3.5～4)d

进行弯曲钢筋操作时，钢筋弯曲点线在扳柱钢板上的位置，要配合划线的操作方向，使弯曲点线与扳柱外边缘相平。

（二）机械弯曲成型

钢筋弯曲机有机械钢筋弯曲机、液压钢筋弯曲机和钢筋弯箍机等几种型式，图 3-24 为齿轮式机械钢筋弯曲机。

操作钢筋弯曲机的注意事项如下：

（1）钢筋弯曲机要安装在坚实的地面上，放置要平稳，铁轮前后要用三角对称楔紧，设备周围要有足够的场地。非操作者不要进入工作区域，以免扳动钢筋时被碰伤。

（2）操作前要对机械各部件进行全面检查以及试运转，并检查齿轮、轴套等备件是否齐全。

（3）要熟悉倒顺开关的使用方法以及所控制的工作盘的旋转方向，钢筋放置要和成型轴、工作盘旋转方向相配合，不要放反。

变换工作盘旋转方向时，要按正转—停—倒转操作，不要直接按正—倒转或倒—正转操作。

（4）钢筋弯曲时，其圆弧直径是由中心轴直径决定的，因此要根据钢筋粗细和所要求的圆弧弯曲直径大小随时更换中心轴或轴套。

（5）严禁在机械运转过程中更换中心轴、成型轴、挡铁轴，或进行清扫、加油。如果需要更换，必须切断电源，当机器停止转动后才能更换。

（6）弯曲钢筋时，应使钢筋挡架上的挡板贴紧钢筋，以保证弯曲质量。

（7）弯曲较长的钢筋时，要有专人扶持钢筋。扶持人员应按操作人员的指挥进行工

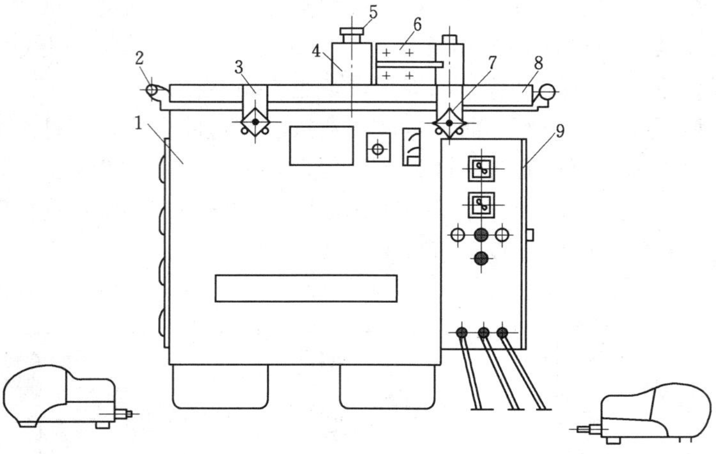

图 3-24　齿轮式机械钢筋弯曲机

1—机架；2—滚轴；3，7—调节手轮；4—转轴；5—紧固手柄；6—夹持器；8—工作台；9—控制配电箱

作，不能任意推拉。

(8) 在运转过程中如发现卡盘、颤动、电动机温升超过规定值，均应停机检修。

(9) 不直的钢筋，禁止在弯曲机上弯曲。

任务三　钢筋绑扎安装

建基面终验清理完毕或施工缝处理完毕养护一定时间，混凝土强度达到 2.5MPa 后，即进行钢筋的绑扎与安装作业。

钢筋的安设方法有两种：一种是将钢筋骨架在加工厂制好，再运到现场安装，称为整装法；另一种是将加工好的散钢筋运到现场，再逐根安装，称为散装法。

一、钢筋的绑扎接头

根据施工规范规定：直径在 25mm 以下的钢筋接头，可采用绑扎接头。轴心受拉、小偏心受拉构件和承受振动荷载的构件中，钢筋接头不得采用绑扎接头。

钢筋绑扎采用应遵守以下规定：

(1) 搭接长度不得小于表 3-11 规定的数值。

(2) 受拉区域内的光面钢筋绑扎接头的末端，应做弯钩。

(3) 梁、柱钢筋的接头，如采用绑扎接头，则在绑扎接头的搭接长度范围内应加密钢箍。当搭接钢筋为受拉钢筋时，箍筋间距不应大于 5d（d 为两搭接钢筋中较小的直径）；当搭接钢筋为受压钢筋时，箍筋间距不应大于 10d。

(4) 钢筋接头应分散布置，配置在同一截面内的受力钢筋，其接头的截面积占受力钢筋总截面积的比例应符合下列要求：

1) 绑扎接头在构件的受拉区中不超过 25%，在受压区中不超过 50%。

2）焊接与绑扎接头距钢筋弯起点不小于 $10d$，也不位于最大弯矩处。

3）在施工中如分辨不清受拉、受压区时，其接头设置应按受拉区的规定。

4）两根钢筋相距在 $30d$ 或 50cm 以内，两绑扎接头的中距在绑扎搭接长度以内，均作同一截面。

(5）直径等于和小于 12mm 的受压Ⅰ级钢筋的末端，以及轴心受压构件中任意直径的受力钢筋的末端，可不做弯钩，但搭接长度不应小于 $30d$。

二、钢筋的现场绑扎

1. 熟悉施工图纸

通过熟悉图纸，一方面校核钢筋加工中是否有遗漏或误差；另一方面也可以检查图纸中是否存在与实际情况不符的地方，以便及时改正。

2. 核对钢筋加工配料单和料牌

在熟悉施工图纸的过程中，应核对钢筋加工配料单和料牌，并检查已加工成型的成品的规格、形状、数量、间距是否和图纸一致。

3. 确定安装顺序

钢筋绑扎与安装的主要工作内容包括：放样划线、排筋绑扎、垫撑铁和保护层垫块、检查校正及固定预埋件等。为保证工程顺利进行，在熟悉图纸的基础上，要考虑钢筋绑扎安装顺序。板类构件排筋顺序一般先排受力钢筋后排分布钢筋；梁类构件一般先摆纵筋（摆放有焊接接头和绑扎接头的钢筋应符合规定），再排箍筋，最后固定。

4. 做好材料、机具的准备

钢筋绑扎与安装的主要材料、机具包括钢筋钩、吊线垂球、木水平尺、麻线、长钢尺、钢卷尺、扎丝、垫保护层用的砂浆垫块或塑料卡、撬杆、绑扎架等。对于结构较大或形状较复杂的构件，为了固定钢筋还需一些钢筋支架、钢筋支撑。

扎丝一般采用 18～22 号铁丝或镀锌铁丝，见表 3-17。扎丝长度一般以钢筋钩拧 2～3 圈后，铁丝出头长度为 20cm 左右。

表 3-17　　绑扎用扎丝

钢筋直径/cm	<12	12～25	>25
铁丝型号/号	22	20	18

混凝土保护层厚度，必须严格按设计要求控制。控制其厚度可用水泥砂浆垫块或塑料卡。水泥砂浆垫块的厚度应等于保护层厚度；平面尺寸当保护层厚度等于或小于 20mm 时为 30mm×30mm、大于 20mm 时为 50mm×50mm。在垂直方向使用垫块，应在垫块中埋入两根 20 号或 22 号铁丝，用铁丝将垫块绑在钢筋上。

5. 放线

放线要从中心点开始向两边量距放点，定出纵向钢筋的位置。水平筋的放线可放在纵向钢筋或模板上。

6. 钢筋的绑扎

钢筋的绑扎应顺直均匀、位置正确。钢筋绑扎的操作方法有一面顺扣法、十字花扣法、反十字扣法、兜扣法、缠扣法、兜扣加缠法、套扣法等，较常用的是一面顺扣法，如图 3－25 所示。

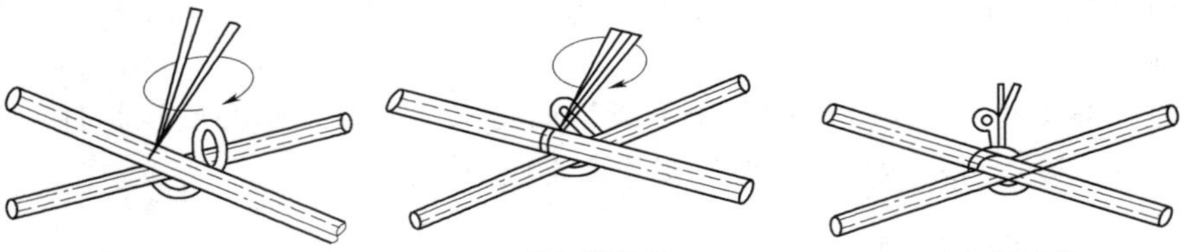

(a) 第一步　　(b) 第二步　　(c) 第三步

图 3－25　钢筋一面顺扣绑扎法

一面扣法的操作步骤是：第一步，先将钢丝扣穿套钢筋交叉点；第二步，接着用钢筋钩钩住钢丝弯成圆圈的一端，旋转钢筋钩；第三步，一般旋 1.5～2.5 转即可绑扎成功。操作时，扎扣要短，才能少转快扎。为使绑扎后的钢筋骨架不变形，每个绑扎点进扎丝扣的方向要求交替变换 90°。这种方法操作简便，绑点牢固，适用于钢筋网、骨架各个部位的绑扎。

任务四　钢筋施工质量控制

按现行施工规范，水工钢筋混凝土工程中的钢筋安装，其质量应符合以下规定：

（1）钢筋的安装位置、间距、保护层厚度及各部分钢筋的大小尺寸，均应符合设计要求，其偏差不得超过表 3－18 的规定。

表 3－18　　钢筋安装的允许偏差

<table>
<tr><th>项次</th><th colspan="3">项　　目</th><th>允许偏差</th></tr>
<tr><td>1</td><td rowspan="7">点焊及电弧焊</td><td colspan="2">帮条对焊接头中心的纵向偏移</td><td>0.5d</td></tr>
<tr><td>2</td><td colspan="2">接头处钢筋轴线的曲折</td><td>4°</td></tr>
<tr><td rowspan="5">3</td><td rowspan="5">焊缝</td><td>长度</td><td>−0.5d</td></tr>
<tr><td>高度</td><td>−0.5d</td></tr>
<tr><td>宽度</td><td>−0.1d</td></tr>
<tr><td>咬边深度</td><td>0.5d，但不大于 1mm</td></tr>
<tr><td>表面气孔夹渣：
（1）在 2d 长度上
（2）气孔、夹渣直径</td><td>2 个
3mm</td></tr>
<tr><td>4</td><td rowspan="3">对焊及熔槽焊</td><td colspan="2">焊接接头根部未焊透深度：
（1）25～40mm 钢筋
（2）40～70mm 钢筋</td><td>0.15d
0.10d</td></tr>
<tr><td>5</td><td colspan="2">接头处钢筋中心线的位移</td><td>0.1d，不大于 2mm</td></tr>
<tr><td>6</td><td colspan="2">焊缝表面（长为 2d）和焊缝截面上蜂窝、气孔排、金属杂质</td><td>不大于 1.5d，3 个</td></tr>
<tr><td>7</td><td colspan="3">钢筋长度方向的偏差</td><td>±1/2 净保护层厚度</td></tr>
</table>

续表

项次	项　　目	允许偏差
8	同一排受力钢筋间距的局部偏差： （1）柱及梁中 （2）板、墙中	 ±0.5d ±0.1 间距
9	同一排分布钢筋间距的偏差	±0.1 间距
10	双排钢筋，其排与排间距的局部偏差	±0.1 排距
11	梁与柱中钢箍间距的偏差	0.1 箍筋间距
12	保护层厚度的局部偏差	±1/4 净保护层厚度

检查时先进行宏观检查，没发现有明显不合格处，即可进行抽样检查，对梁、板、柱等小型构件，总检测点数不少于 30 个，其余总检测点数一般不少于 50 个。

（2）现场焊接或绑扎的钢筋网，其钢筋交叉的连接应按设计规定进行。如设计未作规定，且直径在 25mm 以下时，则除楼板和墙内靠近外围两行钢筋之交点应逐根扎牢外，其余按 50％的交叉点进行绑扎。

（3）钢筋安装中交叉点的绑扎，对于Ⅰ级、Ⅱ级钢筋，直径在 16mm 以上且不损伤钢筋截面时，可用手工电弧焊进行点焊来代替，但必须采用细焊条、小电流进行焊接，并严加外观检查，钢筋不应有明显的咬边和裂纹出现。

（4）板内双向受力钢筋网，应将钢筋全部交叉点扎牢。柱与梁的钢筋中，主筋与箍筋的交叉点在拐角处应全部扎牢，其中间部分可每隔一个交叉点扎一点。

（5）安装后的钢筋应有足够的刚性和稳定性。整装的钢筋网、钢筋骨架，在运输和安装过程中应采取措施，以免变形、开焊及松脱。安装后的钢筋应避免错动和变形。

（6）在混凝土浇筑施工中，严禁为方便浇筑擅自移动或割除钢筋。

单元三　模　板　施　工

【单元重点】

模板分类，模板设计，模板施工，脚手架构造，脚手架施工。

【学习目标】

能进行模板选型与设计，能组织模板施工，能组织脚手架施工。

任务一　模　板　设　计

一、对模板的基本要求

（1）应保证混凝土结构和构件浇筑后的各部分形状和尺寸以及相互位置的准确性。

（2）具有足够的稳定性、刚度及强度。

（3）装拆方便，能够多次周转使用，形式要尽量做到标准化、系列化。

(4) 接缝应不易漏浆、表面要光洁平整。

(5) 所用材料受潮后不易变形。

(6) 注意节约木材。

二、模板设计

在施工前，施工企业应根据建筑物的实际情况、现场条件、混凝土结构施工与验收规范及有关的模板技术规范进行模板设计，模板设计包括模板面板、支承系统及连接配件的设计。

根据工程实践经验，模板设计大致可分为以下三个环节：

(1) 配板设计并绘制配板图和支承系统布置图。

(2) 根据施工条件确定荷载并对模板及支承系统进行验算。

(3) 编制模板及配件的规格数量汇总表和周转计划，制定模板系统安装与拆除的程序与方法以及编写施工说明书等。

三、模板类型

(一) 模板的分类

(1) 按模板形状分为平面模板和曲面模板。平面模板又称为侧面模板，主要用于结构物垂直面。曲面模板用于廊道、隧洞、溢流面和某些形状特殊的部位，如进水口扭曲面、蜗壳、尾水管等。

(2) 按模板材料分为木模板、竹模板、钢模板、混凝土预制模板、塑料模板、橡胶模板等。

(3) 按模板受力条件分为承重模板和侧面模板。承重模板主要承受混凝土重量和施工中的垂直荷载；侧面模板主要承受新浇混凝土的侧压力。侧面模板按其支承受力方式，又分为简支模板、悬臂模板和半悬臂模板。

(4) 按模板使用特点分为固定式、拆移式、移动式和滑动式。固定式用于形状特殊的部位，不能重复使用。后三种模板都能重复使用，或连续使用在形状一致的部位。但其使用方式有所不同：拆移式模板需要拆散移动；移动式模板的车架装有行走轮，可沿专用轨道使模板整体移动（如隧洞施工中的钢模台车）；滑动式模板以千斤顶或卷扬机为动力，可在混凝土连续浇筑的过程中，使模板面紧贴混凝土面滑动（如闸墩施工中的滑模）。

(二) 定型组合钢模板

定型组合钢模板系列包括钢模板、连接件、支承件三部分。其中，钢模板包括平面钢模板和拐角模板；连接件有 U 形卡、L 形插销、钩头螺栓、紧固螺栓、蝶形扣件等；支承件有圆钢管、薄壁矩形钢管、内卷边槽钢、单管伸缩支撑等。

1. 钢模板的规格和型号

钢模板包括平面模板、阳角模板、阴角模板和连接角模，如图 3-26 所示。单块钢模板由面板、边框和加劲肋焊接而成。面板厚 2.3mm 或 2.5mm，边框和加劲肋上面按一定距离（如 150mm）钻孔，可利用 U 形卡和 L 形插销等拼装成大块模板。

钢模板的宽度以 50mm 进级，长度以 150mm 进级，其规格和型号已做到标准化、系列化。在表 3-19 中，如型号为 P3015 的钢模板，P 表示平面模板，3015 表示宽×长为

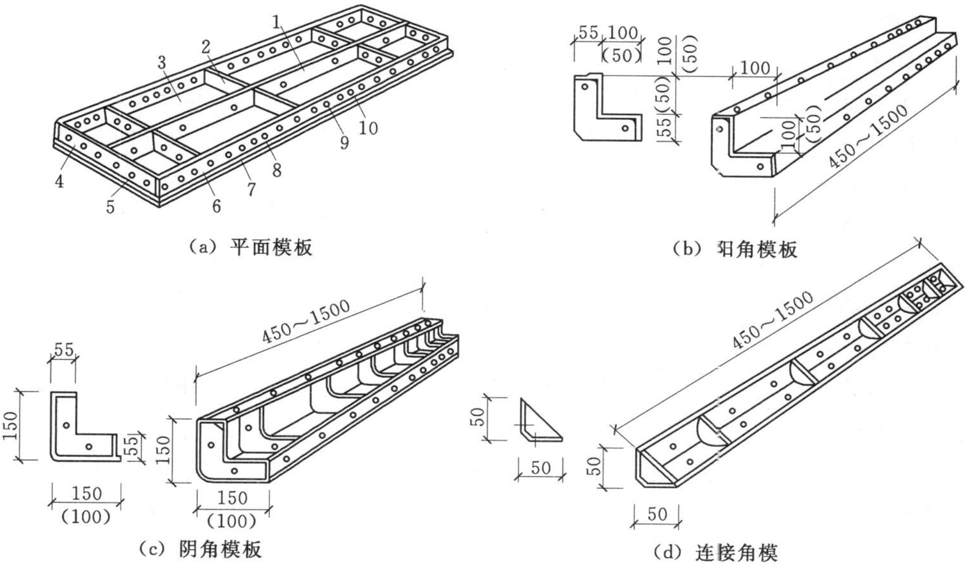

图 3-26　钢模板类型图

1—中纵肋；2—中横肋；3—面板；4—横肋；5—插销孔；6—纵肋；7—凸棱；8—凸鼓；9—U形卡孔；10—钉子孔

300mm×1500mm。又如型号为 Y1015 的钢模板，Y 表示阳角模板，1015 表示宽×长为 100mm×1500mm。如拼装时出现不足模数的空隙时，用镶嵌木条补缺，用钉子或螺栓将木条与板块边框上的孔洞连接。

表 3-19　　平面钢模板规格表

宽度/mm	代号	尺寸/(mm×mm×mm)	每块面积/m^2	每块重量/kg	宽度/mm	代号	尺寸/(mm×mm×mm)	每块面积/m^2	每块重量/kg
300	P3015	300×1500×55	0.450	14.90	200	P2007	200×750×55	0.150	5.25
	P3012	300×1200×55	0.360	12.06		P2006	200×600×55	0.120	4.17
	P3009	300×900×55	0.270	9.21		P2004	200×450×55	0.090	3.34
	P3007	300×750×55	0.225	7.93	150	P1515	150×1500×55	0.225	9.01
	P3006	300×600×55	0.180	6.36		P1512	150×1200×55	0.180	6.47
	P3004	300×450×55	0.135	5.08		P1509	150×900×55	0.135	4.93
250	P2515	250×1500×55	0.375	13.19		P1507	150×750×55	0.113	4.23
	P2512	250×1200×55	0.300	10.66		P1506	150×600×55	0.090	3.40
	P2509	250×900×55	0.225	8.13		P1504	150×450×55	0.068	2.69
	P2507	250×750×55	0.188	6.98	100	P1015	100×1500×55	0.150	6.36
	P2506	250×600×55	0.150	5.60		P1012	100×1200×55	0.120	5.13
	P2504	250×450×55	0.133	4.45		P1009	100×900×55	0.090	3.90
200	P2015	200×1500×55	0.03	9.76		P1007	100×750×55	0.075	3.33
	P2012	200×1200×55	0.24	7.91		P1006	100×600×55	0.060	2.67
	P2009	200×900×55	0.18	6.03		P1004	100×450×55	0.045	2.11

2. 连接件

(1) U形卡。它用于钢模板之间的连接与锁定，使钢模板拼装密合。U形卡安装间距一般不大于300mm，即每隔一孔卡插一个，安装方向一顺一到相互交错。

(2) L形插销。它插入模板两端边框的插销孔内，用于增强钢模板纵向拼接的刚度和保证接头处板面平整。

(3) 钩头螺栓。用于钢模板与内、外钢楞之间的连接固定，使之成为整体，安装间距一般不大于600mm，长度应与采用的钢楞尺寸相适应。

(4) 对拉螺栓。用来保持模板与模板之间的设计厚度并承受混凝土侧压力及水平荷载，使模板不致变形。

(5) 紧固螺栓。用于紧固钢模板内外钢楞，增强组合模板的整体刚度，长度与采用的钢楞尺寸相适应。

(6) 扣件。用于将钢模板与钢楞紧固，与其他的配件一起将钢模板拼装成整体。按钢楞的不同形状尺寸，分别采用碟型扣件和3型扣件，其规格分为大小两种。

3. 支承件

配件的支承件包括钢楞、柱箍、梁卡具、圈梁卡、钢管架、斜撑、组合支柱、钢管脚手支架、平面可调桁架和曲面可变桁架等。

任务二 模 板 施 工

一、模板安装

安装模板之前，应事先熟悉设计图纸，掌握建筑物结构的形状尺寸，并根据现场条件，初步考虑好立模及支撑的程序，以及与钢筋绑扎、混凝土浇捣等工序的配合，尽量避免工种之间的相互干扰。

模板的安装包括放样、立模、支撑加固、吊正找平、尺寸校核、堵设缝隙及清仓去污等工序。在安装过程中，应注意下述事项：

(1) 模板竖立后，须切实校正位置和尺寸，垂直方向用垂球校对，水平长度用钢尺丈量两次以上，务使模板的尺寸合符设计标准。

(2) 模板各结合点与支撑必须坚固紧密，牢固可靠，尤其是采用振捣器捣固的结构部位，更应注意，以免在浇捣过程中发生裂缝、鼓肚等不良情况。但为了增加模板的周转次数，减少模板拆模损耗，模板结构的安装应力求简便，尽量少用圆钉，多用螺栓、木楔、拉条等进行加固联结。

(3) 凡属承重的梁板结构，跨度大于4m以上时，由于地基的沉陷和支撑结构的压缩变形，跨中应预留起拱高度，每米增高3mm，两边逐渐减少，至两端同原设计高程等高。

(4) 为避免拆模时建筑物受到冲击或震动，安装模板时，撑柱下端应设置硬木楔形垫块，所用支撑不得直接支承于地面，应安装在坚实的桩基或垫板上，使撑木有足够的支承面积，以免沉陷变形。

(5) 模板安装完毕，最好立即浇筑混凝土，以防日晒雨淋导致模板变形。为保证混凝土表面光滑和便于拆卸，宜在模板表面涂抹肥皂水或润滑油。夏季或在气候干燥情况下，为防止模板干缩裂缝漏浆，在浇筑混凝土之前，需洒水养护。如发现模板因干燥产生裂缝，应事先用木条或油灰填塞衬补。

（6）安装边墙、柱、闸墩等模板时，在浇筑混凝土以前，应将模板内的木屑、刨片、泥块等杂物清除干净，并仔细检查各联结点及接头处的螺栓、拉条、楔木等有无松动滑脱现象。在浇筑混凝土过程中，木工、钢筋、混凝土、架子等工种均应有专人"看仓"，以便发现问题随时加固修理。

（7）模板安装的偏差，应符合设计要求的规定，特别是对于通过高速水流，有金属结构及机电安装等部位，更不应超出规范的允许值。施工中安装模板的允许偏差，可参考表3-20中规定的数值。

表3-20　　大体积混凝土木模板安装的允许偏差　　单位：mm

项次	偏差项目		混凝土结构部位	
			外露表面	隐藏内面
1	模板平整度	相邻两面板高差	3	5
2		局部不平（用2m直尺检查）	5	10
3	结构物边线与设计边线		10	15
4	结构物水平截面内部尺寸		±20	
5	承重模板标高		±5	
6	预留孔、洞尺寸及位置		±10	

二、模板隔离剂

模板安装前或安装后，为防止模板与混凝土黏结在一起，便于拆模，应及时在模板的表面涂刷隔离剂。

三、模板拆除

1．拆模期限

（1）不承重的侧模板在混凝土强度能保证混凝土表面和棱角不因拆模而受损害时方可拆模。一般此时混凝土的强度应达到2.5MPa以上。

（2）承重模板应在混凝土达到下列强度以后方能拆除（按设计强度的百分率计）。

1）当梁、板、拱的跨度小于2m时，要求达到设计强度的50%。

2）跨度为2～5m时，要求达到设计强度的70%。

3）跨度为5m以上时，要求达到设计强度的100%。

4）悬臂板、梁跨度小于2m时为70%；跨度大于2m时为100%。

2．拆模注意事项

模板拆卸工作应注意以下事项：

（1）模板拆除工作应遵守一定的方法与步骤。拆模时要按照模板各结合点构造情况，逐块松卸。首先去掉扒钉、螺栓等连接铁件，然后用撬杠将模板松动或用木楔插入模板与混凝土接触面的缝隙中，以锤击木楔，使模板与混凝土面逐渐分离。拆模时，禁止用重锤直接敲击模板，以免使建筑物受到强烈震动或将模板毁坏。

（2）拆卸拱形模板时，应先将支柱下的木楔缓慢放松，使拱架徐徐下降，避免新拱因模板突然大幅度下沉而担负全部自重，并应从跨中点向两端同时对称拆卸。拆卸跨度较大的拱模时，则需从拱顶中部分段分期向两端对称拆卸。

（3）高空拆卸模板时，不得将模板自高处摔下，而应用绳索吊卸，以防砸坏模板或发生事故。

（4）当模板拆卸完毕后，应将附着在板面上的混凝土砂浆洗凿干净，损坏部分需加修整，板上的圆钉应及时拔除（部分可以回收使用），以免刺脚伤人。卸下的螺栓应与螺帽、垫圈等拧在一起，并加黄油防锈。扒钉、铁丝等物均应收捡归仓，不得丢失。所有模板应按规格分放，妥加保管，以备下次立模周转使用。

（5）对于大体积混凝土，为了防止拆模后混凝土表面温度骤然下降而产生表面裂缝，应考虑外界温度的变化而确定拆模时间，并应避免早、晚或夜间拆模。

任务三　脚 手 架 施 工

扣件式钢管脚手架是由钢管和扣件组成，它搭拆方便、灵活，能适应建筑物中平立面的变化，强度高，坚固耐用。扣件式钢管脚手架还可以格成井字架、栈桥和上料台架等，应用较多。

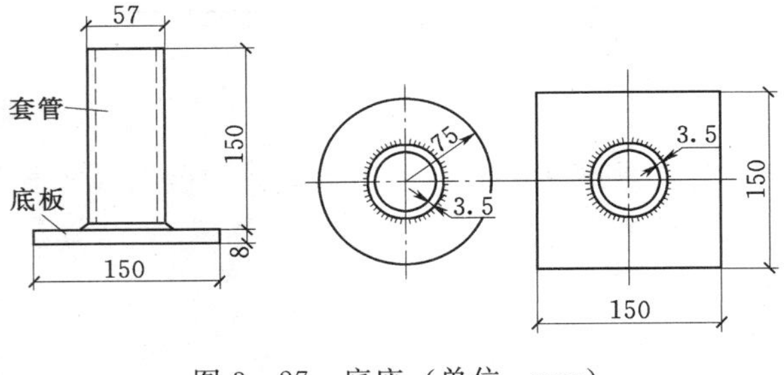

图 3-27　底座（单位：mm）

1. 材料要求

（1）杆件用料要求。扣件式钢管脚手架的主要杆件有立杆、顺水杆（大横杆）、排木杆（小横杆）、十字盖（剪刀撑）、压柱子（抛撑、斜撑）、底座、扣件等。

钢管：采用外径 48～51mm、壁厚为 3～3.5mm 的钢管，长度以 4～6.5m 和 2.1～2.3m 为宜。

（2）底座。扣件式钢管脚手架的底座，是由套管和底板焊成。套管一般用外径 57mm、壁厚 3.5mm 的钢管（或用外径为 60mm、壁厚 3～4mm 的钢管），长为 150mm。底板一般用边长（或直径）150mm、厚为 5mm 的钢板，如图 3-27 所示。

（3）扣件。扣件是用铸铁锻制而成，螺栓用 Q235 钢制成，其形式有三种，如图 3-28 所示。

1）回转扣件。回转扣件用于连接扣紧呈任意角度相交的杆件，如立杆与十字盖的连接。

2）直角扣件。直角扣件又称十字扣件，用于连接扣紧两根垂直相交的杆件，如立杆与顺水杆、排木的连接。

3）对接扣件。对接扣件又称一字扣件，用于两根杆件的对接接长，如立杆、顺水杆的接长。

图 3－28　扣件形式

2. 扣件式钢管脚手架的搭设

脚手架的搭设方式通常有单排外脚手架和双排外脚手架，如图 3－29 所示。单排外脚手架外侧只有一排立杆，小横杆一端与立杆或大横杆连接，另一端搁置在建筑物上。双排外脚手架内外两侧均设立杆，小横杆两端分别与内、外侧立杆连接的外脚手架。它的稳定性比较好，搭设高度一般不超过 30m。

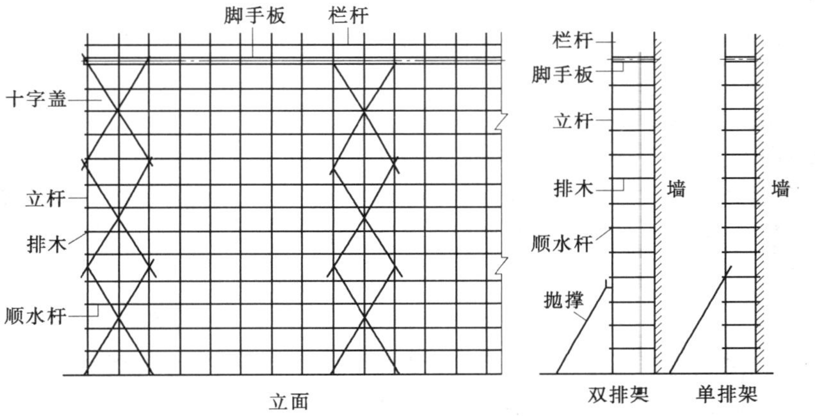

图 3－29　脚手架

注意事项如下：

(1) 由于单排外脚手架稳定性差，搭设高度一般不得超过 2Cm。

(2) 小横杆在墙上的搁置宽度不宜小于 240mm。

(3) 立杆埋设深度一般不小于 0.5m。也可直接立于地面，但应加设垫板，并用扫地杆帮助稳定。

(4) 立杆的间距以 1.5m 左右为宜，最大不能超过 2m。横杆的距离一般为 1～1.2m，最大不得超过 1.5m。

(5) 十字盖之间的间距：一般每隔 6 根立杆设一档十字盖，十字盖占两个立杆档，从下到上绑扎，要撑到地面，并与地面的夹角为 60°。

(6) 双排脚手架的小横杆靠墙一端应离开墙体装饰面至少 100mm，杆件相交的伸出端长度不小于 100mm，以防止杆件滑脱。

架的搭设要求钢管的规格相同，地基平整夯实；对高层建筑物脚手架的基础要进行验算，脚手架地基的四周排水畅通，立杆底端要设底座或垫木。通常脚手架搭设顺序为：放置纵向扫地杆→立杆→ 横向扫地杆→ 第一步纵向水平杆（大横杆)→第一步横向水平杆（小横杆)→ 连墙件（或加抛撑）→第二步纵向水平杆（大横杆）→第二步横向水平杆（小横杆）……

3. 扣件式脚手架的拆除

扣件式脚手架的拆除按由上而下、后搭者先拆、先搭者后拆的顺序进行，严禁上下同时拆除，以及先将整层连墙件或数层连墙件拆除后再拆其余杆件。如果采用分段拆除，其高差不应大于2步架，当拆除至最后一节立杆时，应先加临时抛撑，后拆除连墙件，拆下的材料应及时分类集中运至地面，严禁抛扔。

知识技能训练

一、思考题

1. 简述混凝土骨料生产的基本过程。
2. 简述混凝土工程施工过程。
3. 按施工工艺划分模板有哪几种类型？
4. 模板的基本要求是什么？
5. 简述钢筋加工的工序。
6. 简述钢筋下料长度的计算公式。

二、案例

在某钢筋混凝土结构中，现在取一跨钢筋混凝土梁，其配筋均按一级钢筋考虑，如图3-30所示。试计算该梁钢筋的下料长度，给出钢筋配料单。

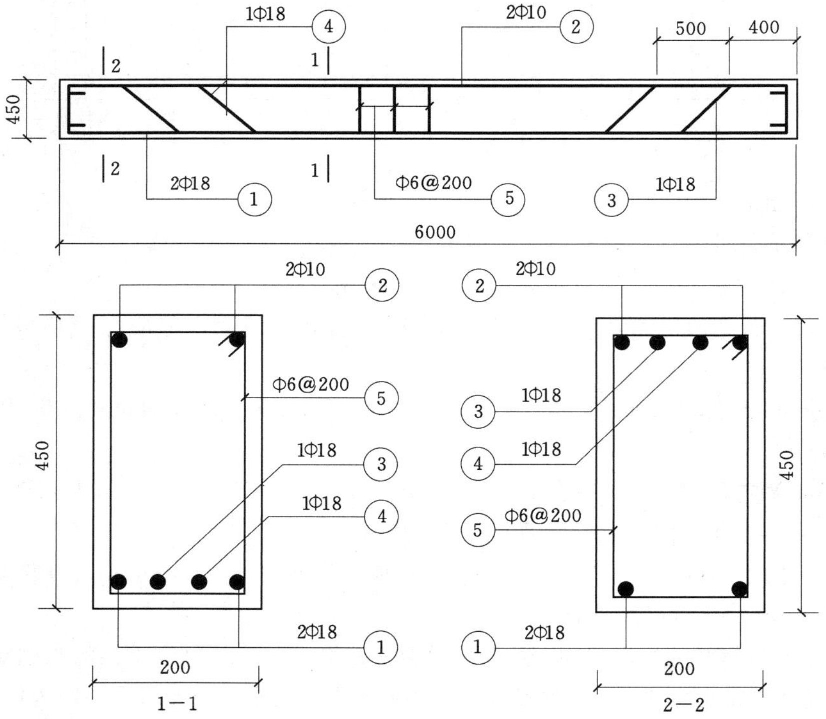

图3-30　某钢筋混凝土结构示意图（单位：mm）

模块四　砌 筑 工 程 施 工

单元一　砌 砖 工 程 施 工

【单元重点】

砌砖工程施工准备工作内容，砖基础的构造及砌筑，砖墙的砌筑。

【学习目标】

能进行砌砖工程施工准备工作，能掌握砖基础的构造及组织砌筑，能组织砖墙砌筑并控制质量。

砌筑墙体的工作任务通常有一般准备工作、砖基础施工、墙体砌筑、砌体质量检查等内容。

任务一　施 工 准 备 工 作

一、砖的准备

在常温下施工时，砌砖前一天将砖浇水湿润，以免砌筑时因干砖吸收砂浆中大量的水分，使砂浆的流动性降低，砌筑困难，并影响砂浆的黏结力和强度。但也要注意不能将砖浇得过湿而使其不能吸收砂浆中的多余水分，影响砂浆的密实性、强度和黏结力，并且过湿还会产生灰和砖块滑动现象，使墙面不洁净，灰缝不平整，墙面不平直。施工中可将砖砍断，检查吸水深度，如吸水深达到10～20mm，即认为合格。

砖不能放在脚手架上浇水。砖砌砂浆的稠度应符合规定，拌制砂浆应保证其的配合比和稠度，运输中不漏浆、不离析，以保证施工质量。

二、施工工具的准备

砌筑工具主要有以下几种：

(1) 大铲，用于铲灰、铺灰与刮灰用。大铲分为桃形、长方形、长三角形三种。

(2) 瓦刀（泥刀），打砖、打灰条（披灰缝）、披缝口灰及铺瓦用。

(3) 刨锛，用于破砖。

(4) 靠尺（托线板）和线锤，检查墙面垂直度用。常用托线板的长度为1.2～1.5m。

(5) 皮数杆，砌筑时用于标志砖层、门窗、过梁、开洞及埋件的工具。

此外还应准备麻线、米尺、水平尺和小喷壶等。

任务二　砖基础的砌筑

一、基础结构

砖基础的大放脚通常采用等高式或间隔式两种，如图 4-1 所示。

等高式是两皮一收，每次收进 1/4 砖长，即高为 120mm，宽为 60mm，如图 4-1 (a) 所示。间隔式一皮与两皮间隔收进，也是每次收进 1/4 砖长，如图 4-1 (b) 所示。

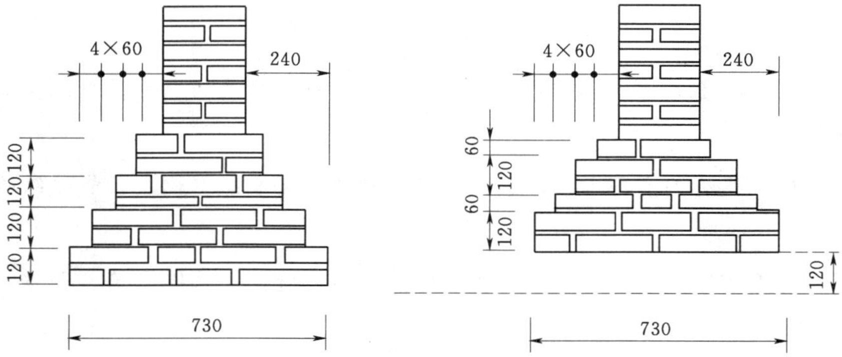

(a) 等高式　　(b) 间隔式

图 4-1　砖基础（单位：mm）

二、砖基础的砌筑

1. 找平弹线

弹线前，应首先检查基础垫层的施工质量及标高。当垫层低于设计标高 20mm 以上时，应用 C10 小石混凝土找平。当垫层高于设计标高，但在规范许可范围内时，对于灰土垫层高出部位铲平，对于三合土垫层，则在砌筑时逐皮压小灰缝予以调整。

垫层找平后，依据基础四周龙门板或控制桩，弹出轴线，再弹出墙基础轴线。轴线弹完后，根据大放脚剖面弹出大放脚最下一皮的宽度线。

2. 砖基础砌筑要点

(1) 砖基础砌筑前，应先检查垫层施工是否符合质量要求，然后清扫垫层表面，将浮土及垃圾清除干净。

(2) 从两端龙门板轴线处拉上麻线，从麻线上挂下线锤，在垫层上锤尖处打上小钉引出墙身轴线，而后向两边放出大放脚的底边线。

(3) 在垫层转角、交接及高低踏步处预先立好基础皮数杆。基础皮数杆上应标明皮数退后情况及防潮层位置等。

(4) 砌基础时可依皮数杆先砌几层转角及交接处部分的砖，然后在其间拉准线砌中间部分。内、外墙砖基础应同时砌起，如因其他情况不能同时砌起时，应留置斜槎，斜槎的长度不得小于高度的 2/3。

（5）大放脚一般采用一顺一丁砌法。竖缝要错开，要注意十字及丁字接头处砌块的拼接，在这些交接处，纵横墙要隔皮砌通。大放脚的最下一皮及每层的上面一皮应以丁砌为主。

（6）若砌基础不在同一深度，则应先由下往上砌筑。在砌筑高低台阶接头处，下台阶要砌一定长度（一般不小于 50cm）实砌体，砌到上面后和上面的砌体一起退后。

（7）大放脚到最后一层时，应从龙门板上麻线将墙身轴线引下，以保证最后一皮砖位置正确。

（8）砖基础中的洞口、管道、沟槽和预埋件等，应于砌筑时正确留出或预埋，宽度超过 50cm 的洞口，其上方应砌筑平拱或设过梁。

（9）砌完砖基础后，回填土要在基础两侧同时进行，并分层夯实。

任务三　砖　墙　砌　筑

一、砖砌体的组砌形式

砖砌体有组砌要求：上下错缝，内外搭接，以保证砌体的整体性；同时组砌要有规律，少砍砖，提高砌筑效率，节约材料。

1. 普通黏土砖

用普通黏土砖砌筑的砖墙，按其墙面组砌形式不同，有一顺一丁、三顺一丁、梅花丁等。

（1）一顺一丁。由一皮顺砖、一皮丁砖间隔相砌而成，上下皮之竖向灰缝都错开 1/4 砖长，是一种常用的组砌方式，其特点是一皮顺砖（砖的长边与墙身长度方向平行的砖），一皮丁砖（砖的长面与墙身长度方向垂直的砖）间隔相砌，每隔一皮砖，丁顺相同，竖缝错开。这种砌法整体性好，多用于一砖墙 。

（2）三顺一丁。这是最常见的组砌形式，由三皮顺砖、一皮丁砖组砌而成，上下皮顺砖搭接半砖长，丁砖与顺砖搭接 1/4 砖长，因三皮顺砖内部纵向有通缝，故整体性较差，且墙面也不易控制平直。但这种组砌方法因顺砖较多，砌筑速度快。

（3）梅花丁。这种砌法又称沙包式，是每皮中顺砖与丁砖间隔相砌，上下皮砖的竖缝相互错开 1/4 砖长。这种砌法内外竖缝每皮都能错开，整体性较好，灰缝整齐，比较美观，但砌筑效率较低，多用于清水墙面。

（4）二平一侧。二平一侧又称 18 墙，其组砌特点为平砌层上下皮间错缝半砖，平砌层与侧砌层之间错缝 1/4 砖。此种砌法比较费工，效率低，但节省砖块，可以作为层数较小的建筑物的承重墙。

（5）全顺法。此法仅用于砌半砖厚墙。

（6）全丁法。此法仅用于砌烟囱水塔等。

2. 多孔砖

（1）规格 190mm×190mm×190mm 的承重多孔砖一般是整砖顺砌，上下竖缝相互错开 1/2 砖长（100mm）。190mm×190mm×190mm 多孔砖砌筑形式有半砖规格的，也可采用每皮中整砖与半砖相隔的梅花丁组砌形式（图 4－2）。

（2）规格为 240mm×115mm×90mm 的承重多孔砖一般采用一顺一丁或梅花丁组砌形式，如图 4－3 所示。

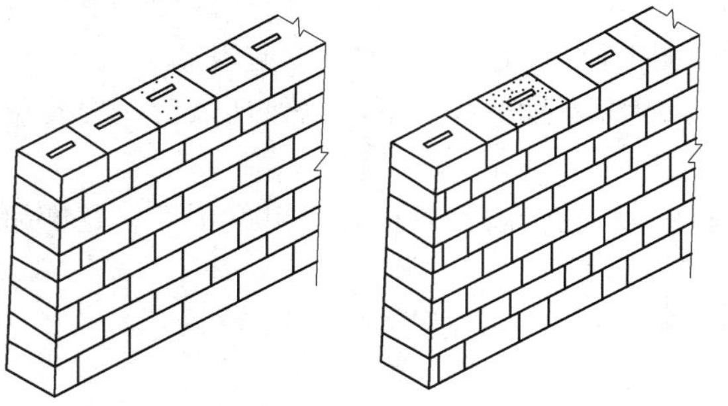

（a）整砖顺砌　　（b）梅花丁砌

图 4－2　190mm×190mm×190mm 多孔砖砌筑形式

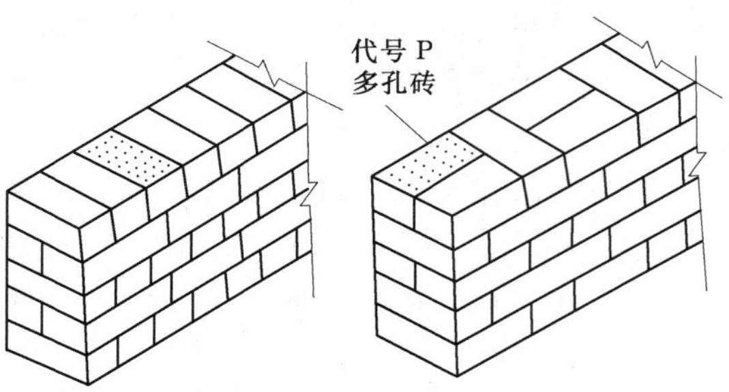

（a）一顺一丁　　（b）梅花丁

图 4－3　240mm×115mm×90mm 多孔砖砌筑形式

（3）规格为 240mm×180mm×115mm 的承重多孔砖一般采用全顺或全丁组砌形式。

（4）非承重空心砖一般是侧砌的上下皮竖缝相互错开 1/2 砖长（图 4－4）。

多孔砖墙的转角及丁字交接处，应加砌半砖，使灰缝错开。转角处半砖砌在外角上，丁字交接处半砌在横墙端头，如图 4－5 所示。

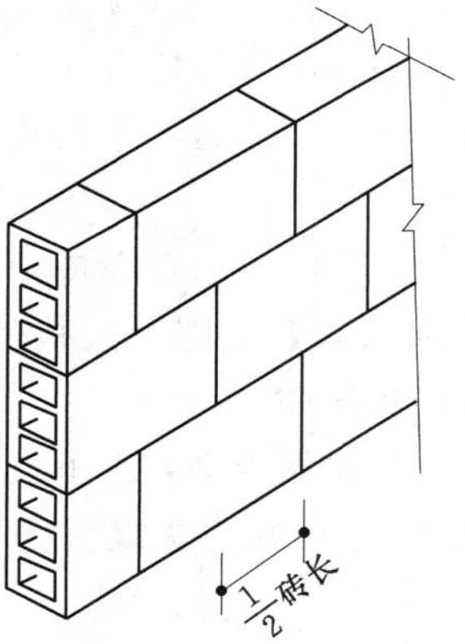

图 4－4　空心砖砌筑形式

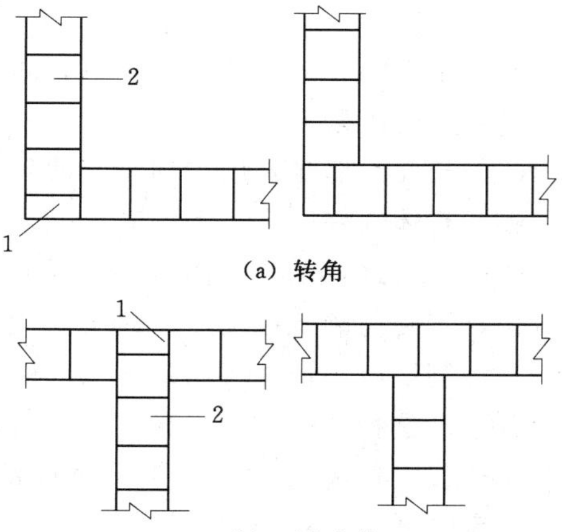

（b）丁字交接

图 4－5　多孔砖墙转角及丁字交接

1—半砖；2—整砖

二、砖砌体砌筑工艺

砖砌体的砌筑过程包括找平、放线、摆砖、立皮数杆和砌砖、清理等工序。

（1）找平。砌墙前应在基础防潮层或楼层上定出各层标高，并用 M7.5 水泥砂浆或 C10 细石混凝土找平，使各段砖墙底部标高符合设计要求。找平时，需使上下层外墙之间不致出现明显的接缝。

（2）放线。根据龙门板上给定的轴线及图样上标注的墙体尺寸，在基础顶面上用墨线弹出墙的轴线和墙的宽度线，并分出门洞位置线。二楼以上墙的轴线可以用经纬仪和垂球将轴线引上，并弹出各墙的宽度线，画出门洞位置线。

（3）摆砖。摆砖是指在放线的基面上按选定的组砌方式用干砖试摆。一般在房屋外纵墙方向摆顺砖，在山墙方向摆丁砖，摆砖由一大角摆到另一个大角，砖与砖留 10mm 缝隙。摆砖的目的是为了校对所放出的墨线在门窗洞口、附墙垛等处是否符合砖的模数，以尽可能减少砍砖，并使砌体灰缝均匀，组砌得当。

（4）立皮数杆和砌砖。皮数杆是指在其上划有每皮砖和砖缝厚度，以及门窗洞口、过梁、楼板、梁底、预埋件等标高位置的一种木制标杆（图 4－6）。它是砌筑时控制砌体竖向尺寸的标志，同时还可以保证砌体的垂直度。皮数杆一般立于房屋的四大角、内外墙交接处、楼梯间及洞口等地方，大约每隔 10～15m 立一根。皮数杆的设立，应由两个方向斜撑或锚钉加以固定，以保证其牢固和垂直。一般每次开始砌砖前应检查一遍皮数杆的垂直度和牢固程度。

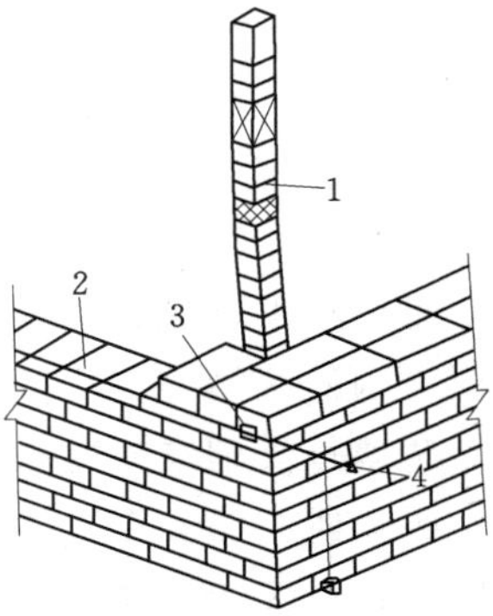

图 4－6　皮数杆示意图

1—皮数杆；2—准线；3—竹片；4—圆铁钉

砖砌时，先挂上通线，按所排的干砖位置把砖砌好，然后盘角，在盘角过程中应随时托线检查是否垂直平整，砖层灰缝是否符合皮数杆标志，然后在端墙角安装皮数杆，即可挂线砌第二皮以上的砖。

多孔砖和空心砖竖缝宜采刮浆法，竖缝应先批砂浆后砌筑。

（5）清理。当该层砖砌体砌筑完毕后，应进行墙面、柱面和落地灰的清理。

三、砌砖的技术要求

全部砖墙应平行砌起，砖层必须水平，砖层位置用皮数杆控制，基面和每楼层砌完后必须校对一次基面、轴线和标高，允许范围内的偏差值在基础或楼板顶面调整。

砖墙的水平灰缝厚度和竖缝宽度一般为 10mm，但不小于 8mm，也不大于 12mm。水平灰缝的砂浆饱满度应不低于 80%，砂浆饱满度用百格网检查。竖向灰缝宜用挤浆或加浆方法砌筑，使其砂浆饱满，严禁用水冲浆灌缝。

砖墙的转角和交接处应同时砌筑，不能同时砌筑处，应砌成斜槎，斜槎长度不应小于高度的 2/3（图 4－7）。非抗震设防及抗震设防烈度为 6 度、7 度地区的临时间断处、留斜槎有困难时，除转角处外，也可以留直槎，但必须做成凸槎，并加设拉结筋。拉结筋的数量为每 120mm 墙厚度设置 1ϕ6 的钢筋（如果墙厚只为 120mm 最少放置 2ϕ6 拉结钢筋），间距沿墙高不得超过 500mm；埋入长度从墙的留槎处算起，每边均不应小于 500mm，对抗震设防烈度为 6 度、7 度的地区，不应小于 100mm；末端应有 90°弯钩（图 4－8）。

施工时需在砖墙中留置的临时洞口，其侧边离交接处的墙面不应小于 500mm；洞口顶部宜设置过梁。抗震烈度为 9 度的建筑物，临时洞口的留置应会同设计单位研究决定。

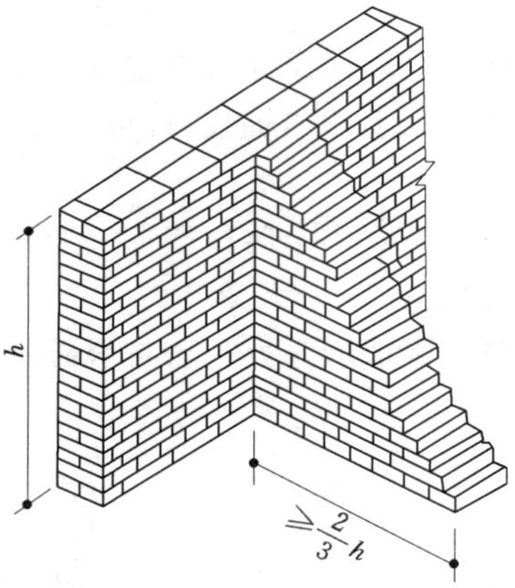

图 4-7　斜槎

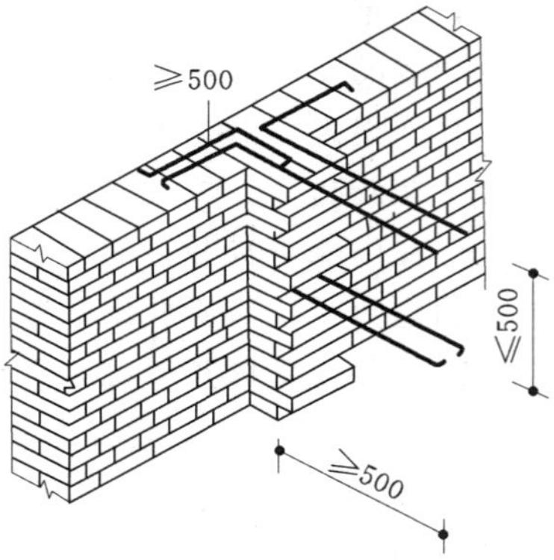

图 4-8　直槎

每层承重墙的最上皮砖、梁和梁垫下面的砖，应用丁砖砌筑；隔墙与填充墙的顶面与上层结构的接触处，待填充墙砌筑完并至少间隔 7 天后，再用侧砖或立砖斜砌挤紧。

砖墙每天砌筑高度以不超过 1.8m 为宜，雨天施工时，每天砌筑高度不宜超过 1.2m。

砖砌体相邻工作段的高度差，不得超过一个楼层的高度，也不宜大于 4m。工作段的分段位置设在伸缩缝、沉降缝、防震缝和门窗洞口处。砌体临时间断处的高度差不得超过一步脚手架的高度。

尚未安装楼板或屋面的墙和柱，应根据墙、柱厚度、风载大小、墙体净长等条件确定其允许自由高度。如超过一定限值，可能被大风吹倒时必须采用临时支撑和有效措施，以保证墙和柱在施工中的稳定性。

多孔和空心砖墙砌筑前应试摆，在不够整砖处，如无半砖规格，可用普通黏土补砌。多孔砖的孔洞应呈垂直方向砌筑，且长圆孔应顺墙方向。空心砖的孔洞应呈水平方向砌筑。空心砖墙的底部至少砌三皮实心砖，在门洞两侧一砖长范围内，也应用实心砖砌筑。

单元二　砌 石 工 程 施 工

【单元重点】

砌筑石材，干砌石与浆砌石砌筑要点，砌石工程质量控制要求。

【学习目标】

能合理选择砌筑石材，能掌握砌石工程砌筑要点及组织砌筑施工，能控制砌石工程质量。

任务一　干 砌 石 施 工

一、砌筑石材

砌体用的石料应选用未风化的坚硬石块，石质均匀、表面清洁、强度大、吸水率小、比重大，并且有较好的抗蚀性。常用的岩石有花岗岩、片麻岩、砾岩和大理岩等。石料的抗压强度一般不低于 2.94 万 kPa。水利工程常用的石料有以下几种。

1. *片石*

片石亦称毛石，是开采石料时的副产品，体积较小，而且不规则，常用于护岸和护底工程，或用来填塞砌体的缝隙。

2. *块石*

块石一般稍经修整，形状大致方正，大小约为 0.25～0.3m 见方，并有两个大致平行的面，每块质量以不小于 30kg 为宜。块石除用于一般防护工程外，还可用于涵洞的筑砌。

3. *粗料石*

粗料石为四角方正的长方体，宽、厚均不小于 0.25m。除背面外，其他五个面应加工凿平，表面凸凹深度不大于 10mm。粗料石常用于闸墩、桥墩台和直墙的砌筑。

4. *细料石*

细料石要经过细致的加工，其外形方正规则，表面凸凹深度不大于 2mm，宽、厚不小于 200mm，且不小于其长度的 1/3。细料石常用于有美观要求的建筑物表面。

5. *样石*

样石是按设计图样、尺寸加工凿成的细料石。多用于拱石外脸、闸墩圆头及墩墙帽石等。

二、干砌石护坡施工

1. *砌石前的准备工作*

（1）削坡或平整底面。砌石前，应先将土坡或底面铲至规定的标准，坡面或底面必须平整，以利铺砂或砌石工作，必要时须将坡面或底面夯实后才能进行铺砌。

（2）放样。土坡削平后，沿建筑物轴线方向每隔 5m 钉立坡脚、坡中和坡顶木桩各一排，测出高程，在木桩上划出铺反滤料和砌石线，顺排桩方向，拴竖向细铅丝一根，再在两竖向铅丝之间，用活结栓横向铅丝一根，便于此横向铅丝能随砌筑高度向上平行移动。铺砂砌石即以此线为准（图 4－9）。

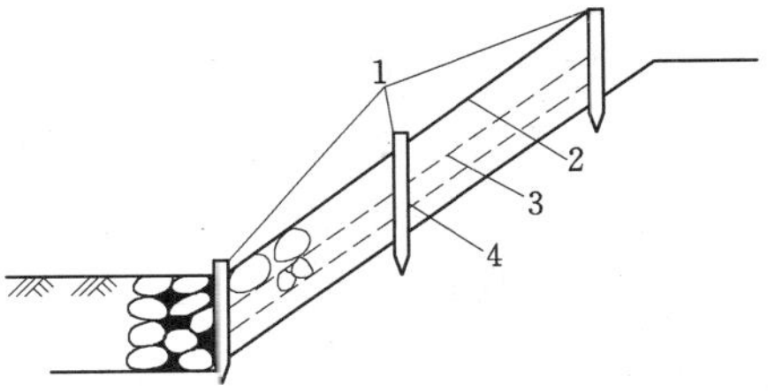

图 4－9　护坡砌石放样示意图

1—样桩；2—砌石线；3—铺砾石线；4—铺砂线

（3）铺设反滤层。为了防止地下渗水逸出时把基础的土粒带走，在干砌石下面应铺设反滤料。在斜坡铺设反滤料时，应与砌石密切配合，自下而上，随铺随砌。分段铺设反滤料时，必须做好接头处各层间的连接工作，以防发生混淆现象。

2. *干砌石施工*

干砌石施工工序为选石、试放、修凿和安砌。砌石方法有花缝砌石与平缝砌石两种。

（1）花缝砌石。这种砌筑方法多用于干砌片石。砌筑时，依石块原有形状，使尖对拐、拐对尖，相互联系砌成。砌石不分层，一般大面向上（图 4－10）。这种砌筑方法的缺点是底部空虚，容易被水流淘刷发生变形，稳定性较差；优点是表面比较平整。故用于流速不大或不承受风浪淘刷的渠道护坡工程。

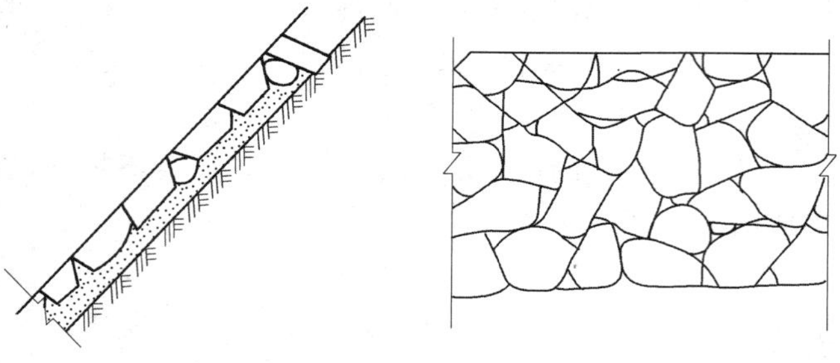

图 4-10　花缝砌石

（2）平缝砌石。平缝砌石多用于干砌块石。砌筑时使块石的宽面与坡面横向平行（图 4-11），在砌筑前应先行试放，不合适处用锤加以修凿，修凿程度以石缝能够紧密接触为准，砌石拐角处如有空隙，可用小片石塞紧。砌石表面应与样线齐平，横向有通缝，但竖向直缝必须错开。砌筑底部如有空隙，均要用合适的片石塞紧，一定要做到底实上紧，以免底砂砾由缝隙中间冲出，而造成塌陷事故。

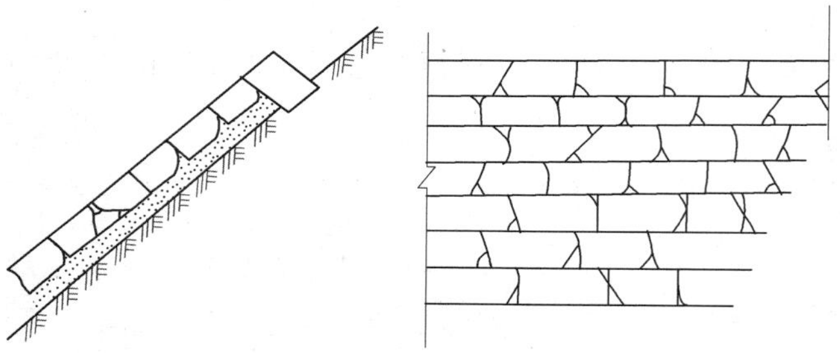

图 4-11　平缝砌石

（3）封边。干砌块石是依靠石块之间挤紧的力量维持稳定的。若砌体发生局部移动或变形，将导致整体破坏。边口部位是最易损坏的，均须用较大的块石封边。图 4-12（a）和（b）所示为坡面封边的两种形式。洪水位以上的坡顶边口如图 4-12（c）所示，多为人行道，可采用较大的方正的石块砌成整齐坚固的封边，使砌成的边口不易损坏。块石封边以外所留空隙，用黏土回填夯实，以加强边口的稳定。

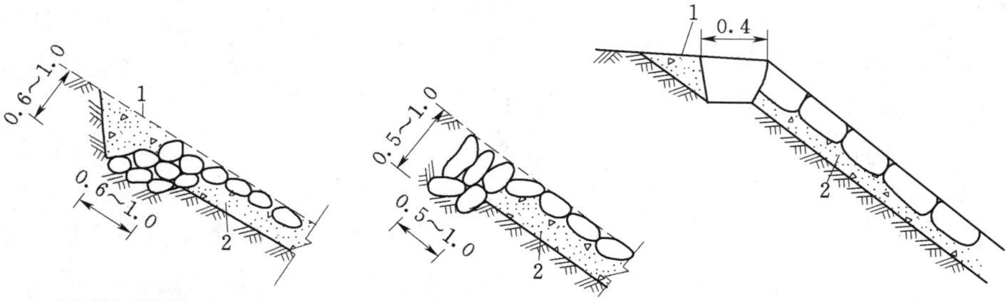

(a) 坡面封边（一）　(b) 坡面封边（二）　(c) 坡顶封边

图 4-12　干砌块石封边（单位：m）

1—黏土夯实；2—反滤料

3. 质量控制与要求

干砌石的质量一般要求是，缝宽不大于1cm，底部严禁架空，人在砌石上行走无松动感觉；砌体上任何块石即使是砌缝的小片石，用手扒也不松动。此外坡面一定要平整，砌缝内尽量少用片石填塞，并严禁使用过薄的片石填塞砌缝。严禁出现缝口不紧、底部空虚、鼓肚凹腰、蜂窝石等缺陷。

任务二　浆砌石施工

一、浆砌石施工方法

挡土墙的砌筑方法有坐浆砌筑和灌浆法两种。

1. 坐浆法

当基面为土质时，砌筑前应先夯实土基，并在基面上铺一层3～5cm厚的稠砂浆，然后再安放石块；当为岩石基面时，铺浆前应将基础表面泥土、杂物洗净，洒水湿润。砌筑用的石块表面必须冲洗干净，砌筑前也应洒水湿润，以便与砂浆黏结。各个墙段砌筑的程序一般为先砌“角石”，再砌“面石”，最后砌“腹石”，如图4－13所示。

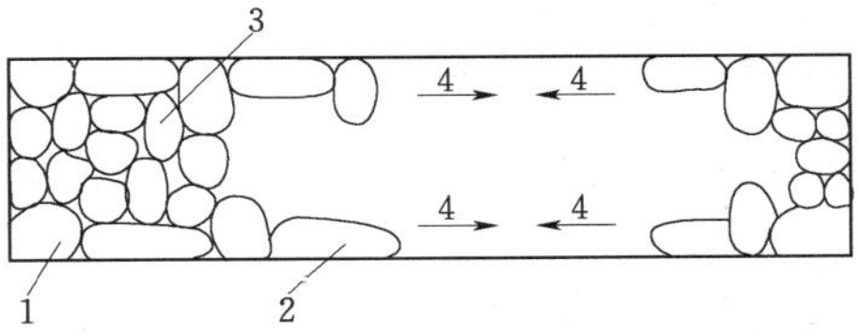

图4－13　浆砌石程序

1—角石；2—面石；3—腹石；4—砌石方向

角石用以确定建筑物的位置和形状，在选石与砌筑时须加注意，要选择比较方正的大石块，先行试放，必要时须稍加修凿，然后铺灰安砌。角石的位置必须准确，角石砌好后，就可把样线移挂到角石上。

面石可选用长短不等的石块，以便与腹石交错衔接。面石的外露面应比较平整，厚度略同角石。砌筑面先行试放和修凿，然后铺好砂浆，将石翻回坐砌，并使灰浆挤紧。

腹石可用较小的石块分层填筑，填筑前先铺坐浆。放填第一层腹石时，须大面向下放稳，尽量使石缝间隙最小，再用灰浆填满空隙的1/3～1/2，并放入合适的石片，用锤轻轻敲击使石块挤入灰缝。

2. 灌浆法

灌浆法即铺一层腹石，灌一次浆，先稀后稠，灌饱灌实。此法简单易行，但施工质量不如坐浆法好。

二、砌筑要求

砌石的施工要领是“平、稳、满、错”。

“平”：同一层的石块应大致砌平，相邻石块高差不宜过大，以利于上下层水平缝坐浆结合密实，亦有利于丁、顺石的交错安砌。

“稳”：单块石料的安砌务求自身稳定，要求大面向下放置，切忌轻重倒置或依赖支撑稳定。上下两面应稍加平整，四角应无尖角突出。无论块石、料石均不得为扭曲、楔形等异形石。

“满”：砌体的上下左右砌缝中的胶结料必须饱满密实，使各单块石料能互相胶结紧密。水平砌缝应防止被石瘤或小石架空，如需要垫片石者，应在砌缝灌满水泥砂浆后填塞，不允许先塞片石后灌砂浆。竖缝和水平缝吃浆不饱，将影响砌体的强度和密实度。

“错”：同一砌筑层内，石块应互相错缝砌筑。上下相邻砌筑层的石块也应当错缝搭接，避免形成竖向通缝。应力求做到同一层径向错缝，上下层竖向错缝。砌体中灰缝的类型有水平缝、径向和轴向缝。这些灰缝常常不能做到全部错缝，通常只能做到两向错缝，个别有特殊要求者，可做到三向错缝。当分层砌筑时，水平可形成通缝。

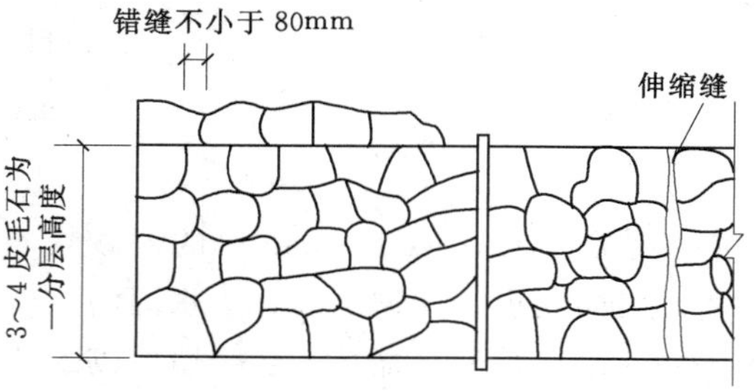

图 4-14　毛石挡土墙立面图

挡土墙砌筑用的毛石中部厚度不宜小于200mm；每砌3～4皮为一个分层高度，每个分层高度应找平一次，外露面的灰缝厚度不得大于40mm，两个分层高度间的错缝不得小于80mm（图4-14）。各段交界处应留成台阶，以便相互结合，以保证建筑物的整体性。在砌石工作中断时，应在中断前对砌石层间的空隙用灰浆或小石子混凝土填满捣实，但表面上不抹灰浆，并用覆盖物予以遮盖。续砌时应将表面清扫干净并洒水湿润。料石挡土墙宜采用同皮内丁顺相间的砌筑形式。当中间部分采用毛石填砌时，丁砌料石伸入毛石部分的长度不应小于200mm。

三、勾缝

浆砌石的外露面应进行勾缝。勾缝就是在砌体砂浆凝固前，先将缝内深度不大于2cm的疏松砂浆刮去，用水将缝内冲洗干净，待砌体达到一定强度后，再用强度等级较高而且较稠的砂浆填充进行勾缝。勾缝宽度一般不大于3cm。勾缝形式有凸缝和平缝两种。在水工建筑物中，一般采用平缝。砌体后面与土壤接触面，通常不勾缝。如果为了防止渗水，则可用砂浆抹面。

四、养护

砌体完成后，须用麻袋或草袋覆盖，并应常洒水养护，保持表面潮湿。养护时间一般不小于5～7天，在砌体未达到要求的强度之前，不得在其上任意堆放重物或修凿石块，以免砌体受震动而破坏。砌完后，一般经过28天，方可进行回填，最早不得小于12～14天。

知识技能训练

思考题

1. 砖基础的结构型式有哪两种？试述砖基础的砌筑要领。

2. 试述砖砌体的组砌形式。
3. 常用石料类型有哪几种？分别适用于哪些建筑物？
4. 简述干砌石质量控制要求。
5. 浆砌石挡土墙的砌筑方法有哪两种？有什么不同？

模块五　施 工 组 织 设 计

单元一　施工组织设计的认识

【单元重点】

施工组织设计的内容，施工组织设计的程序。

【学习目标】

掌握施工组织设计的内容，能制定施工组织设计的编制程序。

任务一　施工组织设计概念的认识

一、施工组织设计的含义

施工组织设计是指针对拟建的工程项目，在开工前针对工程本身特点和工地具体情况，按照工程的要求，对所需的施工劳动力、施工材料、施工机具和施工临时设施，经过科学计算、精心对比及合理的安排后编制出的一套在时间和空间上进行合理施工的战略部署文件。通常由一份施工组织设计说明书、一张工程计划进度表、一套施工现场平面布置图组成。施工组织设计是工程施工的组织方案，是指导施工准备和组织施工的全面性技术经济文件，是现场施工的指导性文件。

施工组织设计在每项建设工程中都具有重要的规划作用、组织作用和指导作用，具体表现在以下几个方面：

（1）施工组织设计是施工准备工作的一项重要内容，同时又是指导各项施工准备工作的依据。

（2）施工组织设计可体现实现基本建设计划和设计的要求，可进一步验证设计方案的合理性与可行性。

（3）施工组织设计为拟建工程确定施工方案、施工进度和施工顺序等，是指导开展紧凑、有秩序施工活动的技术依据。

（4）施工组织设计所提出的各项资源需要量计划直接为物质供应工作提供依据。

（5）施工组织设计对现场所做的规划与布置为现场的文明施工创造了条件，并为现场平面管理提供了依据。

（6）施工组织设计对施工企业的施工计划起决定和控制性的作用。施工计划是根据施工企业对建筑市场所进行科学预测和中标的结果，结合本企业的具体情况，制定出企业不同时期应完成的生产计划和各项技术经济指标。而施工组织设计是按具体的拟建工程的开竣工时间编制的指导施工的文件。因此，施工组织设计与施工企业的施工计划两者之间有着极为密切、不可分割的关系。施工组织设计是编制施工企业施工计划的基础；反过来，制定施工组织设计又应服从企业的施工计划，两者是相辅相成、互为依据的。

（7）施工组织设计是统筹安排施工企业生产的投入与产出过程的关键和依据。建筑企业从承担工程任务开始到竣工验收交付使用为止的全部施工过程的计划、组织和控制的基础就是施工组织设计。

（8）通过编制施工组织设计，可以充分考虑施工中可能遇到的困难与障碍，主动调整施工中的薄弱环节，事先予以解决或排除，从而提高施工的预见性，减少盲目性，使管理者和生产者做到心中有数，为实现建设目标提供技术保证。

总之，一个科学的施工组织设计，如能够在工程施工中得到贯彻实施，必然能够统筹安排施工的各个环节，协调好各方面的关系，使复杂的建筑施工过程有序合理地按科学程序顺利进行，从而保证建设项目的各项指标得以实现。

二、施工组织设计的分类

按照编制的对象或范围不同，可以分为施工组织总设计、单项工程施工组织设计和施工措施设计三类。

1. 施工组织总设计

施工组织总设计是以整个水利水电枢纽工程为编制对象，用以指导整个工程项目施工全过程的各项施工活动的综合性技术经济文件。它根据国家政策和上级主管部门的指示，分析研究枢纽工程建筑物的特点、施工特性及其施工条件，制定出符合工程实际的施工总体布置、施工总进度计划、施工组织和劳动力、材料、机械设备等技术供应计划，用以指导施工。

2. 单位工程施工组织设计

单位工程施工组织设计是以一个单位工程（一个建筑物或构筑物）为编制对象，用以指导其施工全过程的各项施工活动的综合性技术经济文件。

3. 分部分项工程施工组织设计

分部分项工程施工组织设计主要指以分部（分项）工程为对象，编制较详细、具体。

按照基本建设程序，一般在工程设计阶段要编制施工组织总设计，相对比较宏观、概括和粗略，对工程施工起指导作用，但可操作性差；在工程项目招投标或施工阶段要编制单项工程施工组织设计或分部分项工程施工组织设计，编制对象具体，内容也比较翔实，具有实施性，可以作为落实施工措施的依据。

三、施工组织设计的内容

根据初步设计编制规程和施工组织设计规范，初步设计的施工组织设计应包含以下内容。

1. 施工条件分析

施工条件包括工程条件、自然条件、物质资源供应条件以及社会经济条件等，主要有工程所在地点、对外交通运输、枢纽建筑物及其特性，地形、地质、水文、气象条件，主要建筑材料来源和供应条件，当地水源、电源情况，施工期间通航、过木、过鱼、供水环保等要求，施工用地，居民安置以及与工程施工有关的协作条件等。

2. 施工导流

施工导流设计应在综合分析导流条件的基础上，确定导流标准，划分导流时段，明确施工分期，选择导流方案、导流方式的导流建筑物，进行导流建筑物的设计，提出导流建筑物的施工安排，拟定截流、度汛、抗洪、通航、下闸封孔、蓄水措施。

3. 主体工程施工

主体工程，包括挡水、泄水、引水、发电、通航等主要建筑物。应根据各自的施工条件，对施工程序、施工方法、施工强度、施工布置、施工进度和施工机械等问题，进行分析比较和选择。必要时，对其中的关键技术问题，如特殊的基础处理，大体积混凝土温控，土石坝合龙等问题，作出专门的设计和论证。

4. 施工交通运输

分为对外交通和场内交通运输。对外交通运输是在弄清现有对外水陆交通和发展规划的情况下，根据工程对外运输总量、运输强度和重大部件的运输要求，确定对外交通运输方式，选择线路和线路的标准，规划沿线重大设施和与国家干线的连接，并提出场外交通工程的施工进度安排。

5. 施工工厂设施和大型临建工程

施工工厂设施，如混凝土骨料开采加工系统，土石料场和土石料加工系统，混凝土拌和和制冷系统，机械修配系统，汽车修配厂，钢筋加工厂，预制构件厂，风、水、电、通信照明系统等，均应根据施工的任务和要求分别确定各自位置、规模、设备容量、生产工艺、工艺设备、平面布置、占地面积、建筑面积和土建安装工程量，并提出土建安装进度和施工分期投产计划。

大型临建工程，如施工栈桥、缆机平台等，需作出专门设计，确定其工程量和施工进度安排。

6. 施工总布置

主要任务是根据施工场区的地形地貌，枢纽主要建筑物的施工方案，各项临建设施的布置要求，对施工场地进行分期分区和分标规划，确定分期分区布置方案和各承包单位的场地范围，对土石方的开挖、堆弃和填筑进行综合平衡。

7. 施工总进度

为了合理安排施工总进度，必须仔细分析工程规模、导流程序、对外交通、资源供应、临建准备等各项控制因素，拟定整个工程，包括准备工程、主体工程和结束工作在内的施工总进度。确定各项目的起讫时间和相互之间的衔接关系。对导流截流、拦洪度汛、封孔蓄水、供水发电等控制环节，工程应达到的形象面貌，需作出专门的论证。对土石方、混凝土等主要工程的施工强度，对劳动力、主要建筑材料、主要机械设备的需要量要进行综合平衡。

8. 主要技术供应计划

根据施工总进度的安排和定额资料的分析，对主要建筑材料和主要施工机械设备，列出总需要量和分年需要量计划。

施工组织设计八个部分的内容，虽然各有侧重，自成体系，但密切关联，相辅相成。弄清各部分之间的内在联系，对于搞好施工组织设计，对于做好现场施工的组织与管理，都有重要意义。

施工条件分析是其他各部分设计的基础和前提，只有切实掌握施工条件，才能搞好施工组织设计。

施工导流是解决施工全过程的水流控制问题；主体施工方案从技术组织措施上保证主要建筑物的修建；施工总进度对整个施工过程作出时间安排；施工总布置对整个施工现场进行空间规划，各自从不同的角度对施工全局作出部署。因此，在进行这四个部分设计时，必须密切配合，互相协调，以取得相辅相成的效果。

施工交通运输是整个施工的动脉，施工工厂设施和技术供应是施工前方的后勤保障，关系到外来建筑材料、机械设备的供应，关系到工程建设任务的完成，关系到施工进度的实施和施工布置的合理性。

由此可见，施工组织设计各个组成部分是一个整体，必须全面考虑，互相协调，才能取得合理的解决。

施工组织总设计包括施工总进度、施工总体布置、技术供应三部分。施工总进度主要研究合理的施工期限和在既定的条件下确定主体工程施工分期及施工程序，在施工安排上使各施工环节协调一致。施工总体布置根据选定的施工总进度，研究施工区的空间组织问题，是实施总进度的重要保证。施工总进度决定了施工总体布置的内容和规模。施工总体布置的规模，影响准备工程工期的长短和主体工程施工进度。因此，施工总体布置在一定条件下又起到验证施工总进度合理性的作用。技术供应的总量及分年度供应量，由既定的总进度和总体布置所确定，而技术供应的现实性与可靠性是实现总进度、总体布置的物质保证，从而验证了二者的合理性。

四、施工组织设计的编制依据

为了保证施工组织总设计的编制工作顺利进行和提高其编制水平及质量，使施工组织总设计更能结合实际、切实可行，并能更好发挥其指导施工安排、控制施工进度的作用，应以下面资料作为编制依据：

1. 计划批准文件及有关合同的规定

如国家（包括国家计划委员会及部、省、市计划委员会）或有关部门批准的基本建设或技术改造项目的计划、可行性研究报告、工程项目一览表、分批分期施工的项目和投资计划；建设地点所在地区主管部门有关批件；施工单位上级主管部门下达的施工任务计划；招投标文件及签订的工程承包合同中的有关施工要求的规定；工程所需材料、设备的订货合同以及引进材料、设备的供货合同等。

2. 设计文件及有关规定

如批准的初步设计或扩大初步设计、设计说明书、总概算或修正总概算和已经批准的计划任务书等。

3. 建设地区的工程勘察资料和调查资料

勘察资料主要有地形、地貌、水文、地质、气象等自然条件；调查资料主要有可能为建设项目服务的建筑安装企业、预制加工企业的人力、设备、技术与管理水平等情况，工程材料的来源与供应情况、交通运输情况以及水电供应情况等建设地区的技术经济条件和当地政治、经济、文化、科技、宗教等社会调查资料。

4. 现行的规范、规程和有关技术标准

现行的规范、规程和有关技术标准主要有施工及验收规范、质量标准、工艺操作规程、HSE强制标准、概算指标、概预算定额、技术规定和技术经济指标等。

5. 类似资料

如类似、相似或近似建设项目的施工组织总设计实例、施工经验的总结资料及有关的参考数据等。

任务二　施工组织设计的编制程序的制定

施工组织总设计是整个工程项目或群体建筑全面性和全局性的指导施工准备和组织施工的技术文件，通常应遵循一定的编制程序进行，如图 5－1 所示。

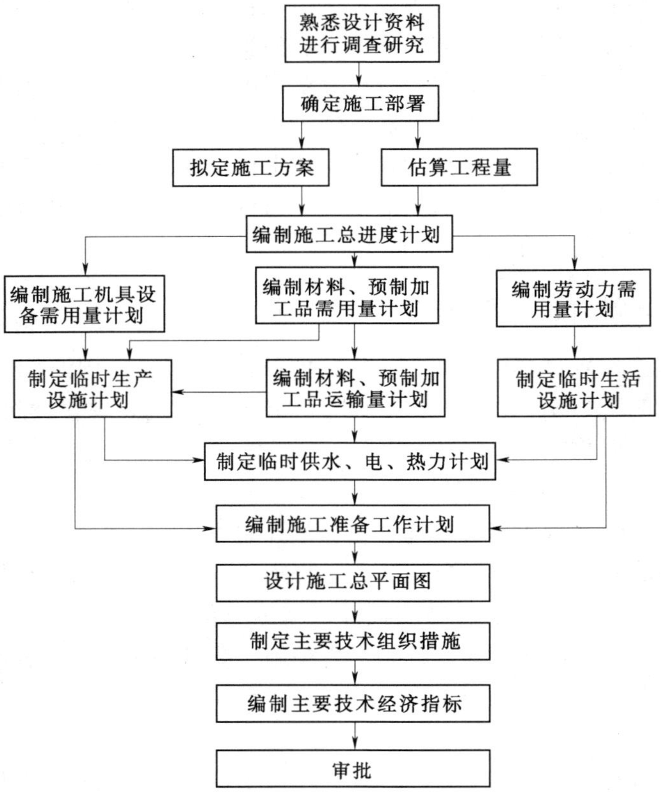

图 5－1　施工组织设计编制程序

单元二　施工导流与截流

【单元重点】

施工导流的分类，围堰的分类与施工，施工截流的分类与施工，基坑排水的方法。

【学习目标】

能合理制定导流、截流及围堰方案，进行导流、截流设计，能组织导流、截流施工，能合理选择基坑排水方案并组织实施。

任务一　施　工　导　流

一、施工导流的基本概念

水工建筑物一般都在河床上施工，为了避免河水对施工的不利影响，创造必要的干地施工条件并尽量满足各部门的用水要求，需要修建围堰围护基坑，将原河道中各个时期的水流按预定方式、时间、地点加以控制，并将部分或全部的水流安全地导泄向下游或拦蓄起来，这种工作就称为施工导流。

二、施工导流方法的选择

施工导流的基本方法大体可分为三类：全段围堰法导流、分段围堰法以及淹没基坑的特殊导流方法。

（一）全段围堰法导流

全段围堰法就是在河床主体工程的上、下游一定距离的地方分别各建一道拦河围堰，使河水经河床以外的临时或者永久性泄水道下泄，主体工程就可以在排干的基坑中施工，待主体工程建成或者接近建成时，再将临时泄水道封堵。该法一般应用在河床狭窄、流量较小的中小型河道上，在大流量的河道上，只有地形、地质条件受限，采用其他导流方法明显不利时才考虑此法导流。

这种导流方式的基本特点是主河道被全段围堰一次拦断，水流被导向旁侧的泄水建筑物；其优点是施工现场的工作面比较大，主体工程在一次性围堰的围护下就可以建成。在枢纽工程中，如果能够利用永久泄水建筑物结合施工导流时，采用此法往往比较经济。

这种导流方法一般又根据其导流泄水建筑物的类型不同，可分为明渠导流、隧洞导流、涵管导流、渡槽导流等，由于这些泄水建筑物一般不占据三河道位置，而且多半位于河床旁侧或河床外，所以也可称其为河床外导流。

1. 明渠导流

明渠导流是在河岸或滩地上开挖渠道，在基坑上下游修筑围堰，河水经渠道下泄。它用于岸坡平缓或有宽广滩地的平原河道上，如图 5－2 所示。

如坝址河床较窄或河床覆盖层很深，分期导流困难，且具备下列条件之一者，都可考虑采用明渠导流：

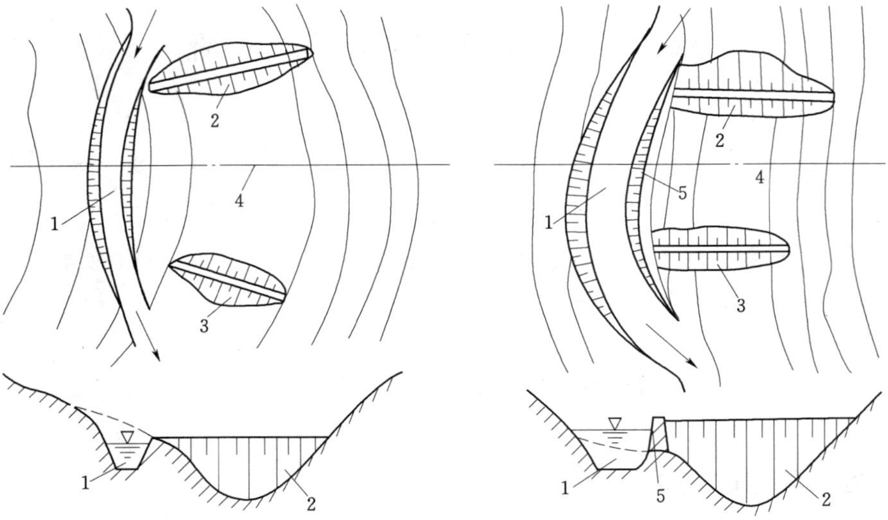

(a) 在岸坡上开挖的明渠

(b) 在滩地上开挖并设有导墙的明渠

图 5-2　明渠导流示意图

1—导流明渠；2—上游围堰；3—下游围堰；4—坝轴线；5—明渠外导墙

(1) 河床一岸有较宽的台地、垭口或古河道。

(2) 导流流量大，地质条件不适于开挖导流隧洞。

(3) 施工期有通航、排冰、过木等要求。

(4) 总工期紧，不具备洞挖经验和设备。

2. 隧洞导流

一般山区河流，河谷狭窄，两岸地形陡峻，山岩坚实，采用隧洞导流较为普遍。但由于隧洞的泄水能力有限，造价比较昂贵和施工比较复杂，所以导流隧洞最好与永久隧洞相结合，统一布置，进行设计，一般在汛期泄水时均另找出路或采用淹没基坑方案。通常永久隧洞的进口高程较高，而导流隧洞的进口高程比较低，此时，可开挖一段低高程的导流隧洞与永久隧洞低高程部分相连，导流任务完成后将导流隧洞进口段堵塞，不影响永久隧洞运行。这种布置，俗称“龙抬头”。例如我国陕西金盆水库的导流隧洞就与永久泄洪隧洞结合起来进行布置。只有当条件不允许时，才专为导流开挖隧洞，导流任务完成后还需将它封堵。隧洞导流的布置型式如图 5-3 所示。

3. 涵管导流

涵管导流一般在修筑土坝、堆石坝中采用。涵管通常布置在河岸岩滩上，其位置在枯水位以上，这样可在枯水期不修围堰或只修一小围堰而先将涵管筑好，然后再修上下游全段围堰，将河水引经涵管下泄，如图 5-4 所示。

涵管一般是钢筋混凝土结构。当有永久涵管可以利用或修建隧洞有困难时，采用涵管导流是合理的。在某些情况下，可在建筑物基岩中开挖沟槽，必要时予以衬砌，然后封上混凝土或钢筋混凝土顶盖，形成涵管。利用这种涵管导流往往可以获得经济可靠的效果。由于涵管的泄水能力较低，所以一般用于导流流量较小的河流上或只用来担负枯水期的导

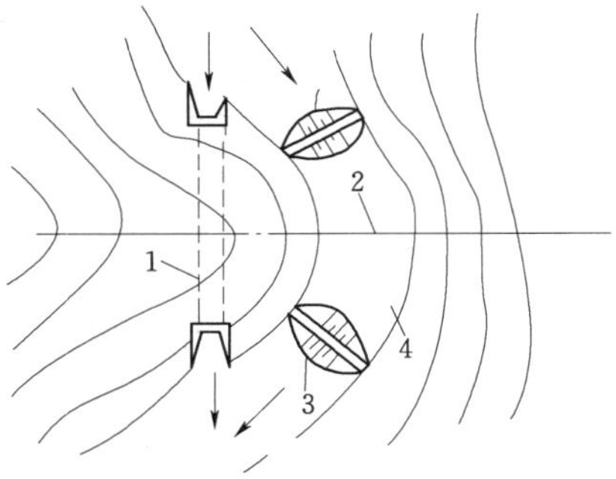

(a) 平面图

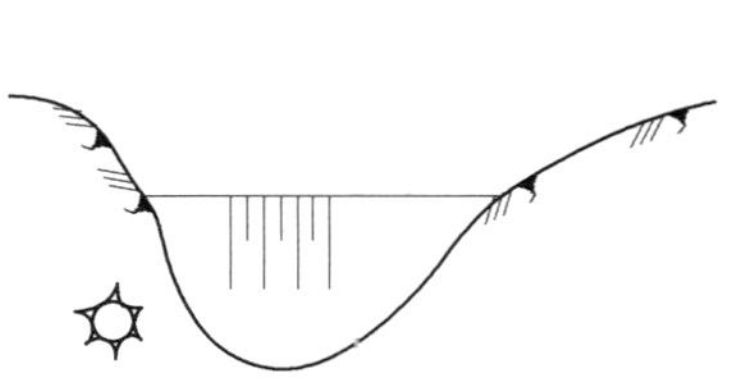

(b) 剖面图

图 5-3　隧洞导流示意图

1—隧洞；2—坝轴线；3—围堰；4—基坑

流任务。

(二) 分段围堰法导流

分段围堰法导流，也称分期围堰法导流或河床内导流，就是用围堰将建筑物分段分期围护起来进行施工的方法。如图 5-5 所示是一种常见的分段围堰法导流示意图。

所谓分段就是从空间上将河床围护成若干个干地施工的基坑段进行施工。所谓分期，就是从时间上将导流过程划分成阶段。如图 5-6 所示为导流分期和围堰分段的几种情况，从图中可以看出，导流的分期数和围堰的分段数并不一定相同。

分段围堰法导流一般适用于河床宽阔、流量大、施工期较长的工程，尤其在通航河流和冰凌严重的河流上。这种导流方法的费用较低，国内外一些大、中型水利水电工程采用较广。分段围堰法导流，前期由束窄的原河道导流，后期可利用事先修建好的泄水道导流，常见泄水道的类型有底孔、缺口等。

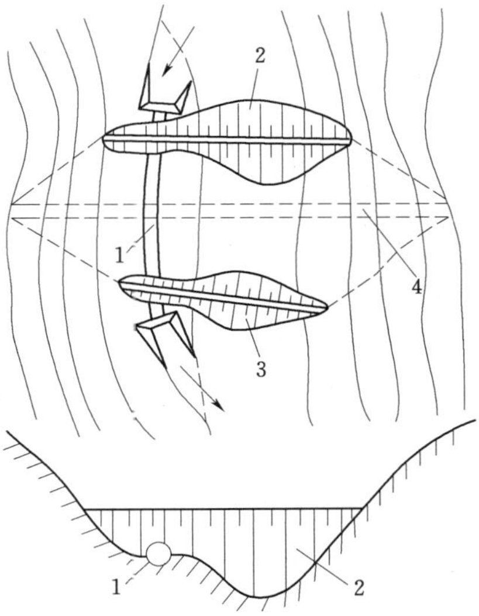

图 5-4　涵管导流示意图

1—导流涵管；2—上游围堰；3—下游围堰；4—土石坝

1. 底孔导流

利用设置在混凝土坝体中的永久底孔或临时底孔作为泄水道，是二期导流经常采用的方法。导流时让全部或部分导流流量通过底孔宣泄到下游，保证后期工程的施工。如是临时底孔，则在工程接近完工或需要蓄水时加以封堵。底孔导流的布置形式如图 5-7 所示。

底孔导流的优点是挡水建筑物上部的施工可以不受水流的干扰，有利于均衡连续施工，这对修建高坝特别有利。若坝体内设有永久底孔可以用来导流时，更为理想。底孔导流的缺点是：由于坝体内设置了临时底孔，使钢材用量增加；如果封堵质量不好，会削弱

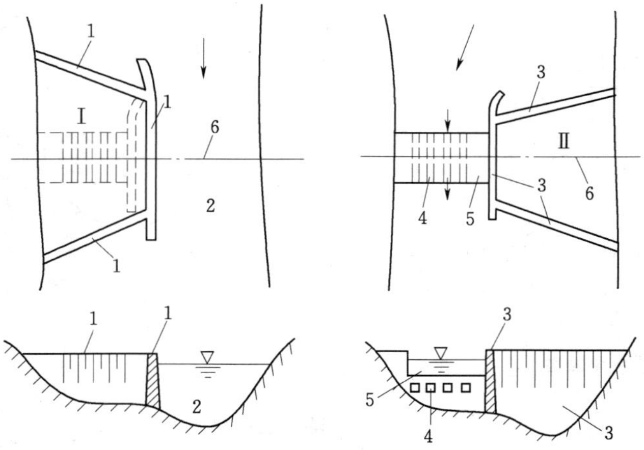

(a) 一期导流
(束窄河床导流)

(b) 二期导流
(底孔与缺口导流)

图 5-5　分期导流布置示意图

1—一期围堰；2—束窄河床；3—二期围堰；4—导流底孔；5—坝体缺口；6—坝轴线

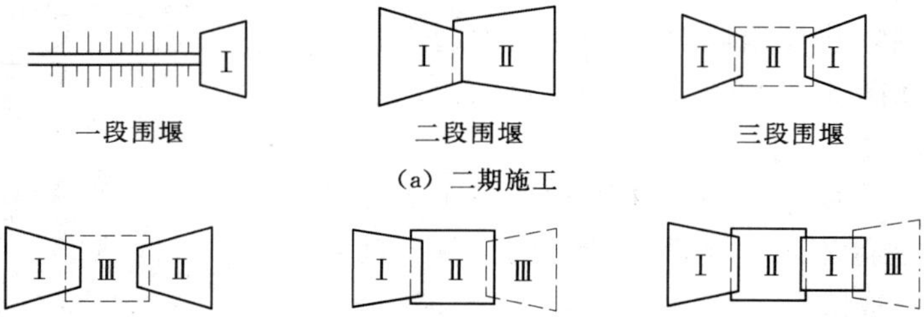

一段围堰　二段围堰　三段围堰

(a) 二期施工

三段围堰　三段围堰　四段围堰

(b) 三期施工

图 5-6　导流分期与围堰分段示意图

Ⅰ、Ⅱ、Ⅲ—施工分期

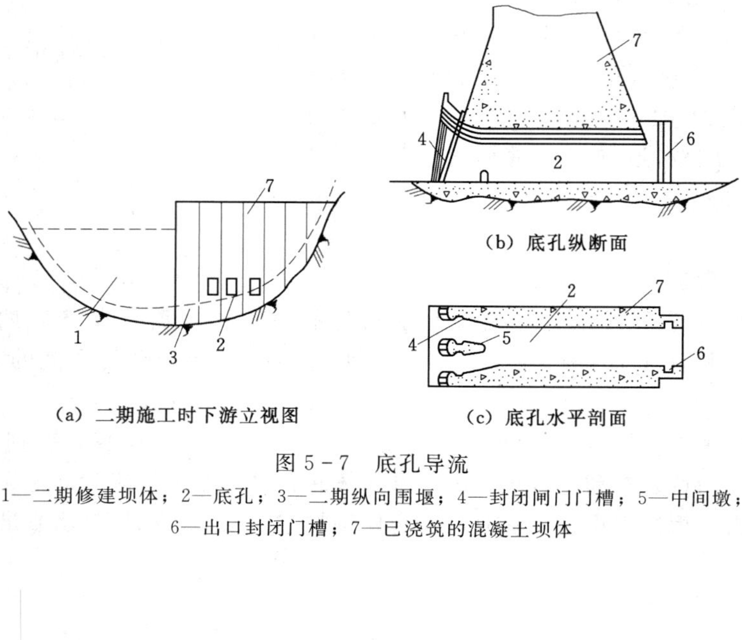

(a) 二期施工时下游立视图

(b) 底孔纵断面

(c) 底孔水平剖面

图 5-7　底孔导流

1—二期修建坝体；2—底孔；3—二期纵向围堰；4—封闭闸门门槽；5—中间墩；
6—出口封闭门槽；7—已浇筑的混凝土坝体

坝体的整体性，还有可能漏水；在导流过程中底孔有被漂浮物堵塞的危险；封堵时由于水头较高，安放闸门及止水等均较困难。

2. 坝体缺口导流

混凝土坝施工过程中，当汛期河水暴涨暴落，其他导流建筑物不足以宣泄全部流量时，为了不影响坝体施工进度，使坝体在涨水时仍能继续施工，可以在未建成的坝体上预留缺口如图 5-8 所示，以便配合其他建筑物宣泄洪峰流量，待洪峰过后，上游水位回落，再继续修筑缺口。所留缺口的宽度和高度取决于导流设计流量、其他建筑物的泄水能力、建筑物的结构特点和施工条件。采用底坎高程不同的缺口时，为避免高低缺口单宽流量相差过大，产生高缺口向低缺口的侧向泄流，引起压力分布不均匀，需要适当控制高低缺口间的高差。根据湖南省柘溪工程的经验，其高差以不超过 4～6m 为宜。在修建混凝土坝，特别是大体积混凝土坝时，由于这种导流方法比较简单，常被采用。

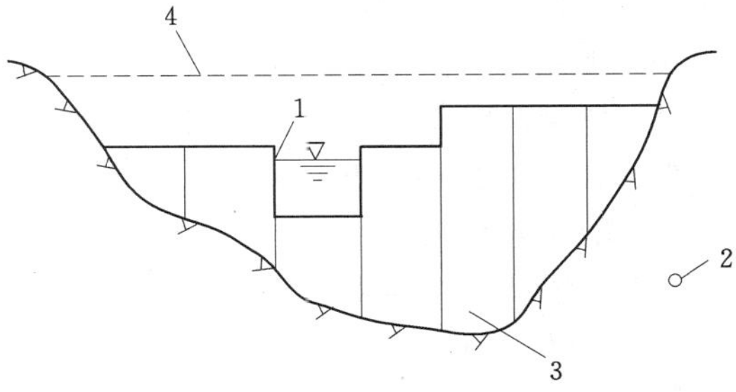

图 5-8 坝体缺口过水示意图

1—过水缺口；2—导流隧洞；3—坝体；4—坝顶

(三) 淹没基坑法导流

这是一种辅助导流方法，在全段围堰法和分段围堰法中均可使用。山区河流的特点是洪水期流量大、历时短，而枯水期流量则很小，水位暴涨暴落、变幅很大。若按一般导流标准要求来设计导流建筑物，不是挡水围堰修得很高，就是泄水建筑物的尺寸要求很大，而使用期又不长，这显然是不经济的。在这种情况下，可以考虑采用允许基坑淹没的导流方法，即洪水来临时围堰过水，若基坑被淹没，河床部分停工，待洪水退落，围堰挡水时再继续施工。这种方法，基坑淹没所引起的停工天数不长，施工进度能保证，在河道泥沙含量不大的情况下，导流总费用较节省，一般是合理的。

另外，实际工程中所采用的导流方法和泄水建筑物的型式，除了上面提到的以外，还有其他多种型式。例如在平原河道河床式电站枢纽中，利用电站厂房导流；在有船闸的枢纽中，利用船闸闸室导流等。

任务二 施 工 截 流

一、围堰类型

围堰是导流工程中临时的挡水建筑物，用来围护施工中的基坑，保证水工建筑物能在干地施工。在导流任务结束后，如果围堰对永久建筑物的运行有妨碍或没有考虑作为永久建筑物的一部分时，应予拆除。

水利水电工程中经常采用的围堰，按其所使用的材料，可以分为土石围堰、混凝土围堰、钢板桩格型围堰和草土围堰等。按围堰与水流方向的相对位置，可分为横向围堰和纵向围堰。按导流期间基坑淹没条件，可以分为过水围堰和不过水围堰。过水围堰除需要满足一般围堰的基本要求，还要满足围堰顶过水的专门要求。

1. 土石围堰

土石围堰是水利水电工程中采用最为广泛的一种围堰型式，是用当地材料填筑而成的围堰，不仅可以就地取材和充分利用开挖弃料作围堰填料，而且构造简单，施工方便，易于拆除，工程造价低，可以在流水中、深水中、岩基或有覆盖层的河床上修建。但其工程量较大，堰身沉陷变形也较大。因土石围堰断面较大，一般用于横向围堰，但在宽阔河床的分期导流中，如果围堰束窄河床增加的流速不大，也可作为纵向围堰，但需注意防冲设计，以保围堰安全。

土石围堰的设计与土石坝基本相同，但其结构形式在满足导流期正常运行的情况下应力求简单，便于施工。

2. 混凝土围堰

混凝土围堰的抗冲与抗渗能力强，挡水水头高，底宽小，易于与永久混凝土建筑物相连接，必要时还可以过水，因此采用的比较广泛。在国外，采用拱形混凝土围堰的工程较多。近年，国内贵州省的乌江渡、湖南省凤滩等水利水电工程也采用过拱形混凝土围堰作为横向围堰，但多数还是以重力式围堰作纵向围堰，如我国的三门峡、丹江口、三峡工程的混凝土纵向围堰均为重力式混凝土围堰。

重力式混凝土围堰现在有普遍采用碾压混凝土浇筑的趋势，如三峡工程三期上游横向围堰及纵向围堰均采用碾压混凝土。

3. 钢板桩格型围堰

钢板桩格型围堰是重力式挡水建筑物，由一系列彼此相接的格体构成，按照格体的平面形状，可分为圆筒形格体、扇形格体和花瓣形格体。这些形式适用于不同的挡水高度，应用较多的是圆筒形格体。图 5－9 所示为钢板桩格型围堰的平面示意图。它是由许多钢板桩通过锁口互相连接而成为格型整体。格体内填充透水性强的填料，如砂、砂卵石或石渣等。在向格体内进行填料时，必须保持各格体内的填料表面大致均衡上升，因高差太大会使格体变形。

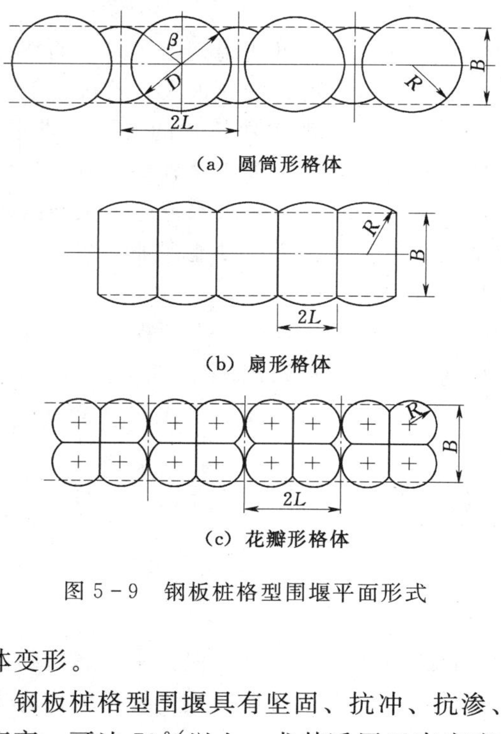

(a) 圆筒形格体

(b) 扇形格体

(c) 花瓣形格体

图 5－9 钢板桩格型围堰平面形式

钢板桩格型围堰具有坚固、抗冲、抗渗、围堰断面小，便于机械化施工；钢板桩的回收率高，可达 70%以上；尤其适用于束窄度大的河床段作为纵向围堰，但由于需要大量的钢材，且施工技术要求高，我国目前仅应用于大型工程中。

圆筒形格体钢板桩围堰，一般适用的挡水高度小于 18m，可以建在岩基上或非岩基上，也可作为过水围堰用。圆筒形格体钢板桩围堰的修建由定位、打设模架支柱、模架就位、安插钢板桩、打设钢板桩、填充料渣、取出模架及其支柱和填充料渣到设计高程等工序组成。圆筒形格体钢板桩围堰一般需在流水中修筑，受水位变化和水面波动的影响较大，施工难度较大。

4. 草土围堰

草土围堰是一种以麦草、稻草、芦柴、柳枝和土为主要原料的草土混合结构，我国运用它已经有2000多年的历史。这种围堰主要用于黄河流域的渠道春修堵口工程中，新中国成立以后，在青铜峡、盐锅峡、八盘峡等工程中，以及南方的黄坛口工程中均得到应用。草土围堰施工简单，速度快、取材容易、造价低，拆除也方便，具有一定的抗冲、抗渗能力，堰体的容重较小，特别适用于软土地基。但这种围堰不能承受较大的水头，所以仅限水深不超过6m、流速不超过3.5m/s，使用期二年以内的工程。

二、施工截流

在水利水电工程建设的施工导流过程中，当导流泄水建筑物建成后，应抓住有利时机，迅速截断原河床水流，迫使河水经完建的导流泄水建筑物下泄，然后在河床中全面展开主体建筑物的施工，这就是施工截流。

（一）施工截流的基本程序

在施工截流的过程中，基本程序一般是先在河床的一侧或两侧向河床中填筑截流戗堤，逐步缩窄河床，称为进占。戗堤进占到一定程度，河床束窄，形成流速较大的泄水缺口称为龙口。为了保证龙口两侧堤端和底部的抗冲稳定，通常采用工程防护措施，如抛投大块石、铅丝笼等，这种防护堤端称为裹头。封堵龙口的工作称为合龙。合龙以后，龙口段及戗堤本身仍然漏水，必须在戗堤全线设置防渗措施，这一工作称为闭气。所以整个截流过程包括戗堤进占、龙口裹头及护底、合龙、闭气等四项工作。截流后，对戗堤进一步加高培厚，修筑成设计围堰。

（二）施工截流的基本方法及适用场合

施工截流的基本方法可分为立堵法、平堵法及综合方式三种。

1. 立堵法

所谓立堵法截流是将截流材料从龙口一端或两端向中间抛投进占，逐渐束窄河床，直至全部拦断，如图5-10所示。立堵法截流不需架设浮桥，准备工作比较简单，造价较低。但截流时水力条件较为不利，龙口单宽流量较大，出现的流速也较大，同时水流绕截流戗堤端部使水流产生强烈的立轴漩涡，在水流分离线附近造成紊流，易造成河床冲刷，且流速分布很不均匀，需抛投单个重量较大的截流材料。截流时由于工作前线狭窄，

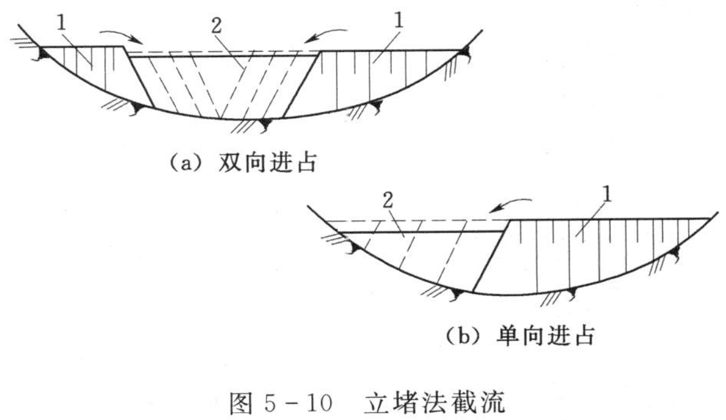

图5-10　立堵法截流
1—截流戗堤；2—龙口

抛投强度受到限制。

立堵法截流适用于大流量、岩基或覆盖层较薄的岩基河床，对于软基河床应采用护底措施后才能使用。立堵法截流又分为单戗、双戗和多戗立堵截流，单戗适用于截流落差不超过 3m 的情况。

2. 平堵法

所谓平堵法截流是沿整个龙口宽度全线抛投，抛投料堆筑体全面上升，直至露出水面，如图 5-11 所示。这种方法的龙口一般是部分河宽，也可以是全河宽。因此，合龙前必须在龙口架设浮桥，由于它是沿龙口全宽均匀地抛投，所以其单宽流量小，出现的流速也较小，需要的单个材料的重量也较轻，抛投强度较大，施工速度快，但有碍于通航。平堵法适用于软基河床，河流架桥方便且对通航影响不大的河流。

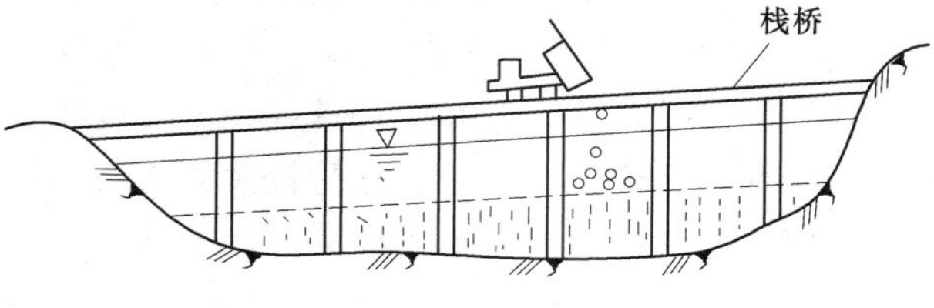

图 5-11　平堵法截流

3. 综合方式

为了充分发挥平堵水力学条件较好的优点，同时又降低架桥的费用，有的工程采用先立堵、后在栈桥上平堵的方式。

对于软基河床，单纯立堵易造成河床冲刷，采用先平抛护底，再立堵合龙，平抛多利用驳船进行。我国青铜峡、丹江口、大化及葛洲坝等工程均采用此法，三峡工程在二期大江截流时也采用了该方法，取得了满意的效果。由于护底均为局部性，故这类工程本质上同属立堵法截流。

除了以上三种常见的截流方法，还有其他截流方法，如爆破截流、下闸截流、浮运沉箱、沉船、水力冲填。每种截流方法都有一定的适用条件，根据我国的国情及国内外截流的发展趋势，一般情况下应优先考虑立堵法。如果河床易冲刷，可先平抛护底；如果河床基岩面过光滑，可先平抛一些抗冲性能好的材料加糙河床；如果龙口处有深坑或水深过大，可适当平抛一部分。

（三）截流设计的原则

1. 截流时间及设计流量的确定

截流日期的选择，应该是既要把握截流时机，选择在最枯流量时段进行；又要为后续的基坑工作和主体建筑物施工留有余地，不致影响整个工程的施工进度。

（1）截流以后，需要继续加高围堰，完成排水、清基处理等大量基坑工作，并应把围堰或永久建筑物在汛期前抢修到一定高程以上。为了保证这些工作的完成，截流日期应尽量提前。

（2）在通航的河流上进行截流，截流日期最好选择在对航运影响较小的时段内。因为截流过程中，航运必须停止，即使船闸已经修好，但因截流时水位变化较大，亦须停航。

(3) 在北方有冰凌的河流上，截流不应在流冰期进行。因为冰凌容易堵塞河道或导流泄水建筑物，壅高上游水位，给截流带来极大困难。

2. 龙口位置与宽度

龙口在截流戗堤的轴线上，戗堤轴线应根据河床和两岸地形、地质、交通条件、主流流向、通航、过木要求等因素综合分析选定，戗堤宜为围堰堰体组成部分。一旦截流戗堤轴线确定后，即可确定龙口位置，龙口布置位置应视具体情而定。从地形方面，龙口周围应宽阔，距临时堆料场较近，且有足够的回车场地，以保证运输方便；从地质方面考虑，应力求将龙口布置在覆盖层较薄的部位，或有天然岛礁作裹头的部位，以抗水流冲刷；从水流条件考虑，龙口应设置在正对主流处，以利洪水宣泄。

龙口宽度的确定，主要取决于戗堤束窄河床后形成的水力条件，对龙口底部和两侧裹头部位的冲刷影响，截流期通航河流对通航安全的要求。合理的龙口宽度应是满足龙口水力及通航条件的最小宽度。若龙口段河床覆盖层抗冲能力低，可预先在龙口段抛石或抛铅丝笼护底，增大糙率和抗冲能力，减少合龙工作量，降低截流难度。

(四) 截流材料及备料量

截流材料类型的选择，主要取决于截流时可能发生的流速及开挖、起重、运输设备的能力，一般应尽可能就地取材。国内外大江大河截流的实践证明，块石是截流的最基本材料。此外，当截流水力条件较差时，还必须使用人工块体，如混凝土六面体、四面体、四脚体及钢筋混凝土构架等（图 5-12)。

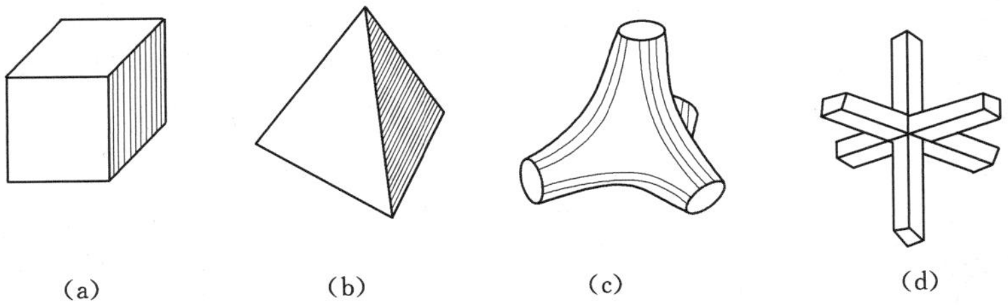

图 5-12　截流材料

备料量的计算，可以设计戗堤体积为准，另外还得考虑各项损失。平堵截流的设计戗堤体积计算比较复杂，需按戗堤不同阶段的轮廓计算。立堵截流戗堤断面为梯形，设计戗堤体积计算比较简单。戗堤顶宽视截流施工需要而定，通常取 10～18m 者较多，可保证两到三辆汽车同时卸料。

备料量的多少取决于对流失量的估计，实际工程的备料量与设计用量之比多为 1.3～1.5，个别工程达到 2.0。例如，铁门工程达到 1.35，青铜峡工程采用 1.5，实际合龙后还剩下很多材料。因此，初步设计时备料系数不必取得过大，实际截流前夕，可根据水情变化适当调整。

三、基坑排水

当围堰合龙闭气后，应立即进行排除基坑内的积水和渗水，以保证基坑开挖、地基处理和建筑物施工的正常进行。基坑积水的排除称为初期排水，以后基坑开挖及建筑物基础施工过程中排水称为经常性排水。初期排水采用明排法，经常性排水则有明排法和人工降低地下水位两种。中小型水利水电工程在经常性排水中，一般采用明排法，这种方法简单，易于操作。

（一）初期排水

基坑积水主要是指围堰闭气后存于基坑内的水体，还要考虑排除积水过程中从围堰及地基渗入基坑的水量和降雨。初期排水的流量是选择水泵数量的主要依据，应根据地质情况、工期长短、施工条件等因素确定。初期排水流量可按下式估算：

$$Q=K\frac{V}{T} \tag{5-1}$$

式中　Q——初期排水流量，m^3/s；

V——基坑积水的体积，m^3；

K——积水系数，考虑了围堰、基坑渗水和可能降雨的因素，对于中小型工程，取 $K=2\sim3$；

T——初期排水时间，s。

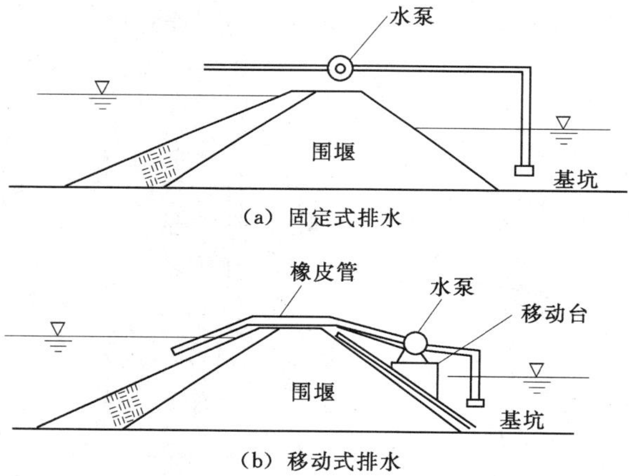

图 5-13　基坑初期排水示意图

初期排水时间与积水深度和允许的水位下降速度有关。如果水位下降太快，围堰边坡土体的动水压力过大，容易引起坍坡；如水位下降太慢，则影响基坑开挖工期。基坑水位下降的速度一般控制在 0.5～1.5m/d 为宜。在实际工程中，应综合考虑围堰型式、地基特性及基坑内水深等因素而定。对于土围堰，水位下降速度应小于 0.5m/d。

根据初期排水流量即可确定水泵工作台数，并考虑一定的备用量。水利工地常用离心泵或潜水泵。为了运用方便，可选择容量不同的水泵，组合使用。水泵站一般布置成固定式或移动式两种，如图 5-13 所示，当基坑水深较大时，采用移动式。

（二）经常性排水

当基坑积水排除后，立即进行经常性排水。对于经常性排水，主要是计算基坑渗流量，确定水泵工作台数，布置排水系统。

经常性排水通常采用明式排水，排水系统包括排水干沟、支沟和集水井等。一般情况下，排水系统分为两种情况，一种是基坑开挖中的排水，另一种是建筑物施工过程中的排水。前者是根据土方分层开挖的要求，分次下降水位，通过不断降低排水沟高程，使每一个开挖土层呈干燥状态。排水系统排水沟通常布置在基坑中部，以利两侧出土；当基坑较窄时，将排水干沟布置在基坑上游侧，以利于截断渗水。沿干沟垂直方向设置若干排水支沟。基础范围外布置集水井，井内安设水泵，渗水进入支沟后汇入干沟，再流入集水井，由水泵抽出坑外。后者排水目的是控制水位低于坑底高程，保证施工在干地条件下进行。排水沟通常布置在基坑四周，离开基础轮廓线不小于0.3～1.0m。集水井离基坑外缘之距离必须大于集水井深度。排水沟的底坡一般不小于2‰，底宽不小于0.3m，沟深为：干沟1.0～1.5m，支沟0.3～0.5m。集水井的容积应保证水泵停止运转10～15min井内的水量不致漫溢。井底应低于排水干沟底1～2m。经常性排水系统布置如图5-14所示。

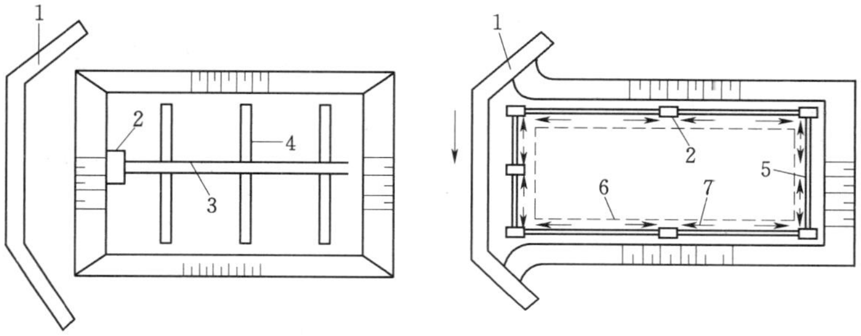

(a) 开挖过程中排水　　(b) 基础施工过程中排水

图5-14　修建建筑物时基坑排水系统布置

1—围堰；2—集水井；3—排水干沟；4—支沟；
5—排水沟；6—基础轮廓；7—水流方向

(三) 人工降低地下水位

经常性排水过程中，为了保持基坑开挖工作始终在干地进行，常常要多次降低排水沟和集水井的高程，变换水泵站的位置，影响开挖工作的正常进行。此外，在开挖细砂土、砂壤土一类地基时，随着基坑底面的下降，坑底与地下水位的高差越来越大，在地下水渗透压力作用下，容易产生边坡脱滑、坑底隆起等事故，甚至危及邻近建筑物的安全，对开挖工作带来不良影响。

采用人工降低地下水位，可以改变基坑内的施工条件，防止流沙现象的发生，基坑边坡可以陡些，从而可以大大减少挖方量。人工降低地下水位的基本做法是：在基坑周围钻设一些井，地下水渗入井中后，随即被抽走，使地下水位线降到开挖的基炕底面以下，一般应使地下水位降到基坑底部0.5～1.0m处。

人工降低地下水位的方法按排水工作原理可分为管井法和井点法两种。管井法是单纯重力作用排水，适用于渗透系数K_s为10～250m/d的土层；井点法还附有真空或电渗排水的作用，适用于K_s为0.1～50m/d的土层。

1. 管井法降低地下水位

管井法降低地下水位时，在基坑周围布置一系列管井，管井中放入水泵的吸水管，地下水在重力作用下流入井中，被水泵抽走。管井法降低地下水位时，须先设置管井，管井

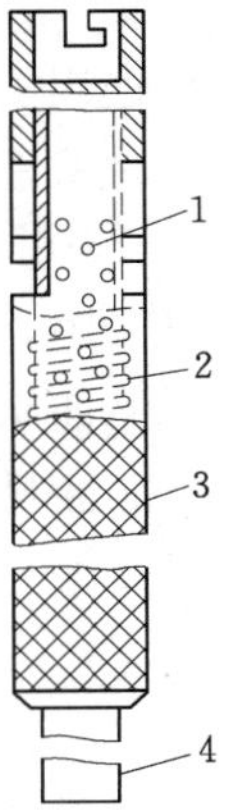

图 5-15　滤水管节构造简图
1—多孔管，钻孔面积占总面积的20%～25%；2—绕面螺旋状的铁丝 ϕ3～4；3—铅丝网，1～2层；4—沉淀管

通常由下沉钢井管制成，在缺乏钢管时也可用木管或预制混凝土管代替。

井管的下部安装滤水管节（滤头），有时在井管外还需设置反滤层，地下水从滤水管进入井内，水中的泥沙则沉淀在沉淀管中。滤水管是井管的重要组成部分，其构造对井的出水量和可靠性影响很大。要求它过水能力大，进入的泥沙少，有足够的强度和耐久性。如图 5-15 所示是滤水管节的构造简图。

2. 井点法降低地下水位

井点法和管井法不同，它把井管和水泵的吸水管合而为一，简化了井的构造。井点法降低地下水位的设备，根据其降深能力分轻型井点（浅井点）和深井点等。其中最常用的轻型井点，轻型井点是由井管、集水总管、普通离心式水泵、真空泵和集水箱等设备所组成的一个排水系统，如图5-16 所示。

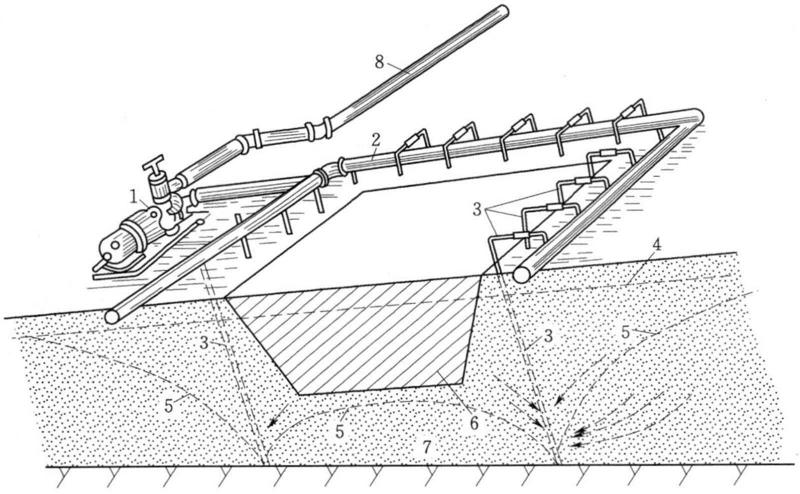

图 5-16　轻型井点系统
1—带真空泵和集水箱的离心式水泵；2—集水总管；3—井管；4—原地下水位；5—排水后水面降落曲线；6—基坑；7—不透水层；8—排水管

单元三　土石坝施工方案

【单元重点】

清基与坝基处理，土石料开采与加工，压实试验，坝体填筑，混凝土面板堆石坝施工。

【学习目标】

能编制土石坝清基与坝基处理，土石料开采与加工，压实试验，坝体填筑等施工方案并组织实施，能编制混凝土面板堆石坝施工方案并组织实施。

碾压式土石坝的施工，包括准备作业、基本作业、辅助作业和附加作业。

准备作业包括平整场地、通车、通水、通电，架设通信线路，修建生产、生活、行政办公用房以及排水清基等工作。

基本作业包括料场土石料开采，挖、装、运、卸以及坝面铺平、压实、质检等工作。

辅助作业是保证准备及基本作业顺利进行，创造良好工作条件的作业。包括清除施工场地及料场的覆盖，从上坝土料中剔除超径石块、杂物，坝面排水，层间刨毛和加水等。

附加作业是保证坝体长期安全运行的防护及修整工作。包括坝坡修整，铺砌护坡块石及铺植草皮等。

任务一　清基与坝基处理

清基就是把坝基范围内的所有草皮、树木、坟墓、乱石、淤泥、有机质含量大于2%的表土、自然干密度小于1.48g/cm^{3}的细砂和极细砂清除掉，清除深度一般为0.3～0.8m。对勘探坑，应把坑内积水与杂物全部清除，并用筑坝土料分层回填夯实。土坝坝体与两岸岸坡的结合部位是土坝施工的薄弱环节，处理不好会引起绕坝渗流和坝体裂缝。

岸坡与塑性心墙、斜墙或均质土坝的结合部位均应清至不透水层。对于岩石岸坡，清理坡度不应陡于1∶0.75，并应挖成坡面，不得削成台阶和反坡，也不能有突出的变坡点；在回填前应涂3～5mm厚的黏土浆，以利结合。如有局部反坡而削坡方量又较大时，可采用混凝土或砌石补坡处理。对于黏土或湿陷性黄土岸坡，清理坡度不应陡于1∶1.5。岸坡与坝体的非防渗体的结合部位，清理坡度不得陡于岸坡土在饱水状态下的稳定坡度，并不得有反坡。

对于河床基础，当覆盖层较浅时，一般采用截水墙（槽）处理。截水墙（槽）施工受地下水的影响较大，因此必须注意解决不同施工深度的排水问题，特别注意防止软弱地基的边坡受地下水影响引起的塌坡。对于施工区内的裂隙水或泉眼，在回填前必须认真处理。

对于截水墙（槽），施工前必须对其建基面进行处理，清除基面上已松动的岩块、石渣等，并用水冲洗干净。坝体土方回填工作应在地基处理和混凝土截水墙浇筑完毕并达到一定强度后进行，回填时只能用小型机具。截水墙两侧的填土，应保持均衡上升，避免因受力不均而引起截水墙断裂。只有当回填土高出截水墙顶部0.5m后，才允许用羊脚碾压实。

任务二　坝料开采与加工

一、坝料开采

1. 坝料开采前准备工作

（1）划定料场范围。

（2）设置排水系统。

（3）按照施工组织设计要求修建施工道路。

（4）分区清理覆盖层。

（5）修建辅助设施。包括风、水、电系统以及坝料加工、堆（弃）料场、装料站台等。

2. 土石料开采

土料开采主要分为立面开采及平面开采，其施工特点及适用条件见表5-1。

表5-1　土料开采方式比较

开采方式	立面开采	平面开采
料场条件	土层较厚，料层分布不均	地形平坦，适应薄层开挖
含水率	损失小	损失大，适用有降低含水率要求的土料
冬季施工	土温散失小	土温易散失，不宜在负温下施工
雨季施工	不利因素影响小	不利因素影响大
适用机械	正铲、反铲、装载机	推土机、铲运机或推土机配合装载机

3. 砂砾料开采

砂砾料（含反滤料）开采施工特点及适用条件，见表5-2。

表5-2　砂砾料开采方式比较

开采方式	水上开采	水下开采（含混合开采）
料场条件	阶地或水上砂砾料	水下砂砾料无坚硬胶结或太大漂石
适用机型	正铲、反铲、推土机	采砂船、索铲、反铲
冬季施工	不影响	若结冰，不宜施工
雨季施工	一般不影响	要有安全措施，汛期一般停产

二、坝料加工

1. 调整土料含水率

降低土料含水量的方法有挖装运卸中的自然蒸发、翻晒、掺和料、烘烤等方法。提高土料含水量的方法有在料场加水，在料堆加水，在开挖、装料、运输过程中加水。

2. 防渗掺和料加工

防渗掺和料最好是级配良好的砂砾料，也可用风化岩石，建筑物开挖石渣，其最大粒径不大于碾压层厚的2/3（最大粒径可达120～150mm）。

试验表明，当掺和料（$d>5$mm）含量在40%以下时，土料能充分包裹粗粒掺和料，这时掺和料尚未形成骨架，掺和料的物理力学性质与原土相近，当掺和料含量大于60%时，掺和料形成骨架，土料成为充填物，渗透系数将随掺量的增加而显著变大，一般认为防渗体的掺和料以40%～50%为宜。

掺和料方法一般采用水平层铺料、立面（斜面）开采掺和法。土料和掺和料逐层相间铺料，各层料的铺层厚度一般以40～70cm为宜，立面或斜面开挖取料。

3. 超径料（颗粒）处理

砾质土中超径石含量不多时，常用装耙的推土机先在料场中初步清除，然后在坝体填筑面上进行填筑平整时再作进一步清除；当超径石的含量较多时，可用料斗加设箅条筛（格筛）或其他简单筛分装置加以筛除，还可采用从高坡下料，造成粗细分离的方法清除粗粒料。

4. 反滤料加工

在进行反滤料、垫层料、过渡料等小区料的开采和加工时，若级配合适，可用砂砾石料直接开采上坝或经简易破碎筛分后上坝。若无砂砾石料可供使用，则可用开采碎石加工制备。对于粗粒径较大的过渡料宜直接采用控制爆破技术开采，对于较细且质量要求高的反滤料、垫层料，则可用破碎、筛分、掺和工艺加工。

如果其级配接近混凝土骨料级配，可考虑与混凝土骨料共同使用一个加工系统，必要时亦可单独设置破碎筛分系统。

三、施工强度的确定

土石坝施工的挖运强度取决于土石坝的上坝强度，上坝强度又取决于施工中的气象水文条件、施工导流方式、施工分期、工作面的大小、劳动力、机械设备、燃料动力供应情况等因素。对于大中型工程。平均日上坝强度通常为1万～3万m^3。高的达到10万m^3左右。在施工组织设计中，一般根据施工进度计划各个阶段要求完成的坝体方量来确定上坝和挖运强度。合理的施工组织管理应有利于实现均衡生产，避免生产大起大落，使人力、机械设备不能充分利用，造成不必要的浪费。

（1）上坝强度Q_D（m^3/d）按下式计算：

$$Q_D=\frac{V'K_a}{TK_1}K \tag{5-2}$$

式中　V'——分期完成的坝体设计方量，以压实方计，m^3；

K_a——坝体沉陷影响系数，可取1.03～1.05；

K——施工不均衡系数，可取1.2～1.3；

K_1——坝面作业土料损失系数，可取0.90～0.95；

T——施工分期时段的有效工作日数，等于该时段的总日数扣除法定节假日和因雨停工日数，d。

（2）运输强度Q_T（m^3/d）根据上坝强度Q_D确定：

$$Q_T=\frac{Q_D}{K_2}K_c \tag{5-3}$$

$$K_c=\frac{\gamma_o}{\gamma_T}$$

式中　K_c——压实影响系数；

γ_o——坝体设计干表观密度；

γ_T——土料运输的松散干表观密度；

K_2——运输损失系数，可取 0.95～0.99，因土料性质及运输方式而异。

（3）开挖强度 Q_c（m^3/d）仍根据上坝强度 Q_D 确定：

$$Q_c=\frac{Q_D}{K_2K_3}K_c' \tag{5-4}$$

式中　K_c'——压实系数，为坝体设计干表观密度 γ_o 与料场土料天然干表观密度 γ_c 的比值；

K_3——土料开挖损失系数，随土料特性和开挖方式而异，一般取 0.92～0.97。

任务三　压　实　试　验

土料的压实试验，是根据已选定的压实机械来确定铺土厚度、压实遍数及相应的含水量，试验土料应选择有代表性料场的土料，当所选料场土性差异较大时，应分别进行碾压试验。

压实试验前，先通过理论计算并参照已建类似工程的经验，初选几种碾压机械和拟定几组碾压参数，采用逐步收敛法进行试验，也称淘汰法。先以室内试验确定的最优含水量进行现场试验。所谓逐步收敛法系指固定其他参数，变动一个参数，通过试验得到该参数的最优值。将优选的此参数和其他参数固定，再变动另一个参数，用试验确定其最优值。以此类推，得到每个参数的最优值。最后将这组最优参数再进行一次复核试验。若试验结果满足设计、施工要求，便可作为现场使用的施工碾压参数。试验中，试验取用压实遍数和铺土厚度可参照表 5-3 确定。

表 5-3　　试验取用压实遍数和铺土厚度

序号	压实机械名称	铺松土厚度 h/cm	碾压遍数	
			黏性土	非黏性土
1	80 型履带拖拉机	10—13—16	6—8—10—12	4—6—8—10
2	10t 平碾	16—20—24	4—6—8—10	2—4—6—8
3	5t 双联羊脚碾	19—23—27	8—11—14—18	
4	30t 双联羊脚碾	50—25—65	4—6—8—10	
5	13.5t 振动平碾	50—75—100—150		2—4—6—8
6	25t 气胎碾	28—34—40	4—6—8—10	2—4—6—8
7	50t 气胎碾	40—50—60	4—6—8—10	2—4—6—8
8	2～3t 夯板	80—100—150	2—4—6	2—3—4

任务四　坝　体　填　筑

一、施工准备

1. 组织准备

建立工程项目的领导机构，设立现场项目部，组织精干的施工队伍，按照工程需要，组织劳动力分批进场，建立健全各项管理制度。

2. 技术准备

（1）在开工前及时收集各种技术资料，包括建筑红线图，地上、地下管线图，施工图，编制施工组织设计，施工预算，材料工本分析表和成本分析表等。

（2）组织施工人员熟悉施工图纸，进行施工图会审及技术交底工作，讨论施工方案及施工布置，安排出分段分期的施工计划目标和措施。

（3）与监理工程师进行交接工作，并做好交接记录。

3. 现场准备

（1）施工现场测量。及时对监理工程师提供的桩点进行复核，并将复核结果上报监理工程师，经监理工程师批复后使用。组织测量人员进行导线点和水准点的加密和保护工作。保证相邻导线点互相通视，做好桩点记录，并将测量结果上报监理工程师批复，合格后使用。利用已知桩点进行原地面测量，并绘制成纵、横断面图，将测量结果上报监理工程师批复，并作为以后工程计量支付的依据。

（2）“三通一平”准备。按照施工总体布置的要求，做好路通、水通、电通和场地平整。

（3）临时设施的准备。临时设施包括现场施工人员的办公、生活用的临时房屋建筑和施工生产辅助企业及各类仓库。临时设施应按施工总布置的位置定位建造。

4. 材料准备

根据材料需用量计划，确定材料来源，与砂料场、水泥等材料供应商签定材料供应合同，同时进场后应尽快修建各类材料堆场，组织部分材料进场，做好材料前期储备工作。

5. 机械设备准备

施工机械设备是保证施工进度的关键所在，应根据机械设备计划，提前准备，配套落实，按计划进场，确保施工的连续性。进场前要检验设备的性能状态，进场后及时进行查对和试运转，并加强保养维护。

6. 劳动力准备

（1）组建具有同类工程施工经验的专业队伍。根据施工进度计划和工程量情况编制劳动力计划，落实施工队伍，分级签订劳务合同。

（2）对施工人员进行施工技术、安全、文明施工和环境保护等方面的教育。组织技术交底，落实生产技术责任制，建立健全岗位责任制。

（3）贯彻“持证上岗”制度，对施工中所需的特殊工种和新技术工种，按计划组织岗前培训，合格后上岗。

7. 物资准备

材料、制品、施工机具和设备是保证施工顺利进行的物资基础。这些物资的准备工作必须在开工之前完成，根据各种物资的需用量计划，分别落实货源，提前订货，安排运输和储备，以满足连续施工的需要。

二、坝面作业

土石坝坝面作业施工工序包括卸料、铺料、洒水、压实、质量检查等。坝面作业工作面狭窄、工种多、工序多、机械设备多，施工时需有妥善的施工组织规划。

为避免坝面施工中的干扰，延误施工进度，土石坝坝面作业宜采用分段流水作业施工。流水作业施工组织应先按施工工序数目对坝面分段，然后组织相应专业施工队依次进入各工段施工，实现了施工专业化，有利于工人劳动熟练程度的提高，有利于提高劳动效率和工程施工质量。同时，各工段都有专业队固定的施工机具，从而保证施工过程中人、机、地三不闲，避免施工干扰，有利于坝面作业多、快、好、省、安全地进行。

卸料和铺料有三种方法，即进占法、后退法和综合法。一般采用进占法，厚层填筑也可采用混合法铺料，以减小铺料工作量。进占法铺料层厚易控制，表面容易平整，压实设备工作条件较好。一般采用推土机进行铺料作业。铺料应保证随卸随铺，确保设计的铺料厚度。按设计厚度铺料平料是保证压实质量的关键。采用带式运输机或自卸汽车上坝，卸料集中。为保证铺料均匀，需用推土机或平土机散料平料。国内不少工地采用“算方上料、定点卸料、随卸随平、定机定人、铺平把关、插杆检查”的措施，使平料工作取得良好的效果。铺填中不应使坝面起伏不平，避免降雨积水。

在坝面各料区的边界处，铺料会越界，通常规定其他材料不准进入防渗区边界线的内侧。边界外侧铺土距边界线的距离不能超过50cm。

为配合碾压施工，防渗体土料铺筑应平行于坝轴线方向进行。坝体压实一般采用进退错距法和圈转套压法，如图5-17所示。对因汽车上坝或压实机具压实后的土料表层形成的光面，必须进行刨毛处理，一般要求刨毛深度为4～5cm。

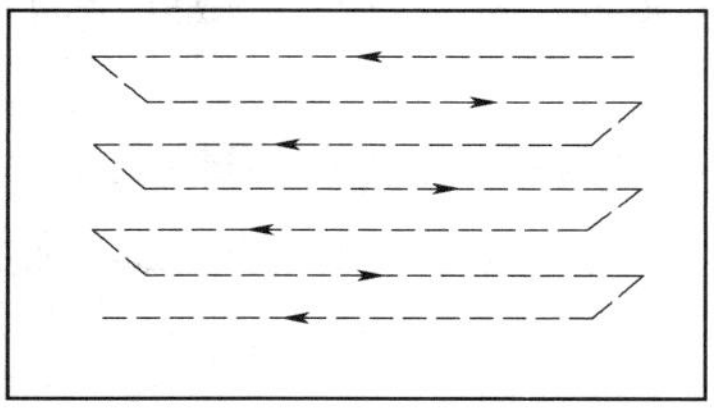
(a) 进退错距法

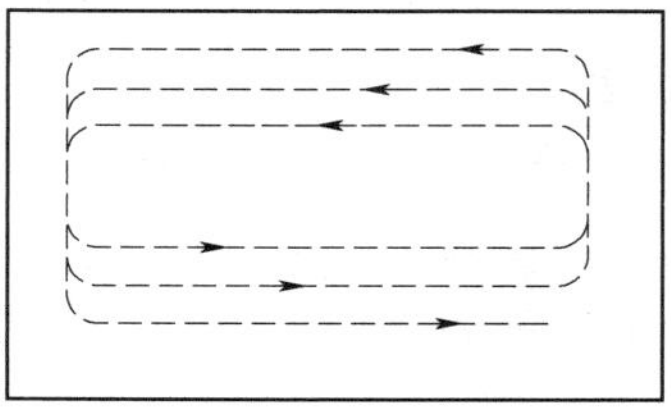
(b) 圈转套压法

图5-17　碾压机械开行方式

进退错距法操作简便，碾压、铺土和质检等工序协调，便于分段流水作业，压实质量容易保证，其开行方式如图5-17(a)所示。

圈转套压法要求开行的工作面较大，适合于多碾滚组合碾压。其优点是生产效率较高，但碾压中转弯套压交接处重压过多，易于超压。当转弯半径小时，容易引起土层扭曲，产生剪力破坏。在转弯的四角容易漏压，质量难以保证，其开行方式如图 5－17（b）所示。国内多采用进退错距法。用这种开行方式，为避免漏压，可在碾压带的两侧先往复压够遍数后再进行错距碾压。错距宽度 b（m）按下式计算：

$$b=\frac{B}{n} \tag{5-5}$$

式中　B——碾滚净宽，m；

　　　n——设计碾压遍数。

三、结合部位的施工

土石坝施工中，坝体的防渗土料不可避免地要与地基、岸坡、周围其他建筑的边界相结合；由于施工导流、施工方法、分期分段分层填筑等的要求，还必须设置纵横向的接坡、接缝。所有这些结合部位，都是影响坝体整体性和质量的关键部位，也是施工中的薄弱环节，质量不易控制。接坡、接缝过多，还会影响到坝体填筑速度，特别是影响机械化施工。

对结合部位的施工，必须采取可靠的技术措施，加强质量控制和管理，确保坝体的填筑质量满足设计要求。

1. 坝基结合面

对于基础部位的填土，一般用薄层、轻碾的方法，不允许用重型碾或重型夯，以免破坏基础，造成渗漏。对黏性土、砾质土坝基，应将其表层含水量调节至施工含水量上限范围，用与防渗体土料相同的碾压参数压实，然后刨毛深 3～5cm，再铺土压实。

非黏性土地基应先压实，再铺第一层土料，含水量为施工含水量的上限。采用轻型机械压实，压实干表观密度可略低于设计要求。

与岩基接触面，应首先把局部凹凸不平的岩石修理平整，封闭岩基表面节理、裂隙，防止渗水冲蚀防渗体。若岩基干燥可适当洒水，并使用含水量略高的土料，以便容易与岩基或混凝土紧密结合。碾压前，对岩基凹陷处，应用人工填土夯实。不论何种坝基，当填筑厚度达到 2m 以后，才可使用重型压实机械。

2. 与岸坡及混凝土建筑物结合

填土前，先将结合面的污物冲洗干净，清除松动岩石，在结合面上洒水湿润，涂刷一层厚约 5mm 左右的浓黏土浆或浓水泥黏土浆或水泥砂浆，其目的是为了提高浆体凝固后的强度，防止产生危险的接触冲刷和渗透。涂刷浆体时，应边涂刷、边铺土、边碾压，涂刷高度与铺土厚度一致，注意涂刷层之间的搭接，避免漏涂。要严格防止泥浆干固（或凝固）后再铺土，因为它对结合非常不利。

防渗体与岸坡结合处，宽度 1.5～2.0m 范围内或边角处。不得使用羊脚碾、夯板等重型机具，应以轻型机具压实，并保证与坝体碾压搭接宽度 1m 以上。混凝土齿墙或坝下埋管两侧及顶部 0.5m 范围内填土，必须用小型机具压实，其两侧填土应保持均衡上升。

岸坡、混凝土建筑物与砾质土、掺和土结合处，应填筑 1～2m 宽塑性较高而透水性低的土料，避免直接与粗料接触。

3. 坝体纵横向接坡及接缝

土石坝施工中，坝体接坡具有高差较大，停歇时间长．要求坡身稳定的特点。对于允许接合坡度大小及高差大小有争论，尤其对防渗心墙与斜墙是否可设置纵横向接坡的争论更大。

土石坝施工的实践经验证明，几乎在任何部位都可以适当设置纵横向接坡，关键在于有无必要和采取什么样的施工措施。一般情况下，填筑面应力争平起，斜墙及窄心墙不应留有纵向接缝，如临时度汛需要设置时，应进行技术论证。防渗体及均质坝的横向接坡不应陡于1∶3，高差不超过15m。均质坝（不包括高压缩性地基上的土坝）的纵向接缝，宜采用不同高度的斜坡和平台相间形式，坡度及平台宽度根据施工要求确定，并满足稳定要求，平台高差不大于15m。坝体接坡面可用推土机自上而下削坡，适当留有保护层，配合填筑上升。逐层清至合格层，接合面削坡合格后，要控制其含水量为施工含水量范围的上限。

坝体施工临时设置的接缝相对接坡来讲，其高差较小，停置时间短，没有稳定问题，通常高差以不超过铺土厚度的1～2倍为宜，分缝在高程上应适当错开。

四、反滤料、垫层料、过渡料的施工

反滤料、垫层料、过渡料一般方量不大，但其要求较高，铺料不能分离，一般与防渗体和一定宽度的大体积坝壳石料平起上升，压实标准高，分区线的误差有一定的控制范围。当铺填料宽度较宽时，铺料可采用装载机辅以人工进行。

填筑方法有削坡法、挡板法及土、砂松坡接触平起法三类。土、砂松坡接触平起法能适应机械化施工，填筑强度高，可以做到防渗体、反滤层与坝壳料平起填筑，均衡施工，是被广泛应用的施工方法。根据防渗体土料和反滤层填筑的次序、搭接形式的不同，又可分成先土后砂法和先砂后土法。

先土后砂法如图5-18（a）所示，先填2～3层土料，压实时边缘留30～50cm宽松土带，一次铺反滤料与黏土齐平，压实反滤料，并用气胎碾压实土砂接缝带。此法容易排除坝面积水；因填土料时无侧面限制，施工中有超坡，且接缝处土料不便压实。当反滤料上坝强度赶不上土料填筑时，可采用此法。

先砂后土法如图5-18（b）所示，先在反滤料设计线内用反滤料筑一小堤，再填筑

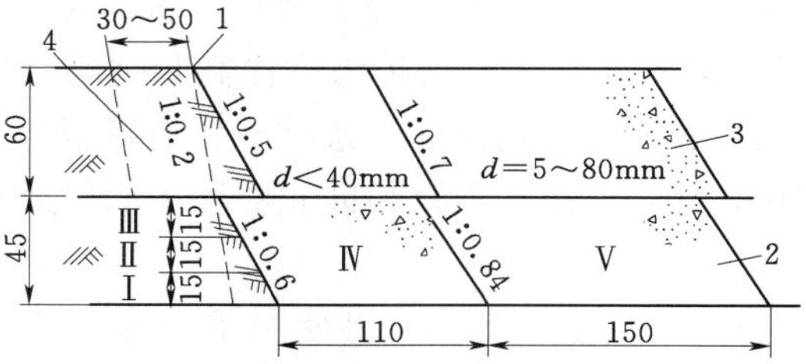

（a）先土后砂法（碧口坝）

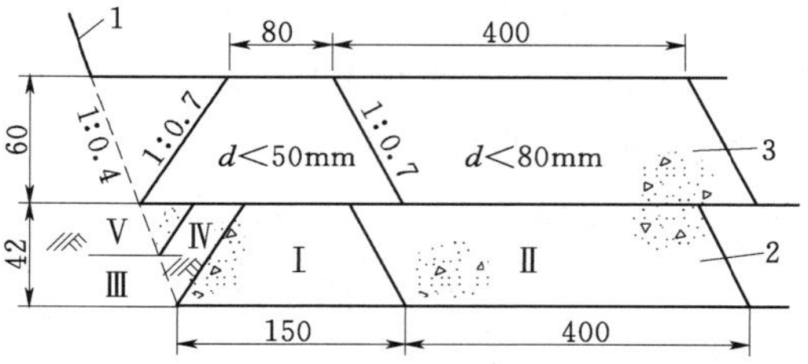

（b）先砂后土法（石头河坝）

图5-18　土、砂平起施工示意图（单位：cm）

1—心墙设计线；2—已压实层；3—未压实层；4—松土带；

Ⅰ、Ⅱ、Ⅲ、Ⅳ、Ⅴ—填料次序

2～3层土料与反滤料齐平，然后压实反滤料及土料接缝带。此法填土料时有反滤料做侧限，便于控制防渗土体边线，接缝处土料便于压实，宜优先采用此法。

反滤料的压实，应包括接触带土料与反滤料的压实。当防渗体土料用气胎碾碾压时，反滤料铺土厚度可与黏土铺土厚度相同，并同时用气胎碾碾压，这是施工中压实接触带最好的方法。若防渗体土料采用羊脚碾碾压时，对于土压砂的情况，两者应同时平起，羊脚碾压到距土砂结合边0.3～0.5m为止，以免羊脚碾将土下之砂翻出来。然后用气胎碾碾压反滤层，其碾迹与羊脚碾碾迹至少应重叠0.5m以上，如图5-19（a）所示。若砂压土时，土、砂亦同时平起，同样先用羊脚碾压土料，且羊脚碾压到反滤料上至少0.5m宽，以便把反滤料之下的土料压实，然后用气胎碾碾压反滤料，并压实到土料上的宽度至少为0.5m，如图5-19（b）所示。

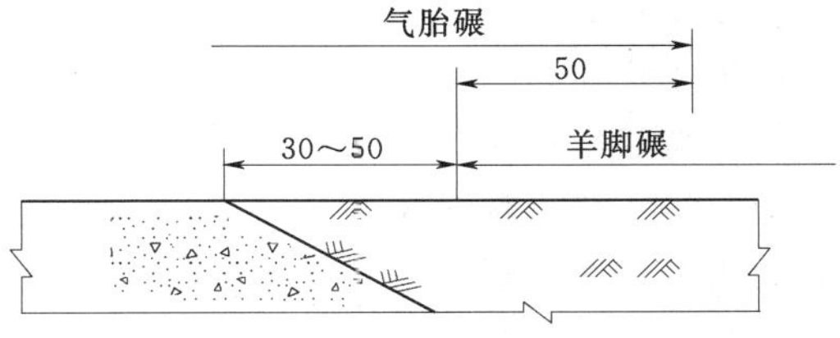

（a）土压砂

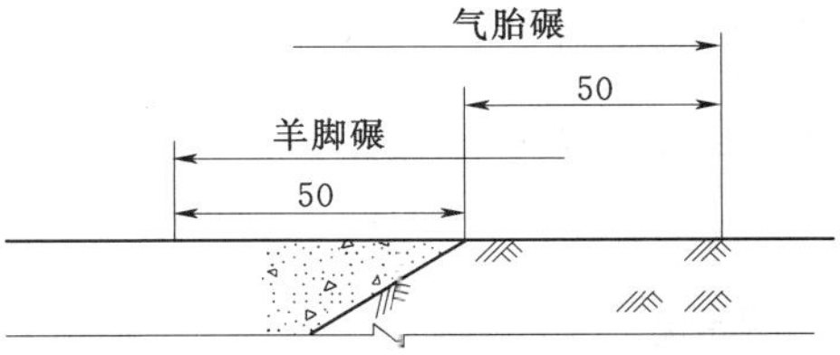

（b）砂压土

图5-19　土、砂结合带的压实（单位：cm）

任务五　混凝土面板堆石坝施工

混凝土面板坝的防渗系统由基础防渗工程、趾板、面板组成，如图5-20所示。其特点是：堆石坝体能直接挡水或过水，简化了施工导流与度汛，枢纽布置紧凑，充分利用当地材料。面板坝可以分期施工，便于机械化施工，施工受气候条件的影响较小。

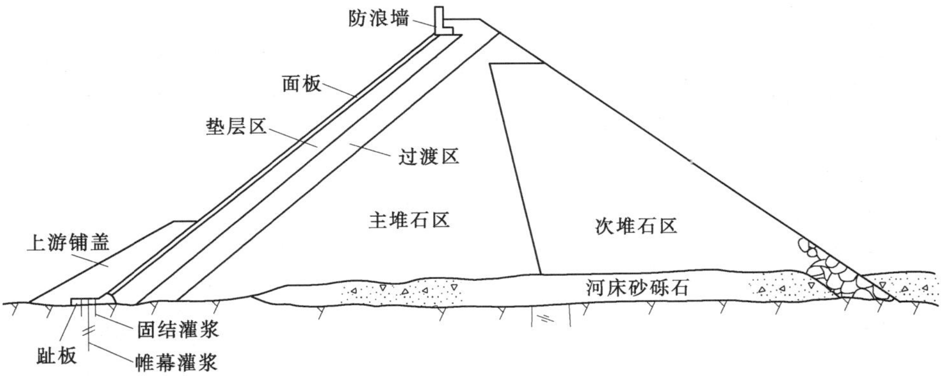

图5-20　混凝土面板堆石坝的坝体分区剖面图

面板堆石坝上游面有薄层面板，面板可以是刚性钢筋混凝土的，也可以是柔性沥青混凝土的。坝身主要是堆石结构。良好的堆石材料，尽量减少堆石体的变形，为面板正常工作创造条件，是坝体安全运行的基础。

坝体部位不同，受力状况不同，对填筑材料的要求也不同，所以应对坝体进行分区。

面板下垫层区的主要作用在于为面板提供平整、密实的基础，将面板承受的水压力均匀传递给主堆石体。过渡区位于垫层区与主堆石区之间，其主要作用是保护垫层区在高水头作用下不产生破坏，其粒径、级配要求符合垫层料与主堆石料间的反滤要求。主堆石区是坝体维持稳定的主体，其石质好坏、密度、沉降量大小，直接影响面板的安危。下游堆石区起保护主堆石体及下游边坡稳定的作用，要求采用较大石料填筑，由于该区的沉降变形对面板已影响甚微，故对石质及密度要求有所放宽。

一般面板坝的施工程序为：岸坡坝基开挖清理，趾板基础及坝基开挖，趾板混凝土浇筑，基础灌浆，分期分块填筑主堆石料，垫层料必须与部分主堆石料平起上升，填至分期高度时用滑模浇筑面板，同时填筑下期坝体，再浇混凝土面板，直到坝顶。

堆石坝填筑的施工设备、工艺和压实参数的确定，和常规土石坝非黏性土料施工没有本质区别。

一、趾板混凝土施工

河床段趾板应在基岩开挖完毕后立即进行浇筑，在大坝填筑之前浇筑完毕。岸坡部位的趾板必须在填筑之前一个月内完成。为减少工序干扰和加快施工进度，可随趾板基岩开挖出一段之后，立即由顶部自上而下分段进行施工。如工期和工序不受约束，也可在趾板基岩全部开挖完以后，再进行趾板施工。

（一）施工工艺流程

趾板及高趾墙混凝土浇筑施工工艺流程为：基础清理→测量放线→钻锚筋孔→安装锚筋→钢筋制安→止水安装→模板安装→灌浆预埋件布设→仓面验收→浇筑混凝土→拆模、混凝土养护→止水设施保护。

（二）仓面准备

1. 基础找平

趾板混凝土浇筑前均应对基础找平（采用与趾板同标号的混凝土回填）。对砂砾石基础先开挖到设计高程，并用大功率碾压设备进行碾压，碾压后的基础若存在局部不平整，应选择同质量、同级配的砂砾料填平并重新碾压，然后浇筑趾板。

2. 锚筋施工

在开挖结束的基岩面或回填混凝土面上，用手风钻凿锚筋孔。孔位、孔深、孔向应符合要求，钻孔验收合格后采用先注浆后插筋的施工工艺安装锚筋。

3. 模板设计与安装

趾板混凝土厚度薄，侧压力小，侧模板结构简单。常规浇筑方法侧向模板选用标准钢模板或木模板拼装而成。滑模浇筑方法应选用能承受滑模架运行的钢模板。模板安装必须定位准确，支撑牢固，接缝紧密，确保浇筑时不变形、不位移、不露浆。

（三）趾板混凝土浇筑

趾板因坝高，地形条件不同，混凝土入仓有多种方式。岸坡较缓、坝高较低、道路通畅时采用溜槽入仓；局部较陡峻、溜槽入仓不便的部位采用吊灌入仓；如果两种方法都不能满足要求的地形条件采用泵送入仓。

二、坝体施工

（一）填筑料生产

1. 料场规划

（1）堆石材料的质量要求：

1）主要部位的石料抗压强度不低于78MPa，次要部位石料抗压强度应在50～60MPa。

2）石料硬度不应低于莫氏硬度表中的第三级，其韧性不应低于$2kg \cdot m/cm^2$。

3）石料的天然密度不应低于$2.2g/cm^3$。

4）石料应具有抗风化能力，其软化系数水上不低于0.8，水下不低于0.85。

（2）面板堆石坝的坝体分区。根据面板堆石坝不同部位的受力情况，将坝体进行分区。

1）垫层区。其垫层区主要作用是为面板提供平整、密实的基础，将面板承受的水压力均匀传递给主堆石体。要求用石质新鲜、级配良好的碎石料填筑。

2）过渡区。其过渡区主要作用是保护垫层区在高水头作用下不产生破坏。其粒径、级配要求符合垫层料与主堆石料间的反滤要求。一般最大粒径不超过350～400mm。

3）主堆石区。主堆石区主要作用是维持坝体稳定。要求石质坚硬，级配良好，允许存在少量分散的风化料，该区最大粒径一般最大不超过压实层厚度，压实后能自由排水。

4）次堆石区。次堆石区主要作用是保护主堆石体和下游边坡的稳定。要求采用较大石料填筑，允许有少量分散的风化石料。由于该区的沉陷对面板的影响很小，故对填筑石料的要求可放宽一些。

2. 坝料开采与加工

面板坝主堆石料及过渡料，由于粒径较大，常由石场直接开采，为获得较好级配坝料及较大的开采强度，绝大部分已建和在建面板坝工程，采用了深孔梯段开采及微差挤压爆破技术，采用100型钻，梯段高度为12～15m。

垫层料颗粒设计较粗时，如经爆破试验可以满足垫层料设计级配要求，可以由采石场直接开采，可以使造价大幅度降低。

砂砾石料场，大都分布在河床附近，施工受河水及地下水影响较大。对寒冷地区，冬季冻深较大，而冻结后的砂砾石料会使机械开采困难。因此，为保证冬季正常施工，必须储备足够的坝料，以降低砂砾石的含水量，供冬季坝体填筑使用。

3. 道路与运输

布置运输线路应重视以下问题：优先考虑单向循环线路，使轻型、重型汽车互不干扰；同时，还需合理确定路面等级，尽量降低纵坡坡率，以提高行车速度。

面板坝坝址常位于河流的中上游，由于山谷狭窄，公路大都顺河流走向修建，如把防洪标准定得过高，势必抬高路面、加大桥涵，使筑路费用加大，另外，临时公路即使遭到损坏，恢复也较容易，因此，防洪标准可以较低。根据国内外建坝经验，其防洪标准以不低于5年一遇为宜。

一般山区公路的标准较低，大都不能满足大型施工运输机械的运行要求，因此，施工队伍进场后，应对可利用的永久公路路段进行安全复校。

在面板坝施工中，运输线路难免跨越趾板和垫层区。需要采取保护措施，有的采用钢栈桥跨越，但大多数工程是采取在趾板上垫以一定厚度的石渣来保护的。位于垫层区或其他部位的坝内道路，要求按坝体规定的料物填筑，并进行压实，不允许以浮渣筑路。

（二）坝体填筑

1. 坝体填筑技术要求

（1）避免大坝填筑和趾板施工交叉进行，尽力在堆石填筑开始之前完成全部趾板施工，以利施工安全。交叉施工，在西北口工程已有教训。当时左岸坝基处理未结束，河床段趾板正施工，而大坝填筑已进行，为了留出邻近趾板的填筑工作面，大坝填筑不得已采用了先填主堆石区，后填过渡层、垫层区的做法，结果形成了大坝上游低、下游高的“梯田式”填筑，梯田台阶层次最多达 6 层，大大影响了填筑质量与施工效率。

（2）在堆石坝填筑开始之前，对坝料进行碾压试验。其目的在于根据工地具体条件，对设计提出的压实标准进行复核，选择合适的施工机械和确定合理的施工参数（铺料厚度、碾压遍数、加水量等），并提出完善的施工工艺和措施。

对于大型、重要或特殊情况（如高地震区等）的工程，都应进行碾压试验；而对于中小型工程或坝不高的情况，则可根据压实机械、工程经验采用类比法选定压实参数，并结合施工在坝的下游部位进行检验性试验。

（3）坝体填筑应做到平起、均衡上升，是一般土石坝施工的总要求，对于面板堆石坝来说，垫层、过渡层与相邻主堆石区的填筑尤应如此。按照国外经验，面板下游 30m 以内的坝面，应保证连续平起、均衡上升。垫层、过渡层、主堆石区之间的填筑面高差，规定层差不超过一层。其目的在于保证各分区之间的良好结合，以及面板下游一定范围内的堆石体达到较高的密实度。

（4）观测仪器、设施的埋设是坝体施工的一个组成部分，特别需要注意观测设施的施工保护。

（5）避免颗粒分离。垫层料、过渡料、主堆石料，其各个颗粒间只有单纯的接触联系，因而不同粒径与质量的颗粒，在卸料、铺筑、推平过程中，由于重力的作用，会产生不同程度的颗粒分离。这是迄今面板堆石坝施工中普遍存在的问题。然而，对于垫层与过渡层而言，由于其相对于面板的变形以至渗流性质的需要，不允许其在填筑过程中产生严重的颗粒分离。

为了减少颗粒分离可采用以下方法：

1）跳堆法，即在已压实的坝面上，按铺筑一层料需要的数量，跳隔一定距离卸料，然后推平成连续层的方法。

2）润湿坝料法，即使材料在运输车内润湿，以增加颗粒之间的团聚力，阻滞颗粒彼此分离。

3）掺混法，即对已分离集中的大颗粒区掺混较细坝料的方法。国外曾用此法。

（6）坝体填筑时要有一定的超填宽度，关于超填宽度，在巴坦艾（Batang Ai）坝为 10cm，在特劳湖（Terror Lake）坝为 15cm。国外较多的工程，规定碾压前的坡面不平整度为 0～15cm 或 5～15cm。结合国内情况，取其较大值。

（7）堆石坝填筑时要加水，目的在于使材料浸湿，软化细粒并降低粗粒的抗压强度，以提高压实密度和效率，减少竣工后的后期沉降。

(8) 坝料必须采用振动碾碾压，因为只有振动压实才能保证堆石的高密度。

2. 垫层坡面碾压与防护技术

垫层为堆石体坡面最上游部分，可用人工碎石料或级配良好的砂砾料填筑。为减少面板混凝土超浇量，改善面板的应力条件，对上游垫层坡面必须修整和压实。一般水平填筑时向外超填15～30cm，斜坡长度达到10～15m时修整、压实一次。在多雨地区，尤其当垫层料为砂卵石时，尚应缩短这一填筑与防护的周期。

当垫层材料为砂卵（砾）石时，由于此种材料较易受雨水冲蚀，应采用较薄的填筑层，以便及时进行坡面碾压与防护。对于较重要的工程或雨水较大时，也可采用加设细铁丝网表层防护法。即随垫层填筑，随时在其坡面铺设细铁丝网进行防护。

坡面碾压，是由于已压实合格的垫层，其上游邻坡边缘带（含超填部分）无法进行平面碾压，为使混凝土面板有一个坚实的支撑面，而在垫层上游坡面上进行的专门碾压。这也是面板堆石坝特有的碾压工序。在坡面修整后即进行斜坡碾压。一般可利用为填筑坝顶布置的索吊牵引振动碾上下往返运行，也可使用平板式振动压实器进行斜坡压实。

垫层坡面的防护，是在面板浇筑之前的临时措施。防护的作用有三点：防止雨水冲刷垫层坡面；为面板混凝土施工提供良好的工作面；利用堆石坝体挡水或过水时，垫层护面可起临时防渗和保护作用。一般采用喷洒乳化沥青保护，喷射混凝土或摊铺和碾压水泥砂浆防护。混凝土面板或面板浇筑前的垫层料，施工期不允许承受反向水压力。

防护层的敷设，调整、补偿了垫层坡面的表面不平整度与材料分布的不均一程度。但防护层的表面仍然不可能十分平整，因而从施工上讲，仍需有不平整度的规定。对于水泥砂浆层，在5m范围内的起伏差不应高于设计线5cm，低于设计线8cm；对于喷射混凝土层，与设计线偏差不大于5cm。对于阳离子乳化沥青层，由于层厚很薄，可通过试验确定。

3. 混凝土挤压墙

垫层面处理近年来也采用混凝土挤压墙的方法。挤压式混凝土边墙位于大坝上游过渡层与混凝土面板之间，如图5-21所示，是某混凝土挤压墙施工示意图。

面板堆石坝在每填筑一层过渡料之前，用挤压式边墙机制作出一个半透水的混凝土墙（挤压墙施工根据混凝土运料车所走路线从左岸往右岸施工），然后在其内侧按设计铺填坝料，碾压合格后再制作上层边墙，重复以上工序。

混凝土挤压式边墙护坡技术是混凝土面板堆石坝上游坡面施工的新方法，相对于其他施工方法来说，有如下优点：

(1) 简化了垫层料的施工工序，保证和提高了垫层的施工质量，降低了施工成本。

(2) 施工简单方便，各工序衔接比较紧密，加快了施工进度，确保了坝体的安全度汛。

(3) 避免了填筑过程中上游边坡滚石和斜坡碾压高边坡作业，提高了施工安全性。

三、混凝土面板施工

钢筋混凝土面板是刚性面板堆石坝的主要防渗结构，厚度薄、面积大，在满足抗渗性和耐久性条件下，要求具有一定的柔性，以适应堆石体的变形。

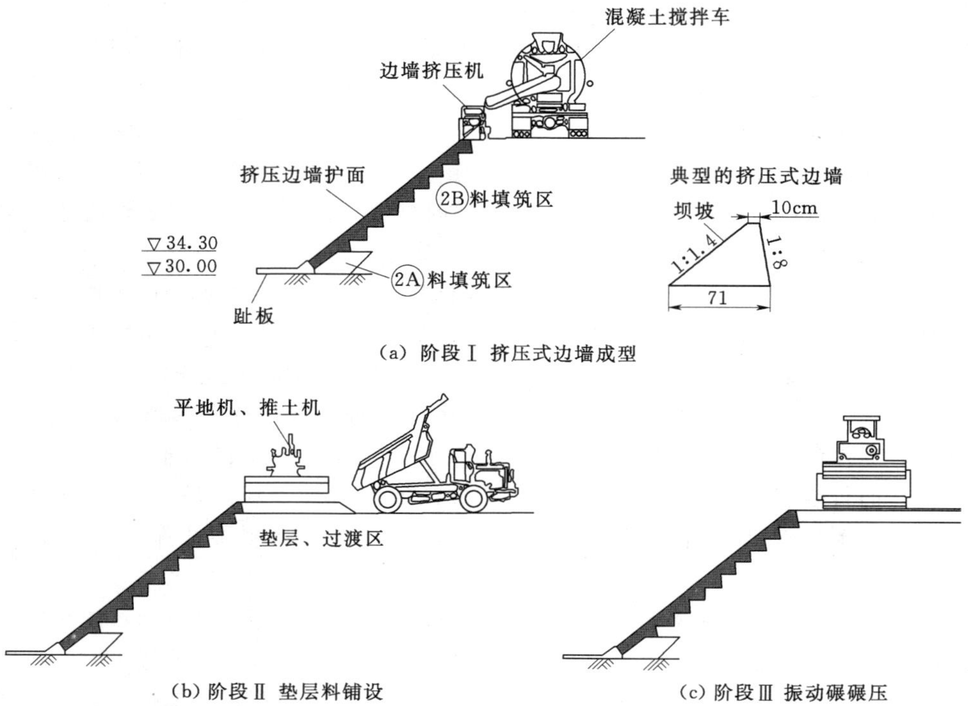

图 5-21　某混凝土挤压墙施工示意图

面板浇筑一般在堆石坝体填筑完成或至某一高度后，气温适当的季节内集中进行，由于汛期限制，工期往往很紧。面板由起始板及主面板组成。起始板可以采用固定模板或翻转模板浇筑，也可用滑模浇筑。当起始板不采用滑模浇筑时，应尽量在坝体填筑时创造条件提前浇筑。中等高度以下的坝，面板混凝土不宜设置水平缝，高坝和要求施工期蓄水的坝，面板可以设 1～2 条水平工作缝，分期浇筑。垂直缝分缝宽度应据滑模结构，以易于操作、便于仓面组织等原则确定，一般为 12～16m。

钢筋混凝土面板一般采用滑模法施工，滑模分有轨滑模和无轨滑模两种。滑模利用两侧的轨道、侧模或已浇完的面板来支撑、导向和控制混凝土面板的浇注厚度。在浇注过程中，混凝土的浮拖力由模板自重和附加配重来克服。振捣密实的混凝土由滑动模板或抹面平台压抹成形。无轨滑模是近几年来在面板坝施工实践中提出来的，它克服了有轨滑模的缺点，减轻了滑动模板自身重量，提高了工效，节约了投资，在国内广泛使用。滑模上升速度一般为 1～2.5m/h，最高可达 6m/h。

混凝土场外运输主要采用混凝土搅拌运输车、自卸汽车等。坝面输送主要采用溜槽和混凝土泵。

钢筋的架设一般采用现场绑扎和焊接或预制钢筋网片和现场拼接的方法，用人工或钢筋台车将钢筋送至坡面，高坝宜采用钢筋台车运送钢筋，以节省人工。台车由坝顶卷扬机牵引。

金属止水片的成型主要有冷挤压成型、热加工成型或手工成型。一般成型后应进行退火处理。现场拼接方式有搭接、咬接、对接；对接一般用在止水接头异型处，应在加工厂内施焊，以保证质量。

混凝土施工时，由于侧模不仅要承担混凝土的侧压力，而且又要作为滑模的支承和滑移轨道，因此，侧模的设计、安装必须牢固、安全且能保证所浇筑的混凝土外形几何尺寸符合设计要求。

滑模牵引设备一般采用卷扬机牵引提升滑模，卷扬机的锚固采用预埋地锚的方法，当坝体填筑接近坝顶面时，将地锚埋入坝体内。某滑模施工示意图如图 5－22 所示。

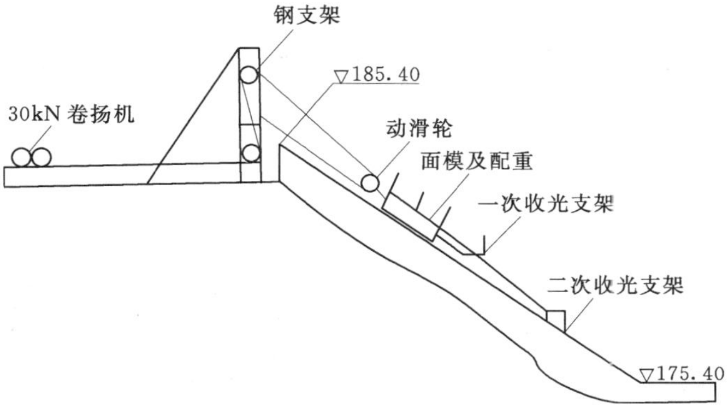

图 5－22　某滑模施工示意图

单元四　混凝土坝施工方案

【单元重点】

混凝土坝浇筑方式，温度控制，碾压混凝土坝施工。

【学习目标】

能编制混凝土坝浇筑方案并组织实施，能制定混凝土坝温度控制措施并组织实施，能编制碾压混凝土坝浇筑方案并组织实施。

任务一　混凝土浇筑方式确定

混凝土坝施工，由于受到温度应力、混凝土浇筑能力的限制，不可能使整个坝段连续不断地一次浇筑完毕。因此，需要用垂直于坝轴线的横缝和平行于坝轴线的纵缝以及水平缝，将坝体划分为许多浇筑块进行浇筑。

一、混凝土坝分缝分块原则

（1）根据结构特点、形状及应力情况进行分层分块，避免在应力集中、结构薄弱部位分缝。

（2）采用错缝分块时，必须采取措施防止竖直施工缝张开后向上向下继续延伸。

（3）分层厚度应根据结构特点和温度控制要求确定。基础约束区一般为1～2m，约束区以上可适当加厚；墩墙侧面可散热，分层也可厚些。

（4）应根据混凝土的浇筑能力和温度控制要求确定分块面积的大小。块体的长宽比不宜过大，一般以小于2.5∶1为宜。

（5）分层分块均应考虑施工方便。

二、混凝土坝的分缝分块型式

混凝土坝的浇筑块是用垂直于坝轴线的横缝和平行于坝轴线的纵缝以及水平缝划分的。分缝方式有垂直纵缝法、错缝法、斜缝法、通仓浇筑法等，如图5-23和图5-24所示。

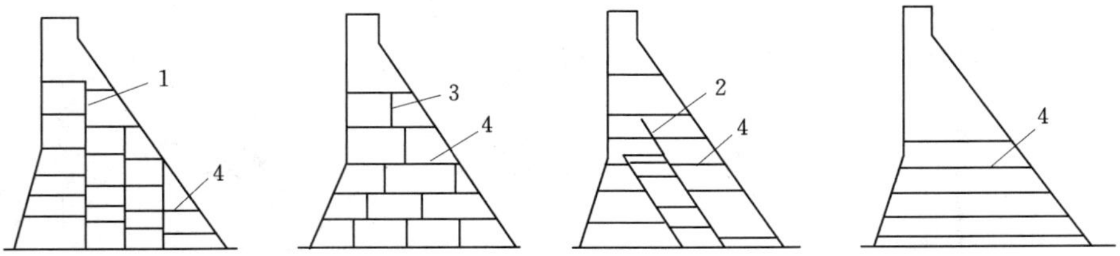

（a）垂直纵缝法　（b）错缝法　（c）斜缝法　（d）通仓浇筑法

图5-23　混凝土坝分缝方式

1—纵缝；2—斜缝；3—错缝；4—水平缝

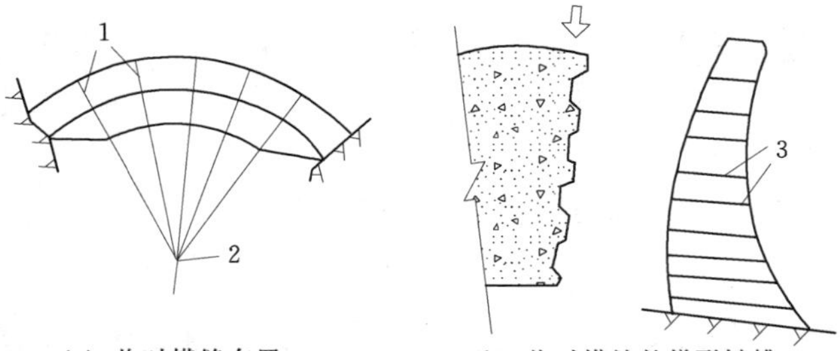

（a）临时横缝布置　（b）临时横缝的梯形键槽

图5-24　拱坝浇筑分缝分块

1—临时横缝；2—拱心；3—水平缝

1. 垂直纵缝法

用垂直纵缝把坝段分成独立的柱状体，因此又称柱状分块。它的优点是温度控制容易，混凝土浇筑工艺较简单，各柱状块可分别上升，彼此干扰小，施工安排灵活，但为保证坝体的整体性，必须进行接缝灌浆；模板工作量大，施工复杂。纵缝间距一般为20～40m，以便降温后接缝有一定的张开度，便于接缝灌浆。

为了传递剪应力的需要，在纵缝面上设置键槽，并需要在坝体到达稳定温度后进行接缝灌浆，以增加其传递剪应力的能力，提高坝体的整体性和刚度。

2. 错缝分块法

错缝法又称砌砖法。分块时将块间纵缝错开，互不贯通，故坝的整体性好，进行纵缝灌浆。但由于浇筑块相互搭接，施工干扰很大，施工进度较慢，同时在端部因应力集中容易开裂。

3. 斜缝法

斜缝一般沿平行于坝体第二主应力方向设置，缝面剪应力很小，只要设置缝面键槽不必进行接缝灌浆，斜缝法往往是为了便于坝内埋管的安装，或利用斜缝形成临时挡洪面采用的。但斜缝法施工干扰大，斜缝顶并缝处容易产生应力集中，斜缝前后浇筑块的高差和温差需严格控制，否则会产生很大的温度应力。

4. 通缝法

通缝法即通仓浇筑法，它不设纵缝，混凝土浇筑按整个坝段分层进行；一般不需埋设冷却水管。同时由于浇筑仓面大，便于大规模机械化施工，简化了施工程序，特别是大量减少模板作业工作量，施工速度快，但因其浇筑块长度大，容易产生温度裂缝，所以温度控制要求比较严格。

任务二　温　度　控　制

一般把结构最小尺度大于 2m 的混凝土称为大体积混凝土。大体积混凝土要求控制水泥水化产生的热量及伴随发生的体积变化，尽量减少温度裂缝。

一、混凝土温度变化过程

混凝土的温度随水化热的逐渐释放而升高，当散热条件较好时，水化热造成的最高温度升高值并不大，也不致使混凝土产生较大裂缝。而当混凝土的浇筑块尺寸较大时，其散热条件较差，由于混凝土导热性能不良，水化热基本上都积蓄在浇筑块内，从而引起混凝土温度明显升高，有时混凝土块体中部温度可达 60～80℃。由于混凝土温度高于外界气温，随着时间的延续，热量慢慢向外界散发，块体内温度逐渐下降。这种自然散热过程甚为漫长，大约要经历几年以至几十年的时间水化热才能基本消失。此后，块体温度即趋近于稳定状态。在稳定期内，坝体内部温度基本稳定，而表层混凝土温度则随外界温度的变化而呈周期性波动。由此可见，大体积混凝土温度变化一般经历升温期、冷却期和稳定期三个时期（图 5－25）。

由图 5－25 可知：

$$\Delta T = T_m - T_f = T_p + T_r - T_f \qquad (5-6)$$

由于稳定温度 T_f 值变化不大，所以要减少温差，就必须采取措施降低混凝土入仓温度 T_p 和混凝土的最大温升 T_r。

二、温度应力与温度裂缝

混凝土温度的变化会引起混凝土体积变化，即温度变形。而温度变形一旦受到约束不能自由伸缩时，就必然引起温度应力。若为压应力，通常无大的危害；若为拉应力，当超过混凝土抗拉强度极限时，就会产生温度裂缝，如图 5－26 所示。

1. 表面裂缝

大体积混凝土结构块体各部分由于散热条件不同，温度也不同，块体内部散热条件差，温度较高，持续时间也较长；而块体外表由于和大气接触，散热方便，冷却迅速。当表面混凝土冷却收缩时，就会受到内部尚未收缩的混凝土的约束产生表面温度拉应力，当它超过混凝土的抗拉极限强度时，就会产生裂缝。

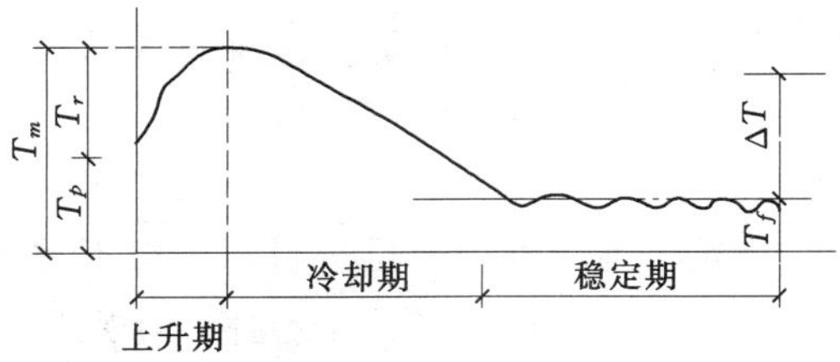

图 5-25 大体积混凝土温度变化过程

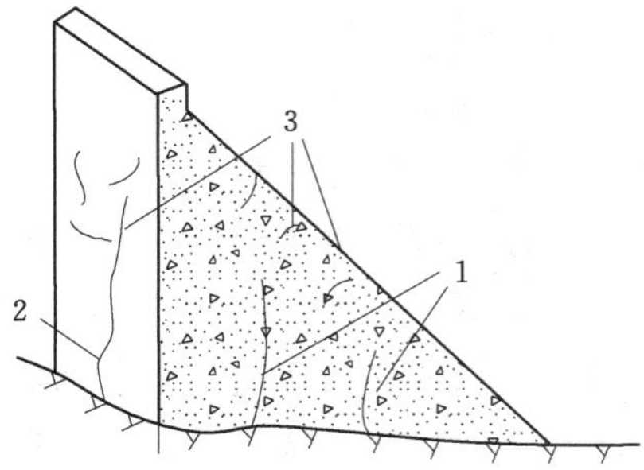

图 5-26 混凝土坝裂缝型式

1—贯穿裂缝；2—深层裂缝；3—表面裂缝

一般表面裂缝方向不规则，数量较多，但短而浅，深度小于 1m，缝宽小于 0.5mm。有的后来还会随着坝体内部温度降低而自行闭合。因而对一般结构威胁较小。但在混凝土坝体上游面或其他有防渗要求的部位，表面裂缝形成了渗透途径，在渗水压力作用下，裂缝易于发展；在基础部位，表面裂缝还可能与其他裂缝相连，发展成为贯穿裂缝。这些对建筑物的安全运行都是不利的，因此必须采取一些措施，防止表面裂缝的产生和发展。

防止表面裂缝的产生，最根本的是把内外温差控制在一定范围内。防止表面裂缝还应注意防止混凝土表面温度骤降（冷击）。冷击主要是冷风寒潮袭击和低温下拆模引起的，这时会形成较大的内外温差，最容易发生表面裂缝。因此在冬季不要急于拆模，对新浇混凝土的表面，当温度骤降前应进行表面保护。表面保护措施可采用保温模板、挂保温泡沫板、喷水泥珍珠岩、挂双层草垫等。

2. 深层裂缝和贯穿裂缝

混凝土凝结硬化初期，水化热使混凝土温度升高，体积膨胀，基础部位混凝土由于受基岩的约束，不能自由变形而产生压应力，但此时混凝土塑性较大，所以压应力很低。随着混凝土温度的逐渐下降，体积也随之收缩，这时混凝土已硬化，并与基础岩石黏结牢固，受基础岩石的约束不能自由收缩，而使混凝土内部除抵消了原有的压应力外，还产生了拉应力，当拉应力超过混凝土的抗拉极限强度时，就产生裂缝。裂缝方向大致垂直于岩面，自下而上开展，缝宽较大（可达 1～3mm），延伸长，切割深（缝深可达 3～5m 以上），称之为深层裂缝。当平行坝轴线出现时，常常贯穿整个坝段，则称为贯穿裂缝。

基础贯穿裂缝对建筑物安全运行是很危险的，因为这种裂缝发生后，就会把建筑物分割成独立的块体，使建筑物的整体性遭到破坏，坝内应力发生不利变化，特别对于大坝上游坝踵处将出现较大的拉应力，甚至危及大坝安全。

三、温差标准的拟定

1. 基础容许温差

基础温差指基础约束区内混凝土最高温度与稳定温度（或准稳定温度）之差。DL 5108—1999《混凝土重力坝设计规范》对基础容许温差的规定值见表5-4。陡坡和填塘部位混凝土基础容许温差应视所在部位结构要求及其特征尺寸，参照平整基础温差标准适当加严，混凝土浇平相邻基岩面后，应停歇冷却至与周围基岩温度相近时，再继续上升。

表5-4　　基础容许温差 ΔT　　单位：℃

浇筑块边长 L/m		<16	17～20	21～30	31～40	通仓长块
离基础面高度 h/m	(0～0.2)L	26～25	24～22	22～19	19～16	16～14
	(0.2～0.4)L	28～27	26～25	25～22	22～19	19～17

2. 上下层温差

当下层混凝土龄期超过28天成为老混凝土时，其上层混凝土浇筑应控制上、下层温差，对上层混凝土短间歇均匀上升的坝块且浇筑高度大于0.5L（L为浇筑块长边尺寸）时，允许新老混凝土面上下各L/4范围内，上层混凝土最高平均温度与新混凝土开始浇筑时下层实际平均温度之差不大于15～20℃；浇筑块侧面长期暴露时，或上层混凝土浇筑高度小于0.5L，或非连续上升时应加严上下层温差标准。

四、制定混凝土防裂的措施

（一）减少混凝土发热量

1. 采用低水化热水泥

采用水化热较低的普通大坝水泥、矿渣大坝水泥及低热膨胀水泥。

2. 降低水泥用量

（1）掺混合材料。

（2）调整骨料级配，提高骨料最大粒径。

（3）采用低流态混凝土。

（4）掺外加剂（减水剂、加气剂）。

（5）其他措施：如采用埋石混凝土；坝体分区使用不同强度等级的混凝土；利用混凝土的后期强度。

（二）降低混凝土的入仓温度

1. 料场措施

（1）加大骨料堆积高度。

（2）地弄取料。

（3）搭盖凉棚。

（4）喷水雾降温（石子）。

2. 冷水或加冰拌和

3. 预冷骨料

(1) 水冷。如喷水冷却、浸水冷却。

(2) 气冷。在供料廊道中通冷气。

(三) 散发浇筑块热量

1. 表面自然散热

采用薄层浇筑，浇筑层厚度采用 3～5m，在基础地面或老混凝土面上可以浇 1～2m 的薄层，上、下层间歇时间宜为 5～10 天。浇筑块的浇筑顺序应间隔进行，尽量延长两相邻块的间隔时间，以利侧面散热。

2. 人工强迫散热——埋冷却水管

利用预埋的冷却水管通低温水以散热降温。冷却水管的作用如下：

(1) 一期冷却。混凝土浇后立即通水，以降低混凝土的最高温升。

(2) 二期冷却。在接缝灌浆时将坝体温度降至灌浆温度，扩张缝隙以利灌浆。

任务三 碾压混凝土坝施工

碾压混凝土采用干硬性混凝土，施工方法接近于碾压式土石坝的填筑方法，采用通仓薄层浇筑、振动碾压实。碾压混凝土筑坝可减少水泥用量、充分利用施工机械、提高作业效率、缩短工期。

一、碾压混凝土原材料及配合比

1. 胶凝材料

碾压混凝土一般采用硅酸盐水泥或矿渣硅酸盐水泥，掺 30%～65%粉煤灰，胶凝材料用量一般为 120～160kg/m^3，SL 53—94《水工碾压混凝土施工规范》中规定大体积建筑物内部碾压混凝土的胶凝材料用量不宜低于 130kg/m^3，其中水泥熟料不宜低于 45kg/m^3。

2. 骨料

与常态混凝土一样，可采用天然骨料或人工骨料，骨料最大粒径一般为 80mm，迎水面用碾压混凝土自身作为防渗体时，一般在一定宽度范围内采用二级配碾压混凝土。碾压混凝土砂率一般比常态混凝土高，对砂子含水率的控制要求比常态混凝土严格，砂子含水量不稳定时，碾压混凝土施工层面易出现局部集中泌水现象。

3. 外加剂

一般应掺用缓凝减水剂，并掺用引气剂，增强碾压混凝土抗冻性。

4. 碾压混凝土配合比

碾压混凝土配合比应满足以下工程设计各项指标及施工工艺要求：

(1) 混凝土质量均匀，施工过程中粗骨料不易发生分离。

(2) 工作度适当，拌和物较易碾压密实，混凝土容重较大。

(3) 拌和物初凝时间较长，易于保证碾压混凝土施工层面的良好黏结，层面物理力学性能好。

（4）混凝土的力学强度、抗渗性能等满足设计要求，具有较高的拉伸应变能力。

（5）对于外部碾压混凝土，要求具有适应建筑物环境条件的耐久性。

（6）碾压混凝土配合比经现场试验后调整确定。

二、碾压混凝土施工

1. 碾压混凝土上升方式的确定

我国大多数碾压混凝土坝则采用自创的碾压混凝土 RCC 施工方法，即碾压混凝土在一个升程内（一般 2～3m 高）采用大面积薄层连续浇筑上升，压实层厚为 30cm，一个升程混凝土浇筑完毕后，对层面冲刷毛，在下一升程浇筑前铺砂浆。三峡碾压混凝土纵向围堰及二期厂坝导墙即采用该法施工。

对于施工仓面较大，碾压混凝土施工强度受施工设备限制难以满足连续浇筑上升层面允许间歇时间要求时，可采用斜层铺筑法浇筑，该法首先在湖南江垭工程碾压混凝土施工中采用，施工时碾压层向上游或沿坝轴线方向倾斜，坡度根据混凝土施工强度确定，一般为 1∶20～1∶40，以满足连续浇筑上升层间允许间歇时间要求为准。该法可缩短连续浇筑上升时层间间歇时间，有利于提高层间胶结强度，其施工类似于 RCC 法，升程高度一般为 3m。

在碾压混凝土施工速度及施工强度上，其最大日浇筑量接近 2 万 m^3，日上升速度达 1.2m。

2. 碾压混凝土浇筑时间的确定

碾压混凝土采用一定升程内通仓薄层连续浇筑上升，连续浇筑层层面间歇 6～8h，高温季节浇筑碾压混凝土时预冷碾压混凝土在仓面的温度回升大；另一方面，碾压混凝土用水量少，拌制预冷混凝土时加冰量少，高温季节出机口温度难以达到 7℃，因而高温季节对碾压混凝土进行预冷的效果不如常态混凝土。经计算分析，高温季节浇筑基础约束区混凝土温度将较大超过坝体设计允许最高温度，因而可能产生危害性裂缝。另外，高温季节浇筑碾压混凝土时，混凝土初凝时间短，表层混凝土水分蒸发量大，压实困难，层面胶结差，从而使本为碾压混凝土薄弱环节的层面结合更难保证施工质量。斜层铺筑法虽然可改善混凝土层面胶结，但难以解决混凝土温度控制等问题。

综上所述，为确保大坝碾压混凝土质量，高温季节不宜浇筑碾压混凝土，根据已建工程施工经验，在日均气温超过 25℃时不宜浇筑碾压混凝土，三峡工程在技术设计阶段，研究大坝采用碾压混凝土的可行性时，确定碾压混凝土仅在低温季节浇筑下部大体积混凝土时采用，气温较高时改用常态混凝土浇筑。左导墙碾压混凝土浇筑也规定在 10 月下旬至次年 4 月上旬进行，其余时间停浇。

3. 碾压混凝土拌和及运输

碾压混凝土一般可用强制式或自落式搅拌机拌和，也可采用连续式搅拌机拌和，其拌和时间一般比常态混凝土延长 30s 左右，故而生产碾压混凝土时拌和楼生产率比常态混凝土低 10%左右。碾压混凝土运输一般采用自卸汽车、皮带机、真空溜槽等方式，也有采用坝头斜坡道转运混凝土。选取运输机具时，应注意防止或减少碾压混凝土骨料分离。

4. 平仓及碾压

碾压混凝土浇筑时一般按条带摊铺，铺料条带宽根据施工强度确定，一般为4～12m，铺料厚度为35cm，压实后为30cm，铺料后常用平仓机或履带式大型推土机平仓。为解决一次摊铺产生骨料分离的问题，可采用二次摊铺，即先摊铺下半层，然后在其上卸料，最后摊铺成35cm的层厚。采用二次摊铺后，对料堆之间及周边集中的骨料经平仓机反复推刮后，能有效分散，再辅以人工分散处理，可改善自卸汽车铺料引起的骨料分离问题。一条带平仓完成后立即开始碾压，振动碾一般选用自重大于10t的大型双滚筒自行式振动碾，作业时行走速度为1～1.5km/h，碾压遍数通过现场试碾确定，一般为无振2遍、有振6～8遍。碾压条带间搭接宽度大于20cm，端头部位搭接宽度大于100～150cm。条带从铺筑到碾压完成宜控制在2h左右。边角部位采用小型振动碾压实。碾压作业完成后，用核子密度仪检测其容重，达到设计要求后进行下一层碾压作业；若未达到设计要求，立即重碾，直到满足设计要求为止。模板周边无法碾压部位一般可加注与碾压混凝土相同水灰比的水泥浓浆后用插入式振捣器振捣密实。仓面碾压混凝土的*VC*值控制在5～10s，并尽可能地加快混凝土的运输速度，缩短仓面作业时间，做到在下一层混凝土初凝前铺筑完上一层碾压混凝土。

当采用金包银法施工时，周边常态混凝土与内部碾压混凝土结合面尤要注意保证接头质量。

5. 防渗层常态混凝土浇筑

“金包银”结构的外部防渗层常态混凝土铺筑层厚一般与碾压混凝土相同，为30cm，可采取先浇常态混凝土，在常态混凝土初凝前铺筑RCC，或先浇碾压混凝土，再浇筑常态混凝土，结合部位采用振动碾压实，大型振动碾无法碾压的部位，用小型振动碾碾压。

6. 造缝

碾压混凝土一般采取几个坝段形成的大仓面通仓连续浇筑上升，坝段之间的横缝，一般可采取切缝机切缝（缝内填设金属片或其他材料）、埋设隔板或钻孔填砂形成，或采用其他方式设置诱导缝。切缝机切缝时，可采取先切后碾或先碾后切，成缝面积不少于设计缝面的60%。埋设隔板造缝时，相邻隔板间隔不大于10cm，隔板高度宜比压实层面低2～3cm。钻孔填砂造缝则是待碾压混凝土浇筑完一个升程后沿分缝线用手风钻造诱导孔。

7. 施工缝面处理

正常施工缝一般在混凝土收仓后10h左右用压力水冲毛，清除混凝土表面的浮浆，以露出粗砂粒和小石为准。施工过程中因故中止或其他原因造成层面间歇时间超过设计允许间歇时间，视间歇时间的长短采取不同的处理方法，对于间歇时间较短、碾压混凝土未终凝的施工缝面，可采取将层面松散物和积水清除干净，铺一层2～3cm厚的砂浆后，继续进行下一层碾压混凝土摊铺、碾压作业；对于已经终凝的碾压混凝土施工缝，一般按正常工作缝处理。第一层碾压混凝土摊铺前，砂浆铺设随碾压混凝土铺料进行，不得超前，保证在砂浆初凝前完成碾压混凝土的铺筑。碾压混凝土层面铺设的砂浆应有一定的坍落度。

单元五　水 工 隧 洞 施 工

【单元重点】

隧洞爆破开挖设计及施工，喷锚支护，隧洞衬砌及围岩灌浆。

【学习目标】

能编制隧洞施工方案，进行钻爆设计并组织实施，能制定喷锚支护，隧洞衬砌及围岩灌浆施工方案并组织实施。

任务一　施工方案的确定

平洞施工方案就是施工方法、施工程序和施工组织统一协调的综合。施工方案的确定就是对施工方法、施工程序和施工组织的合理选择与安排。

施工程序问题涉及整个隧洞施工的全过程，要求在总体规划的基础上，安排各工程部位施工的先后顺序，以保证均衡、连续、有节奏地完成各项作业。

施工方法就是指完成隧洞施工任务的技术途径（或办法）和措施。

开挖和衬砌（支护）是平洞两个主要的施工过程。平洞施工程序和方法的选择主要取决于地质条件、断面尺寸、平洞轴线长短以及施工机械化水平等因素，同时要处理好平洞开挖与临时支撑、平洞开挖与衬砌（或支护）的关系，以便使各项工作能在相对狭小的工作面上有条不紊地协调进行。

一、平洞开挖的方法及选择原则

水工隧洞的施工方法有矿山法和掘进机法。

矿山法因最早应用于矿石开采而得名，它包括传统方法和新奥法。由于这种施工方法多数情况下都需要采用钻眼爆破进行开挖，故又称为钻爆法。

掘进机法包括隧洞掘进机（Tumnel Boning Machine，TBM）法和盾构掘进机法。前者应用于岩石地层，后者则主要应用于土质围岩，尤其适用于软土、流沙等特殊地层。

二、新奥法隧洞开挖

1963年，由奥地利学者L. 腊布兹维奇教授命名的“新奥地利隧道施工法（New Austria Tunneling Method)”，简称“新奥法（NATM)”正式出台。它是以控制爆破或机械开挖为主要掘进手段，以锚杆、喷射混凝土为主要支护方法，把理论、量测和经验相结合的一种施工方法。其核心是及时支护，充分利用围岩的自稳能力提高围岩与支护的共同作用。

隧洞施工的基本原则可扼要地概括为“少扰动、早喷锚、勤量测、紧封闭”。新奥法的施工工序可用图5－27表示。

隧洞施工中，开挖方法是影响围岩稳定的重要因素之一，按开挖隧洞的横断面分部情况来分，开挖方法可分为全断面开挖法、台阶开挖法和分部开挖法。

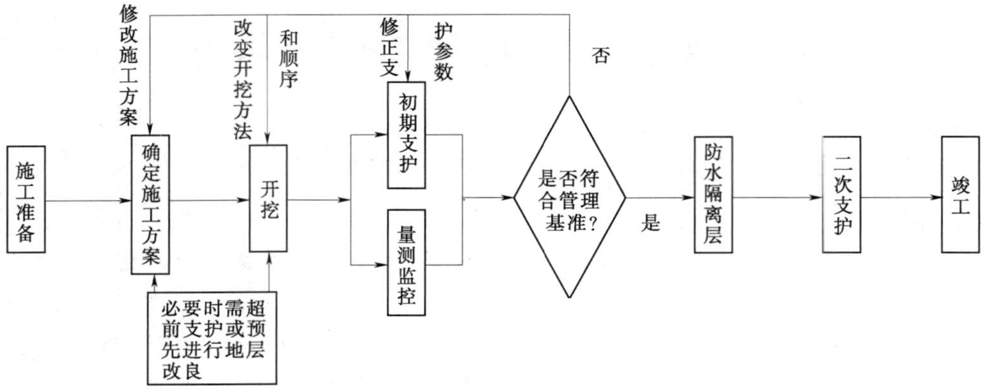

图 5-27　新奥法施工工序框图

任务二　隧洞钻孔爆破设计

一、开挖断面轮廓线的确定

考虑到开挖坑道后，围岩因失去部分约束而产生向坑道方向的收缩变形，施工开挖轮廓线应在设计开挖轮廓线的基础上适当加大，称为预留变形。

预留变形量的大小主要取决于围岩本身的工程性质，但受工程条件如隧洞断面大小、开挖方法、掘进方式、支护方法等因素的影响。变形量的大小可以根据实际量测数据分析确定，并进行调整。采用新奥法施工即钻爆掘进、喷锚支护时，若无量测数据，则可参照表 5-5 预留变形量。

表 5-5　　**开挖轮廓预留变形量**　　单位：cm

围岩级别		Ⅱ	Ⅲ	Ⅳ	Ⅴ
跨度	9～11m	5～7	7～12	12～17	特殊设计
	7～9m	3～5	5～7	7～10	10～15

二、炮眼布置

炮眼布置首先应确定施工开挖线，然后进行炮眼布置，隧洞爆破通常将开挖断面上的炮眼分区布置且分区顺序起爆，逐步扩大完成一次爆破开挖。

1. 掏槽眼布置

掏槽眼的作用是将开挖面上某一部位的岩石掏出一个槽，以形成新的临空面，为其余炮眼的爆破创造有利条件。掏槽炮眼一般要比其他的眼深 10～20cm，以保证爆破后开挖深度一致。

2. 辅助眼布置

辅助眼的作用是进一步扩大掏槽体积和增大爆破量，并为周边眼创造有利的爆破条件。其布置主要是解决炮眼间距 E 和最小抵抗线 W 问题，这可以由工地经验决定。一般取 $E/W=60\%\sim80\%$ 为宜。辅助眼应由内向外，逐层布置，逐层起爆，逐步接近开挖断面轮廓形状。

3. 周边眼布置

周边眼的作用是爆破后使坑道断面达到设计的形状和规格。周边眼原则上沿着设计轮廓均匀布置，间距和最小抵抗线应比辅助眼小，以便爆出较为平顺的轮廓。周边眼口一般沿设计轮廓线布置。眼底应根据岩石的抗爆破性来确定其位置，应将炮眼方向以 3%～5%的斜率外插，这一方面是为了控制超欠挖，另一方面是为了便于下次钻眼时容易落钻开眼。一般对于松软岩层，眼底应落在设计轮廓线上；对于中硬岩及硬岩，眼底应落在设计轮廓线以外 10～15cm，底板眼的眼底一般都落在设计轮廓线以外。此外，为保证开挖面平整，辅助眼及周边眼的深度应使其眼底落在同一垂直面上，必要时应根据实际情况调整炮眼深度。

周边眼的爆破，在很大程度上影响到开挖轮廓的质量和对围岩的扰动破坏程度，可采用光面爆破或预裂爆破。特别当岩质较软或较破碎时，应加强开挖轮廓面钻爆施工。

三、爆破参数的确定

炮眼参数包括炮眼直径、炮眼数目和炮眼长度、单位耗药量等在爆破设计时应认真确定。

1. 炮眼直径

炮眼直径应与药卷直径大小相匹配，以免导致药卷拒爆。工程爆破中，常用偶合系数来控制药卷直径，偶合系数一般应控制为 1.1～1.4，且要求药卷直径不小于该炸药的临界直径。

实际爆破设计时，对掏槽眼及辅助眼应采用较小的值，以提高炸药的爆破效率；对周边眼则可采用较大的值，以减少对围岩的破坏。

2. 炮眼数目

炮眼数目主要与开挖断面、岩石性质和炸药性能有关。炮眼数目应能装入所需的适量炸药，通常可根据各炮眼平均分配炸药量的原则来计算炮眼数目 N：

$$N=\frac{qS}{ar} \tag{5-7}$$

式中 q——单位炸药消耗量，kg/m^3，参见表 5-6；

S——开挖断面积，m^2；

a——装药系数，指装药深度与炮眼长度的比值，可参考表 5-7；

r——每米药卷的炸药量，kg/m，2 号岩石硝铵炸药的每米药卷量见表 5-8。

3. 炮眼长度

炮眼长度决定着每一掘进循环的钻眼工作量、出渣工作量、循环时间和次数以及施工组织。它对掘进速度的影响很大，对围岩的稳定性和断面超欠挖也有重大影响。因此，合理的炮眼长度应是在隧洞施工优质、安全、节省投资的前提下，能够防止爆破面以外围岩过大的松动，减少繁重支护，避免过大的超欠挖，又能获得最好的掘进速度的炮眼长度。一般情况下，采用 3.5m 以下的炮眼长度对减少超挖是有利的。

表 5-6　　隧洞开挖爆破所需的单位耗药量 q 参考值　　单位：kg/m^3

开挖断面面积 /m^2	围岩类别			
	Ⅰ	Ⅱ	Ⅲ	Ⅳ～Ⅴ
4～6	2.9	2.3	1.7	1.6
7～9	2.5	2.0	1.6	1.3
10～12	2.25	1.8	1.5	1.2
13～15	2.1	1.7	1.4	1.2
16～20	2.0	1.6	1.3	1.1
20～43	1.4	1.1		

表 5-7　　装药系数 a 值

围岩级别 / 炮眼名称	Ⅳ～Ⅴ	Ⅲ	Ⅱ	Ⅰ
掏槽眼	0.50	0.55	0.60	0.65～0.80
辅助眼	0.40	0.45	0.50	0.55～0.70
周边眼	0.40	0.45	0.55	0.60～0.75

表 5-8　　2 号岩石炸药每米质量 r 值

药卷直径/mm	32	35	38	40	45	50
r/(kg/m)	0.78	0.96	1.10	1.25	1.50	1.60

4. 单位炸药消耗量

爆破效果的好坏，在很大程度上取决于其参数设计正确性与否。目前，参数设计的方法很多，各有其优缺点，研究试验表明，通过近似计算和工程类比法（即查表法）选择爆破参数，再在工程实践中通过漏斗试验法校正，这样综合确定的爆破参数比较符合实际，效果较好。同时，在中硬岩石中以工程类比法和漏斗试验进行参数设计，在软岩石中以漏斗试验法确定爆破参数。表 5-6 给了隧洞开挖爆破单位耗药量参考值。

5. 装药结构

按其连续性分为连续装药、间隔装药。间隔装药是在药卷之间留出一定的空隙，使药量分散以使爆力沿孔长均匀分布。

掏槽眼和辅助眼多用大直径药卷孔底起爆连续装药，周边眼可采用小直径药卷连续装药。

四、起爆网路及时差

1. 起爆网路

目前隧洞钻爆、开挖、起爆时多采用非电起爆网路。根据拟定的爆破参数和炮孔布置形式将炮孔用传爆材料连接起来形成起爆网路。

2. 时差

试验和研究表明，各层（卷）炮之间的起爆时差越小，则爆破效果越好。常采用的时差为 50～200ms，称为微差爆破。

同圈眼必须同时起爆，尤其是掏槽眼和周边眼，以保证同圈眼的共同作用效果。

延期时间可以由孔内控制或孔外控制。孔内控制是将延期雷管装入孔内的药卷中来实现微差爆破。这是常用的方法。但装药要求严格，一旦差错就影响爆破效果。孔外控制是将延期雷管装在孔外，在孔内药卷中装入即发雷管实现微差爆破。这便于装药后进行系统检查。但先爆雷管可能会炸断其他管线，造成瞎炮，影响爆破效果。由于毫秒雷管段数较多和延期时间精度提高，现多采用孔内控制微差爆破，而较少采用孔外控制。

任务三　隧洞开挖爆破施工

根据钻爆设计图进行钻孔施工。其主要工序有：测量放线布孔、钻孔、清孔装药，连接网路、起爆、通风排烟，危石处理，初期支护，出渣。

一、钻眼掘进

隧洞工程中常使用的凿岩机有风动凿岩机和液压凿岩机。另外还有电动凿岩机和内燃凿岩机，但较少采用。

1. 钻头和钻杆

凿刃的种类按其形状可分为片状连续刃及柱齿刃（不连续）两类：片状连续刃又有一字形、十字形等几种布置形式；柱齿刃又有球齿、锥形齿、楔形具等形状之分。

2. 风动凿岩机

风动凿岩机俗称风钻，如图 5-28 所示，常采用的机型有 YT-310、YT-24、7655、YIP-26 等，它以压缩空气的膨胀为驱动力，具有结构简单，使用灵活方便，制造维修简便，操作便利，造价较低，使用安全的优点。但压缩空气的供应设备比较复杂，工人劳动强度大，机械效率低，能耗大，噪声大。凿岩速度比液压凿岩机低。

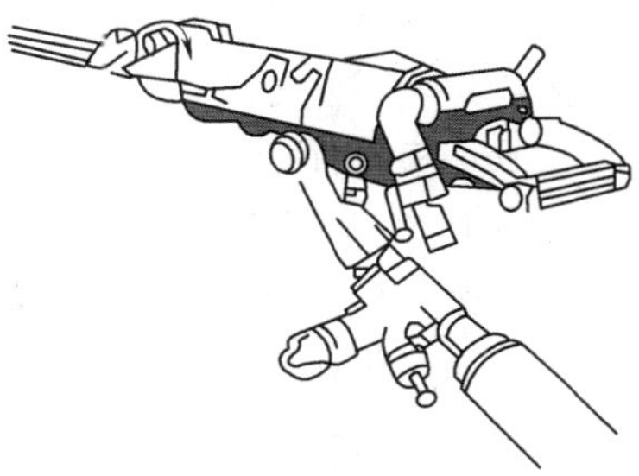

图 5-28　风动凿岩机

3. 液压凿岩机

液压凿岩机是以电力带动高压油泵，通过改变油路，使活塞往复运动，实现冲击作用。

液压凿岩机与风动凿岩机比较，具有以下主要特点：①动力消耗少，能量利用率高；②凿岩速度快；③液压凿岩机的液压系统设计配套合理，能自动调节冲击频率、扭矩、转速和推力等参数，适应不同性质的岩石，以提高凿岩功效，且润滑条件好，各主要零件使用寿命较长；④环境保护较好；⑤液压凿岩机构造复杂，造价较高，重量大，附属装置较多，多安装在台车上使用。

4. 凿岩台车

将多台凿岩机安装在一个专门的移动设备上，实现多机同时作业，集中控制，称为凿岩台车。

凿岩台车按其走行方式可分为轨道走行、轮胎走行及履带走行三种；按其结构型式可分为实腹式、门架式两种。图 5-29 是工程中应用较多的实腹结构轮胎走行的全液压凿岩台车。

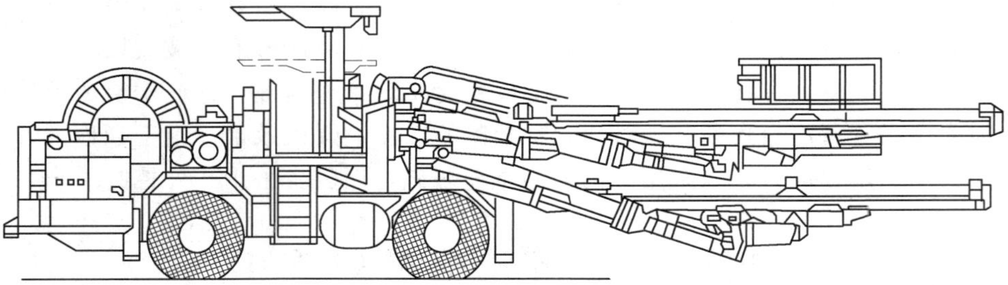

图 5-29　凿岩台车（实腹、轮行）

实腹式凿岩台车通常为轮胎走行，可以安装 1～4 台凿岩机及一个工作平台，其立定工作范围可以达到宽 10～15m，高 7～12m，分别可适用于不同断面的隧洞中。但实腹式凿岩台车占用坑道空间较大，需与出渣运输车辆交会避让，占用循环时间，尤其是在隧道断面不大时，机械避让占用的非工作时间就更长。故实腹式凿岩台车多应用于断面较大的隧洞中。

门架式凿岩台车的腹部可通行出渣运输车辆，可以减少机械避让时间。门架式凿岩台车通常为轨道走行式，安装 2～3 台凿岩机。门架式凿岩台车多用于中等断面（20～80m^2）的隧道开挖，开挖断面过小或过大则都不采用。

二、清孔装药

炮眼装前应认真做好准备工作。首先要对炮眼参数进行检查验收，测量炮眼位置、炮眼深度是否符合设计要求。然后对钻好的炮眼进行清渣和排水。可用长柄掏勺掏出眼内留有的岩渣，再用布条缠在掏勺上，将眼内的存水吸干，或用压气管通入眼底，利用压气将眼内的岩渣和水分吹出。

待准备工作完毕并确认炮眼合格后，即可进行装药工作。装药时一定要严格按照预先计算好的每个炮眼装药量装填。总的装药长度不宜超过眼深的 2/3。用木制炮棍压紧，以增加炮眼的装药密度。在有水或潮湿的炮眼中，应采取防水措施或改用防水炸药。

当采用导爆索起爆时，应该用胶布将导爆索与每个药卷紧密贴合，才能充分发挥导爆索的引爆作用。

三、堵塞

炮眼装药后眼口未装药部分应该用堵塞物进行堵塞。

常用的堵塞材料有砂子、黏土、岩粉等。小直径炮眼则常用炮泥堵塞。炮泥是用砂子和黏土混合配制而成的，其质量比为 3∶1，再加上 20%的水。混合均匀后再揉成直径稍小于炮眼直径的炮泥段。堵塞时将炮泥段送入炮眼，用炮棍适当加压捣实。炮眼堵塞长度可以是全部堵塞，也可以是部分堵塞，堵塞以不能被爆轰气体直接冲出眼口为宜，一般不能小于最小抵抗线。堵塞应是连续的，中间不能间断。

四、起爆

起爆前，应专人检查，包括装药，核对起爆炮孔数、起爆网路，确认无误后，方可实施起爆。

爆破指导人员要确认周围安全警戒工作完成，并发布放炮信号后，方可发起爆命令，警戒人员应在规定警戒点进行警戒，在未确认撤除警戒前不应该擅离职守；起爆后，确认炮孔全部起爆，经检查后方可发出解除警戒信号，撤除警戒人，如发现盲炮，要采取安全防范措施后，才能解除警戒信号。

五、通风散烟

起爆后即可进行通风散烟，待散烟结束作业人员方可进洞进行洞内作业。

(一) 通风、散烟

通风、散烟及除尘的目的是为了控制因凿岩、爆破、装渣、喷射混凝土和内燃机运行等而产生的有害气体和岩石粉尘含量，及时供给工作面充足的新鲜空气，改善洞内的温度、湿度和气流速度等状况，创造满足卫生标准的洞内工作环境。这在长隧洞施工中尤为重要。

洞内通风方式有自然通风和机械通风两种。自然通风只适用在长度不超过 40m 的短洞。实际工程中多采用机械通风。

机械通风的形式有压入式、吸出式和混合式三种：

(1) 压入式通风。压入式通风是通过风管将新鲜空气直接送到工作面附近，使污浊空气冲淡，并经由洞身排至洞外。此法的优点是施工人员比较集中在工作面附近能够很快地获得新鲜空气；缺点是污浊空气容易扩散到整个洞室。

(2) 吸出式通风。吸出式通风是通过风管将工作面前的污浊空气吸走并排至洞外，新鲜空气则由洞口流入洞内。此法的优点是工作面处的污浊空气能在较短时间内经由管路吸出，避免了沿整个洞室流通扩散；缺点是新鲜空气流到工作面比较缓慢，且易遭污染，对较长的平洞尤为明显。

(3) 混合式通风。混合式通风是在经常性供风时用压入式，爆破后进行定期通风时用吸出式，通过上述两种通风方式的结合可以充分发挥它们各自的优点。

(二) 防尘

主要的防尘措施如下。

1. 湿式作业

湿式作业是矿山和铁路、交通、水工等隧洞施工中普遍采用的一项重要的防尘技术措施。主要有以下措施：

(1) 湿式凿岩。在钻眼时用高压水通过钻头冲洗孔眼，使岩粉变成岩浆而流出。湿式凿岩是防尘措施中最主要的措施。

(2) 水封爆破。利用装满水的塑料袋代替炮泥堵塞炮口，爆炸时水变成雾或蒸汽，能吸附粉尘。

(3) 装渣洒水喷雾。在装渣运输等产尘较大的工序和工点，都应喷雾洒水，以减少产尘量和防止粉尘飞扬。

(4) 喷雾捕尘（用水捕捉悬浮在空气中的粉尘）。把水雾化成微细水滴并喷射于空气中，使之与尘粒碰撞接触，则尘粒被水滴捕捉而附于水滴上或者被湿润的尘粒相互凝集成大颗粒，从而加快其沉降速度。

2. 机械通风

施工通风可以稀释隧道内的有害气体浓度，给施工人员提供足够的新鲜空气，同时也是持久防尘的基本方法。因此，除爆破后需要通风外，还应保持通风的经常性，这对于消除装渣运输中产生的粉尘是十分有利的。

3. 个人防护

个人防护也是综合防尘措施之一，目前主要是配戴防尘口罩。在凿岩、喷混凝土等作业时还要配戴防噪声的耳塞及防护眼镜等。

六、安全检查与处理

在通风散烟后，应检查隧洞周围特别是拱顶是否有粘连在围岩母体上的危石。对这些危石以前常采用长撬棍处理，但不安全，条件许可时，可以采用轻型的长臂挖掘机进行危石的安全处理。

七、初期支护

当围岩质量或自稳性较差时，为预防塌方或松动掉块产生安全事故，必须对暴露围岩进行临时的支撑或支护。

临时支撑的形式很多，有木支撑、钢支撑、钢筋混凝土支撑、喷混凝土和锚杆支撑。可根据地质条件、材料来源及安全经济等要求来选择。

关于喷锚支护详见本单元的“任务四喷锚支护”。

八、出渣运输

出渣运输是隧道开挖中费力费时的工作，所花时间约占循环时间的 1/3～1/2，它是控制掘进速度的关键工序，在大断面洞室中尤为突出。因此，必须制订切实可行的施工组织措施，规划好洞内外运输线路和弃渣场地，通过计算选择配套的运输设备，拟定装渣运输设备的调度运输方式和安全运行措施。

装渣有人工装渣和机械装渣。常用设备有：斗容为 0.2～0.4m^3 的装岩机，其生产率为 20～48m^3/h；斗容为 1～3m^3 的装载机。还有适合地下工程特点的 1m^3 短臂正向铲。

石渣运输多采用窄轨铁路及装渣列车，一般由电气机车或电瓶机车牵引。当运距短、出渣量少时，也可采用人力推运或卷扬机牵引 0.6m^3 窄轨斗车运输。

任务四　喷　锚　支　护

喷锚支护技术有很多类型，包括单一的喷混凝土或锚杆支护，喷混凝土、锚杆（索）、钢筋网、钢拱架等分别组合而成的多种联合支护。喷锚支护具有显著的技术经济优势，根据大量工程的统计，喷锚支护较之传统的模注混凝土衬砌，混凝土用量减少 50%，用于支承及模板的材料可全部节省，出渣量减少 15%～25%，劳动力节省 50%，造价降低 50%左右，施工速度加快一倍以上，同时因其良好的力学性能与工作性，对围岩的支护更加合理、更加有效。

一、锚杆支护及其施工工艺

锚杆是用金属（主要是钢材）或其他高抗拉性能材料制作的杆状构件，配合使用某些机械装置、胶凝介质，按一定施工工艺，将其锚固于地下洞室围岩的钻孔中，起到加固围岩、承受荷载、阻止围岩变形的目的。地下洞室喷锚支护的型式和设计参数见表 5-9。

表 5-9 地下洞室喷锚支护的型式和设计参数

围岩类别	围岩特征	毛洞跨度/m	支护型式和设计参数
Ⅰ	1. 稳定。 2. 围岩坚硬，致密完整，不易风化的岩层	2～5	不支护
		5～10	不支护或拱部 5cm 厚喷混凝土
		10～15	5～8cm 厚喷混凝土，2.0～2.5m 长锚杆
		15～25	8～15cm 厚喷混凝土，2.5～4.0m 长锚杆
Ⅱ	1. 稳定性较好。 2. 坚硬、有轻微裂隙的岩层	2～5	3～5cm 厚喷混凝土
		5～10	5～7cm 厚喷混凝土，1.5～2.0m 长锚杆
		10～15	8～12cm 厚喷混凝土，2.0～2.5m 长锚杆
		15～25	12～20cm 厚喷混凝土，2.5～4.0m 长锚杆
Ⅲ	1. 中等稳定。 2. 节理裂隙中等发育，易引起小块掉落的火成岩、变质岩；中等坚硬的沉积岩	2～5	5cm 厚喷混凝土，1.5～2.0m 长锚杆
		5～10	8～10cm 厚喷混凝土，2.0～2.5m 长锚杆，必要时配置钢筋网
		10～15	10～15cm 厚钢筋网喷混凝土，2.6～3.0m 长锚杆
		15～20	15～20cm 厚钢筋网喷混凝土，3.0～4.0m 长锚杆
Ⅳ	1. 稳定性较差。 2. 节理裂隙发育的强破碎岩层；裂隙明显张开、夹杂较多黏土质充填物的岩层或其他稳定性较差的岩层	2～5	8～10cm 厚喷混凝土，1.5～2.0m 长锚杆
		5～10	10～15cm 厚钢筋网喷混凝土，2.0～2.5m 长锚杆
		10～20	15～20cm 厚钢筋网喷混凝土，2.5～3.5m 长锚杆
Ⅴ	1. 不稳定。 2. 严重的构造软弱带、大断层，易风化解体剥落的松软岩层或其他不稳定岩层	2～5	12～15cm 厚钢筋网喷混凝土，1.5～2.0m 长锚杆，必要时加仰拱
		5～10	15～20cm 厚钢筋网喷混凝土，2.0～3.0m 长锚杆，加仰拱，必要时采用钢拱架

在工程中，按锚杆与围岩的锚固方式，基本上可分为集中锚固和全长锚固两类。

楔缝式锚杆和胀壳式锚杆是属于集中锚固的两种锚杆，如图 5-30（a）、（b）所示。它们是由锚杆端部的楔瓣或胀圈扩开以后所提供的嵌固力而得到锚固的。

全长锚固的锚杆有砂浆锚杆和树脂锚杆等，如图 5-30（c）～（g）所示，它们是由水泥砂浆或树脂在杆体和锚孔间提供的内摩擦力和黏聚力而得到锚固的。全长锚固的锚杆由于锚固可靠耐久（这在松软岩体中效果尤为显著），工程建设中使用较多。其中，由水泥砂浆胶结的螺纹钢筋锚杆，由于施工简便，经济可靠，使用更为普遍。

根据围岩变形与破坏的特性，从发挥锚杆不同作用考虑，锚杆在洞室的布置上有局部（随机）锚杆和系统锚杆。

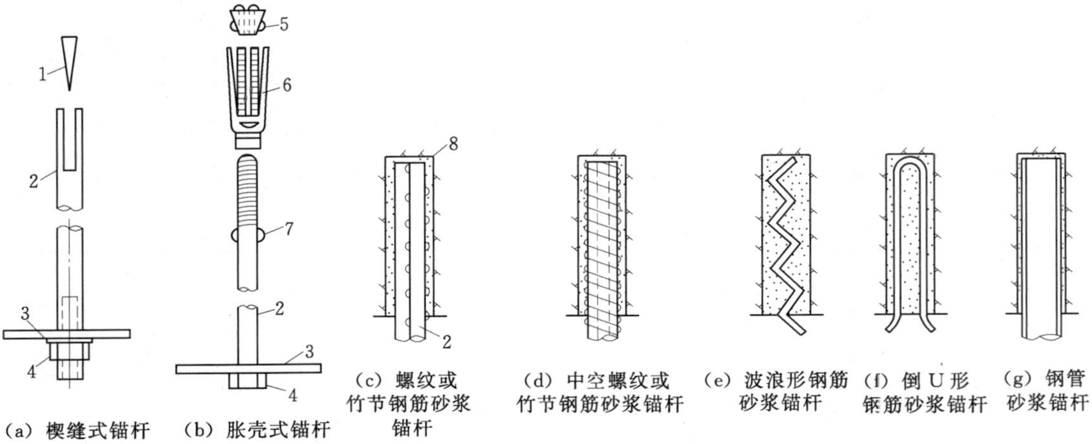

图 5-30　锚杆的类型

1—楔块；2—锚杆；3—垫板；4—螺帽；5—锥形螺帽；6—胀圈；7—突头；8—水泥砂浆或树脂

1. 局部（随机）锚杆

局部（随机）锚杆主要用来加固危石，防止掉块。

2. 系统锚杆

一般按梅花形排列，连续锚固在洞壁内。它们将被结构面切割的岩块串联起来，保持与加强岩块的联锁、咬合和嵌固效应，使分割的围岩组成一体，形成一连续加固拱，提高围岩的承载能力。

系统锚杆不一定要锚入稳定岩层。当围岩破碎时，用短而密的系统锚杆，同样可取得较好的锚固效果。

3. 锚杆施工

水泥砂浆锚杆的施工，可以先压注砂浆后安设锚杆，也可以先安设锚杆后压浆。其施工顺序主要包括钻孔、钻孔清洗、压注砂浆和安设锚杆等。

钻孔时要控制孔位、孔向、孔径、孔深符合设计要求。一般要求孔位误差不大于20cm，孔向尽可能垂直岩层的结构面，孔径比锚杆直径大10mm左右，孔深误差不大于5cm。

钻孔清洗要彻底，可用高压风将孔内岩粉积水冲洗干净，以保证砂浆与孔壁的黏结强度。

压注砂浆要密实饱满，不允许有气泡残留。先注砂浆后设锚杆时，注浆管宜插入孔底，随砂浆的注入徐徐匀速拔出，拔管过快会使砂浆脱节。砂浆应拌和均匀，随拌随用，砂浆配合比应符合设计要求，一般水泥和砂的重量比为1∶1～1∶2，水灰比0.38～0.45。砂子要洁净过筛，控制粒径不大于3mm，以防堵管。

安设锚杆应徐徐插入，插至孔底后，立即在孔口楔紧，待砂浆凝固再撤离出楔块。

先设锚杆后注砂浆的施工工艺，基本要求同上。

二、喷混凝土的施工

喷混凝土是将水泥、砂、石和外加剂（速凝剂）等材料，按一定配比拌和后，装入喷射机中，用压缩空气将混合料压送到喷头处，与水混合后高速喷到作业面上，快速凝固在被支护的洞室壁面，形成一种薄层支护结构。

这种支护结构在凝固初期，有一定强度和柔性，能适应围岩的松弛变形，减少围岩的变形压力。喷混凝土不但与围岩表面有一定黏结力，而且能充填围岩的缝隙，将分离的岩面黏结成整体，提高围岩的自身强度，增强围岩抵抗位移和松动的能力；喷混凝土还能封闭围岩，防止风化，缓和应力集中，是一种高效、早强、经济的轻型支护结构。

1. 喷混凝土材料

喷混凝土的原材料与普通混凝土基本相同，但在技术要求上有一些差别。

2. 主要施工工艺

喷混凝土的施工方法主要有干喷法、湿喷法及裹砂法三种。

（1）干喷法。将水泥、砂、石和速凝剂加微量水干拌后，用压缩空气输送到喷嘴处，再与适量水混合，喷射到岩石表面。也可以将干混合料压送到喷嘴处，再加液体速凝剂和水进行喷射。这种施工方法，便于调节加水量，控制水灰比，但喷射时粉尘较大。

（2）湿喷法。将集料和水拌匀后送到喷嘴处，再添加液体速凝剂，并用压缩空气补给能量进行喷射。湿喷法主要改善了喷射时粉尘较大的缺点。

为了进一步改善喷混凝土的施工工艺，控制喷射粉尘，在工程实践中还研究出如水泥裹砂法（SEC法）、双裹并列法和潮料掺浆法等喷混凝土新工艺。

3. 施工技术要求

为了保证喷混凝土的质量，必须严格控制有关的施工参数，注意以下施工技术要求：

（1）风压。正常作业时喷射机工作室内的风压，一般为0.2MPa，风压过大，喷射速度高，混凝土回弹量大，粉尘多，水泥耗量大；风压过小，则混凝土不密实。

（2）水压。喷头处的水压必须大于该处风压，并要求水压稳定，保证喷射水具有较强的穿透集料的能力。水压不足时，可设专用水箱，用压缩空气加压，以保证集料能充分湿润。

（3）喷射方向和喷射距离。喷头与受喷面应尽量垂直，偏角宜控制在20°以内，利用喷射料束抑阻集料的回弹，以减少回弹量。喷头与受喷面的距离、与风压和喷射速度有关。据试验，当喷射距离为1.0m左右时，对于提高喷射质量、减少集料回弹都比较理想。

（4）喷射区段和喷射顺序。喷射作业应分区段进行，区段长度一般为4～6m。喷射时，通常先墙后拱，自下而上，先凹后凸，顺序进行，以防溅落的灰浆黏附于未喷岩面，影响喷混凝土的黏结强度。

（5）喷射分层和间歇时间。当喷混凝土设计厚度大于10cm时，一般应分层喷射。一次喷射厚度，边墙控制在 6～10cm，顶拱控制在 3～6cm，局部超挖处可稍厚 2～3cm，掺速凝剂时可厚些，不掺时应薄些。一次喷射太厚，容易因自重而引起分层脱落或与岩面脱开；一次喷射太薄，若喷射厚度小于最大骨粒粒径，则回弹率又会迅速提高。

分层喷射时，后一层喷射应在前一层混凝土终凝后进行，但也不宜间隔过久，若终凝 1～2h 后再进行喷射，应用风水清洗混凝土表面，以利层间结合。

当喷混凝土紧跟开挖面进行时，从混凝土喷完到下一次循环放炮的时间间隔，一般不小于 4h，以保证喷混凝土强度有一定增长，避免引起爆震动裂缝。

(6) 喷混凝土的养护。喷混凝土单位体积的水泥用量比较大，凝结硬化快，为使混凝土强度均匀增长，减少或防止不正常的收缩，必须加强养护。一般喷完后 2～4h 开始洒水养护，并保持混凝土的湿润状态，养护时间不少于 14 天。

任务五　隧洞衬砌施工

平洞开挖以后，除非地质条件特别好，一般都要进行衬砌或支护。

一般来说，当平洞沿线地质条件较好，断面不大，洞线不长时，多采用一次开挖或分部开挖成洞，然后进行衬砌支护的方式。如果开挖时遇到局部危岩，可用锚杆，挂网，喷混凝土或其他措施如采用木架支护进行临时支撑，对于围岩较差的平洞，通常是按先拱后墙，先分部开挖拱部，随即在拱部断面中修筑拱圈，然后在拱圈的防护下开挖中部断面，修筑边拱（边墙）和底拱（底板）。

隧洞混凝土和钢筋混凝土衬砌的施工，有现浇、预填骨料压浆和预制安装等方法。

现浇衬砌施工，与一般混凝土及钢筋混凝土施工基本相同。但由于地下洞室空间狭窄，工作面小，而且作业方式和组织形式有其自身特点。

一、平洞衬砌的分缝分块及浇筑顺序

平洞的衬砌，在纵向通常要分段进行浇筑。当结构上设有永久伸缩缝时，可以利用永久缝分段。当永久缝间距过大或无永久缝时，则应设施工缝分段。分段长度一般为 4～18m，视平洞断面大小、围岩约束特性以及施工浇筑能力等因素而定。

衬砌施工在横断面上也常分块进行。断面衬砌的顺序，常见的有自下而上，自上而下两种方法，前者先衬砌底拱（底板），后衬砌边拱（边墙），顶拱或边顶拱一次衬砌，如图 5-31（a）、（b）所示；后者先衬砌顶拱，在顶拱保护下衬砌边拱（边墙），底拱（底板），如图 5-31（c）所示。自下而上衬砌多用于地质条件较好的场合，自上而下衬砌适合于围岩能力较差的情况。

后两种浇筑顺序，由于在浇筑顶拱、边拱（边墙）时，混凝土体下方无支托，应注意防止衬砌的下移和变形，并做好分块接头处反缝的处理，必要时反缝要进行灌浆。

二、平洞衬砌模板

平洞衬砌模板的型式依隧洞洞型、断面尺寸、施工方法和浇筑部位等因素而定。

对底拱而言，当中心角较小时，可以像底板浇筑那样，不用表面模板，只立端部

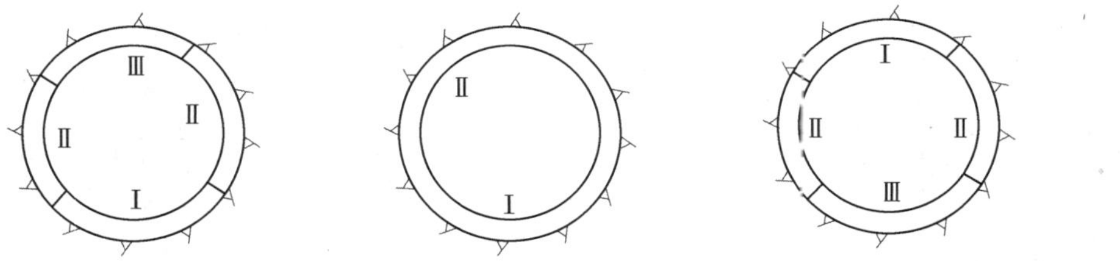

(a) 自下而上边顶拱分部衬砌　(b) 自下而上边顶拱一次衬砌　(c) 自上而下衬砌

图 5-31　断面衬砌顺序

Ⅰ、Ⅱ、Ⅲ—衬砌顺序

挡板，混凝土浇筑后用型板将混凝土表面刮成弧形即可。当中心角较大时，一般采用悬挂式弧形模板，如图 5-32 所示。目前，使用牵引式拖模连续浇筑或底拱模板台车分段浇筑底拱也获得了广泛应用。

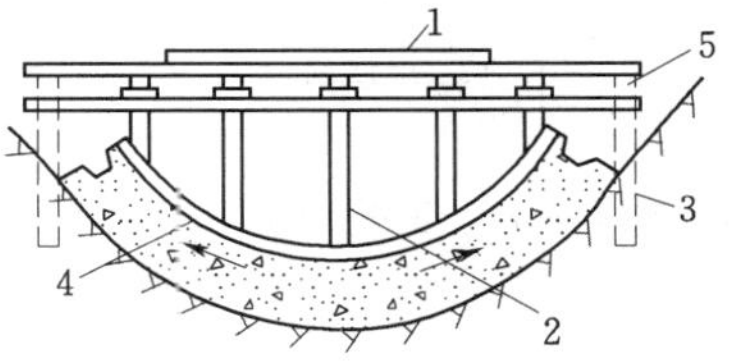

图 5-32　底拱模板

1—仓面板；2—模板桁架；3—桁架支柱；4—板形模板；5—纵梁（架在仓面板支撑上）

浇筑边拱（边墙）、顶拱时，常用桁架式或钢模台车。

桁架式模板，由桁架和面板组成，如图 5-33 所示。在洞外先将桁架拼装好，运入洞内就位后，再随着混凝土浇筑面的上升，逐次安设模板。

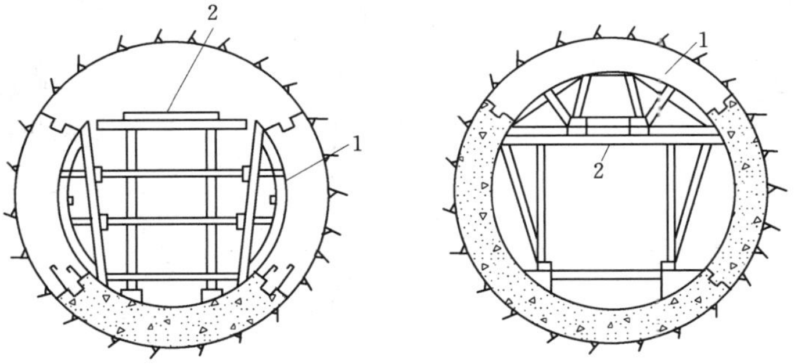

(a) 边拱桁架式模板　(b) 顶拱桁架式模板

图 5-33　桁架式模板

1—桁架式模板；2—工作平台或脚手架

钢模台车是一种可移动的多功能隧洞衬砌模板车。根据需要，它可做顶拱钢模、边拱墙钢模以及全断面模板使用，如图 5-34 所示。

圆形隧洞衬砌的全断面一次浇筑，可用针梁式钢模台车。其施工特点是不需要铺设轨道，模板的支撑、收缩和移动，均依靠一个伸出的针梁，如图 5-35 所示。

模板台车使用灵活，周转快，重复使用次数多。用台车进行钢模的安装、运输和拆卸，一部台车可配几套钢模板进行流水作业，施工效率高。

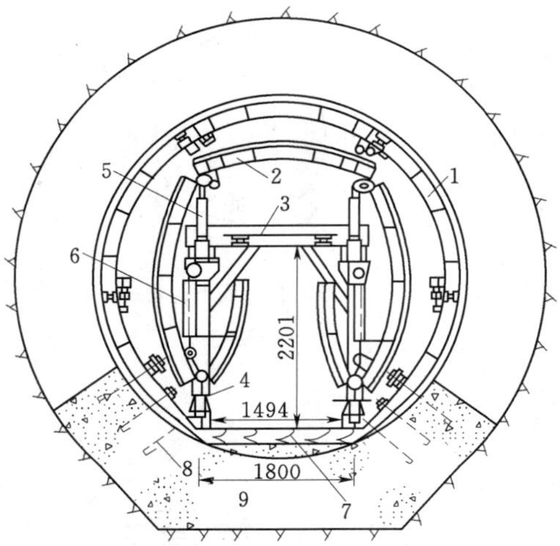

图 5-34　钢模台车简图（单位：mm）
1—架好的钢模；2—移动时的钢模；3—工作平台；
4—台车底梁；5—垂直千斤顶；6—台车车架；
7—枕木；8—拉筋；9—已浇底拱

三、衬砌的浇筑

隧洞衬砌多采用二级配混凝土。对中小型隧洞，混凝土一般采用斗车或轨式混凝土搅拌运输车，由电瓶车牵引运至浇筑部位；对大中型隧洞，则多采用 3～6m^3 的轮式混凝土搅拌运输车运输。在浇筑部位，通常用混凝土泵将混凝土压送并浇入仓内。常用的混凝土泵有柱塞式、风动式和挤压式等工作方式。它们均能适应洞内狭窄的施工条件，完成混凝土的运输和浇筑，能够保证混凝土的质量。

泵送混凝土的配合比，应保证有良好的和易性和流动性，其坍落度一般为 8～16cm。

混凝土浇捣因衬砌洞壁厚度与采用的模板形式不同而异，当洞壁厚度较大时，作业人员可以进入仓内用振捣棒进行浇捣，当洞壁较薄，人不能进入仓内时，可在模板不同位置留进料窗口，并由此窗口插入振捣器进行振捣。如果是台车，也可以在台车上安装附着式振捣器进行振捣。由窗口振捣时，随着浇筑混凝土面的抬升可封堵窗口再由上层窗口进料和振捣。

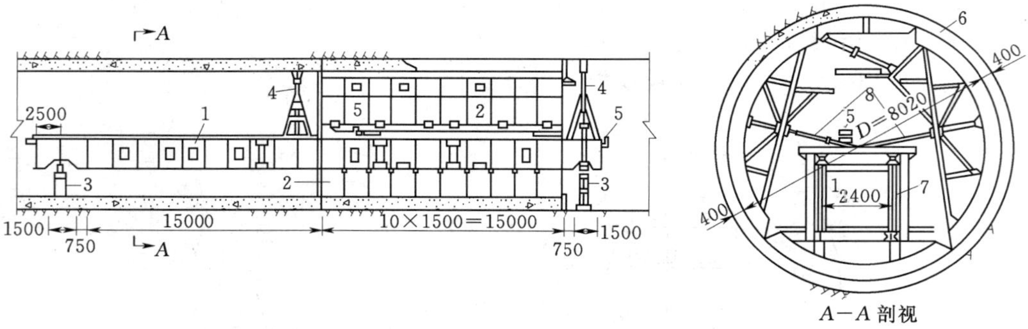

图 5-35　针梁式钢模台车简图（单位：mm）
1—针梁；2—钢模；3—支座液压千斤顶；4—抗浮液压千斤顶；
5—行走系统；6—混凝土衬砌；7—行走梁框；8—手动螺旋千斤顶

任务六　隧洞围岩灌浆

隧洞灌浆有回填灌浆和固结灌浆两种。前者是填塞岩石与衬砌之间的空隙，以弥补混凝土浇筑质量的不足，所以只限于顶拱范围内；后者是为了加固围岩，以提高围岩的整体性和强度，所以范围包括断面四周的围岩。为了节省钻孔工作量，两种灌浆都需要在衬砌时预留直径为 38～50mm 的灌浆钢管并固定在模板上。

图 5-36 所示为隧洞两种灌浆管孔的布置。灌浆管孔沿洞轴线 2～4m 布置一排，各排孔位交叉排列。此外，还需要布置一些检查孔，用以检查灌浆质量。

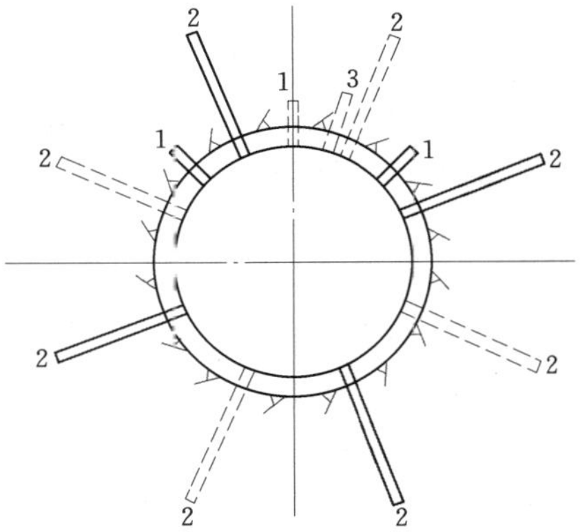

图 5-36　灌浆管孔的布置

1—回填灌浆管；2—固结灌浆管孔；3—检查孔

灌浆必须在衬砌混凝土达到一定强度后才能进行，并先进行回填灌浆，隔一个星期后再进行固结灌浆。灌浆时应先用压缩空气清孔，然后用压力水冲洗。灌浆在断面上应自下而上进行，并利用上部管孔排气，在洞轴线方向采用隔排灌注、逐步加密的方法。

为了保证灌浆质量和防止衬砌结构的破坏，必须严格控制灌浆压力。回填灌浆压力为：无压隧洞第一序孔用 100～304kPa，有压隧洞第一序孔用 200～405kPa；第二序孔可增大 1.5～2 倍。固结灌浆的压力，应比回填灌浆的压力高一些，以使岩石裂缝灌注密实。

单元六　渠系建筑物施工方案

【单元重点】

渠道、水闸、渡槽及泵站渠系建筑物施工。

【学习目标】

能编制渠道、水闸、渡槽及泵站渠系建筑物施工方案并组织实施，能控制渠道、水闸、渡槽及泵站渠系建筑物施工质量。

任务一　渠　道　施　工

渠道施工包括渠道开挖、渠堤填筑和渠道衬砌。渠道施工的特点是工程量大，施工路线长，场地分散，但工种单一，技术要求较低。

一、渠道开挖与填筑施工

渠道开挖的施工方法有人工开挖、机械开挖和爆破开挖等。选择开挖方法取决于技术条件、土壤种类，渠道纵横断面尺寸，地下水位等因素。渠道开挖的土方多堆在渠道两侧用作渠堤。因此，铲运机、推土机等机械在渠道施工中得到广泛应用。对于冻土及岩石渠道，宜采用爆破开挖。田间渠道断面尺寸很小，可采用开沟机开挖或人工开挖。

1. 人工开挖

(1) 施工排水。受地下水影响时，渠道开挖的关键是排水问题。排水应本着上游照顾下游，下游服从上游的原则，即向下游放水时间和流量，应考虑下游排水条件，下游应服从上游的需要。

（2）开挖方法。在干地上开挖渠道应自中心向外，分层下挖，先深后宽，边坡处可按边坡比挖成台阶状，待挖至设计深度时，再进行削坡，注意挖填平衡。必须弃土时，做到远挖近倒，近挖远倒，先平后高。受地下水影响的渠道应设排水沟，开挖方式有一次到底法和分层下挖法。一次到底法［图 5－37（a）］适用于土质较好，挖深 2～3m 的渠道。开挖时，先将排水沟挖到低于渠底设计高程 0.5m 处，然后采用阶梯法逐层向下开挖，直至渠底为止。分层下挖法适用于土质不好，且挖深较大的渠道，开挖时，将排水沟布置在渠道中部，逐层先挖排水沟，再挖渠道，直至挖到渠底为止［图 5－37（b）］。如果渠道较宽，可采用翻滚排水沟［图 5－37（c）］。这种方法的优点是排水沟分层开挖、排水沟的断面较小，土方最少，施工较安全。

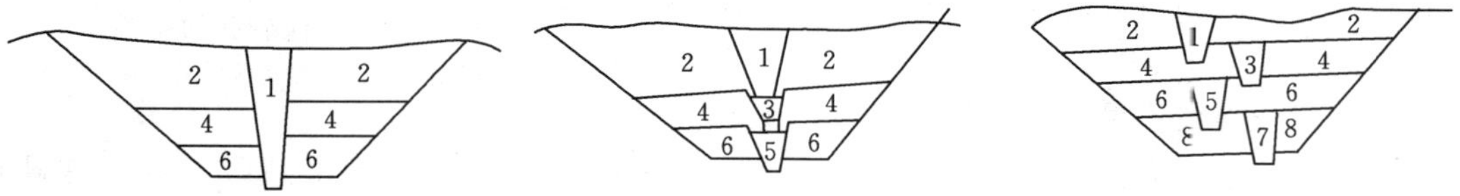

（a）一次到底法　　（b）中心排水沟　　（c）翻滚排水沟

图 5－37

2、4、6、8—开挖顺序；1、3、5、7—排水沟次序

（3）边坡开挖与削坡。开挖渠道如一次开挖成坡，将影响开挖进度。因此，一般先按设计坡度要求挖成台阶状，其高宽比按设计坡度要求开挖，最后进行削坡。这样施工削坡方量较少，但施工时必须严格掌握，台阶平台应水平，高必须与平台垂直，否则会产生较大误差，增加削坡方量。

2. 机械开挖

（1）推土机开挖渠道。采用推土机开挖渠道，其挖深度不宜超过 1.5～2.0m，填筑堤顶高度不超过 2～3m，其坡度不宜陡于 1∶2。在渠道施工中，推土机还可平整渠底，清除植土层，修整边坡，压实渠堤等。

（2）铲运机开挖渠道。半挖半填渠道或全挖方渠道就近弃土时，采用铲运机开挖最为有利。需要在纵向调配土方渠道，如运距不远也可用铲运机开挖。铲运机开挖渠道的开行方式有：环形开行和“8”字形开行［图 5－38（a）］。当渠道开挖宽度大于铲土长度，而填土或弃土宽度又大于卸土长度，可采用横向环形开行。反之，则采用纵向环形开行，铲土和填土位置可逐渐错动，以完成所需断面。当工作前线较长、填挖高差较大时，则应采用“8”字形开行。

（3）挖掘机开挖渠道。当渠道开挖较深时，用反铲挖掘机开挖方便快捷，生产率高。

3. 爆破开挖渠道

采用爆破法开挖渠道时，药包可根据开挖断面的大小沿渠线布置成一排或几排。当渠底宽度比深度大 2 倍以上时，应布置 2～3 排以上的药包，但最多不宜超过 5 排，以免爆破后落土方过多。当布置 1～2 排药包时，药包的爆破作用指数 n 可采用 1.75～2.0，当布置 3 排药包时，药包应布置成梅花形，如图 5－38（c）所示，中间一排药包的装药量应

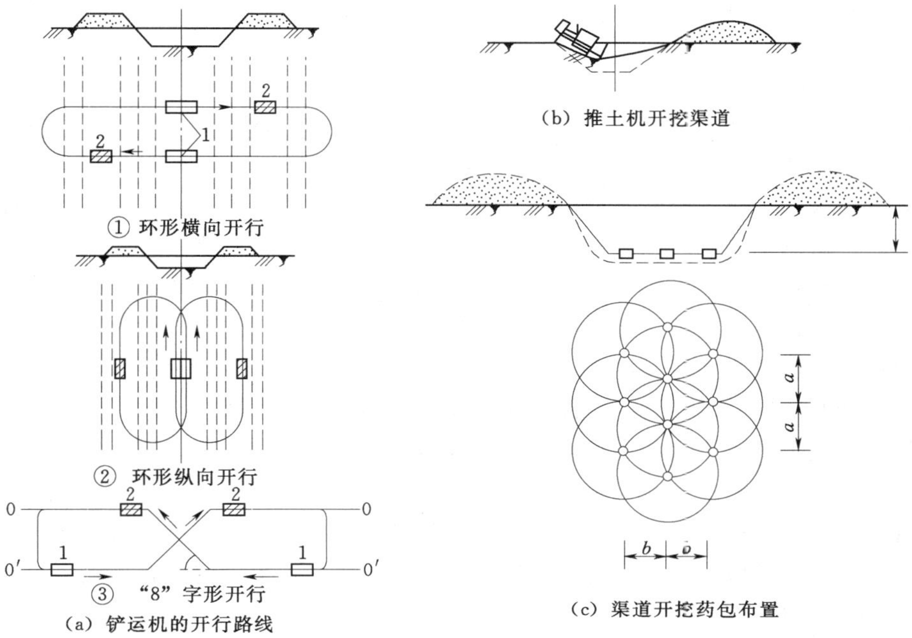

图 5-38　开挖渠道

1—铲土；2—填土；0—0 —填方轴线；0′—0′挖方轴线

比两侧的大 25%左右，且采用延时爆破以提高爆破和抛掷效果。

二、填筑渠堤

筑堤用的土黏料以黏土略含砂质为宜。如有几种土料，应将透水性小的填筑在迎水坡，透水性大的填筑在背水坡。土料中不得掺有杂质，并保持一定的含水量，以利压实。

填方渠道的取土坑与堤脚应保持一定距离，挖土深度不宜超过 2m，取土宜先远后近。半挖半填式渠道应尽量利用挖方筑堤，只有在土料不足或土质不适用时取用坑土。

铺土前应先行清基，并将基面略加平整，然后进行刨毛，铺土厚度一般为 20～30cm，并应铺平铺匀，每层铺土宽度略大于设计宽度，填筑高度可预加 5%的沉陷量。

三、渠道衬砌施工

渠道衬砌的类型有：灰土、砌石或砖、混凝土、沥青材料及塑料薄膜等。选择衬砌类型的原则是防渗效果好，因地制宜，就地取材，施工简单，能提高渠道输水能力和抗冲能力，减少渠道断面尺寸，造价低廉，有一定的耐久性，便于管理养护，维修费用低等。

1. 灰土衬砌

灰土衬砌是由石灰和土料混合而成。灰土衬砌的渠道防渗效果好，一般可减少渗漏量的 85%～95%，造价较低。衬砌的灰与土的配合比一般为 1：2～1：6（重量比）。在南方，多缝岩石渠道衬砌厚度为 15～20cm；土渠多为 25～30cm；在北方，衬砌厚度为20～40cm；并根据冰冻情况加设 30～50cm 砌石保护层。灰土施工时，先将过筛后的细土和石灰粉干拌均匀，再加水拌和，然后堆放一段时间，使石灰粉充分熟化，稍干后即可分层铺筑夯实，拍打坡面消除裂缝，灰土夯实后应养护一段时间再通水。

2. *砌石衬砌*

砌石衬砌具有就地取材、施工简单、抗冲、防渗、耐久等优点。石料有卵石、块石、石板等，砌筑方法有干砌和浆砌两种。

在砂砾地区，采用干砌卵石衬砌是一种经济的抗冲防渗措施，施工时应先按设计要求铺设垫层，然后再砌卵石，砌卵石的基本要求是使卵石的长边垂直于边坡或渠底，并砌紧砌平，错缝，坐落在垫层上。每隔10～20m距离用较大的卵石干砌或浆砌一道隔墙。渠坡隔墙可砌成平直形，渠底隔墙砌成拱形，其拱顶迎向水流方向，以加强抗冲能力，隔墙深度可根据渠道可能冲刷深度确定。卵石衬砌应按先渠底后渠坡的顺序铺砌卵石。

块石衬砌时，石料的规格一般以长40～50cm、宽30～40cm、厚度不小于8～10cm为宜，要求有一面平整。干砌勾缝的护面防渗效果较差，防渗要求较高时，可以采用浆砌块石。

砖砌护面也是一种因地制宜、就地取材的防渗衬砌措施，其优点是造价低廉、取材方便、施工简单、防渗效果较好，砖衬砌层的厚度可采用一砖平砌或一砖立砌。

3. *混凝土衬砌*

混凝土衬砌一般采用板形结构，其截面形式有矩形、楔形、肋形、槽形等。矩形板适用于无冻胀地区的渠道，楔形板和肋形板适用于有冻胀地区的渠道；槽板用于小型渠道的预制安装。大型渠道多采用现场浇筑。现场整体浇筑的小型渠槽具有水力性能好、断面小、占地少、整体稳定性好等优点。

混凝土衬砌的厚度与施工方法、气候、混凝土标号等因素有关。现场浇筑的衬砌层比预制安装的厚度稍大。预制混凝土板的厚度在有冻胀破坏地区一般为5～10cm，在无冻胀地区可采用4～8cm。

混凝土衬砌层在施工时要留伸缩缝，纵向缝一般设在边坡与渠底连接处。渠道边坡上一般不设纵向伸缩缝。横向伸缩缝间距可参考表5-10，伸缩缝宽度一般为1～4cm，缝中填料一般采用沥青混合物、聚氯乙烯胶泥和沥青油毡等。

表5-10　混凝土衬砌层横向伸缩缝间距

衬砌厚度/cm	伸缩缝间距/m	衬砌厚度/cm	伸缩缝间距/m
5～7	2.5～3.5	10	4.0～5.0
8～9	3.5～4.0		

4. *沥青材料衬砌*

由于沥青材料具有良好的不透水性，一般可减少90%以上的渗漏量。沥青材料渠道衬砌有沥青薄膜与沥青混凝土两类。沥青薄膜防渗施工可分为现场浇筑和装配式两种。现场浇筑又分为喷洒沥青和沥青砂浆等。沥青混凝土衬砌分现场浇筑和预制安装两种。

5. *塑料薄膜衬护*

采用塑料薄膜进行渠道防渗，具有效果好、适应性强、重量轻、运输方便、施工速度快和造价较低等优点。用于渠道防渗的塑料薄膜厚度以0.12～0.20mm为宜。塑料薄膜的铺设方式有表面式和埋藏式两种表面式是将塑料薄膜铺于渠床表面，薄膜容易老化和遭受破坏。埋藏式是在铺好的塑料薄膜上铺筑土料或砌石作为保护层。由于塑料表面光滑，为保证渠道断面的稳定，避免发生渠坡保护层滑塌，渠床边坡宜采用锯齿形。保护层厚度一般不小于30cm。

塑料薄膜衬护渠道施工：大致可分为渠床开挖和修整、塑料薄膜的加工和铺设、保护层的填筑等三个施工过程。薄膜铺设前，应在渠床表面加水湿润，以保证薄膜能紧密地贴在基土上。铺设时，将成卷的薄膜横放在渠床内，一端与已铺好的薄膜进行焊接或搭接，并在接缝处填土压实，此后即可将薄膜展开铺设，然后再填筑保护层。铺填保护层时，渠底部分应从一端向另一端进行，渠坡部分则应自下向上逐渐推进，以排除薄膜下的空气。保护层分段填筑完毕后，再将塑料薄膜的边缘固定在顺渠顶开挖的堑壕里，并用土回填压紧。

塑料薄膜的接缝可采用焊接或搭接。焊接有单层热合与双层热合两种。搭接时为减少接缝漏水，上游一块塑料薄膜应搭在下游一块之上，搭接长度为5cm。也可用连接槽搭接，如图5－39所示。

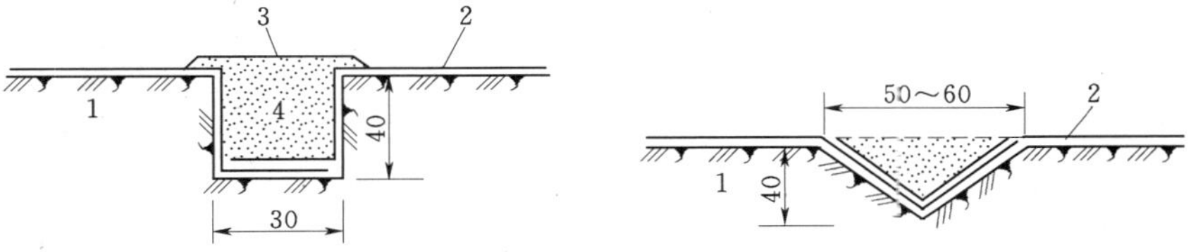

图5－39 有连接槽搭接式接缝示意图（单位：mm）

1—渠床；2—塑料薄膜；3—封顶塑料薄膜；4—回填夯实土

任务二 水 闸 施 工

一、水闸的功能与分类

水闸是一种利用闸门挡水和泄水的低水头水工建筑物，多建于河道、渠系及水库、湖泊岸边。关闭闸门，可以拦洪、挡潮、抬高水位以满足上游引水和通航的需要；开启闸门，可以泄洪、排涝、冲沙或根据下游用水需要调节流量。水闸在水利工程中的应用十分广泛。

水闸按其所承担的任务，可分为6种，如图5－40所示。

水闸按闸室结构型式可分为开敞式、胸墙式及涵洞式等，如图5－41所示。

对有泄洪、过木、排冰或其他漂浮物要求的水闸，如节制闸、分洪闸大都采用开敞式，胸墙式一般用于上游水位变幅较大、水闸净宽又为低水位过闸流量所控制、在高水位时尚需用闸门控制流量的水闸，如进水闸、排水闸、挡潮闸多用这种形式。涵洞式多用于穿提取水或排水。

另外，还可按过闸流量大小，将水闸划分为大型、中型和小型，如：过闸流量在$1000m^3/s$以上的为大型水闸；$100\sim1000m^3/s$的为中型水闸，也还有按设计水头高低划分水闸类型的。

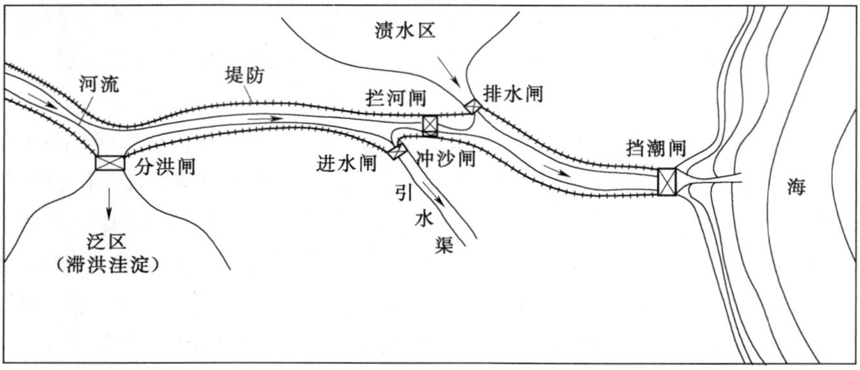

图 5-40 水闸类型图

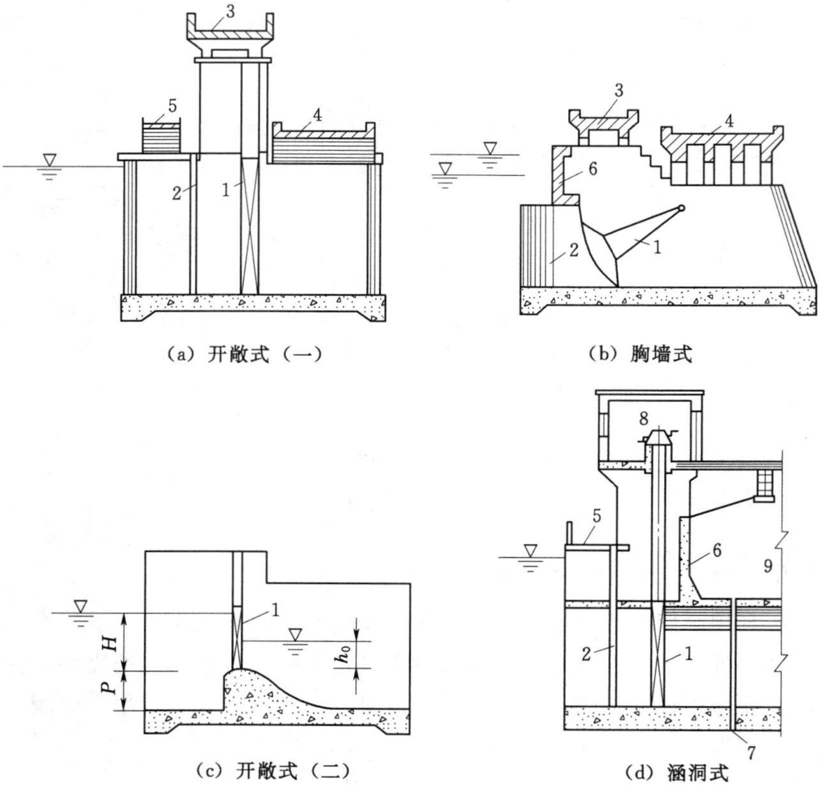

图 5-41 闸室结构型式

1—闸门；2—检修闸门；3—工作桥；4—交通桥；5—便桥；6—胸墙；7—沉降缝；8—启闭机室；9—回填土

二、水闸的组成部分

水闸一般由闸室、上游连接段和下游连接段三部分组成，如图 5-42 所示。

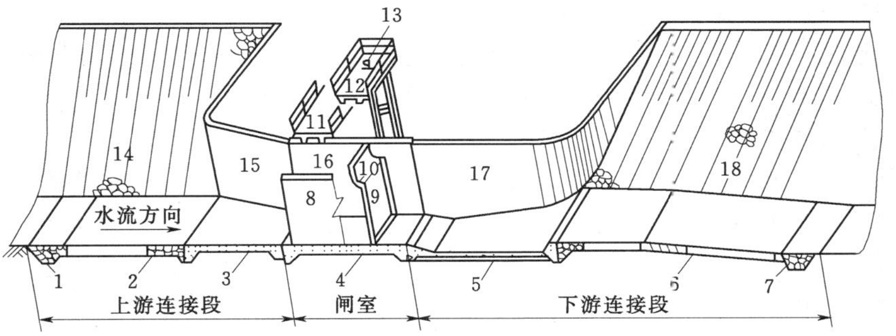

图 5 - 42　水闸的组成部分

1—上游防冲槽；2—上游护底；3—铺盖；4—底板；5—护坦（消力池）；6—海漫；7—下游防冲槽；8—闸墩；9—闸门；10—胸墙；11—交通桥；12—工作桥；13—启闭机；14—上游护坡；15—上游翼墙；16—边墩；17—下游翼墙；18—下游护坡

闸室是水闸的主体，包括：闸门、闸墩、边墩（岸墙）、底板、胸墙、工作桥、交通桥、启闭机等。闸门用来挡水和控制过闸流量，闸墩用以分隔闸孔和支承闸门、胸墙、工作桥、交通桥。底板是闸室的基础，用以将闸室上部结构的重量及荷载传至地基，并兼有防渗和防冲的作用。工作桥和交通桥用来安装启闭设备、操作闸门和联系两岸交通。

上游连接段，包括：两岸的翼墙和护坡以及河床部分的铺盖，有时为保护河床免受冲刷加做防冲槽和护底。用以引导水流平顺地进入闸室，保护两岸及河床免受冲刷，并与闸室等共同构成防渗地下轮廓，确保在渗透水流作用下两岸和闸基的抗渗稳定性。

下游连接段，包括：护坦、海漫、防冲槽以及两岸的翼墙和护坡等。用以消除过闸水流的剩余能量，引导出闸水流的均匀扩散，调整流速分布和减缓流速，防止水流出闸后对下游的冲刷。

三、闸室的布置和构造

1. 底板

常用的闸室底板有水平底板和低实用堰底板两种类型，前者用得较多。当上游水位较高，而过闸单宽流量又受到限制时，可将堰顶抬高，做成低实用堰底板。

对多孔水闸，为适应地基不均匀沉降和减小底板内的温度应力，需要沿水流方向用横缝（温度沉降缝）将闸室分成若干段，每个闸段可为单孔、两孔或三孔，如图 5 - 43 所示。

横缝设在闸墩中间，闸墩与底板连在一起的，称为整体式底板，如图 5 - 43（a）所示。整体式底板闸孔两侧闸墩之间不会出现过大的不均匀沉降，对闸门启闭有利，用得较多，整体式底板常用实心结构；当地基承载力较差，如只有 30～40kPa 左右时，则需考虑采用刚度大、重量轻的箱式底板。

在坚硬、紧密或中等坚硬、紧密的地基上，单孔底板上设双缝，将底板与闸墩分开的，称为分离式底板，如图 5 - 43（b）所示。分离式底板闸室上部结构的重量将直接由闸墩或连同部分底板传给地基。底板厚度根据自身稳定的需要确定，可用混凝土或浆块石建造。当采用浆砌块石时，块石表面再浇一层厚约 15cm 的混凝土或加筋混凝土，以使底板表面平整并具有良好的防冲性能。施工时，先建闸墩及浆砌块石底板，待沉降接近完成时，再浇表层混凝土。

如地基较好，相邻闸墩之间不致出现不均匀沉降的情况下，还可将横缝设在闸孔底板中间，如图 5－43（c）所示。

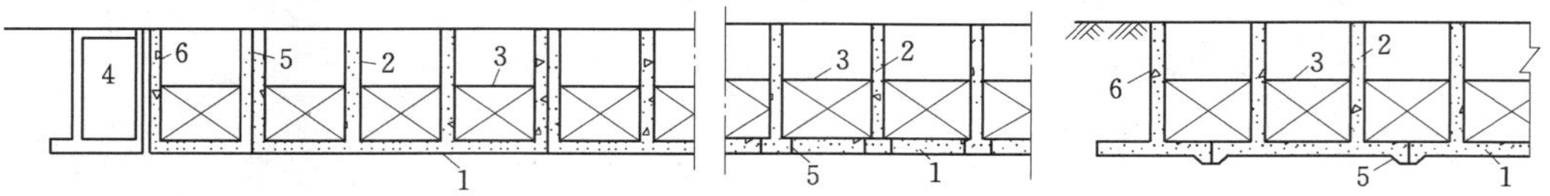

（a）整体式底板　　（b）分离式底板　　（c）横缝设在闸孔底板中间

图 5－43　水平底板

1—底板；2—闸墩；3—闸门；4—空箱式岸墙；5—温度沉降缝；6—边墩

底板顺水流方向的长，取决于上部结构布置并满足结构强度和抗滑稳定要求，底板长度可根据经验拟定：对砂砾石地基，可取（1.5～2.0）H（H 为上、下游最大水位差）；砂土和砂壤土地基，取（2.5～3.5）H；黏壤土地基，取（2.0～3.0）H；黏土地基，取（2.5～3.5）H。底板厚度必须满足强度和刚度的要求，大、中型水闸可取（1/5～1/8）l_0（l_0 为闸孔净宽），一般为 1.0～2.0m，最薄不小于 0.6m，但小型水闸也有用到 0.3m 的。底板内布置钢筋较多，但最大含钢率不得超过 0.3%。底板混凝土应满足强度、抗渗、抗冲等要求。

2. 闸墩

闸墩多采用浆砌块石或混凝土，浆砌块石闸墩为保证墩头的外形轮廓，并加快施工进度，多用预制构件。大、中型水闸因沉降缝常设在闸墩中间，故墩头多采用半圆形，这样不仅施工方便，而且也不易损坏，有时也采用流线型闸墩。

近年来，我国有些地区采用框架式闸墩，如图 5－44 所示。这种形式既可节约钢材，又可降低造价。

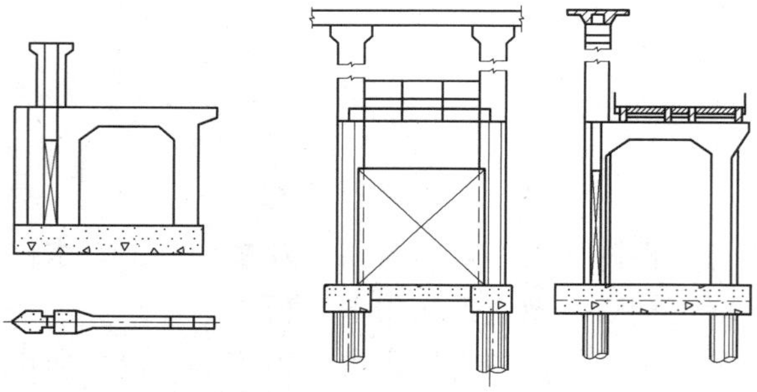

（a）无桩基闸墩　　（b）有桩基闸墩

图 5－44　框架式闸墩

3. 闸门

闸门形式的选择，应根据运用要求、闸孔跨度、启闭机容量、工程造价等条件比较确定。

闸门在闸室中的位置与闸室稳定、闸墩和地基应力，以及上部结构的布置有关。平面闸门一般设在靠上游侧，有时为了充分利用水重，也可移向下游侧。弧形闸门为不使闸墩过长，需要靠上游侧布置。

平面闸门的门槽深度决定于闸门的支承形式，一般为 0.3m，门槽宽度为 0.5～1.0m。检修门槽深 0.15～0.20m，宽 0.15～0.30m。检修门槽与工作门槽之间应留有 1.0～3.0m

净距，以便检修。

开敞式闸门闸门顶应高出可能最高蓄水位。对胸墙式水闸，闸门高度根据构造要求稍高于孔口即可。

闸门不承受冰压力，为此，应采用压缩空气、开凿冰沟和漂浮芦柴捆等方法，将闸门与冰层隔开。

4. 胸墙

胸墙一般做成板式或梁板式。板式胸墙适用于跨度小于 5m 的水闸，墙板可做成上薄下厚的楔形板，如图 5-45 (a) 所示。跨度大于 5.0m 的水闸可采用梁板式，由墙板、顶梁和底梁组成，如图 5-45 (b) 所示。当胸墙跨度大于 5.0m 且跨度较大时，可增高设中梁及竖梁构成肋形结构，如图 5-45 (c) 所示。

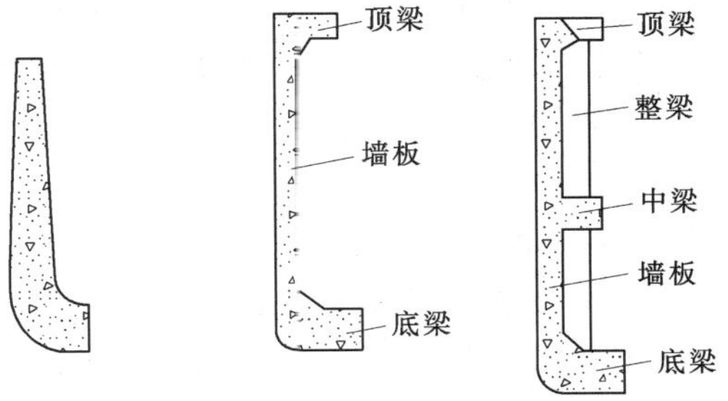

(a) 板式胸墙　(b) 梁板式　(c) 肋形结构

图 5-45　胸墙型式

胸墙的支承型式分为简支式和固接式两种，如图 5-46 所示。简支胸墙与闸墩分开浇筑，缝间涂沥青；也可将预制墙体插入闸墩预留槽内，做成活动胸墙。简支胸墙可避免在闸墩附近迎水面出现裂缝，但截面尺寸较大。固接式胸墙与闸墩同期浇筑，胸墙钢筋伸入闸墩内，形成刚性连接，截面尺寸较小，可以增强闸室的整体性，但受温度变化和闸墩变位影响，容易在胸墙支点附近的迎水面产生裂缝。整体式底板可用固接式，分离式底板多用简支式。

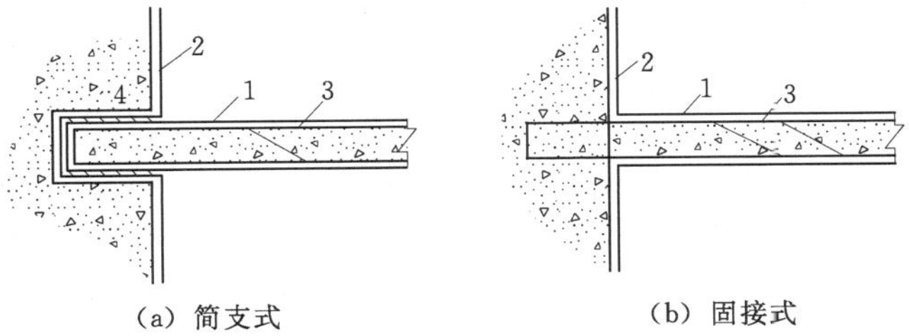

(a) 简支式　(b) 固接式

图 5-46　胸墙的支承型式

1—胸墙；2—闸墩；3—钢筋；4—涂沥青

5. 交通桥及工作桥

当公路通过水闸时，需设公路桥。即使无公路通过，闸上也应建有供行人及拖拉机通行的交通桥。交通桥一般设在水闸下游一侧，可采用板式、梁板式或拱形结构。采用拱桥时要考虑荷载在拱脚产生的推力对闸墩和底板的影响。跨度小于 3～6m 的水闸常采用板式结构；跨度在 6～20m 的常采用 T 型梁结构，也可采用 I 字梁微弯板或空心板结构，跨度大于 20m 的则应采用预应力钢筋混凝土结构。交通桥多数采用单跨简支，其设计应符合交通部门制定的规范要求。

为了安装闸门启闭机和便于操作管理，需要在闸墩上设置工作桥。小型水闸的工作桥一般采用板式结构；大、中型水闸多采用装配式梁板结构。工作桥高度视闸门形式及闸孔水面线定，对采用固定式启闭机的平面闸门闸墩，由于闸门开启后悬挂的需要，桥高应为门高的两倍再加足够的富裕高度；若采用活动式启闭机，桥高则可适当降低。若采用升卧式平面闸门，由于闸门全开后接近平卧位置，因而工作桥可以做得较低。

四、闸室施工

（一）闸室底板施工

在闸室地基处理后，软基多先铺筑素混凝土垫层 8～10cm，以保护地基，找平基面，浇筑前先进行扎筋、立模、搭设仓面脚手和清仓工作。

浇筑底板时运送混凝土入仓的方法很多。可以用载重汽车装载立罐通过履带式起重机吊运入仓，也可以用自卸汽车通过卧罐、履带起重机入仓。采用上述两种方法时，都不要在仓面搭设脚手架。

若用手推车、斗车或机动翻斗车等运输工具运送混凝土入仓时，必须在仓面搭设脚手架。仓面脚手架和模板的布置如图 5-47 所示。

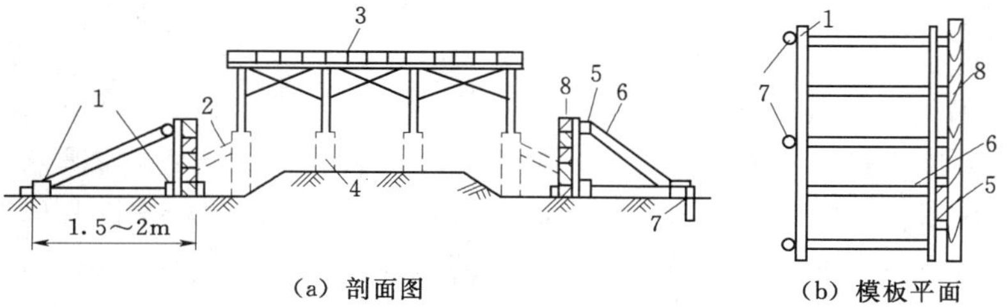

图 5-47 底板立模与仓面脚手架
1—地龙木；2—内撑；3—仓面脚手；4—混凝土柱；
5—横围囹木；6—斜撑；7—木桩；8—模板

在搭设脚手架前，应先预制混凝土支柱（断面约为 15cm×15cm，高度略小于底板厚度，表面应凿毛洗净）。柱的间距，视横梁的跨度而定，然后在混凝土柱顶上架立短木柱、斜撑、横梁等以组成脚手架。当底板浇筑接近完成时，可将脚手架拆除，并立即对混凝土表面进行抹面。

底板的上、下游一般都设有齿墙。浇筑混凝土时，可组成两个作业组分层浇筑。先由两个作业组共同浇筑下游齿墙，待齿墙浇平后，第一组由下游向上游进行，抽出第二组去浇上游齿墙，当第一组浇到底板中部时，第二组的上游齿墙已基本浇平，然后将第二组转到下游浇筑第二坯。当第二组浇到底板中部，第一组已到达上游底板边缘，这时第一组再转回浇第三坯。如此连续进行，可缩短每坯间隔时间，因而可以避免冷缝的发生，提高工程质量，加快施工进度。

钢筋混凝土底板，往往有上下两层钢筋。在进料口处，上层钢筋易被砸变形。故开始浇筑混凝土时，该处上层钢筋可暂不绑扎，待混凝土浇筑面将要到达上层钢筋位置时，再进行绑扎，以免因较正钢筋变形延误浇筑时间。

水闸的闸室部分重量很大，沉陷量也大；而相邻的消力池，则重量较轻，沉陷量也小。如两者同时浇筑，由于不均匀沉陷，往往造成沉陷缝的较大差动，可能将止水片撕裂。为了避免上述情况，最好先浇筑闸室部分，让其沉陷一段时间再浇消力池。但是这样对施工安排不利，为了使底板与消力池能够穿插施工，可在消力池靠近底板处留一道施工缝，将消力池分成大小两部分。在浇筑闸墩时，就可穿插浇筑消力池的大部分，当闸室已有足够沉陷后，便可浇筑消力池的小部分。在浇筑第二期消力池时，施工缝应进行凿毛冲洗等处理。

（二）闸墩施工

由于闸墩高度大、厚度小、门槽处钢筋较密，闸墩相对位置要求严格，所以闸墩的立模与混凝土浇筑是施工中主要难点。

1. 闸墩模板安装

（1）“铁板螺栓、对拉撑木”的立模施工。为使闸墩混凝土一次浇筑达到设计高程，闸墩模板不仅要有足够的强度，而且要有足够的刚度。所以闸墩模板安装以往采用“铁板螺栓、对拉撑木”的立模支撑方法。此法虽需耗用大量木材（对于木模板而言）和钢材，工序繁多，但对中小型水闸施工仍较为方便。具体安装如图 5-48 所示。

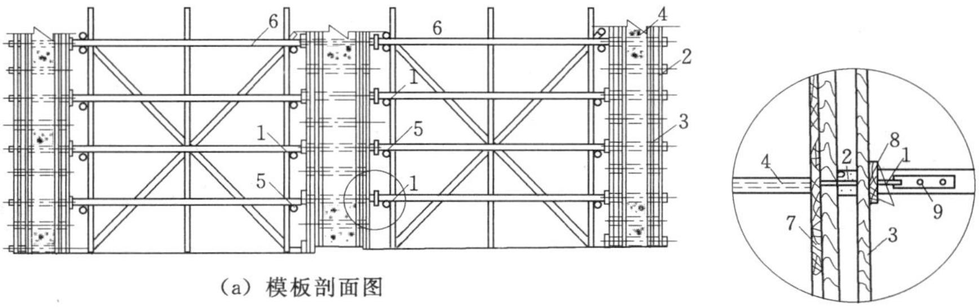

（a）模板剖面图

（b）局部细节放大图

图 5-48 铁板螺栓对位撑木支撑的闸墩模板（单位：m）

1—铁板螺栓；2—双夹围囹；3—竖向围囹；4—毛竹管；5—马钉；
6—对拉撑木；7—模板；8—木楔块；9—螺栓孔

当水闸为三孔一联整体底板时，则中孔可不予支撑。在双孔底板的闸墩上，则宜将两孔同时支撑，这样可使三个闸墩同时浇筑。

（2）翻模施工。由于钢模板在水利水电工程上的广泛应用，施工人员依据滑模的施工特点，发展形成了使用于闸墩施工的翻模施工法。立模时一次至少立三层，当第三层模板内混凝土浇至腰箍下缘时，第二层模内腰箍以下部分的混凝土须达到脱模强度（以 98kPa 为宜），这样便可拆掉第一层，去架立第四层模板，并绑扎钢筋，依次类推，保持混凝土浇筑的连续性，以避免产生冷缝。如江苏省高邮船闸，仅用了两套共 630m^2 组合钢模，就替代了原计划四套共 2460m^2 的木模，节约木材大于 200m^3，具体组装如图 5-49 所示。

由于滑模施工方法在水利工程上的应用越来越多，目前有条件的施工单位，闸墩混凝土浇筑逐渐采用滑模施工。

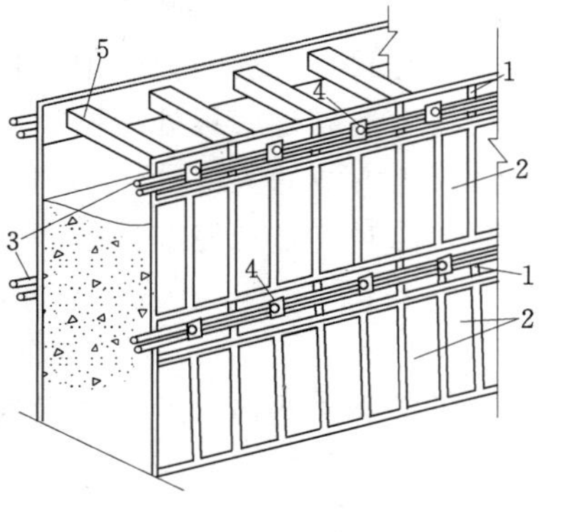

图 5－49　钢模组装图
1—腰箍模板；2—定型钢模；3—双夹围囹；4—对销螺栓；5—水泥撑头

2. 混凝土浇筑

闸墩模板立好后，随即进行清仓工作。用压力水冲洗模板内侧和闸墩底面，污水由底层模板上的预留孔排出。清仓完毕堵塞小孔后，即可进行混凝土浇筑。

闸墩混凝土的浇筑，主要是解决好两个问题：一是每块底板上闸墩混凝土的均衡上升；二是流态混凝土的入仓及仓内混凝土的铺筑。

为了保证混凝土的均衡上升，运送混凝土入仓时应很好地组织，使在同一时间运到同一底板各闸墩的混凝土量大致相同。为防止流态混凝土由高度下落时产生离析，应在仓内设置溜管，可每隔 2～3m 设置一组。由于仓内工作面窄，浇捣人员走动困难，可把仓内浇筑面分划成几个区段，每区段内固定浇捣工人，这样可提高工效。每层混凝土厚度可控制在 30cm 左右。

小型水闸闸墩浇筑时，工人一般可在模板外侧，浇筑组织较为简单。

3. 基础和墩墙止水

基础和墩墙在止水施工时要注意止水片接头处的连接，一般金属止水片在现场电焊或氧气焊接，橡胶止水片多用胶结，塑料止水片用熔接（熔点 180℃左右），使之联结成整体，浇筑混凝土时注意止水片下翼橡皮的铺垫料，并加强振捣，防止形成孔洞，垂直止水应随墙身的升高而分段进行，止水片可以分为左右两半，竖立在沥青井内，以适应沉陷不均的需要，如图 5－50 所示。

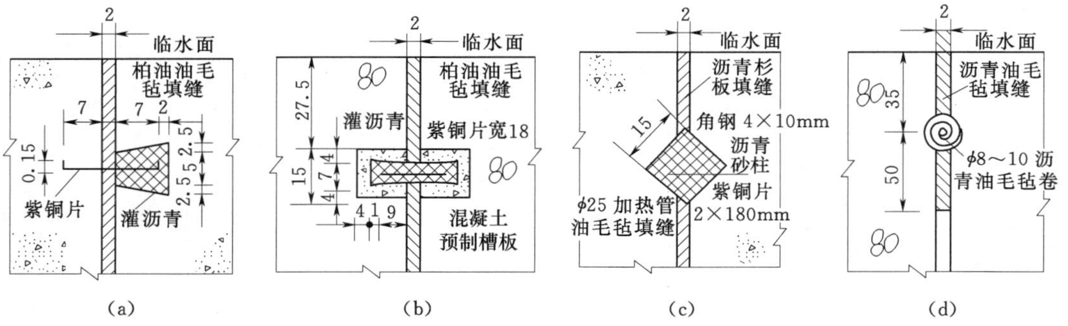

图 5－50　垂直止水构造图（单位：cm）

4. 门槽二期混凝土施工

采用平面闸门的中小型水闸，在闸墩部位都设有门槽。为了减少闸门的启闭力及闸门封水，门槽部分的混凝土中埋有导轨等铁件，如滑动导轨、主轮、侧轮及反轮导轨等。这些铁件的埋设可采取预埋及留槽后浇两种方法。小型水闸的导轨铁件较小，可在闸墩立模时将其预先固定在模板的内侧。闸墩混凝土浇筑时，导轨等铁件即浇入混凝土中。由于大、中型水闸导轨较大、较重，在模板上固定较为困难，宜采用预留槽后浇二期混凝土的施工方法。

(1) 门槽垂直度控制。门槽及导轨必须铅直无误，所以在立模及浇筑过程中应随时用吊锤校正。校正时可在门槽模板顶端内侧，钉一根大铁钉（钉入 2/3 长度），然后把吊锤系在铁钉端部，待吊锤静止后，用钢尺量取上部与下部吊锤线到模板内侧的距离，如相等则该模板垂直，否则按照偏斜方向予以调正，具体如图 5-51 所示。

当门槽较高时，吊锤易于晃动，可在吊锤下部放一油桶，使吊锤浸于黏度较大的机油中。吊锤可选用 0.5～1kg 的大垂球。

(2) 门槽二期混凝土浇筑。在闸墩立模时，于门槽部位留出较门槽尺寸大的凹槽。闸墩浇筑时，预先将导轨基础螺栓按设计要求固定于凹槽的侧壁及正壁模板，模板拆除后基础螺栓即埋入混凝土中，如图 5-52 所示。

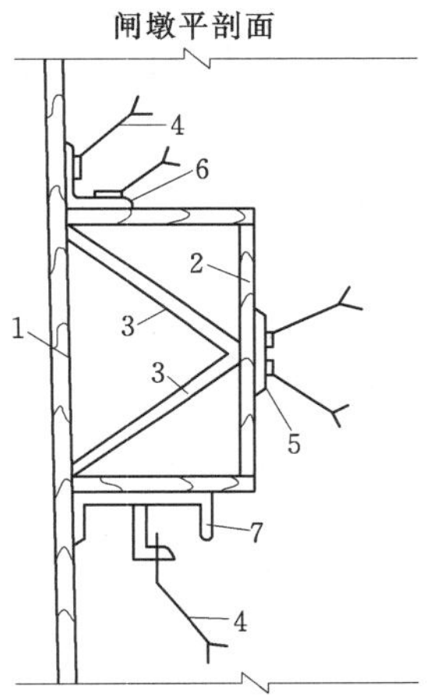

图 5-51　闸门导轨一次装好、一次浇筑混凝土
1—闸墩模板；2—门槽模板；3—撑头；4—开脚螺栓；5—侧导轨；6—门槽角铁；7—滚轮导轨

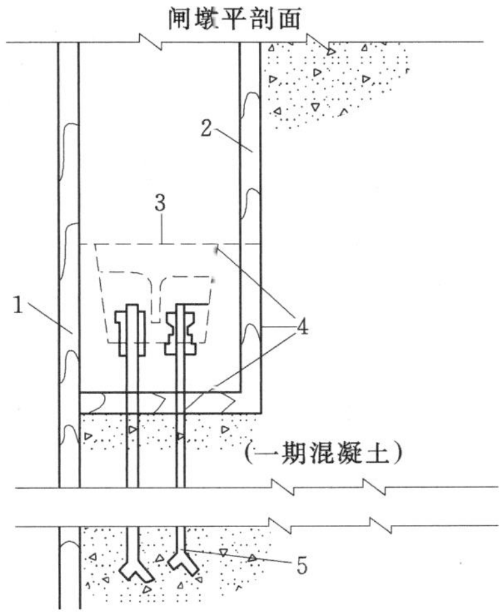

图 5-52　导轨安装，然后浇筑二期混凝土
1—闸墩模板；2—门槽模板（撑头未标示）；3—导轨横剖面；4—二期混凝土边线；5—基线螺栓（预埋一期混凝土中）

导轨安装前，要对基础螺栓进行校正，安装过程中必须随时用垂球进行校正，使其铅直无误。导轨就位后即可立模浇筑二期混凝土。

闸门底槛设在闸底板上，在施工初期浇筑底板时，若铁件不能完成，亦可在闸底板上留槽以后浇二期混凝土。

浇筑二期混凝土时，应采用细骨料混凝土，并细心捣固，不要振动已装好的金属构件。门槽较高时，不要直接从高处下料，而采取分段安装和浇筑。二期混凝土拆膜后，对埋件进行复测，并做好记录，同时检查混凝土表面尺寸，清除遗留的杂物、钢筋头，以免影响闸门启闭。

(3) 弧形闸门的导轨安装及二期混凝土浇筑。弧形闸门的启闭是绕水平轴转动，转动轨迹由支臂控制，所以不设门槽，但为了减小启闭门力，在闸门两侧亦设置转轮或滑块，因此也有导轨的安装及二期混凝土施工。

任务三　渡　槽　施　工

当渠道与山谷、河流、道路相交，为连接渠道而设置的过水桥，称为渡槽。

渡槽设计的主要内容有：选择适宜的渡槽位置和形式，拟定纵横断面进行细部设计和结构设计等。

一、位置选择

在渠系（渠道）总体规划确定之后，对长度不大的中、小型渡槽，其槽身位置即可基本确定，并无太多的选择余地。但对地形、地质条件复杂、长度较长的渡槽，常需在一定范围内对不同方案进行技术经济比较。定位的一般原则如下：

（1）渡槽宜置于地形、地质条件较好的地段，要尽量缩短槽身长度，降低槽墩高度。进、出口应力求与挖方渠道相接，如为填方渠道，填方高度不宜超过 6m，并需做好夯实加固和防渗排水设施。

（2）跨越河流的渡槽，应选在河床稳定、水流顺直的地段，渡槽轴线尽量与水流流向正交。

（3）渠道与槽身在平面布置上应成一直线，切忌急剧转弯。

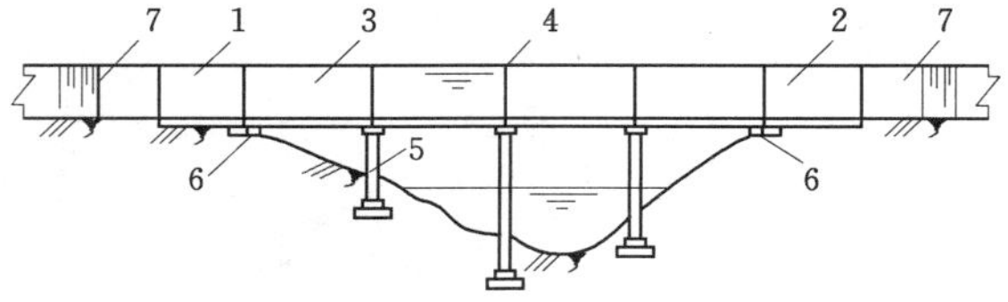

（a）梁式渡槽

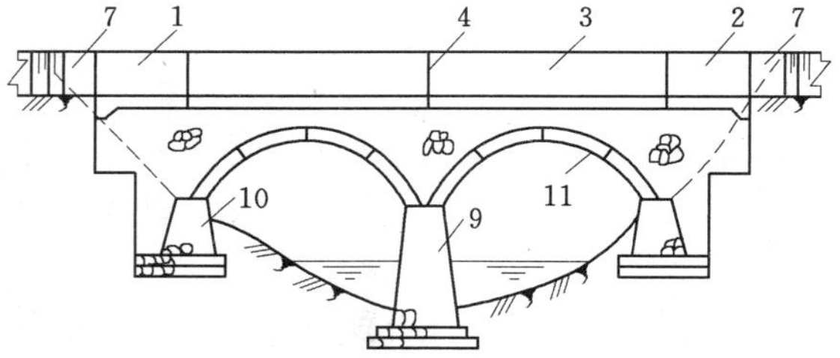

（b）板拱渡槽

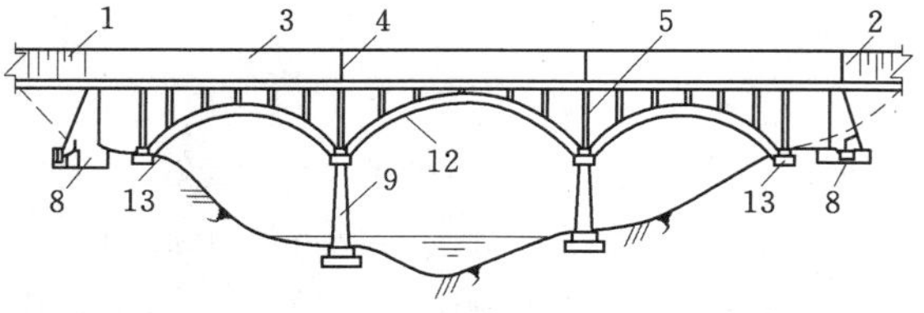

（c）肋拱渡槽

图 5－53　各式渡槽

1—进口段；2—出口段；3—槽身；4—伸缩缝；5—排架；6—支墩；7—渠道；8—重力式槽台；9—槽墩；10—边墩；11—砌石板拱；12—肋拱；13—拱座

二、形式选择

渡槽由进口段、槽身、出口段及支承结构等部分组成。按支承结构的形式可分为梁式渡槽和拱式渡槽两大类，如图 5－53 所示。

（1）梁式渡槽。渡槽的槽身直接支撑在槽墩或槽架上，既可用以输水又起纵向梁作用。各伸缩缝之间的每一节槽身，沿纵向有两个支点，一般做成简支的，也可做成双悬臂的，前者的跨度常用 8～10m，后者可达 30～40m。

支承结构可以是重力墩或排架，如图 5－54 所示。重力墩可以是实体的或空心的，实体墩用浆砌石或混凝土建造，由于用料多，自重大，仅用于槽墩不高、地质条件较好的情况；空心墩壁厚 20cm 左右，由于自重小刚度大，省材料，因而在较高的渡槽中得到了广泛应用。槽架有单排架、双排架和 A 字形排架等形式。单排架的高度一般在15m以内；双排架高度可达15～20m；A字形排架稳定性好，适应高度大，但施工复杂，造价高，用得较少。

基础形式与上部荷载及地质条件有关。根据基础的埋置深度可分为浅基础和深基础，埋置深度小于5m的为浅基础，大于5m的为深基础，深基础多为桩基。

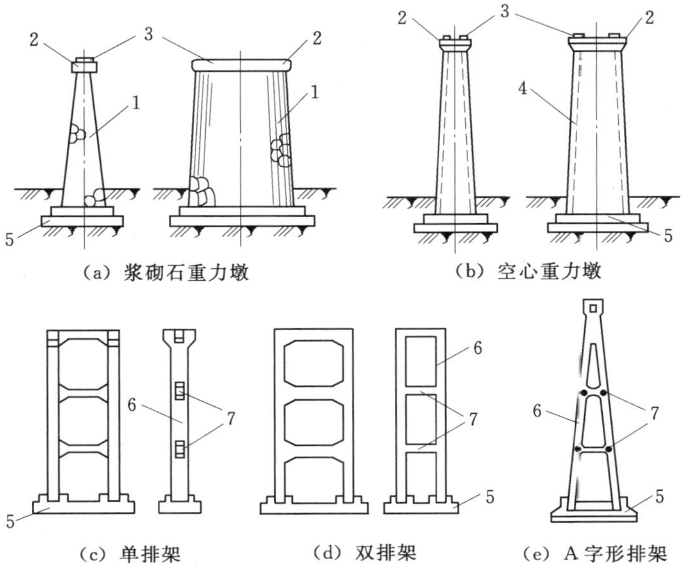

图5-54 槽墩及槽架

1—浆砌石；2—混凝土墩帽；3—支座钢板；4—预制块砌空心墩身；
5—基础；6—排架柱；7—横梁

槽身横断面常用矩形和U形。矩形槽身可用浆砌石或钢筋混凝土建造。对无通航要求的渡槽，为增强侧墙稳定性和改善槽身的横向受力条件，可沿槽身在槽顶每隔1～2m设置拉杆。如有通航要求，则要适当增加侧墙厚度或沿槽长每隔一定距离加肋，如图5-55所示。槽身跨度常采用5～12m。

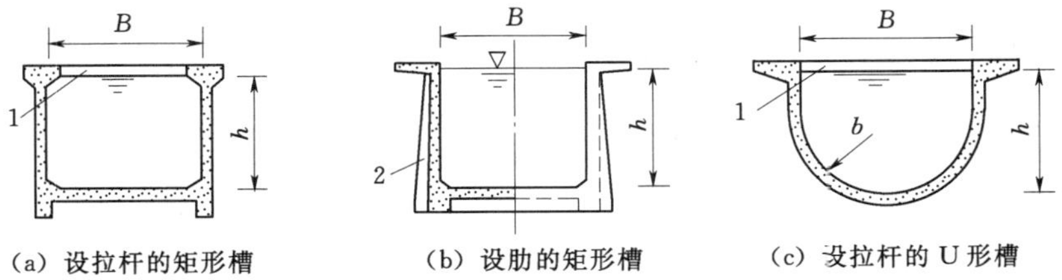

图5-55 矩形及U形槽身横断面

1—拉杆；2—肋

U形槽身是在半圆形的上方加一直段拉杆构成，常用钢筋混凝土或预应力钢筋混凝土建造，为改善槽身的受力条件，可将底部弧形段加厚。与矩形槽身一样，可在槽顶加设横向拉杆。

矩形槽身常用的深宽比为0.6～0.8，U形槽身常用0.7～0.8。

(2) 拱式渡槽。当渠道跨越地质条件较好的窄深山谷时，以选用拱式渡槽较为有利。拱式渡槽由槽墩、主拱圈、拱上结构和槽身组成。

主拱圈是拱式渡槽的主要承重结构，常用的主拱圈有板拱和肋拱两种形式。

板拱渡槽主拱圈的径向截面多为矩形，可用浆砌石、钢筋混凝土或预制钢筋混凝土块砌筑而成。箱形板拱为钢筋混凝土结构。拱上结构可做成实腹或空腹，如图5-53 (b) 所示。我国湖南省彬县乌石江渡槽，主拱圈为箱形，设计流量为$5m^3/s$，槽身为U形，净跨达110m。

肋拱渡槽的主拱圈为肋拱框架结构，当槽宽不大时，多采用双肋，拱肋之间每隔一定距离设置刚度较大的横梁系，以加强拱圈的整体性。拱圈一般为钢筋混凝土结构。拱上结构为空腹式。槽身一般为预制的钢筋混凝土U形槽或矩形槽。肋拱渡槽是大、中跨度拱式渡槽中广为采用的一种形式，如图5-53 (c) 所示。

三、砌石拱渡槽施工

砌石拱渡槽由基础、槽墩、拱圈和槽身四个部分组成。基础、槽墩和槽身的施工与一般圬工结构相似。下面着重介绍拱圈的施工，其施工程序包括砌筑拱座、安装拱架、砌筑拱圈及拱上建筑、拆卸拱架等。

1. 拱架

砌拱时用以支承拱圈砌体的临时结构称为拱架。拱架的形式很多，按所用材料分为木拱架、钢拱架、钢管支撑拱架及土（砂）牛拱胎等。

在小跨拱的施工中，较多的采用工具式的钢管支撑拱架，它具有周转率高、损耗小、装拆简捷的特点，可节省大量人力物力。土（砂）牛拱胎是在槽墩之间填土（砂）、层层夯实，作成拱胎，然后在拱胎上砌筑拱圈。这种方法由于不需钢材、木材，施工进度快，对缺乏木材而又不太高的砌石拱是可取的。但填土质量要求高，以防止在拱圈砌筑中产生较大的沉陷。如为跨越河沟有少量流水时，可预留一泄水涵洞。

由于拱圈的自重和温度影响以及拱架受荷后的压缩（包括支柱与地基的压缩、卸架装置的压缩等），都将使拱圈下沉。为此，在制作拱架时，以抵消拱圈的下沉值，使建成的拱轴线与设计的拱轴线接近吻合，拱架的这种预加高度称为预留拱度，其数值中通过查有关表格得来。

2. 主拱圈的砌筑

砌筑圈时，应注意施工程序和方法，以免在砌筑过程中拱架变形过大而使拱圈产生裂缝。根据经验，跨度在8m以下的拱圈，可按拱的全宽和全厚，自拱脚同时对称连续地向拱顶砌筑，争取一次完成。

跨度为8～15m的拱圈，最好先在拱脚留出空缝，从空缝开始砌至1/3矢高时，在跨中1/3范围内预压总数20%的拱石，以控制拱架在拱顶部分上翘。当砌体达到设计强度70%时，要将拱脚预留的空缝用砂浆填塞。

跨度大于15m的拱圈，宜采用分环、分段砌筑。

(1) 分环。当拱圈厚度较大，由2～3层拱石组成时，可将拱圈全厚分环（层）砌筑，即砌好一环合拢后，再砌上面一环，从而减轻拱架负担。

(2) 分段。若跨度较大时，需将全拱分成数段，同时对称砌筑，以保持拱架受力平衡。砌的次序是先拱脚，后拱顶，再拱跨处，最后砌其余各段，每段长5～8m。

分段砌筑拱圈，须在分段处设置挡板或三角木撑，以防砌体下滑，如图5－56所示。如拱圈斜度小于20°，也可不设支撑，仅在拱模板上钉扒钉顶住砌体。

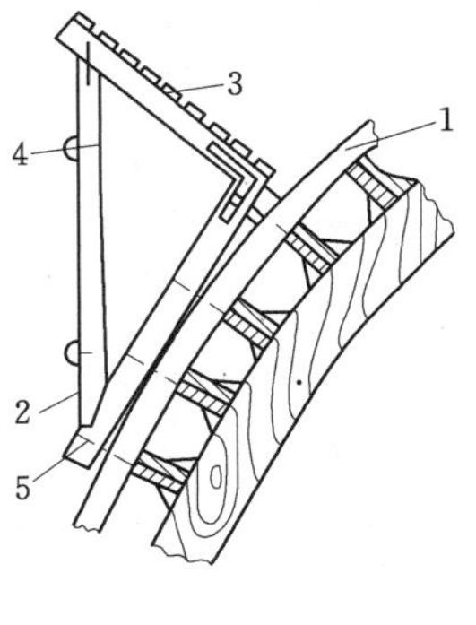

图5－56　三角木支撑
1—模板；2—三角木支撑；3—挡板；4—拉条；5—螺栓

拱圈砌筑，在同一环中应注意错缝，缝距不小于10cm，砌缝面应成辐射状。当用矩形料石砌筑拱圈时，可用调节灰缝宽度，使成辐射状，但灰缝上下宽差不得超过30%。

(3) 空缝的设置。大跨度拱圈砌筑，除在拱脚留出空缝外，还需在各段之间设置空缝，以避免拱架变形过程中拱圈开裂。

为便于缝内填塞砂浆，在砌缝小于15mm时，可将空缝宽度扩大至30～40mm。砌筑时，在空缝处可使用预制砂浆块、混凝土块或铸铁块隔垫，以保持空缝，每条空缝的表面，应在砌好后用砂浆封涂，以观察拱圈在砌筑中的变化。拱圈强度达到设计的70%后，即可填塞空缝。用体积比1∶1、水灰比0.25的水泥砂浆分层填实，每层厚约10cm。拱圈的合拢和填塞空缝宜在低温下进行。

(4) 拱上建筑的砌筑。拱圈合拢后，待砂浆达到承压强度，即可进行拱上建筑的砌筑。空腹拱的腹拱圈，宜在主拱圈落架后再砌筑，以免因主拱圈下沉不均，使腹拱产生裂缝。

3. 拱架拆除

拆架期限，主要是根据合拢处的砌筑砂浆强度能否满足静荷载的应力需要。具体日期应根据跨度大小、气温高低、砂浆性能等决定。

拱架卸落前，上部圬工的重量绝大部分由拱架承受，卸架后，转由拱圈负担。为避免拱圈因突然力而发生颤动，甚至导致开裂，卸落拱架时，应分次均匀下降，每次降落均至拱架与拱圈完全脱开为止。

四、装配式渡槽施工

装配式渡槽施工包括预制和吊装两个施工过程。

(一) 构件的预制

1. 槽架的预制

槽架是渡槽的支承构件，为了便于吊装，一般选择靠近槽址的场地预制。制作的方式有地面立模和砖土胎模两种。

(1) 地面立模。在平坦夯实的地面上用1∶3∶8的水泥、黏土、砂浆抹面，厚约1cm，压抹光滑作为底模，立上侧模后浇制，拆模后，当强度达到70%时，即可移出存放，以便重复利用场地。

(2) 砖土胎模。其底模和侧模均采用砖或夯实土做成，与构件的接触面用水泥黏土砂浆抹面，并除上脱模剂即可。使用土模应做好四周的排水工作。

高度在15m以上的排架，如受起重设备能力的限制，可以分段预制。吊装时，分段定位，用焊接固定接头，待槽身就位后，再浇二期混凝土。

2. 槽身的预制

为了便于预制后直接吊装，整体槽身预制宜在两排架之间或排架一侧进行，槽身的方向可垂直或平行于渡槽的纵向轴线，根据吊装设备和方法而定。要避免因预制位置选择不当，而在起吊时发生摆动或冲击现象。

U形薄壳梁式槽身的预制，有正置和反置两种浇筑方式。正置浇筑是槽口向上，优点是内模板拆除方便，吊装时不需翻身，但底部混凝土不易捣实，适用于大型渡槽或槽身不便翻身的工地。反置浇筑是槽口向下，优点是捣实较易、质量容易保证且拆模快、用料少等，缺点是增加了翻身的工序。

矩形槽身的预制，可以事先预制也可分块预制。中、小型工程，槽身预制采用砖土材料制模，如图5-57所示。

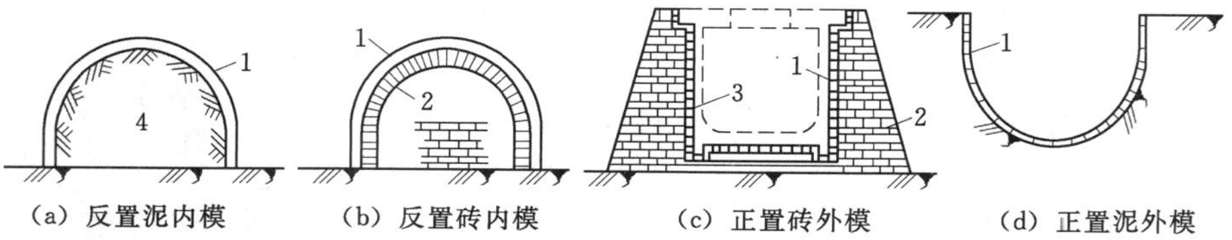

图5-57　砖泥材料内外模

1—1∶4水泥砂浆层，3～5mm厚；2—砖砌体；3—渡槽；4—填土

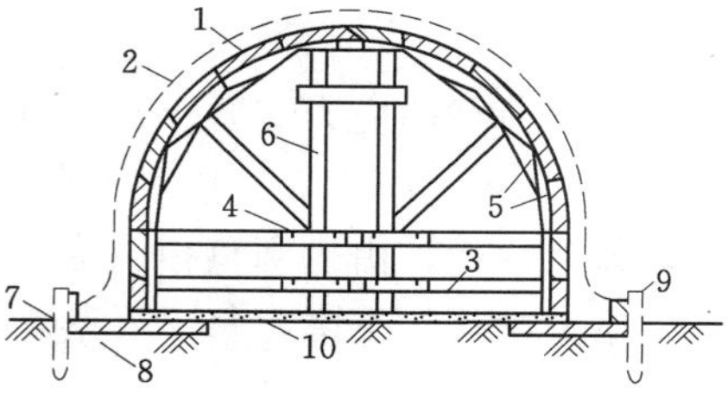

图5-58　反置浇筑钢丝网水泥渡槽槽身木内模结构图

1—木内模；2—待浇槽身；3—活动横撑；4—活动销；5—内龙骨；6—内支架；7—木桩；8—底模；9—侧模；10—预制横拉梁

反置浇筑钢丝网水泥渡槽槽身木内模的构造如图5-58所示。

3. 预应力构件的制造

在制造装配式梁、板及柱时采取预应力钢筋混凝土结构，不仅能提高混凝土的抗裂性与耐久性，减轻构件自重，并可节约钢筋20%～40%。预应力就是在构件使用前，预先加一个力，使构件产生应力，以抵消构件使用时荷载产生相反的应力。制造预应力钢筋混凝土构件的方法很多，基本上分为先张法和后张法两大类。

(1) 先张法。在浇筑混凝土之前，先将钢筋拉张固定，然后立模浇筑混凝土。等混凝土完成硬化后，去掉拉张设备或剪断钢筋，利用钢筋弹性收缩的作用通过钢筋与混凝土间的黏结力把压力传给混凝土，使混凝土产生预应力。

(2) 后张法。后张法就是在混凝土浇好以后再张拉钢筋。这种方法是在设计配置预应力钢筋的部位，预先留出孔道，等到混凝土达到设计强度后，再穿入钢筋进行拉张，拉张锚固后，让混凝土获得压应力，并在孔道内灌浆，最后卸去锚固外面的张拉设备。

(二) 梁式渡槽的吊装

装配式渡槽的吊装工作是渡槽施工中的主要环节。必须根据渡槽的形式、尺寸、构件重量、吊装设备能力、地形和自然条件、施工队伍的素质以及进度要求等因素，进行具体分析比较，选定快速简便、经济合理和安全可靠的吊装方案。

1. 槽架的吊装

槽架下部结构有支柱、横梁和整体排架等。支柱和排架的吊装通常有垂直起吊插装和就地转起立装两种。垂直起吊插装是用起重设备将构件垂直吊离地面后，插入杯形基础，先用木楔（或钢楔）临时固定，校正标高和平面位置后，再填充混凝土进行永久固定。就地转起立装法，与扒杆的竖立法相同。两支柱间的横梁，仍用起重设备吊装。吊装次序由下而上，将横梁先放置在固定于支柱上的三角撑铁上。位置校正无误后，即焊接梁与柱连系钢筋，并浇二期混凝土，使支柱与横梁成为整体。待混凝土达到一定强度后，再将三角撑铁拆除。

2. 槽身的吊装

装配式渡槽槽身的吊装，基本上可分为两类，即起重设备架立于地面上吊装及起重设备架立于槽墩或槽身上吊装。两类吊装方法的比较见表 5－11。

表 5－11　梁式槽身吊装方法的比较

项　目	起重设备架立在地面上	起重设备架立在槽墩上或槽身上
优点	1. 起重设备在地面上进行组装、拆除、工作比较便利。 2. 设备立足于地面，比较稳定安全	1. 起重设备架立在槽墩上或已安装好的槽身上进行吊装，不受地形的限制。 2. 起重设备的高度不大，降低了制造设备的费用
缺点	1. 起吊高度大，因而增加了起重设备的高度。 2. 易受地形的限制，特别是在跨越河床水面时，架立和移动设备更为困难	1. 起重设备的组装、拆除均为高空作业，较地面进行困难。 2. 有些吊装方法还使已架立的槽架产生很大的偏心荷载，必须加强槽架结构和基础
适用范围	适于起吊高度不大和地形比较平坦的渡槽吊装工作	这类吊装方法的适应性强，在吊装渡槽工作中采用最广泛
采用的吊装起重机或起重机构	可利用扒杆成对组成扒杆抬吊，龙门扒杆吊装，摇臂扒杆或缆索起重机进行吊装。此外，履带式起重机，汽车式起重机等均可应用	在槽墩上架立 T 形钢塔，门形钢塔进行吊装；在槽墩上利用推拖式吊装进行整体槽身架设；在槽身上设置摇头扒杆和双人字扒杆吊装槽身等已被广泛采用

任务四　泵 站 工 程 施 工

泵房水下混凝土宜整体浇筑。对于安装大、中型立式机组的泵房工程，可按泵房结构并兼顾进、出水流道的整体性设计分层，由下至上分层施工。层面应平整，如出现高低不同的层面时，应设斜面过渡段。

泵房浇筑，在平面上一般不再分块。如泵房较长，需分期分段浇筑时，应以永久伸缩缝为界面，划分数个浇筑单元施工。泵房挡水墙围护结构不宜设置垂直施工缝。泵房内部的机墩、隔墙、楼板、柱、墙外启闭台、导水墙等可分期浇筑。

一、模板施工

泵房混凝土施工中所使用的模板，可根据结构物的特点，分别采用钢模、木模或其他模板，并应符合下列要求：

(1) 所有模板及支架必须保证结构和构件的形状、尺寸和相对位置正确；具有足够的强度和稳定性；模板表面平整、接缝严密、不漏浆；制作简单，装拆方便，经济耐用。

(2) 钢模所使用的材料宜为 Q235 钢。木模所使用的木材宜为Ⅱ、Ⅲ等材，木材湿度宜为 18%～23%。

(3) 板、支架及脚手架应按照工程结构特点、浇筑方法和施工条件进行设计，并应明确材料、制作、安装、检验、使用及拆除工艺的具体要求。

(4) 计模板、支架及脚手架时，应选择实际可能发生的最不利荷载组合为计算荷载。迎风面的模板及支架，应验算在风荷载作用下的抗倾稳定性，抗倾倒系数不应小于 1.15。

(5) 各种材料的模板及支架、脚手架的设计应符合相应材料标准的规定。

(6) 固定在模板上的预埋件和预留孔洞不得遗漏，模板安装必须牢固，位置准确，其允许偏差应符合设计要求。

(7) 除模板及支架的期限，设计未提出要求时，应符合下列规定：

1) 不承重的侧面模板，应在混凝土强度达到其表面及棱角不因拆模而损伤时；墩、墙、柱部位不低于 3.5MPa 时，方可拆除。

2) 承重模板及支架，应在混凝土达到规定强度后方可拆除。

3) 流道、深井筒式的泵房及其他体型复杂的构筑物，其模板及支架的拆除应制定专门方案，拆除时间除满足强度达到 100%之外，一般不宜少于 21 天。

二、混凝土施工

泵房混凝土的配制应符合下列规定。

(1) 水泥品种的选用原则：

1) 水位变化区或有抗冻、抗冲刷、抗磨损等要求的混凝土，应优先选用硅酸盐水泥或普通硅酸盐水泥。水泥标号不应低于 42.5。

2) 水下不受冲刷或厚大构件内部的混凝土，宜选用矿渣硅酸盐水泥、粉煤灰硅酸盐水泥或火山灰质硅酸盐水泥。

3) 水上部分混凝土，宜选用普通硅酸盐水泥或矿渣硅酸盐水泥。水泥标号不应低于 32.5。

4) 受硫酸盐侵蚀的混凝土，应优先选用抗硫酸盐水泥；受其他侵蚀性介质影响或有特殊要求的混凝土，应按照有关规定或通过试验选用。

(2) 骨料宜采用质地坚硬、颗粒洁净、级配良好的天然砂。砂的细度模数宜为 2.3～

3.0。沙的含泥量不应大于3%，且不得含有黏土团粒。

（3）骨料宜采用质地坚硬且粒径分配良好的碎石、卵石。

（4）骨料最大粒径的选用应符合下列要求：

1）不应大于结构截面最小尺寸的1/4。

2）大于钢筋最小净距的3/4，对双层或多层钢筋结构，不应大于钢筋最小净距的1/2。

3）不宜大于80mm，对受侵蚀性介质作用的外部混凝土，不宜大于保护层厚度。

（5）拌和养护混凝土用水，不得含有影响水泥正常凝结与硬化的有害杂质，凡适宜饮用的水，均可使用。采用天然矿化水时，其氯离子含量不得超过200mg/L；硫酸根离子含量不得超过2200mg/L；pH值不应小于4。

（6）在配制混凝土时，可以合理掺用外加剂，但其掺量和方法应通过试验确定。

（7）混凝土的配合比应通过计算和试验选定，应满足强度、耐久性及施工要求，且应经济、合理。

三、泵房底板施工

（1）底板地基，必须经过工程验收合格，才能进行混凝土施工。

（2）基面上宜先浇一层素混凝土垫层，其厚度可为80～100mm，混凝土强度等级不应低于C10，垫层混凝土面积应大于底板的面积，以利施工，避免搅动地基土。

（3）模板制作安装的允许偏差，应按规定执行。

（4）底板上、下层钢筋骨架网应使用有足够强度和稳定性的柱撑。柱撑可为钢柱或混凝土预制柱。应架设与上部结构相连接的插筋，插筋与上部钢筋的接头应错开。

（5）钢筋混凝土预制柱应符合下列要求：

1）柱的结构与配筋应合理。

2）柱的标准强度应与浇筑部位相同。

3）柱的表面应凿毛，且洗刷干净。

4）在现场使用时应支承稳定。

5）处理好柱周边和柱顶面的混凝土，防止渗透现象。

6）混凝土的水泥用量应满足设计要求，且不宜低于200kg/m^3。

（6）混凝土使用缓凝剂必须符合有关规定，并应在工地进行试验。

（7）混凝土浇筑前应全面检查准备工作，经验收合格后，才能开盘浇筑。

（8）混凝土应分层连续浇筑，不得斜层浇筑。如果浇筑仓面较大，可采用多层阶梯推进法浇筑，其上下两层前后距离不宜小于1.5m，同层的接头部位应充分振捣，不得漏振。

（9）在斜面基底上浇筑混凝土时，应从低处开始，逐层升高，并采取措施保持水平分层，防止混凝土向低处流动。

（10）混凝土浇筑过程中，应及时清除黏附在模板、钢筋、止水片和预埋件上的灰浆。混凝土表面泌水过多时，应及时采取措施，设法排去仓内积水，但不得带走灰浆。

（11）混凝土表面应抹平、压实、收光，防止松顶和干缩裂缝。

四、泵房楼层施工

(1) 混凝土结构施工缝的设置应符合下列规定：

1) 墩、墙、柱底端的施工缝宜设在底板或基础老混凝土顶面，其上端施工缝宜设在楼板或大梁的下面，中部如有与其嵌固连接的楼层板、梁或附墙楼梯等需要分期浇筑时，其施工缝的位置及插筋、嵌槽应同设计单位商定。

2) 与板连成整体的大断面梁，宜整体浇筑。如需分期浇筑，其施工缝宜设在板底面以下 20～30mm 处，当板下有梁托时，应设在梁托下面。

3) 有主、次梁的楼板，施工缝应设在次梁跨中 1/3 范围内。

4) 单向板施工缝宜平行于板的长边。

5) 双向板、多层刚架及其他结构复杂的施工缝位置，应按设计要求留置。

(2) 混凝土施工缝的处理应符合下列规定：

1) 老混凝土的强度达到 2.5MPa 后，才能进行上层混凝土的浇筑准备工作。

2) 应清除已硬化的混凝土表面的水泥浆薄膜和松弱层，并冲洗干净排除积水。

3) 临近浇筑时，水平缝应铺一层厚 20～30mm 的水泥砂浆，垂直缝应刷一层水泥净浆，其水灰比均应较混凝土减少 0.03～0.05。

4) 应处理好新、老混凝土的结合面。

(3) 模板及支架、脚手架应有足够的支承面积和可靠的防滑措施。杆件节点应连接牢固。

(4) 墙、柱的模板，宜用对拉螺栓固定；隔水墙、胸墙、流道及其他有防渗要求的部位，其使用的螺栓不宜加套管。拆模后，应将螺杆两端外露段和深入保护层部分截除，并用与结构同质量的水泥砂浆填实抹光，螺栓中必要时可加焊截渗钢板。

(5) 水池等有防渗要求的构筑物，其厚度小于 400mm 者，应配制防水混凝土。防水混凝土的水泥用量不宜小于 300kg/m^3，砂率应适当加大，且宜选掺防水外加剂，其配合比应由试验确定。

(6) 墩、墙、柱浇筑混凝土时，必须使用溜筒、导管等工具，将拌好的混凝土徐徐灌入；对于断面狭窄、钢筋较密的薄墙、柱等结构物，可在两侧模板的适当部位，均匀地布置一些便于进料和振捣的扁平窗口。随着浇筑面积的上升，窗口应及时完善封堵。

(7) 墙、柱连成整体的梁和板时，应在墩、墙、柱浇筑完毕后停歇 0.5～1h，使其初步沉实，再继续进行。

(8) 浇筑混凝土时应指派专人负责检查模板和支架。发现有变形迹象，应及时加固纠正。发现模板漏浆或仓内积水，应分别堵浆和处理。

(9) 建筑施工应保证下部结构的安全，应有合理的施工方案和技术措施。

单元七　施工进度计划

【单元重点】

双代号网络图的绘制，单代号网络图的绘制，双代号网络计划时间参数计算，双代号时标网络计划绘制。

【学习目标】

能绘制双代号网络图，单代号网络图，能计算双代号网络计划时间参数，确定关键线路，计算工期，能绘制双代号时标网络计划。

任务一 施工进度计划的认识

施工进度计划的任务，就是分析工程所在地区的自然条件、社会经济资源、工程施工特性和可能的施工进度方案，研究确定关键性工程的施工分期和施工程序，协调平衡地安排其他单项工程的施工进度，使整个工程施工前后兼顾，互相衔接，减少干扰，均衡生产，最大限度地合理使用建设资金、劳动力、机械设备和建筑材料，在保证工程质量和施工安全的前提下，按时或以较短工期建成投产，发挥效益，满足国民经济发展的需要。

一、施工进度计划的编制内容

不同设计阶段施工进度计划的具体内容如下：

(1) 可行性研究阶段编制轮廓性施工进度计划。根据工程具体条件和施工特点，对拟定的各种坝址坝型和水工枢纽布置方案，分别进行施工进度的研究工作，提出施工进度资料，参与方案选择和评价水工枢纽布置方案，在既定方案的基础上，配合拟定和选择施工导流方案，研究确定主体工程施工分期和施工程序，提出施工控制性进度表及主要工程的施工强度、估算劳动力高峰人数和总工日数。

(2) 初步设计阶段编制施工总进度计划。根据主管部门对可行性研究报告的审查意见、设计任务书以及实际情况的变化，在参与选择和评价水工枢纽布置方案和配合选择施工导流方案的过程中，提出和修改施工控制性进度；对既定水工和施工导流方案的控制性进度，进行方案比较，选择最优方案，以利施工组织设计各专业开展工作。在各专业设计分析研究和论证的基础上，进一步调查、完善、确定施工控制性进度，编制施工总进度和准备工程进度，提出主要施工强度、施工强度曲线、劳动力需要量曲线等资料。

(3) 技术设计（招标设计）阶段编制单项工程施工总进度计划。根据初步设计编制的施工总进度和水工建筑物型式，工程量的局部修改，结合施工方法和技术供应条件，选择合适的劳动定额，制订单项工程施工进度，并据此调整施工总进度。

二、施工总进度的编制步骤

编制施工总进度计划的步骤即收集编制依据，确定进度控制目标，计算工程量，确定各单位工程的施工期限和开、竣工日期，安排各单位工程的搭接关系，编写施工总进度计划说明书。

(1) 收集编制依据。收集的方法是：施工合同和工期定额都不难得到。施工进度目标中的合同工期可从合同中得到；指令工期由企业法定代表人或项目经理确定。施工部署与主要工程施工方案可从施工项目管理实施规划中得到。有关技术经济资料除设计文件外，其余可进行调研、现场勘察或从档案资料中得到。

（2）确定进度控制目标。一般说来，合同工期不应是施工总进度计划的工期目标，指令工期也不一定肯定是计划的工期目标。应在充分研究经营策略的前提下，确定一个既能有把握实现合同工期，又可实现指令工期，比这两种工期更积极可靠（更短）的工期来编制施工总进度计划，从而确定作为进度控制目标的工期。

（3）计算工程量。施工总进度计划的工程量一般综合性较大。大到按栋号建筑面积（m^2）、小到按分部工程确定工程量（如结构吊装的立方米数）。因此，既可利用工程量清单（招标文件中的），又可利用施工图预算或报价表中的工程量，也可以由编制计划者自算。

（4）确定各单位工程的施工期限和开、竣工日期。这项内容在投标书中已经具备，编制施工总进度计划时可套用，又可加以调整（调短施工期限），由施工总进度计划编制人员酌定，但要与“施工总进度计划表”一致。

（5）安排各单位工程的搭接关系。各单位工程的搭接关系以组织关系为主，主要是考虑资源平衡的需要。也有少量工艺关系，如设备安装工程与土建工程之间的关系等。在安排搭接关系时必须认真考虑这两种关系的合理性。

（6）编写施工进度计划说明书。该说明书应包含以下内容：本施工总进度计划安排的总工期；该总工期与合同工期和指令工期的比较，得出工期提前率；各单位工程的工期；开工日期、竣工日期与合同约定的比较及分析；高峰人数、平均人数及劳动力不均衡系数；本施工总进度计划的优点和存在的问题；执行本计划的重点和措施；有关责任的分配；其他。

三、施工进度计划的表现类型

（1）横道图。横道图是总进度的传统的表现形式，图上标有各单项工程主要项目的工程量、施工时段、施工工期、施工强度。其优点是图面简单明了，直观易懂。缺点是不能表示各分项工程之间的逻辑关系。

（2）网络图。其优点是能明确表示分项工程之间的逻辑关系，能标出控制工期的关键线路；缺点是不太明了直观。下面详细讲述网络的知识。

任务二 双代号网络图的绘制

一、双代号网络图的认识

网络图是网络计划技术的基础。网络图是由箭线和节点组成的、用来表示工作流程的有向的、有序的网状图形。按照网络图表示方法，分为双代号网络图和单代号网络图两种。目前我国普遍应用的一种是双代号网络图。

双代号网络图是以箭线及其两端的节点编号表示工作的网络图，工作的名称（或字母代号）标在箭线的上方，完成该工作所需的持续时间标在箭线的下方，如图 5－59（a）

所示。表 5-12 所示的混凝土基础工程的进度计划网络图，如图 5-59（b）所示。

表 5-12　　混凝土基础工程工作项目表

工作项目	基础放线	基础开挖	模板安装	获得钢筋	钢筋加工	钢筋架立	混凝土制备	混凝土浇筑
工作代号	A	B	C	E	F	G	H	D
工作历时/h	5	10	5	4	6	3	8	6

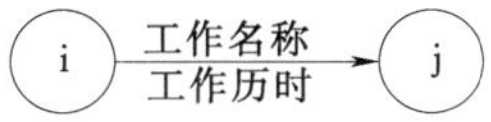

(a) 工作

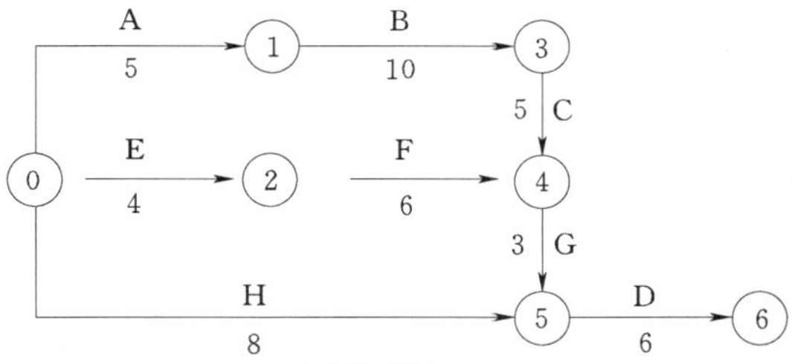

(b) 网络图

图 5-59　双代号网络图

1. 箭线（工作）

在双代号网络图中，每一箭线应表示一项工作。箭线一般画成直线，也可画成折线或曲线，但是不得中断。在无时间坐标的网络图中，直线的长度可以是任意的，与工作持续时间无关。

在网络图中，有时为了正确表达工作之间的逻辑关系，往往要用虚箭线，有些工作只表示前后相邻工作之间的逻辑关系，既不占用时间，也不占用资源的虚拟工作，这类工作就是虚工作，用虚箭线表示。虚工作在实际生活中并不存在，但在双代号网络图中却是必不可少的。

2. 节点

节点是指某一次活动的开始或结束的瞬间，不消耗资源，不占用时间，在双代号网络图中用箭线两端的圆圈表示。网络图中有一个起始节点和一个结束节点，分别表示一个计划任务的开始瞬间和结束瞬间，其余节点即为中间节点。节点应由箭尾指向箭头由小到大编号。

(1) 起点节点。网络图中第一个节点称为起点节点，它表示一项任务的开始。起点节点只有外向工作，没有内向工作。如图 5-59（b）中的节点⓪。

(2) 终点节点。网络图中最后一个节点称为终点节点，它表示一项任务的完成。终点节点只有内向工作，没有外向工作，如图 5-59（b）中的节点⑥。

(3) 中间节点。网络图中的其他节点称为中间节点，它意味着前项工作的结束和后项工作的开始。

3. 线路

线路又称为路线。网络图中从起点节点开始，沿箭头方向顺序通过一系列箭线与节点，最后到达终点节点的通路。

线路上各工作的延续时间之和称为该线路的长度。自始至终全部由关键工作组成的线路或线路上总的工作持续时间最长的线路称为关键线路。关键线路可能仅有一条，也可能不止一条。关键线路上的工作称为关键工作，它们完成的快慢直接影响整个工程的工期。短于关键线路的任何线路都称为非关键线路。在非关键线路中，仅比关键线路短的线路称为次关键线路。

4. 网络图的逻辑关系

（1）紧前工作与先行工作。把紧邻某工作之前必须完成的各项工作称为该工作的紧前工作。在网络图中表示的流入某一节点的所有箭线是流出该节点箭线的紧前工作。紧排在本工作之前的工作，称为该工作的紧前工作。

先行工作是指某一工作开始之前须完成的所有工作。

（2）紧后工作与后续工作。紧后工作与紧前工作相对应，是指紧邻某工作之后要完成的各项工作，在网络图中流出某节点的各项工作为流入该节点工作的紧后工作。

后续工作指在某工作之后要完成的所有工作。如表 5－13 表列为混凝土基础工程项目的逻辑关系。

表 5－13　　混凝土基础工程项目逻辑关系表

工作项目	代号	紧前工作	紧后工作	工作项目	代号	紧前工作	紧后工作
基础放线	A	—	B	获得钢筋	E	—	F
开挖基础	B	A	C	加工钢筋	F	E	G
模板安装	C	B	G	架立钢筋	G	C、F	D
混凝土浇筑	D	G、H	—	制备混凝土	H	—	D

二、绘制双代号网络图的基本准则

（1）节点编号应由始点到终点顺箭线指向由小到大的序号编列（但序号不一定连续）。

1）一条箭线箭头节点的编号应大于箭尾节点的编号。图 5－60（b）是正确的，图5－60（a）是错误的。

2）双代号网络图的节点应用圆圈表示，并在圆圈内编号。节点标号从小到大，可不连续，但严禁重复。

（2）节点编号不能重复。图 5－61（a）所示的 A、B 两项工作的节点代号都是①—②，是错误的。正确的做法是：引入虚工作，绘成图 5－61（b）所示的形式。虚工作只起衔接节点的作用，它本身并不占用时间和消耗资源。

（3）只能有一个开始节点和结束节点，开始节点与结束节点之间的中间节点必有首尾相接的箭线。

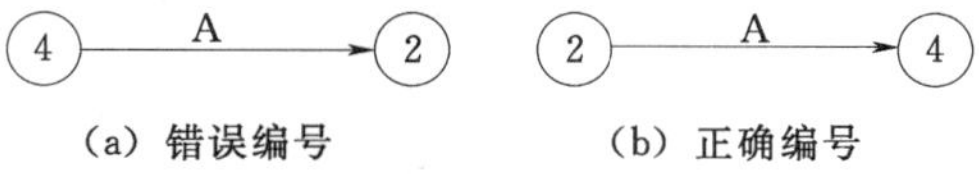

图 5－60　节点编号图例（一）

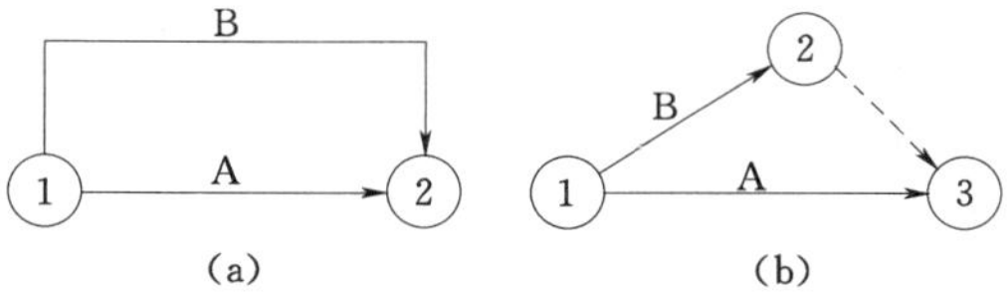

图 5－61　节点编号图例（二）

图 5－62（a）中出现了两个没有内向箭线的起点节点①、⑤，也出现了两个没有外向箭线的终点节点③、⑨，这是错误的。

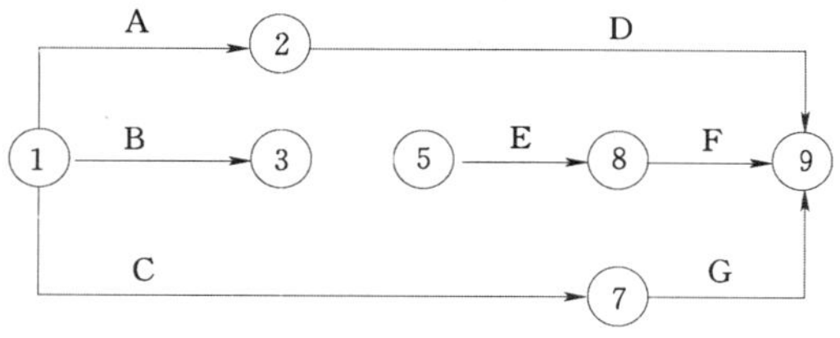

图 5-62　节点画法图例的错误画法

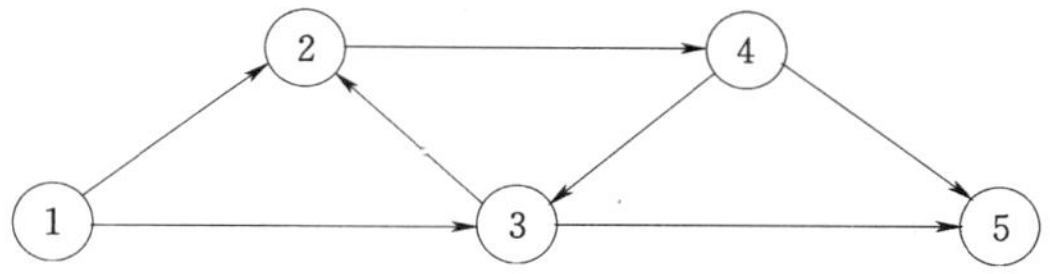

图 5-63　循环线路错误图例

(4) 网络图中不得存在循环闭合线路。

图 5-63 所示的网络图中出现了②—④—③—②循环回路是错误的，这种错误是工作逻辑关系错误。

(5) 箭线的首尾必有节点，两节点之间只能有一条箭线。

一条箭线必须有一个开始节点和一个结束节点，不允许从一条箭线的中间引出另一条箭线。图 5-64 (a) 所示的画法是错误的，正确的画法如图 5-64 (b) 所示。

图 5-64　箭线画法图例

(6) 在节点之间严禁出现无箭头的连线。

(7) 网络图应能正确反映各项工作之间的相互联系和相互制约的逻辑关系。

三、双代号网络图的绘制方法

(1) 根据已知紧前工作，确定紧后工作，并自左至右先画紧前工作，后画紧后工作。

(2) 若没有相同的紧后工作或只有相同的紧后工作，则肯定没有虚箭线，若既有相同的紧后工作，又有不同的紧后工作，则肯定有虚箭线。

(3) 到相同的紧后工作用虚箭线，到不同的紧后工作则无虚箭线。

【例 5-1】 已知各项工作之间的逻辑关系见表 5-14，试绘制双代号网络图。

表 5-14　　**工作逻辑关系表**

工作	A	B	C	D	E
紧前工作	—	—	A	A、B	B

【解】 根据紧前工作，确定紧后工作，见表 5-15。绘制双代号网络图如图 5-65 所示。

表 5-15　　**紧前、紧后工作关系表**

工作	A	B	C	D	E
紧前工作	—	—	A	A、B	B
紧后工作	C、D	D、E	—	—	—

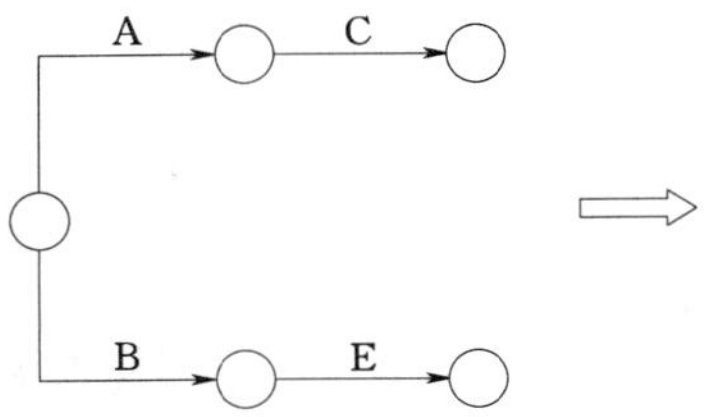

图 5-65　双代号网络绘制图

任务三　单代号网络图的绘制

单代号网络图又称节点式网络图，它用节点表示工作，用箭线表示工作之间的逻辑关系。单代号网络图中，工作的表示方法如图 5-66 所示。在单代号网络图中，节点仍须编号，一个节点表示一项工作，只用一个数码，因此称为“单代号”。

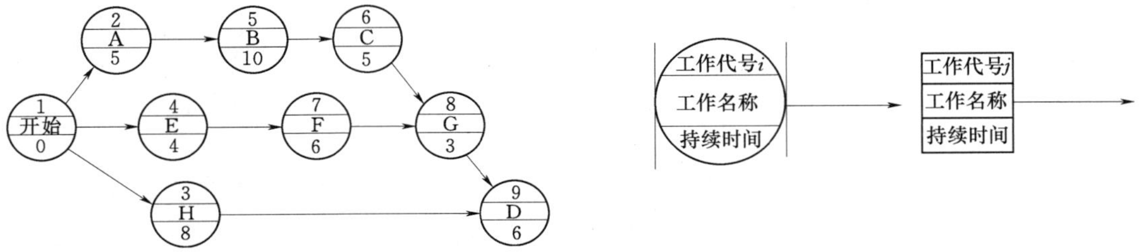

图 5-66　单代号网络图工作图例

1. 单代号网络图各种逻辑关系的表示方法

单代号网络图各工作之间的逻辑关系与双代号网络图相同，仍然是根据工程中工艺上和组织上的客观顺序来确定的，逻辑关系的表示方法也比较简单，对此不再详述。

2. 单代号网络图的绘制

绘制单代号网络图也必须遵循一定的逻辑规则，当违背了这些规则时，就可能出现逻辑混乱，无法判别工作之间的关系或无法进行参数计算，这些基本规则和双代号的要求基本相同，即

（1）单代号网络图必须正确表述已定的逻辑关系。

（2）单代号网络图中，严禁出现循环回路。

（3）单代号网络图中，严禁出现双向箭线或无箭头的连线。

（4）单代号网络图中，严禁出现没有箭尾节点的箭线和没有箭头节点的箭线。

（5）单代号网络图应只有一个起点节点和一个终点节点；当网络图中有多项起点节点或多项终点节点时，应在网络图的两端分别设置一项虚工作，作为该网络图的起点节点和终点节点，如图 5-67 所示。

单代号网络图的绘制方法十分简单，即根据工作逻辑关系由前向后逐一将工作画出，这里不再细述。

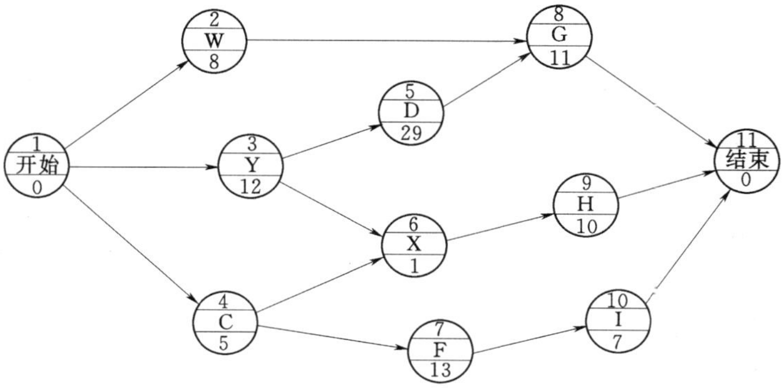

图 5－67　带虚拟起点节点和终点节点的Ⅰ网络图

任务四　双代号网络计划时间参数计算

网络计划的时间参数是确定工程计划工期，确定关键线路、关键工作的基础，也是制定非关键工作机动时间和进行计划优化、计划管理的依据。

时间参数计算的内容包括：各项工作的最早开始时间；最早完成时间；最迟开始时间；最迟完成时间；节点的最早时间；节点的最迟时间及工作时差。

上述各种时间参数的计算可以采用多种方法，如表算法、图上计算法、解析法及电算法。本文介绍图上计算法，其他方法的计算原理与此相同。

计算各种时间参数时，规定无论是工作开始时间或完成时间，都一律以时间单位的终了时刻为准。例如，某工作的开始（或完成）时间为第 5 天，指的是第 5 个工作日的下班时间，亦是第 6 个工作日的上班时间。计算均规定网络计划起始工作从零起点，实际上指的是在第一个工作日的上班开始。

对于双代号网络计划，工作计算法是以“箭线”为讨论对象，在“箭线”上列出各时间坐标，按相应的时间计算规则来计算网络计划时间参数。工作计算法可直接在图上进行。

1. 计算工作最早开始时间（ES）

一项工作的最早开始时间是指该工作最早的可能开始时刻。工作的最早开始时间计算应从网络图的起始节点开始，顺着箭线方向自左至右依次逐次计算，直至终点节点为止。必须先计算其紧前工作，然后才能计算本工作。其计算步骤如下：

（1）以网络计划起点为开始节点的工作的最早开始时间如无规定时，其值按零计，如网络计划起点代号为“1”，则

$$ES_{1-j}=0 \tag{5-8}$$

（2）其他工作的最早开始时间等于其紧前工作的最早开始时间加上该紧前工作的工作历时所得之和，若有多个紧前工作时应取其最大值，即

$$ES_{i-j}=\max\{ES_{h-i}+t_{h-i}\} \tag{5-9}$$

式中　ES_{i-j}——工作 $i-j$ 的最早开始时间；

ES_{h-i}——工作 $i-j$ 的紧前工作 $h-i$ 的最早开始时间；

t_{h-i}——工作 $i-j$ 的紧前工作 $h-i$ 的工作历时。

2. 计算工作的最早完成时间（EF）

显然每项工作的最早完成时间是其最早开始时间与工作持续时间之和，即

$$EF_{i-j}=ES_{i-j}+t_{i-j} \tag{5-10}$$

式中　EF_{i-j}——工作 $i-j$ 的最早完成时间；

t_{i-j}——工作 $i-j$ 的工作历时。

另外由式（5-9）与式（5-10）可得　$ES_{i-j}=\max\{EF_{h-i}\}$　（5-11）

3. 确定网络计划的计算工期（T_c）

网络计划的计算工期等于网络计划的终点节点所有工作最早完成时间的最大值，即

$$T_c=\max\{EF_{i-n}\} \tag{5-12}$$

式中　T_c——网络计划的计算工期；

EF_{i-n}——以网络计划的终点节点 n 为完成节点的工作的最早完成时间。

4. 网络计划的计划工期（T_P）

网络计划的计划工期 T_P 应等于或小于要求工期，当其无规定要求时，可取计划工期等于计算工期，即

$$T_P=T_c \tag{5-13}$$

当已限定了工期时，则计算工期不应超过计划工期，即

$$T_c\leqslant T_P \tag{5-14}$$

5. 计算工作的最迟完成时间（LF）

一项工作的最迟完成时间是指在不影响工程工期的条件下该工作必须完成的最迟时间。工作的最迟完成时间应从网络的终点节点开始，逆着箭线的方向，自右至左进行计算，直至起点节点为止。必须先计算紧后工作，然后才能计算本工作。其步骤如下：

（1）以网络计划的终点为完成节点工作的最迟完成时间。则终点节点的工作的最迟完成时间不能超过计划工期，故

$$LF_{i-n}=T_P \tag{5-15}$$

若无工期规定时，则

$$LF_{i-n}=T_c \tag{5-16a}$$

$$LF_{i-n}=\max\{EF_{i-n}\} \tag{5-16b}$$

（2）其他工作 $i-j$ 的最迟完成时间是其紧后工作最迟完成时间与该紧后工作的工作历时之差，若有多个紧后工作时应取其最小值。$i-j$ 工作最迟应在其紧后工作 $j-k_1$ 和 $j-k_2$ 要求最晚的开始时间之前完成，否则就会影响 $j-k_1$ 和 $j-k_2$ 按时完成，最终可能会影响到工期。即

$$LF_{i-j}=\min\{LF_{j-k}-t_{j-k}\} \tag{5-17}$$

式中　LF_{i-j}——工作 $i-j$ 的最迟完成时间；

LF_{j-k}——工作 $i-j$ 的紧后工作 $j-k$ 的最迟完成时间；

t_{j-k}——工作 $i-j$ 的紧后工作 $j-k$ 的工作历时。

6. 计算工作的最迟开始时间（LS）

每项工作的最迟开始时间是其最迟完成时间与该工作的工作历时之差，即

$$LS_{i-j}=LF_{i-j}-t_{i-j} \tag{5-18}$$

式中　LS_{i-j}——工作 $i-j$ 的最迟开始时间。

7. 计算工作总时差（TF）

工作总时差是指在不影响工期的前提下，一项工作所拥有的机动时间的极限值。一项工作的活动时间范围要受其紧前紧后工作的约束，它的活动时间极限范围是其最早开始时刻到最迟完成时刻这段时间，从其中扣除本身作业必须占用的时间所余时间才可机动使用。工作总时差应按下式计算：

$$TF_{i-j}=LS_{i-j}-ES_{i-j} \tag{5-19a}$$

或

$$TF_{i-j}=LF_{i-j}-EF_{i-j} \tag{5-19b}$$

8. 计算工作的自由时差（FF）

工作的自由时差是总时差的一部分，指一项工作在不影响其紧后工作最早开始时间的前提下可以机动灵活使用的时间。这时工作活动的时间范围被限制在本身最早开始时间和与其紧后工作的最早开始时间之间，从这段时间中扣除本身的工作历时后所余的时间，即为该工作可自由活动的时间，若有多个紧后工作时，其最小值即为自由时差。工作自由时差按下式计算：

$$FF_{i-j}=\min\{ES_{j-k}-ES_{i-j}-t_{i-j}\} \tag{5-20}$$

$$FF_{i-j}=\min\{ES_{j-k}-EF_{i-j}\} \tag{5-21a}$$

或

$$FF_{i-j}=\min\{ES_{j-k}\}-EF_{i-j} \tag{5-21b}$$

【例 5-2】 已知某项目进度网络计划如图 5-68 所示，试计算其工作的时间参数。

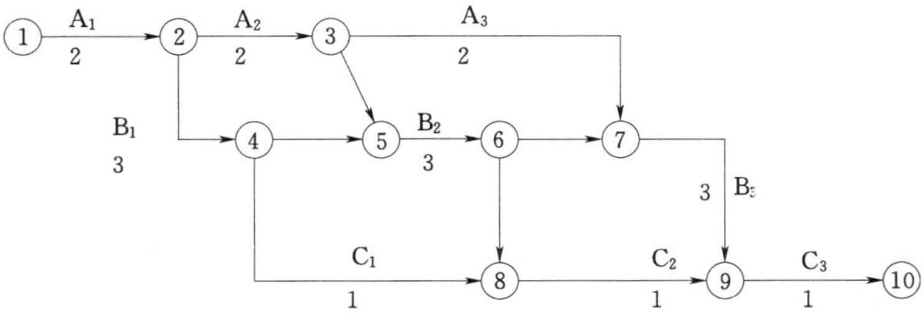

图 5-68　某项目进度网络计划图

【解】 采用图上计算。标出时标于图 5-68 右上角。

（1）计算工作最早开始时间与最早完成时间。

$$\begin{cases}ES_{1-2}=0\\EF_{1-2}=ES_{1-2}+t_{1-2}=0+2=2\end{cases}$$

$$\begin{cases}ES_{2-3}=\max\{EF_{1-2}\}=2\\EF_{2-3}=ES_{2-3}+t_{2-3}=2+2=4\end{cases}$$

$$\begin{cases}ES_{2-4}=\max\{EF_{1-2}\}=2\\EF_{2-4}=ES_{2-4}+t_{2-4}=2+3=5\end{cases}$$

$$\begin{cases}ES_{3-7}=\max\{EF_{2-3}\}=4\\EF_{3-7}=ES_{3-7}+t_{3-7}=4+2=6\end{cases}$$

$$\begin{cases}ES_{3-5}=\max\{EF_{2-3}\}=4\\EF_{3-5}=ES_{3-5}+t_{3-5}=4+0=4\text{（虚工作）}\end{cases}$$

$$\begin{cases}ES_{4-8}=\max\{EF_{2-4}\}=5\\EF_{4-8}=ES_{4-8}+t_{4-8}=5+1=6\end{cases}$$

$$\begin{cases}ES_{4-5}=\max\{EF_{2-4}\}=5\\EF_{4-5}=ES_{4-5}+t_{4-5}=5+0=5\text{（虚工作）}\end{cases}$$

$$\begin{cases}ES_{5-6}=\max\{EF_{4-5}\}=5\\EF_{5-6}=ES_{5-6}+t_{5-6}=5+3=8\end{cases}$$

$$\begin{cases}ES_{6-7}=\max\{EF_{5-6}\}=8\\EF_{6-7}=ES_{6-7}+t_{6-7}=8+0=8\text{（虚工作）}\end{cases}$$

$$\begin{cases}ES_{6-8}=\max\{EF_{5-6}\}=8\\EF_{6-8}=ES_{6-8}+t_{6-8}=8+0=8\text{（虚工作）}\end{cases}$$

$$\begin{cases}ES_{7-9}=\max\begin{Bmatrix}EF_{3-7}\\EF_{6-7}\end{Bmatrix}=\max\begin{Bmatrix}6\\8\end{Bmatrix}=8\\EF_{7-9}=ES_{7-9}+t_{7-9}=8+3=11\end{cases}$$

$$\begin{cases}ES_{8-9}=\max\{EF_{6-8}\}=8\\EF_{8-9}=ES_{8-9}+t_{8-9}=8+1=9\end{cases}$$

$$\begin{cases}ES_{9-10}=\max\begin{Bmatrix}EF_{7-9}\\EF_{8-9}\end{Bmatrix}=\max\begin{Bmatrix}11\\9\end{Bmatrix}=11\\EF_{9-10}=ES_{9-10}+t_{9-10}=11+1=12\end{cases}$$

（2）计算网络计划的计算工期。

$$T_c=\max\{EF_{9-10}\}=12$$

（3）网络计划工期。

$$T_P=T_c=12$$

（4）计算工作的最迟完成时间及最迟开始时间。

$$\begin{cases}LF_{9-10}=T_P=12\\LS_{9-10}=LF_{9-10}-t_{9-10}=12-1=11\end{cases}$$

$$\begin{cases}LF_{8-9}=\min\{LS_{9-10}\}=11\\LS_{8-9}=LF_{8-9}-t_{8-9}=11-1=10\end{cases}$$

$$\begin{cases}LF_{7-9}=\min\{LS_{9-10}\}=11\\LS_{7-9}=LF_{7-9}-t_{7-9}=11-3=8\end{cases}$$

$$\begin{cases}LF_{3-7}=\min\{LS_{7-9}\}=8\\LS_{3-7}=LF_{3-7}-t_{3-7}=8-2=6\end{cases}$$

$$\begin{cases}LF_{6-7}=\min\{LS_{7-9}\}=8\\LS_{6-7}=LF_{6-7}-t_{6-7}=8-0=8\text{（虚工作）}\end{cases}$$

$$\begin{cases} LF_{6-8}=\min\{LS_{8-9}\}=10 \\ LS_{6-8}=LF_{6-8}-t_{6-8}=10-0=10\text{（虚工作）} \end{cases}$$

$$\begin{cases} LF_{5-6}=\min\begin{Bmatrix} LS_{6-7} \\ LS_{6-7} \end{Bmatrix}=\min\begin{Bmatrix} 8 \\ 10 \end{Bmatrix}=8 \\ LS_{5-6}=LF_{5-6}-t_{5-6}=8-3=5 \end{cases}$$

$$\begin{cases} LF_{4-8}=\min\{LS_{8-9}\}=10 \\ LS_{4-8}=LF_{4-8}-t_{4-8}=10-1=9 \end{cases}$$

$$\begin{cases} LF_{2-3}=\min\begin{Bmatrix} LS_{3-7} \\ LS_{5-6} \end{Bmatrix}=\min\begin{Bmatrix} 6 \\ 5 \end{Bmatrix}=5 \\ LS_{2-3}=LF_{2-3}-t_{2-3}=5-2=3 \end{cases}$$

$$\begin{cases} LF_{2-4}=\min\begin{Bmatrix} LS_{5-6} \\ LS_{4-8} \end{Bmatrix}=\min\begin{Bmatrix} 5 \\ 9 \end{Bmatrix}=5 \\ LS_{2-4}=LF_{2-4}-t_{2-4}=5-3=2 \end{cases}$$

$$\begin{cases} LF_{1-2}=\min\begin{Bmatrix} LS_{2-3} \\ LS_{2-4} \end{Bmatrix}=\min\begin{Bmatrix} 3 \\ 2 \end{Bmatrix}=2 \\ LS_{1-2}=LF_{1-2}-t_{1-2}=2-2=0 \end{cases}$$

（5）计算总时差。

$$TF_{1-2}=LS_{1-2}-ES_{1-2}=0-0=0$$
$$TF_{2-3}=LS_{2-3}-ES_{2-3}=3-2=1$$
$$TF_{2-4}=LS_{2-4}-ES_{2-4}=2-2=0$$
$$TF_{3-7}=LS_{3-7}-ES_{3-7}=6-4=2$$
$$TF_{4-5}=LS_{4-5}-ES_{4-5}=0$$
$$TF_{4-8}=LS_{4-8}-ES_{4-8}=9-5=4$$
$$TF_{5-6}=LS_{5-6}-ES_{5-6}=5-5=0$$
$$TF_{6-7}=LS_{6-7}-ES_{6-7}=0$$
$$TF_{6-8}=LS_{6-8}-ES_{6-8}=0$$
$$TF_{7-9}=LS_{7-9}-ES_{7-9}=8-8=0$$
$$TF_{8-9}=LS_{8-9}-ES_{8-9}=10-8=2$$
$$TF_{9-10}=LS_{9-10}-ES_{9-10}=11-11=0$$

（6）计算工作的自由时差。

$$FF_{1-2}=\min\begin{Bmatrix} ES_{2-3}-EF_{1-2} \\ ES_{2-4}-EF_{1-2} \end{Bmatrix}=\min\begin{Bmatrix} 2-2 \\ 2-2 \end{Bmatrix}=0$$

$$FF_{2-3}=\min\begin{Bmatrix} ES_{3-7}-EF_{2-3} \\ ES_{5-6}-EF_{2-3} \end{Bmatrix}=\min\begin{Bmatrix} 4-4 \\ 5-4 \end{Bmatrix}=0$$

$$FF_{2-4}=\min\begin{Bmatrix} ES_{4-5} \\ ES_{4-8} \end{Bmatrix}-EF_{2-4}=\min\begin{Bmatrix} 5 \\ 5 \end{Bmatrix}-5=0$$

$$FF_{3-7}=\min\{ES_{7-9}\}-EF_{3-7}=8-6=2$$

$$FF_{5-6}=\min\begin{Bmatrix}ES_{7-9}\\ES_{8-9}\end{Bmatrix}-EF_{5-6}=\min\begin{Bmatrix}8\\8\end{Bmatrix}-8=0$$

$$FF_{7-9}=\min\{ES_{9-10}\}-EF_{7-9}=11-11=0$$

$$FF_{8-9}=\min\{ES_{9-10}\}-EF_{8-9}=11-9=2$$

$$FF_{9-10}=T_P-EF_{9-10}=12-12=0$$

将结果标注在网络计划图上，得六时标注网络计划如图 5-69 所示。以上计算过程可直接于图上进行。

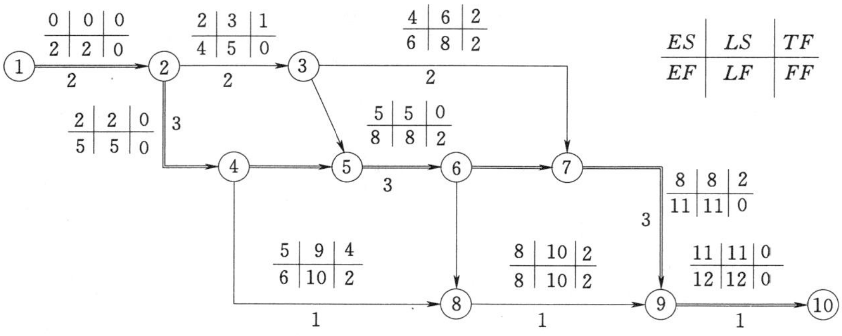

图 5-69 某项目网络计划六时标注网络计划图

任务五 双代号时标网络计划介绍

双代号时标网络计划，也称时间坐标网络计划，是以时间坐标为尺度表示工作时间及有关参数的一种网络计划。它将网络计划按照工作的逻辑关系，以一定比例，绘制在一张带有时间坐标的表格上，既明了地反映工作之间的逻辑关系，又能清楚直观地表现出各工作的时间参数。新横道图是以传统横道图与网络计划相结合，也是一种简单明了的进度表达形式。因此，在我国容易被接受，应用面较广。

1. *表示方法*

如图 5-70 所示为一时标网络计划。时标网络计划的工作以实箭线表示，虚工作以虚箭线表示，波形线表示本工作与其紧后工作之间的时间间隔。当本工作之后紧接有工作时，波形线表示本工作的自由时差；当本工作之后紧接虚工作时，则紧接的虚工作上的波形线中的最短者为本工作的自由时差。

时标的单位应根据需要确定，可以是小时、天、周、旬、月、年等，必须在网络图上注明。

2. *绘制步骤*

时标网络计划宜按工作的最早时间即最早开始时间和最早完成时间绘制，一般应先绘好无时标的网络计划，然后再绘制时标、网络计划。有间接绘图法和直接绘图法两种。

（1）直接法绘制：

1）起点节点“①”位于时标表起始刻度。

2）绘制起点节点的外向箭线，其长度等于工作的持续时间。

3）其他工作的开始节点必须在其所有紧前工作绘制后，定位在这些紧前工作线中最迟完成时间最大值的时间刻度上，某些箭线长度不足部分用波形线补足，箭头画在波形线与节点连接处。

4）按上述方法从左至右依次确定其他节点位置，直至网络计划终点节点定位，绘图完成。

（2）间接绘图法。即先算后画。根据先绘制好的无时标网络计划，算出各项工作的最早开始和结束时间，确定关键线路。然后再在时标表上确定节点位置，用箭线标出工作持续时间，某些工作箭线长度不足以达到该工作的完成节点时，用波形线补足。绘图时，一般宜先绘制关键线路上的工作，再绘制非关键工作。间接画法比直接画法要容易一些，但也稍烦琐一些。

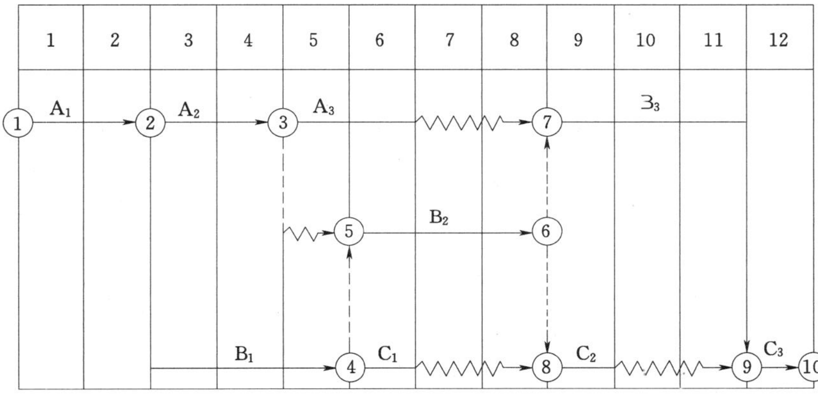

图 5－70　时标网络计划

【例 5－3】 把图 5－71 所示双代号网络图绘制成双代号时标网络图（图 5－72）。

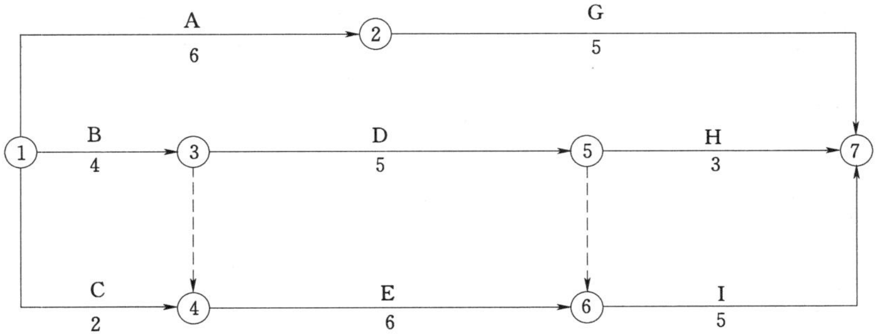

图 5－71　某项目双代号网络图

3. 关键线路与时间参数的确定

时标网络计划的关键线路，可以自终点节点逆箭线方向向起点节点逐步进行判定，自始至终都不出现波形线的线路即为关键线路。也可以根据总时差来判断。关键线路可用双线或粗线表示。

网络计划的计算工期即为终点节点的时标值。

（1）工作最早时间。每条箭线左端节点中心所对应的时标值代表工作的最早开始时

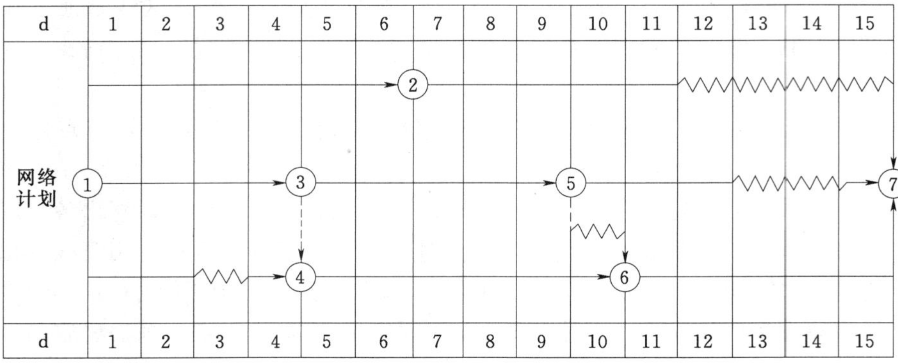

图 5－72　某项目双代号时标网络图

间，箭线实线部分右端对应的时标值代表工作的最早完成时间。

（2）工作的自由时差。箭线右边的波形线长度为该工作的自由时差；若工作的紧后工作全部用虚工作与其连接时，则该工作的自由时差为各项虚工作波形线长度的最小值。

（3）工作总时差。工作总时差，可直接在图上根据其定义来判断，也可自右向左经过简单计算确定，在其诸紧后工作的总时差都被确定后才能求出，其值等于紧后工作的总时差与紧后工作和本工作之间的时间间隔之和的最小值，即

$$TF_{i-j}=\min\{TF_{j-k}+\Delta T_{i-j,j-k}\} \tag{5-22}$$

式中　TF_{i-j}——本工作 $i-j$ 总时差；

TF_{j-k}——工作 $i-j$ 紧后工作总时差；

$\Delta T_{i-j,j-k}$——工作 $i-j$ 最早完成时间与其紧后工作 $j-k$ 最早开始时间之间的时间间隔（即 $\Delta T_{i-j,j-k}=ES_{j-k}-EF_{i-j}$）。

（4）工作最迟时间。工作的最迟开始时间和最迟完成时间，分别等于工作最早开始时间或工作最早完成时间加该工作的总时差。

单元八　施工总体布置

【单元重点】

施工总体布置图的内容，施工总体布置图设计的原则，施工总体布置图的设计步骤。

【学习目标】

能合理设计施工总体布置图的内容，能绘制施工总体布置图。

任务一　施工总布置的认识

施工总布置，就是根据工程特点和施工条件，研究解决施工期间所需的辅助企业、交通道路、仓库、房屋、动力、给水排水管线以及其他施工设施等的平面和立面布置问题，为整个工程全面施工创造条件，以期用最少的人力、物力和财力，在规定的期限内顺利完

成整个工程的建设任务。

施工总体布置的设计深度，随设计阶段的不同而有所不同。初设阶段，施工总体布置的主要任务是根据主体工程施工要求和自然条件，分别就施工场地划分、主要辅助企业和大型临时设施的分区布置及场内主要交通运输路线的衔接等，拟定各种可能的布局方案，进行比较和论证，选择合理的方案。技设阶段，主要是在初设阶段施工总体布置的基础上，进行分项分区施工场地和主要辅助企业、大型临时设施的具体布置设计。

一、施工总体布置图的内容

施工总体布置的成果，需要标示在一定比例尺的施工地区地形图上，构成施工总体布置图，它是施工组织设计的主要成果之一。

施工总平面图是以建筑总平面图为基础，在经过拆迁和场地平整后的施工现场平面上按不同施工阶段进行合理布置而成的若干张平面布置图，其主要内容如下：

（1）原有地形、地貌；一切已建和拟建的永久性建筑物、构筑物和地上地下管线及其他设施的位置和尺寸。

（2）为施工服务的一切临时性建筑物和临时设施，主要如下：

1）导流建筑物，如围堰、隧洞、明渠等。

2）运输系统，如各种道路、车站、码头、车库、桥涵、栈桥、大型起重机等。

3）各种仓库、料堆、弃料堆等。

4）各种料场及其加工系统，如土料场、砂料场、石料场、骨料加工厂等。

5）混凝土制备系统，如混凝土工厂、骨料仓库、水泥仓库、制冷系统等。

6）机械修配系统，如机械修理厂、修钎厂、机修站等。

7）其他施工辅助企业，如钢筋加工厂、木材加工厂、混凝土和钢筋混凝土预制构件工厂等。

8）金属结构、机电设备和施工设备的安装基地。

9）水、电和动力供应系统，如临时发电站、变电站、抽水站、水处理设施、压缩空气站和各种线路管道等。

10）生产及生活所需的临时房屋，如办公室、职工及家属宿舍、食堂、医院等。

11）安全防火设施及其他，如消防站、警卫室、安全警戒线等。

水利水电建设是一个改造自然的过程。永久性建筑物将根据施工进度计划的安排，循着一定的顺序来建造并投入运转。临时性建筑物及其他临时设施也往往随着施工的需要而逐渐建造，用完以后，或是拆除转移或是作废。同时，随着永久性和临时性建筑物的修建，水文、地形等自然条件也都有了改变。所以，研究施工总体布置解决施工地区的空间组织问题时，就不能不与施工进度的时间安排协调起来，就不能不受到施工导流程序的影响。因此，对于工期较长的大型水利水电工程，一般还应根据不同时期的施工条件和特点，分期设计施工总体布置图，以适应不同时期的施工需要。

二、施工总体布置图设计的原则

施工总平面图设计总的原则是：平面紧凑合理，方便施二流程，运输方便畅通，降低临建费用，便于生产生活，保护生态环境，保证安全可靠。具体内容如下：

(1) 平面紧凑合理是指少占农田、减少施工用地，充分调配各方面的布置位置，使其合理有序。

(2) 方便施工流程是指施工区域的划分应尽量减少各工种之间的相互干扰，充分调配人力、物力和场地，保持施工均衡、连续、有序。

(3) 运输方便畅通是指合理组织运输，减少运输费用，保证水平运输和垂直运输畅通无阻，保证不间断施工。

(4) 降低临建费用是指充分利用现有建筑，作为办公、生活福利等用房，应尽量少建临时性设施。

(5) 便于生产生活是指尽量为生产工人提供方便的生产生活条件。

(6) 保护生态环境是指施工现场及周围环境需要注意保护，如能保留的树木应尽量保留，对文物及有价值的物品应采取保护措施，对周围的水源不应造成污染，垃圾、废土、废料、废水不随便乱堆、乱放、乱泄等。

(7) 保证安全可靠是指安全防火、安全施工，尤其不要出现影响人身安全的事故。

三、施工总体布置图设计所依据的资料

(1) 设计资料，包括建筑总平面图、地形地貌图、区域规划图、建设项目范围内有关的一切已有和拟建的各种地上、地下设施及位置图。

(2) 建设地区资料，包括当地的自然条件和经济技术条件，当地的资源供应状况和运输条件等。

(3) 建设项目的概况，包括施工方案、施工进度计划，以便了解各施工阶段情况，合理规划施工现场。

(4) 物质需求资料，包括建筑材料、构件、加工品、施工机械、运输工具等物质的需要量表，以规划现场内部的运输线路和材料堆场等位置。

(5) 各构件加工厂、仓库、临时性建筑的位置和尺寸。

(6) 水源、电源及建筑区域的竖向设计资料。这对布置水电管线和安排土方的挖填非常重要。

任务二　施工总体布置图的设计步骤

设计施工总平面图，大体可以按下述步骤进行。

一、收集和分析基本资料

设计施工总体布置时，必须深入现场，通过调查研究，掌握一些基本资料，其中包括：施工地区的地形图，比例尺 1/10000～1/1000；拟建枢纽的布置图；对外交通运输设施，如铁路、公路、航运的资料以及车站、码头等的位置和特征；施工现场附近的居民点和工业企业的资料，如建筑标准、有无可供利用的住房、当地的建筑材料、电力供应情况以及机械修配能力等；采料场的位置和范围；河流的水文特性，如在自然条件下和施工导

流过程中，不同频率的上下游水位资料；施工方法、导流程序和进度安排等资料。

二、编制临时建筑物的项目单

在掌握基本资料的基础上，根据工程的施工条件，结合类似工程的施工经验，编制临时建筑物的项目单，并大致拟定它们的占地面积、建筑面积和布置。编制项目单时，应该仔细研究枢纽的施工方法、施工程序，了解整个施工时期各阶段的施工需要，确定各临时建筑物的使用期限，力求做到比较详尽不要遗漏。

三、对现场布置作出总规划

这是施工总体布置中极其关键的一步，要着重研究解决总体布置中的一些重大原则问题。如：施工场地是一岸布置还是两岸布置？是集中布置还是分散布置？如果是分散布置，则以哪一处作为主要场地？如何分区？哪些临时建筑物采取集中布置的方式？哪些又采取分散布置的方式？施工现场内布置几条主要交通干线？它们的高程和线路如何布局？场内交通与场外交通如何衔接？等等。

水利水电枢纽工程的组成和布置直接影响到施工场地的选择、辅助企业的组成和布置。堤坝式水电站枢纽由于电站厂房靠近大坝，工程比较集中，所以常在枢纽轴线下游的一岸或两岸设立施工场地。如果施工场地设在一岸，则这一岸的选择常受电站厂房位置和对外交通线路的影响。如果分设在两岸，则主要场地的确定也受上述因素的影响。引水式水电站由于电站厂房离取水枢纽较远，所以施工场地常分设在厂房和取水枢纽两处。如果引水建筑物较长，有时还在中间设立辅助的施工场地。工程的组成不同，辅助企业的组成和布置也不同。对以混凝土建筑物为主体工程的枢纽，在施工总体布置时应以混凝土系统为重点，环绕它来规划布置各项辅助企业和临时建筑物。而对以当地材料建筑物为主体工程的枢纽，在施工总体布置时则应把重点放在料场规划、上坝线路等方面，并以此为出发点来规划布置各项辅助企业和临时建筑物。

规划施工场地时，一定要对水文资料进行认真研究。主要场地和交通干线的防洪标准一般不应低于 20 年一遇。在坝址上游布置临时建筑物和施工设施时要研究导流期间的水位变化，保证在淹没前能够顺利撤出。在峡谷冲沟内布置场地时，还必须考虑到山洪突然袭击的可能。例如我国新安江工程原拟在坝址下游右岸建立主要施工场地，理由是交通方便，地势平坦。在设计过程中经过现场勘测研究，为防止洪水淹没，决定放弃右岸场地，而在左岸开辟山坡布置施工场地。后来施工期间一场大水，右岸整个平地全部淹没，实践证明施工场地移到左岸，虽然运输路线远一点，开拓场地的工程量大一些，但避免了洪水淹没，是完全正确的。

根据我国水利水电工程施工的经验，对于各项临时建筑物和施工设施，宜根据具体情况采取集中和分散相结合的布置方式。例如：砂石骨料的开采和加工，应根据料场的选择来决定，力求做到集中开采、集中加工，大型混凝土制备系统多选择集中布置的方案，但零星分散的浇筑，可以设置临时拌和站或用移动式拌和机来解决；机械修配系统除全工地设中心机修厂外，应在各工区分设机修站，交通运输系统的设施，如车库、修理车间等，以集中布置为好；仓库布置，除设立集中的仓库区以外，对于水泥、炸药等的专用仓库和各工区、各辅助企业的仓库，以分别布置在服务对象附近为好；临时公用房屋和居住房屋，一般都分散布置，形成与各工区相配合的生活区，但部分家属居住区可以在距离现场的适当地点集中；供水、供风往往是分区形成独立的系统，供电则是以集中的临时发电厂或中心变电所为中心，构成全工地统一的供电系统，由变电站分区供应。

在规划施工现场时，要注意以下几条场内运输干线的布置：两岸交通联系的线路；混凝土和水泥的运输线路；土石方运输线路；砂石骨料运输线路；围堰截流的运输线路；金属结构机电设备进厂线路；以及上下游联系的过坝线路等。一般采取高低线统筹布置的方式，能结合的则尽量结合，不能结合的则分别布置。两岸交通联系最好在坝址下游修建永久性跨河桥梁，以保证全年运输畅通。当对外交通采用标准轨专用线时，宜把专用线引入混凝土工厂和水电站厂房，作为运送水泥、机电设备之用。砂石骨料运输线取决于料场、加工厂和混凝土工厂的相对位置，可以设置窄轨机车或皮带机专线运输，也可以利用标准轨专用线。主要对外交通干线应从施工现场的边沿引入，最好不穿过居住区。场内外交通干线要避免平面交叉，如果无法避免时，交角宜在90°左右。

四、具体布置各项临时建筑物

在对现场布置作出总规划的基础上，根据对外交通方式，依次布置各项临时建筑物。当对外交通采用标准轨铁路或水路时，先确定车站码头的位置，以满足车站、码头和线路设计方面的要求；然后布置场内交通线路；再沿线布置施工辅助企业和仓库等各项设施；最后布置行政、文化、生活福利设施及水、电和动力供应系统等。

如果对外交通采用公路时，则可与场内交通联成一个系统来进行考虑和布置；再据以确定辅助企业和主要仓库的位置；最后布置行政、文化、生活福利设施及水、电和动力供应系统等。

在具体布置各项临时设施时，以下方面可以作为参考：

(1) 对外运输专用线的铁路车站或汽车基地，可以布置在施工现场的入口附近。铁路车站的地面坡度最好不超过2‰，机车库和检修支线宜布置在车站附近。

(2) 工地的一般器材仓库可以靠近车站和线路布置，而油库和其他危险物品仓库（如炸药库）则应单独布置，并和场内外交通联系起来。

(3) 混凝土工厂应布置在接近主要建筑物的地区。水泥仓库、骨料仓库、钢筋加工厂、模板加工厂、钢筋混凝土预制构件工厂，在场地宽敞时，都可以靠近混凝土工厂布置。如地形条件不允许，至少应该使水泥仓库、骨料仓库和混凝土工厂布置在一起。

(4) 机械修配厂的布置要考虑笨重机械运入运出的方便，最好布置在工地交通干线的侧旁。

(5) 码头、停泊处、木工厂（当木材由水路运来时）、供水抽水站均可布置在枢纽下游的河边，但要考虑河水流速、水位等条件的影响。

(6) 空压机站、修钎厂等多分散布置在石方开挖地点（如基坑、隧洞）附近，布置时要考虑爆破的安全距离。混凝土工厂附近，也要建立压缩空气站。

(7) 闸门和金属结构安装基地常布置在主要建筑物附近，施工用金属结构和设备、钢管加工厂等，可以和它靠近，以便统一使用人力和物力。

(8) 水电站设备安装基地布置在水电站厂房附近。

(9) 低压变电站或临时发电厂应布置在电能需要量比较集中的地点，如混凝土系统、中心机械修配厂的附近。对隧洞、地下厂房等施工地区，还需要布置由220V降至36V的变电设备。

(10) 骨料加工厂应布置在料场附近，以免运输废料，同时也可减轻混凝土工厂的拥挤。

五、调整、修改和选定合理的布置方案

在各项临时建筑物和施工设施布置完成后，应对整个施工总体布置进行协调和修正，检查施工设施和主体工程施工之间、各项临时建筑物之间彼此有无干扰矛盾？是否协调一致？生产和施工工艺配合得怎样？能否满足安全防火和卫生方面的要求？占用农田多少？对这些问题进行调整，务使协调，并注意使整个布置留有一定的余地。最后，提出几个可能方案进行比较，选定合理的布置方案。选定方案时，一般可以用以下几个主要指标来衡量，如：各种物资的运输工作量（吨公里数）或运输总费用；临时建筑物的工程量或造价，占用土地或农田的面积；有利生产、易于管理和便于生活的程度等。

根据选定的方案绘制施工总体布置图。

知识技能训练

一、思考题

1. 何谓施工导流？施工导流有哪两种基本方法？

2. 分段围堰法导流的分段与分期各是何意义？两者有何区别？

3. 混凝土围堰具有那些特点（优点）？

4. 截流材料有哪几种？根据什么条件选择截流材料？

5. 混凝土坝施工，若坝身在汛前浇筑不到拦洪高程，应采取什么措施以保证汛期不停工？

6. 经常性排水一般采用哪几类方法？

7. 井管排水法的基本原理是什么？

8. 土石坝为何要做压实试验？如何试验？

9. 混凝土坝的分缝分块方案有哪些？

10. 简述水工隧洞施工程序。

11. 渠道衬砌的方法有哪些？各有什么特点？

12. 施工组织设计的概念？其作用包括哪些方面？

13. 简述施工组织设计的内容

14. 如何编制施工总进度计划？

15. 施工总体布置图的内容是什么？

16. 冬雨季施工应采取哪些措施？

二、技能训练

1. 根据表 5 - 16 逻辑关系，绘制双代号网络图。

表 5 - 16　　某项目工作逻辑关系表

工作	A	B	C	D	E	F	G	H	I
紧前工作	—	A	A	B	B、C	C	D、E	E、F	H、G
紧后工作	B、C	D、E	E、F	G	G	H	I	I	—

2. 已知某项目的时标网络计划如图 5 - 73 所示。

问题：(1) 工作 E 的总时差及自由时差各为多少天？

(2) 指出该网络计划的关键路线。

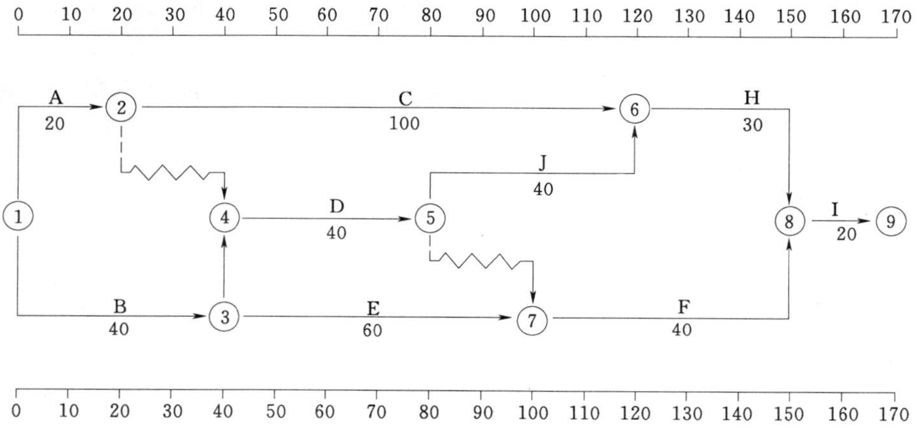

图 5 - 73　某项目的时标网络计划图

模块六　工程造价的基本知识

单元一　工 程 造 价 的 认 识

【单元重点】

工程造价的概念，工程造价文件类型，工程造价编制基本方法。

【学习目标】

能在工程建设不同阶段选择所应该编制的工程造价文件类型，能选择合适的工程造价编制基本方法。

任务一　工程造价概念的认识

一、工程造价的含义

工程造价的直接含义就是工程的建造价格，这里所说的工程，泛指一切建设工程。工程造价有两层含义：一是指建设项目的建设成本，即是完成一个建设项目所需费用的总和，包括建筑工程费、安装工程费、设备费，以及其他相关的必需费用；二是指建设项目中承发包工程的承发包价格，即是发包方与承包方签订的合同价。

二、工程造价的计价特征

1. 单件性计价

项目的单个性导致了建设工程造价的差异性，因此每个工程必须单独计算其工程造价

2. 多次性计价

建设项目周期长、不确定因素多、规模大造价高，很难一次性确定其价格，因此按建设程序要分阶段进行，分阶段计价，以保证工程造价的确定与控制的科学性，图 6－1 表示了其特点和过程。

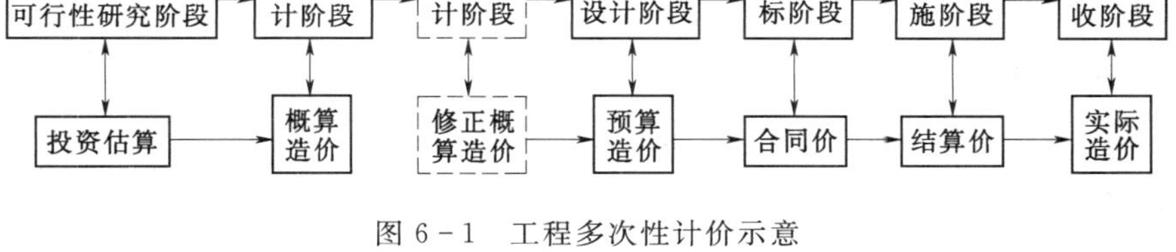

图 6－1　工程多次性计价示意

3. 分解、组合计价

建设项目的规模一般比较大，在计价时一般采用逐步分解的方式，即单项工程、单位工程、分部工程和分项工程等，以便于用适量的计量单位计算并测定和计算工程基本构成要素。分项计价后，逐步汇总就可形成各部分造价。

4. 计价方法的多样性

工程的多次计价有各不相同的计价依据，每次计价的精确度要求也各不相同，由此决定了计价方法的多样性。例如，投资估算的方法有设备系数法、生产能力指数估算法等。

5. 计价依据的复杂性

由于影响造价的因素多，决定了计价依据的复杂性。计价依据主要可分为以下 7 类：

（1）设备和工程量计算依据。包括项目建议书、可行性研究报告、设计文件等。

（2）人工、材料、机械等实物消耗量计算依据。包括投资估算指标、概算定额、预算定额等。

（3）工程单价计算依据。包括人工单价、材料价格、材料运杂费、机械台班费等。

（4）设备单价计算依据。包括设备原价、设备运杂费、进口设备关税等。

（5）措施费、间接费和工程建设其他费用计算依据。主要是相关的费用定额和指标。

（6）政府规定的税、费。

（7）物价指数和工程造价指数。

工程计价依据的复杂性不仅使计算过程复杂，而且需要计价人员熟悉各类依据，并加以正确应用。

任务二 造价文件的分类

水利水电工程在基本建设程序的不同阶段，由于工作深度不同，要求不同，其工程造价文件类型也不同，各阶段要分别编制相应的造价文件（图 6-1），以保证工程造价的确定与控制的科学性，下面简单介绍下现行的工程造价文件的类型和作用。

一、投资估算

投资估算是在项目建议书和可行性研究阶段，根据投资估算指标、类似工程造价资料、现行设备材料价格并结合工程实际情况，对拟建项目的投资进行预测和确定。投资估算是可行性研究阶段对建设工程造价的预测，是控制拟建项目投资的最高限额，应充分考虑各种可能的需要、风险、价格上涨等因素，要打足投资，不留缺口，适当留有余地，投资估算是判断项目可行性、进行项目决策的主要依据之一，投资估算是工程造价全过程管理的“龙头”，抓好这个“龙头”有十分重要的意义。

二、设计概算

设计概算是初步设计阶段对建设工程造价的预测，是初步设计文件的重要组成部分。初设概算在已经批准的可行性研究阶段投资估算静态总投资的控制下进行编制。

由于初步设计阶段对建筑物的布置、结构型式、主要尺寸以及机电设备的型号、规格等均已确定，所以概算对建设工程造价不是一般意义上的测算，而是带有定位性质的测算。因此，初步设计概算经批准以后是建设项目成本管理、成本控制的依据，是确定和控制基本建设投资、编制基本建设计划、编制利用外资概算和业主预算、编制工程标底、实行建设项目包干、考核工程造价和验核工程经济合理性以及建设单位向银行贷款的依据。概算经批准后，相隔二年或二年以上工程未开工的，工程项目法人应委托设计单位对概算进行重新编制，并报原审查单位进行审批。

工程开工后，由于设计有重大修改，遇有不可抗拒的重大自然灾害，国家有较大的政策性调整，物价有较大幅度的上涨等原因造成投资大幅度突破原概算时，项目法人可以要求编制调整概算。

三、项目管理预算

由项目法人（或建设单位）委托具备相应资质的水利工程造价咨询单位，在批准的初步设计概算静态投资限额之内，依据水利部《水利工程建设实施阶段造价管理办法》中的附件1《水利工程项目管理预算编制办法》，编制项目管理预算，在编制项目管理预算时，执行“总量控制、合理调整”的原则，根据工程建设情况、分标项目，对初步设计概算各单项、单位、分部工程的量、价进行合理调整，以利于在工程建设中对工程造价进行管理和控制。

四、标底与报价

根据我国现行法规规定，施工单项合同估算价在200万元以上，勘测设计、监理单项合同估算价在50万元以上或项目总投资额在3000万元以上的项目均须实行招标。对水利工程，除了个别不宜招标的项目外，所有列入国家和地方水利建设计划的水利基本建设工程项目，都要通过招标来选定施工单位。

标底是招标人对发包工程的预期价格，它可用来测算和科学评价投标报价的合理性，是业主委托具有相应资质的单位，根据招标文件、图纸，按有关规定，结合该工程具体情况，计算出的合理工程价格，作为发包工程的标准价格。

标底的主要作用是招标单位对招标工程所需投资的自我测算，明确自己在发包工程上应承担的财务义务。标底也是衡量投标单位标价的准绳和评标的重要尺度。

报价，即投标报价，是施工企业（或厂家）对建筑安装工程（简称建安工程）施工产品（或机电、金属结构设备）的自主定价。相对于国家定价、标准价而言，它反映的是市场价，体现了企业的经营管理和技术、装备水平，中标的报价是基本建设的成交价格。

五、施工图预算

施工图预算是根据施工图纸，施工组织设计，国家或省、直辖市、自治区颁发的预算定额和工程量计算规则，地区材料预算价格，施工管理费标准，利润等，计算每项工程所需人力、物力和投资额的文件。它是施工前组织物资、机具、劳动力，编制施工计划，统计完成工作量，办理工程价款结算，实行经济核算，考核工程成本，实行建筑工程包干和建设银行拨（贷）工程费用的依据。施工图预算应在已批准的设计概算控制下进行编制。施工图预算是设计阶段控制工程造价的重要环节，是控制施工图设计不突破设计概算的重要措施，是编制或调整固定资产投资计划的依据，对于实行施工招标的工程不属GB 5050—2007《水利工程工程量清单计价规范》规定执行范围的，可用施工图预算作为编制标底的依据，此时它是承包企业投标报价的基础，对于不宜实行招标而采用施工图预算加调整价结算的工程，施工图预算可作为确定合同价款的基础或作为审查施工企业提出的施工图预算的依据。

六、施工预算

施工预算是由施工单位在工程开工前编制，施工单位为了加强企业内部经济核算，节约人工和材料，合理使用机械，在施工图预算的控制下，通过工、料分析，计算拟建工程工、料和机具等需用量，并直接用于生产的经济性文件。它是直接用于施工生产管理的技术经济文件。施工预算是企业进行劳动调配，物资技术供应，反映企业个别劳动量与社会平均劳动量之间的差别，控制成本开支，进行成本分析和班组经济核算的依据。

七、竣工结算

竣工结算是指工程完工、交工验收合格后，施工单位与建设单位对承建工程项目的最终结算（施工过程中的结算属中间结算）。

八、竣工决算

竣工决算是建设单位向国家（或业主）汇报建设成果和财务状况的总结性文件，是竣工验收报告的重要组成部分，它反映了工程的实际造价。竣工决算由建设单位负责编制。

竣工决算的作用主要是建设单位向管理单位移交财产、考核工程项目投资、分析投资效果的依据。编好竣工决算对促进竣工投产，积累技术经济资料有重要意义。

任务三　工程造价的编制基本方法

随着社会主义市场经济体制的建立，要求我们对项目投资进行预测和控制，合理确定和有效调控建设工程造价，提高工程造价编制水平，反映工程的实际造价，目前国内外预测工程造价的方法有以下几种。

一、综合指标法

在工程建设项目建议书阶段和可行性研究阶段，因工作深度不足，无法确定具体项目和工程量。此时可采用综合指标法对工程造价进行预测。综合指标法所采用的综合指标应由专门机构、专业人员，通过对已建成或在建的工程项目的有关资料进行综合分析得到。综合指标应具有权威性、概括性，并能反映不同行业、不同类型工程项目的特点。综合指标法的特点是概括性强，不须作具体分析。如大坝混凝土综合指标，包括坝体、溢流面、闸墩、胸墙、导流墙、工作桥、消力池、护坦、海漫等；综合指标中包括人工费、材料费、机械使用费及其他费用并考虑了一定的扩大系数。在编制设计概算时水利水电工程的其他永久性专业工程，如铁路、公路、桥梁、供电线路、房屋建筑工程等，也可采用综合指标法编制设计概算。

二、单价法

单价法是新中国成立至今一直沿用的一种编制建安工程造价的方法，单价法适用于设计概（预）算、施工预算等。由于此方法多采用套定额计算工程单价，故又称定额法。本书主要介绍的工程造价的编制方法为单价法。日本、德国也采用单价法，但无统一的定额和规定的取费标准。

单价法是将建安工程按工程性质、部位，划分为若干个分部分项工程，其划分的粗细程度应与所采用的定额相适应，根据定额给定的分部分项工程所需的人工、材料、机械台时数量乘以相应人、材、机的价格，求得人工费、材料费和机械使用费，再按有关规定的其他直接费、现场经费、间接费、企业利润和税金的取费标准，计算出工程单价。各分部分项工程的工程量分别乘以相应的工程单价，然后，合计求得工程造价。

单价法计算简单、方便。但由于定额标准反映的是一定时期和一定地区范围的“共性”，与各个具体工程项目的自然条件、施工条件及各种影响因素的“个性”之间存在有差异，有时甚至差异还很大。

三、实物量法

实物量法预测工程造价是根据确定的工程项目、施工方案及劳动组合，计算各种资源（人、材、机）的消耗量，用当地资源的预算价格分别乘以相应的消耗量，求得完成工程项目的基本直接费用。其他费用的计算过程和单价法类似。实物量法编制工程造价的关键是施工规划，该方法编制工程造价的一般程序如下：

1. 直接费分析

（1）把工程中的各个建筑物划分为若干个工程项目，如土方工程、石方工程、混凝土工程等。

（2）把每个工程项目再划分为若干个施工工序，如石方工程的钻孔、爆破、出渣等工序。

（3）根据施工条件选择施工方法和施工设备，确定施工设备的生产率。

（4）根据所要求的施工进度确定各个工序的施工强度，由此确定施工设备、劳动力的组合，根据进度计算出人员、材料、机械的总数量。

（5）将人、材、机的总数量分别乘以相应的基础单价，计算出工程直接费用。

（6）工程直接费用除以该工程项目的工程量即得直接费单价。

2. 间接费分析

根据施工管理单位的人员配备、车辆和间接费包括的范围，计算施工管理费和其他间接费。

3. 承包商加价分析

根据工程施工特点和承包商的经营状况、市场竞争状况等因素，具体分析承包商的总部管理费、中间商的佣金、承包人不可预见费以及利润和税金等费用。

4. 工程风险分析

根据工程规模、结构特点、地形地质条件、设计深度、劳动力、设备材料等市场供求状况，进行工程风险分析，确定工程不可预见准备金。

5. 工程总成本计算

工程总成本为直接成本、间接成本、承包商加价之和，再加上施工准备工程费，设备采购工程、技术采购工程及有关公共费用、保险，不可预见准备金和建设期融资利息等。

大多数欧洲国家采用实物量法，该方法计算比较麻烦、复杂，要求造价人员有较高的业务水平和丰富的工程经验，且要掌握大量的基本资料。但这种方法是针对每个工程项目的具体情况预测工程造价，对设计深度满足要求，施工方法符合实际的工程采用此方法比较合理、准确，这也是国外普遍采用此方法的缘故。

采用实物量法预测工程造价，改变了单价法采用国内平均先进水平宏观控制投资的基本观点，而是与工程和市场实际情况以及适合本工程施工的施工企业水平直接挂钩，根据工程施工条件、工程进度、施工方法等编制更切合每个工程具体情况的合理造价。这种方法是“逐个量体裁衣”，因而切合实际、合理、准确。目前国际社会，特别是英、美等发达国家普遍采用这种方法编制工程造价，在某种程度上来说，已成为当今国际社会的一种惯例，将对加快我国水电工程造价改革起到积极推动作用。

单元二　工程定额的认识

【单元重点】

工程定额的概念，工程定额的类型，工程定额的作用及工程定额的合理使用。

【学习目标】

能熟悉各种工程定额，能合理选择合适的工程定额，能合理使用定额，了解工程定额编制基本方法。

任务一　工程定额概念的认识

一、工程定额的概念

定额是一种规定的额度，广义地说就是处理特定事物的数量界限。定额就是在一定的技术与组织条件下，生产质量合格的单位产品所消耗的人力、物力、财力的数量标准。它反映一定时期的社会生产力水平的高低。

工程建设定额是指在工程建设中，消耗在单位产品上人工、材料、机械、资金和工期的规定额度，是建筑安装工程预算定额、综合预算定额、概算定额、概算指标、投资估算指标、施工定额和工期定额等的总称。

目前普遍所用的标准是 2014 年水利部颁发的《水利工程设计概（估）算编制规定》（水总〔2014〕429 号）和 2002 年水利部颁发的《水利建筑工程概算定额》《水利建筑工程预算定额》《水利工程机械台时费定额》《水利水电设备安装工程概算定额》《水利水电设备安装工程预算定额》等（表 6－1），另外各省结合自身地域特点，各省水利厅颁发了若干水利水电工程概预算有关的标准和定额，按各地区有关规定参照执行。

表 6-1　水利电力部、水利部和能源部颁发的有关水利水电概预算的有关标准和定额

颁发年份	水利水电工程有关标准和定额	颁发部门
2002	《水利建筑工程预算定额》 《水利建筑工程概算定额》 《水利水电设备安装工程预算定额》 《水利水电设备安装工程概算定额》 《水利工程施工机械台时费定额》 《水利工程设计概（估）算编制规定》	水利部
2005	《水利工程概预算补充定额》	水利部
2007	《水利工程概预算补充定额（掘进机施工隧洞工程）》 《水利工程工程量清单计价规范》	
2014	《水利工程设计概（估）算规定》	

二、工程定额的表现形式

定额一般有实物量式、价目表式、百分率式和综合式四种表示形式。

1. 实物量式

实物量式是以完成单位工程（工作）量所消耗的人工、材料及施工机械台时的数量表示的定额。如水利部（2002）《水利建筑工程概（预）算定额》、（1999）《水利水电设备安装工程概（预）算定额》等。这种定额使用时要用工程所在地编制年的价格水平计算工程单价，它不受物价上涨因素的影响，使用时间较长。现行水利部（2002）《水利建筑工程概（预）算定额》是实物量式定额。现行《水利水电设备安装二程概算定额》是以实物量式和百分率或两种形式表示的定额，实物量式定额表示形式见表 6-2。

表 6-2　$1m^3$ 装载机装土自卸汽车运输

适用范围：Ⅲ类土、露天作业　工作内容：挖装、运输、卸除、空回　　单位：$100m^3$

项目		单位	运距/km					增运 1km
			1	2	3	4	5	
工长		工时						
高级工		工时						
中级工		工时						
初级工		工时	8.8	8.8	8.8	8.8	8.8	
合计		工时	8.8	8.8	8.8	8.8	8.8	
零星材料费		%	3	3	3	3	3	
装载机（$1m^3$）		台时	1.66	1.66	1.66	1.66	1.66	
推土机（59kW）		台时	0.83	0.83	0.83	0.83	0.83	
自卸汽车	5t	台时	10.58	13.63	16.43	19.07	21.60	2.33
	8t	台时	7.21	9.11	10.86	12.51	14.09	1.46
	10t	台时	6.75	8.36	9.84	11.24	12.58	1.23
编号			10395	10396	10397	10398	10399	10400

2. 价目表式

价目表式是以编制年（部颁的以北京，省颁的以省会所在地）的价格水平给出完成单位产品的价格。该定额使用比较简便，但必须进行调整，很难适应工程建设动态发展的需要，已逐步被实物量定额所取代。

3. 百分率式

百分率式是以某取费基础的百分率表示的定额。如水总〔2002〕116号文中现场经费费率和间接费费率定额。

4. 综合式

如《水利水电工程施工机械台时费定额》是一种综合式定额，其一类费用是价目表式，二类费用是实物量式。综合式表示形式见表6-3。

表6-3　　土石方机械

项目		单位	单斗挖掘机				
			油动		电动		
			斗容/m^3				
			0.5	1.0	2.0	3.0	4.0
(一)	折旧费	元	21.97	28.77	41.56	68.28	175.15
	修理及替换设备费	元	20.47	29.63	43.57	55.67	84.67
	安装拆卸费	元	1.48	2.42	3.08		
	小计	元	43.92	60.82	88.21	123.95	259.82
(二)	人工	工时	2.7	2.7	2.7	2.7	2.7
	汽油	kg					
	柴油	kg	10.7	14.2			
	电	kW·h			100.6	128.1	166.8
	风	m^3					
	水	m^3					
	煤	kg					
编号			1001	1002	1003	1004	1005

三、工程定额的分类

建设工程定额是工程建设活动中各类计价依据的总称，可以按照不同的原则和方法对其进行科学分类。

1. 按照定额反映的物质消耗的内容划分

(1) 劳动定额。劳动定额是指在一定的生产和技术条件下，具有某种专长和技术水平的工人生产单位产品或完成一定工作量应该消耗的劳动量（一般用劳动或工作时间来表示）标准或在单位时间内生产产品或完成工作量的标准，也称人工定额、工时定额或工日定额，蕴涵着生产效益和劳动合理运用的标准，它是计算完成单位合格产品或单位工程量所需人工的依据。

劳动定额是表示建筑工人劳动生产率的指标，时间定额与产量定额是同一劳动定额的两种表现形式，各有其用途。时间定额是生产单位产品或完成一定工作量所规定的时间消耗量。以工日或工时为单位，便于计算分部、分项工程所需的总工日数，易于编制施工进度计划。产量定额是在单位时间内（如小时、工作日或班次）规定的应生产产品的数量或应完成的工作量，以产品数量的计量单位表示，便于班组分配任务及考核工人劳动生产率。“时间定额”和“产量定额”互为倒数。如表6-4中数据，横线上方为时间定额，下方是产量定额。所以根据表6-4可以得知人工挖Ⅱ类土装汽车时间定额为0.19工日/m^3，产量定额为5.26m^3/工日。

表6-4　　人工挖装土方每1m^3自然方的劳动定额

项　　目	土　质　级　别			
	Ⅰ	Ⅱ	Ⅲ	Ⅳ
挖装筐、双轮车	$\frac{0.0925}{10.80}$	$\frac{0.144}{6.94}$	$\frac{0.241}{4.15}$	$\frac{0.370}{2.70}$
挖装斗车、机动翻斗车	$\frac{0.102}{9.80}$	$\frac{0.158}{6.33}$	$\frac{0.265}{3.77}$	$\frac{0.407}{2.46}$
挖装汽车	$\frac{0.122}{8.20}$	$\frac{0.190}{5.26}$	$\frac{0.318}{3.14}$	$\frac{0.490}{2.04}$

（2）材料消耗定额。材料消耗定额是指在合理使用材料的条件下，生产单位合格建筑产品所必须消耗的建筑材料、成品、半成品或配件的数量标准。

制订材料消耗量定额，主要就是为了利用定额这个经济杠杆，对物资消耗进行控制和监督，以达到降低物耗和工程成本的目的。定额的材料消耗量包括构成产品实体净用的材料数量和施工场内运输及操作过程不可避免的损耗量。如表6-5为钢筋搭接电焊条消耗定额。由表6-5可知钢筋直径为16mm搭接采取立焊的方式，焊缝1m需要0.36kg的电焊条。

表6-5　　钢筋搭接电焊条消耗定额

项目	单位	钢筋直径/mm								
		12	16	19	22	25	28	32	36	40
平焊	kg/m	0.2	0.3	0.38	0.48	0.6	0.7	0.95	1.2	1.5
立焊		0.24	0.36	0.46	0.57	0.72	0.84	1.14	1.34	1.78
仰焊		0.26	0.39	0.49	0..62	0.78	0.91	1.28	1.58	1.99

（3）机械台班使用定额。机械台班使用定额是在一定的生产技术和生产组织条件及合理使用机械的条件下，完成单位合格产品所必须消耗的机械台班数量的标准，以“台班”或“台时”表示，它由机械的有效工作时间、不可避免的无效工作时间和工艺中断时间三部分组成。机械台班使用定额的表达形式有机械时间定额和机械产量定额两种，机械时间定额是指在正常的施工条件下，生产单位合格产品所必须消耗的机械台班数量。机械产量定额指某种机械在合理的施工组织的条件和正常的施工条件下，单位时间内完成合格产品的数量。机械时间定额和产量定额互为倒数。如表6-6为油压正铲挖掘机装车定额，由

表 6-6 可知，挖掘机斗容为 1.5m^3，挖土高度 2m 以上，装车时间定额为 0.17 台班/100m^3，产量定额为 587m^3/台班。

表 6-6　　油压正铲挖掘机挖土装车定额

项　目				装　车		
				Ⅰ、Ⅱ类土	Ⅲ类土	Ⅳ类土
挖掘机斗容量/m^3	1.0	挖土高度	1.5m 以上	$\frac{0.181}{5.54}$	$\frac{0.217}{4.60}$	$\frac{0.249}{4.01}$
			1.5m 以下	$\frac{0.212}{4.71}$	$\frac{0.256}{3.91}$	$\frac{0.293}{3.41}$
	1.5		2m 以上	$\frac{0.139}{7.20}$	$\frac{0.170}{5.87}$	$\frac{0.192}{5.20}$
			2m 以下	$\frac{0.167}{5.98}$	$\frac{0.205}{4.87}$	$\frac{0.231}{4.32}$

（4）综合定额。指在一定施工组织条件下，完成单位合格产品所需的人工、材料、机械台时数量。

2. 按专业性质划分

按专业性质划分，可分为以下几种：

（1）一般通用定额。指工程性质、施工条件、方法相同的建设工程，各部门都应共同执行的定额。如工业与民用建筑工程的预算定额。

（2）专业通用定额。指某些工程项目，具有一定的专业性质，但又是几个专业部门共同使用的定额。如煤炭冶金、化工、建材等部门共同编制的矿山、巷井工程预算定额。

（3）专业专用定额。指一些专业性工程，只在某一专业部门内使用的定额。如水利建筑工程概（预）算定额、邮电工程定额、化工工程定额等。

3. 按照编制阶段、测定对象和用途划分

（1）投资估算指标。投资估算指标，是在编制项目建议书可行性研究报告和编制设计任务书阶段进行投资估算、计算投资需要量时使用的一种定额。它具有较强的综合性、概括性，往往以独立的单项工程或完整的工程项目为计算对象。它的概略程度与可行性研究阶段相适应。它的主要作用是为项目决策和投资控制提供依据，是一种扩大的技术经济指标。

（2）概算指标。考虑到初步设计阶段，受设计深度的影响，建设工程的细部结构难以分项提出完整的工程量，为保证工程概算不漏掉这些内容，将它们综合起来制定细部概算指标。

概算指标是比概算定额综合性、扩大性更强的一种定额指标。是以整个建筑物或构筑物为编制对象，以更为扩大的计量单位来编制的。它是设计单位编制工程概算或建设单位编制年度任务计划、申请贷款和主要材料计划的依据，也是设计单位进行设计方案技术经济分析、考核投资效果的标准。

（3）概算定额。概算定额是在预算定额的基础上，将项目再进一步综合扩大后，按扩大后的工程项目为单位进行计算的定额。一般是编制初步设计概算或进行投资包干计算的依据。

概算定额是初步设计阶段编制建设项目设计概算和技术阶段编制修正概算的依据，概算定额的编制应贯彻社会平均水平和简明适用原则，概、预算定额之间要保持适当幅度差，并在概算定额的编制过程中严格控制。

（4）预算定额。预算定额，是在编制施工图预算时，计算工程造价和计算工程中劳动量、机械台班、材料需要量而使用的一种定额。它以工程中的分项工程，即在施工图纸上和工程实体上都可以区别开的产品为测定对象，其内容包括人工、材料和机械台班使用量三个部分，经过计价后编制成为建筑安装工程单位估价表（手册）。它是编制施工图预算（设计预算）的依据，也是编制概算定额、估算指标的基础。预算定额在施工企业内部被广泛用于编制施工组织计划，编制工程材料预算，确定工程价款，考核企业内部各类经济指标等方面。

（5）施工定额。施工定额，是施工企业为组织生产和加强管理在企业内部使用的一种定额，属于企业生产定额的性质。施工定额是施工企业内部经济核算的依据，也是编制预算定额的基础。

4. 按我国现行管理体制和执行范围划分

（1）全国统一定额。是指工程建设中，各主管部门、各行业普遍使用，需要全国统一执行的定额。一般由中华人民共和国国家计划委员会（简称国家计委）或授权主管部门组织编制颁发。如全国市政工程预算定额、电气工程预算定额、通信设备安装预算定额等。

（2）全国行业定额。指工程建设中，部分专业工程在某一个部门或几个部门使用的专业定额，经国家计委批准由一个主管部门或几个主管部门编制颁发，在有关行业中执行。如水利水电建筑工程预算定额、公路工程预算定额、铁路工程预算定额等。

（3）地区定额。一般指省、自治区、直辖市根据地方工程特点编制的地方通用定额和地方专业定额，在该地区执行。

（4）企业定额。企业定额是建筑、安装企业在其生产经营过程中根据自己的累积经验结合企业具体情况自行编制，只限于本企业内部使用的定额

任务二　工程定额的使用

一、工程定额的内容

水利水电工程建设中现行的各种定额一般由总说明、章节说明、目录、定额表和有关附录组成。其中定额表是各种定额的主要组成部分。

章节说明阐述了适用范围、换算系数和计算规则以及注意事项，附录主要由土石方分级表、混凝土砂浆配合比及材料用量表、水利工程混凝土建筑物立模面系数参考表等表格组成，工程概（预）算定额的定额表的主要内容有表号及定额表名称、工程内容、工程项目计量单位、顺序号、项目、工程细目、定额值、列注等。

《水利建筑工程概算定额》和《水利建筑工程预算定额》各定额项目的定额表上方一般都注明了该定额项目的适用范围、工作内容和工程项目计量单位。例如表 6－7

为一般石方开挖（风钻钻孔）预算定额。下面以表 6－7 为例，简单讲解下定额表的组成：

（1）表号及定额表名称。表 6－7 中定额编号：20001，定额名称：一般石方开挖（风钻钻孔，岩石级别Ⅴ～Ⅷ）。

（2）工作内容。主要说明本定额表所包括的操作内容。查定额时，必须将实际发生的项目操作内容与表中的工程内容进行比较，若不一致时应进行调整或抽换。表 6－7 项目工作内容为钻孔、爆破、撬移、解小、翻渣、清面。

（3）工程项目计量单位：如 10m³、100m³、1000m³。表 6－7 中项目计量单位为 100 m³。

（4）顺序号：表示人工、材料、机械及费用的顺序号。起简化说明的作用。如 1 代表人工、2 代表钢钎等（表 6－7 中未列顺序栏）。

（5）项目：即定额表中的工程所需人工材料，机械费用的名称、规格。如表 6－7：普通雷管、炸药、合金钻头等。

（6）工程细目：表征本表中所包括的工程细目。如表 6－7 中定额编号 20001：岩石级别Ⅴ～Ⅷ等。

（7）定额值：表中各种资源的消耗数量。如表 6－7 中定额编号 20001：中级工：10.8 工时，初级工：57.7 工时，人工合计 69.9 工时。

（8）注：有些定额表中，有列注，使用时注意仔细阅读，以免发生错误。

表 6－7　　一般石方开挖——风钻钻孔预算定额

适用范围：一般明挖　　工作内容：钻孔、爆破、撬移、解小、翻渣、清面　　单位：100m³

项目		单位	岩石级别			
			Ⅴ～Ⅷ	Ⅸ～Ⅹ	Ⅺ～Ⅻ	ⅫⅠ～ⅩⅣ
工长		工时	1.4	1.8	2.3	3.0
高级工		工时				
中级工		工时	10.8	17.6	26.7	42.3
初级工		工时	57.7	70.1	84.3	105.8
合计		工时	69.9	89.5	113.3	151.1
合金钻头		个	0.99	1.69	2.48	3.55
炸药		kg	25.03	33.17	39.56	45.90
雷管		个	22.85	30.34	36.32	42.06
导线	火线	m	61.94	82.12	97.96	113.68
	电线	m	113.01	149.80	178.67	207.33
其他材料		%	18	18	18	18
风钻（手持式）		台时	4.34	7.89	13.03	22.07
其他机械费		%	10	10	10	10
编号			20001	20002	20003	20004

二、工程定额使用注意事项

要进行造价文件的编制和造价管理工作，都离不开工程定额，能否正确掌握和使用工程定额，是水利水电工程建设经济管理工作中比较关键的一步。

（1）首先要认真阅读定额总说明和分册分章说明，对说明中指出的编制原则、依据、适用范围、使用方法、已经考虑和未考虑因素以及有关问题的说明等，都要通晓和熟悉。

（2）要了解定额项目的工作内容。因为定额子目的选择主要是根据工程部位、施工方法、施工机械和其他施工条件来确定的，要根据实际情况正确地选用定额项目，做到不错项、不漏项、不重项。

（3）要学会查找、使用定额的各种附录。定额表中的很多数据是需要参考附录的，对建筑工程要掌握土壤与岩石分级、砂浆与混凝土配合材料用量的确定；对于安装工程要掌握安装费调整和各种装置性材料用量的确定等。

（4）套定额时，根据实际工作内容要注意定额修正的各种换算关系。当施工条件与定额项目规定条件不符时，应按定额说明和定额表附注中有关规定换算修正。例如，《水利建筑工程概（预）算定额》说明中规定，各章的汽车运输定额，适用于水利工程施工路况10km以内的场内运输，运距超过10km时，超过部分按增运1km台时数乘0.75系数计算。使用时还要区分修正系数是全面修正还是只在人工工时、材料消耗或机械台时的某一项或几项上修正。

（5）要注意定额单位和定额中数字表示的适用范围。概预算工程项目的计算单位要和定额项目的计量单位一致。要注意区分土石方工程中的自然方和压实方；砂石备料中的成品方、自然方与堆方码方；砌石工程中的砌体方与石料码方；沥青混凝土的拌和方与成品方等。定额中凡数字后用“以上”“以外”表示的都不包括数字本身。凡数字后用“以下”“以内”表示的都包括数字本身。凡用数字上下限表示的，如1000～2000，相当于1000以上至2000以下。

（6）查找定额时，应注意概预算的项目与工程量应与定额项目的设置、定额单位相一致，要根据施工组织设计确定的施工方法和施工条件等确定定额表中对应的子目表，如果定额表中对应的子目表的材料或施工机械与实际使用情况不一致时，可以按实调整，分项工程在定额中缺项的，可以根据需要编制补充定额，但必须报当地造价部门审批和备案。

【例6-1】 某浆砌块石平面护坡工程，设计砂浆强度等级为M12.5，砌石所需材料已运到距工作面20m以内，求每立方米浆砌石所需人工、主要材料、机械台时预算耗用量。

【解】（1）查《水利建筑工程预算定额》。

查平面护坡浆砌石定额，见表6-8。由表可见，根据施工特征该定额项目编号定额编号30017每100 m^3 砌体需消耗人工838.7工时、块石108 m^3（码方）、砂浆35.3 m^3、0.4 m^3 砂浆搅拌机6.35台时、胶轮车158.68台时。另根据定额说明知由于砌石工程定额已综合包含了拌浆、勾缝和20m以内运料用工，故不需另计其他用工。

表 6-8　　　　**浆　砌　块　石**

工作内容：选石、修石、冲洗、拌浆、砌石、勾缝　　　　单位：100 m^3

项　目	单位	护坡		护底	基础	挡土墙	桥闸墩
		平面	曲面				
工长	工时	16.8	19.2	14.9	13.3	16.2	17.7
中级工	工时	346.1	423.5	284.1	236.2	329.5	376.5
初级工	工时	475.8	515.7	443.9	415.0	454.6	490.0
合计	工时	838.7	958.4	742.9	664.5	810.3	884.2
块石	m^3	108	108	108	108	108	108
砂浆	m^3	35.3	35.3	35.3	34.0	34.4	34.8
其他材料费	%	0.5	0.5	0.5	0.5	0.5	0.5
砂浆搅拌机（0.4m^3）	台时	6.35	6.35	6.35	6.12	6.19	6.26
胶轮车	台时	158.68	158.68	158.68	155.52	156.49	157.46
编号		30017	30018	30019	30020	30021	30022

（2）确定砂浆材料预算用量。根据设计砂浆标号，查附录砂浆材料配合比表（表 6-9），可知强度为 M12.5 的砂浆每立方米主要材料预算用量有：32.5 号矿渣（或普通）水泥 352kg，砂 1.08 m^3、水 0.211 m^3。

（3）综合计算每 m^3 浆砌石人工与材料、机械耗用量。每 m^3 浆砌石人工为 8.39 工时，块石 1.08 m^3（码方），水泥为 352×35.3/100＝124.26(kg)，砂 1.08×35.3/100＝0.382(m^3)，水 0.211×35.3/100＝0.075(m^3)，砂浆搅拌机 0.064 台时，胶轮车 1.59 台时。

表 6-9　　　　**水泥砌筑砂浆材料配合表**

砂浆类别	砂浆强度等级	水泥（32.5 号）/kg	砂/m^3	水/m^3
水泥砂浆	M5	211	1.13	0.127
	M7.5	261	1.11	0.157
	M10	305	1.10	0.183
	M12.5	352	1.08	0.211
	M15	405	1.07	0.243
	M20	457	1.06	0.274
	M25	522	1.05	0.313
	M30	606	0.99	0.364
	M40	740	0.97	0.444

【例 6-2】 某河道堤防工程施工采用 1m^3 挖掘机挖装（Ⅲ类土），10t 自卸汽车运输，平均运距 3km，74kW 拖拉机碾压，土料压实设计干重度 16.66kN/m^3，查表得土料挖运的综合系数为 4.93%，天然干重度 15.19kN/m^3，堤防工程量 50 万 m^3，每天三班作业，试求：

（1）用 5 台拖拉机碾压，需用多少天完工？

（2）按以上施工天数，分别需用多少台挖掘机和自卸汽车？

【解】（1）计算施工工期。查《水利建筑工程预算定额》拖拉机压实一节，定额编号10473（表6-10），压实100 m^3 土方需要拖拉机1.89台时，则拖拉机生产率为

$$\frac{100}{1.89}=52.91\ (m^3/台时)(压实方)$$

即
$$52.91\times8\times3=1269.84[m^3/(台\cdot d)](压实方)$$

5台拖拉机每天的生产强度为

$$1269.84\times5=6349.2(m^3/d)(压实方)$$

需要施工时间：

$$\frac{50\times10^4}{6349.2}\approx79(d)$$

（2）计算挖掘机和自卸汽车数量。查《水利建筑工程预算定额》定额编号10367子目（表6-11），1m^3挖掘机装土10t自卸汽车运输定额，装运100m^3土（自然方）需挖掘机和自卸汽车的台时数量分别为1.00台时和9.14台时。

1m^3挖掘机生产率：100m^3/台时（自然方）。

10t自卸汽车生产率：$\frac{100}{9.14}=10.94(m^3/台时)$(自然方)。

挖运施工强度：$\frac{50\times10^4}{79\times3\times8}\times\frac{16.66}{15.19}\times(1+4.93\%)=303.49(m^3/台时)$(自然方)。

其中，4.93%为土料挖运的综合系数。

则挖掘机数量为$\frac{303.49}{100}\approx4$（台）。

自卸汽车数量为$\frac{303.49}{10.94}\approx28$（台）。

表6-10　　**拖拉机压实**

适用范围：堤防土料，履带拖拉机碾压

工作内容：推平、刨毛、压实、削坡、洒水、补边夯、辅助工作　　单位：100m^3

项目	单位	土料	
		干重度/(kN/m^3)	
		≤16.67	>16.67
工长	工时		
高级工	工时		
中级工	工时		
初级工	工时	20.0	23.0
合计	工时	20.0	23.0
零星材料费	%	10	10
拖拉机（74kW）	台时	1.89	2.43
推土机（74kW）	台时	0.50	0.50
蛙式打夯机（2.8kW）	台时	1.00	1.00
刨毛机	台时	0.50	0.50
其他机械费	%	1	1
编号		10473	10474

表 6-11　　$1m^3$ 为土料挖运的综合系数挖掘机装土自卸汽车运输

适用范围：Ⅲ类土、露天作业　　工作内容：挖装、运输、卸除、空回　　单位：$100m^3$

项　目		单位	运距/km					增运 1km
			1	2	3	4	5	
工长		工时						
高级工		工时						
中级工		工时						
初级工		工时	6.7	6.7	6.7	6.7	6.7	
合计		工时	6.7	6.7	6.7	6.7	6.7	
零星材料费		%	4	4	4	4	4	
挖掘机（$1m^3$）		台时	1.00	1.00	1.00	3.36	1.00	
推土机（59kW）		台时	0.50	0.50	0.50	1.00	0.50	
自卸汽车	5t	台时	9.83	12.87	15.67	0.50	20.84	2.33
	8t	台时	6.50	8.40	10.15	18.31	13.38	1.46
	10t	台时	6.05	7.66	9.14	11.80	11.88	1.23
编号			10365	10366	10367	10368	10369	10370

单元三　水利工程项目划分及费用构成

【单元重点】

工程部分项目划分，移民环保水土保持部分项目划分，水利工程费用构成。

【学习目标】

能对水利建设项目工程部分合理项目划分，能对水利建设项目移民环保水土保持部分合理项目划分，能掌握水利工程费用构成。

根据现行水利部 2014 年颁发的《水利工程设计概（估）算编制规定》中的有关规定，按水利工程的性质，将水利工程划分为三大类（图 6-2）：第一类是枢纽工程，包括水库、水电站和其他大型独立建筑物等；第二类是引水工程，包括供水工程、灌溉工程；第三类是河道工程，包括河湖整治工程和堤防工程等。

灌溉工程（1）指设计流量不小于 $5m^3/s$ 的灌溉工程，灌溉工程（2）指设计流量小于 $5m^3/s$ 的灌溉工程和田间工程。

水利工程概算项目划分为工程部分、建设征地移民补偿、环境保护工程、水土保持工程四部分，具体划分如图 6-3 所示。

根据基本项目的内部组成，一般把基本建设划分为建设项目、单项工程、单位工程、分部工程、分项工程，这样便于编制基本建设计划、编制工程概预算文件、控制投资、进行经济核算等。由于水利水电工程是个复杂的建筑群体，包含的建筑群体种类多，涉及范围大，很难像一般的基本建设工程严格按单项工程、单位工程来确切划分工程项目。

- 水利工程
  - 枢纽工程
    - 水库
    - 水电站
    - 大型泵站
    - 大型拦河水闸
    - 其他大型独立建筑物
  - 引水工程
    - 供水工程
    - 灌溉工程（1）
  - 河道工程
    - 堤防工程
    - 河湖整治工程
    - 灌溉工程（2）

图 6-2　水利水电工程分类

- 水利工程概算
  - 工程部分
    - 建筑工程
    - 机电设备及安装工程
    - 金属结构设备及安装工程
    - 施工临时工程
    - 独立费用
  - 建设征地移民补偿
    - 农村部分补偿
    - 城（集）镇部分补偿
    - 工业企业补偿
    - 专业项目补偿
    - 防护工程
    - 库底清理
    - 其他费用
  - 环境保护工程
  - 水土保持工程

图 6-3　水利水电工程概算项目组成表

在编制水利基本建设项目投资时，按照组成内容，将水利工程项目工程部分划分为五个大的部分，即建筑工程、机电设备及安装工程、金属结构设备及安装工程、施工临时工程和独立费用。每一部分下设一级、二级、三级项目，各级项目可根据工程需要设置，但一级项目和二级项目按项目划分的规定，不得合并，三级项目可根据工程具体情况进行调整。

一级项目（相当于单项工程或扩大单位工程），是指竣工后能够独立发挥功能的工程项目。例如：枢纽工程下设的一级项目有挡水工程、泄洪工程等，引水工程下设的一级项目有渠道工程、房屋建筑工程等。

二级项目（相当于单位工程），是一级项目的组成部分。它不能独立发挥生产能力而具有独立施工条件，可以单独作为成本计算对象的工程项目。如枢纽工程一级项目中的挡水工程，其二级项目划分为混凝土坝、土石坝等工程。

三级项目（相当于分部或者分项工程）。在二级项目中，为了便于计算工料费用，按其结构性质及施工特点，可进一步划分为若干个三级项目。如溢洪道工程中的土方开挖、石方开挖等工程均为三级项目。

任务一　工程部分项目划分

一、第一部分：建筑工程

1. 枢纽工程

枢纽工程指水利枢纽建筑物、大型泵站、大型拦河水闸和其他大型独立建筑物（含引水工程的水源工程）。包括挡水工程、泄洪工程、引水工程、发电厂（泵站）工程、升压变电站工程、航运工程、鱼道工程、交通工程、房屋建筑工程、供电设施工程和其他建筑工程。其中挡水工程等前七项为主体建筑工程。

2. 引水工程

引水工程指供水工程、调水工程和灌溉工程（1）。包括渠（管）道工程、建筑物工程、交通工程、房屋建筑工程、供电设施工程和其他建筑工程。

3. 河道工程

河道工程指堤防修建与加固工程、河湖整治工程以及灌溉工程（2）。包括河湖整治与堤防工程、灌溉及田间渠（管）道工程、建筑物工程、交通工程、房屋建筑工程、供电设施工程和其他建筑工程。

二、第二部分：机电设备及安装工程

1. 枢纽工程

枢纽工程指构成枢纽工程固定资产的全部机电设备及安装工程。本部分由发电设备及安装工程、升压变电设备及安装工程和公用设备及安装工程三项组成。大型泵站和大型拦河水闸的机电设备及安装工程项目划分参考引水工程及河道工程划分方法。

2. 引水工程及河道工程

引水工程及河道工程指构成该工程固定资产的全部机电设备及安装二程。一般包括泵站设备及安装工程、水闸设备及安装工程、电站设备及安装工程、供变电设备及安装工程和公用设备及安装工程四项组成。

三、第三部分：金属结构设备及安装工程

金属结构设备及安装工程指构成枢纽工程、引水工程和河道工程固定资产的全部金属结构设备及安装工程。包括闸门、启闭机、拦污设备、升船机等设备及安装工程，水电站（泵站等）压力钢管制作及安装工程和其他金属结构设备及安装工程。

金属结构设备及安装工程的一级项目应与建筑工程的一级项目相对应。

四、第四部分：施工临时工程

施工临时工程指为辅助主体工程施工所必须修建的生产和生活用临时性工程。本部分组成内容包括导流工程、施工交通工程、施工场外供电工程、施工房屋建筑工程、施工房屋建筑工程、其他施工临时工程。

根据工程实际情况可单独列示缆机平台、掘进机泥水处理系统和管片预制系统土建设施等项目。

施工排水指基坑排水、河道降水等，包括排水工程建设及运行费。

五、第五部分：独立费用

本部分由建设管理费、工程建设监理费、联合试运转费、生产准备费、科研勘测设计费和其他等六项组成。

项目划分的具体情况见《水利工程设计概（估）算设计规定》。

六、项目划分注意事项

（1）划分时要注意项目划分要适合所编制的各阶段造价文件，对于招标文件和业主预算要根据工程分包和合同管理的情况来调整项目划分。

（2）《水利工程设计概（估）算编制规定》（2014）中，工程部分二级、三级项目中，仅列了代表性子目，编制概算时，二级、三级项目可根据水利水电工程初步设计编制规程的工作深度要求和工程情况增减或再划分，以三级项目为例：

1）土方开挖工程，应将土方开挖与砂砾石开挖分列。

2）石方开挖工程，应将明挖与暗挖，平洞与斜洞（井）、竖井分列。

3）土石方回填工程，应将土方回填与石方回填分列。

4）砌石工程，应将干砌石、浆砌石、抛石、钢筋（铁丝）笼块石等分列。

5）混凝土工程，应将不同工程部位、不同强度等级、不同级配的混凝土分列。

6）模板工程，应将不同规格形状和材质的模板分列。

7）钻孔工程，应按使用不同钻孔机械及钻孔的不同用途分列。

8）灌浆工程，应按不同灌浆种类分列。

9）机电、金属结构设备及安装工程，应根据设计提供的设备清单，按分项要求逐一分列。

10）钢管制作及安装工程，应将不同管径的钢管、叉管分列。

（3）建筑安装工程三级项目的设置深度除应满足编规的规定外还应与定额相适应，对有关部门提供的工程量和预算资料，要注意按项目划分和费用构成正确处理，比如施工临时工程，根据不同的规模、性质，有的在第四部分施工临时工程中前四项里单独列项，有的包括在第四部分施工临时工程中“其他施工临时工程”项中，有的包括在建筑安装工程其他直接费里的临时设施费中。

（4）注意设计单位的习惯与概算项目划分的差异。如施工导流用的闸门及启闭设备大多由金属结构设计人员提供，但应列在第四部分施工临时工程内，而不是第三部分金属结构设备内。

任务二　其他三部分项目划分

一、建设征地移民补偿部分项目划分

建设征地移民补偿部分项目划分执行《水利工程建设征地移民补偿投资概（估）算编制规定》。

征地移民补偿部分包括：农村部分；集镇部分；城镇部分；工业企业；专业项目；国有农（林、牧、渔）场；防护工程；库底清理；其他费用等九部分，根据具体工程情况分别设置一级、二级、三级项目。

二、环境保护工程工程部分项目划分

环境保护工程工程部分项目划分执行《水利工程环境保护设计概（估）算编制规定》。

水利水电工程环境保护项目应划分为：第一部分环境保护措施；第二部分环境监测措施；第三部分环境保护仪器设备及安装；第四部分环境保护临时措施；第五部分环境保护独立费用；以及五部分之后的环境保护预备费和建设期融资利息。

环境保护措施、环境监测措施、环境保护仪器设备及安装、环境保护临时措施、环境保护独立费用等五部分应分别设置一级、二级、三级项目。编制概算时，二级、三级项目可根据具体工程的实际情况增加或取舍。

三、水土保持工程部分项目划分

水土保持工程根据水利部颁发的水总〔2002〕67号文件和相应水土保持工程概（估）算编规规定，水土保持工程按开发建设水土保持工程和水土保持生态建设工程进行项目划分。

1. 开发建设项目水土保持工程

开发建设项目水土保持工程涉及面广，类型各异，内容复杂，为适应水土保持工程管理工作的需要，满足水土保持工程涉及和建设过程中各项工作的需要，满足水土保持工程设计和建设过程中各项工作要求，必须有一个可供各方面遵循的统一的项目划分格式。开发建设项目水土保持工程项目划分为工程措施、植物措施、施工临时工程和独立费用四部分，各部分下设一级、二级、三级项目。

2. 水土保持生态建设工程

水土保持生态建设工程，按治理措施划分为工程措施、林草措施及封育治理措施三大类。水土保持生态建设工程概算由工程措施费、林草措施费、封育治理措施费和独立费用四部分组成。工程措施、林草措施及封育治理措施通常下设一级、二级、三级项目，独立费用下设一级、二级项目，一般不得合并。

任务三　水利工程费用构成

根据水利部颁发的《水利工程设计概（估）算编制规定》(2014)，工程部分的费用包括工程费（建筑及安装工程费、设备费）、独立费用、预备费、建设期融资利息，费用组成如图6-4所示。

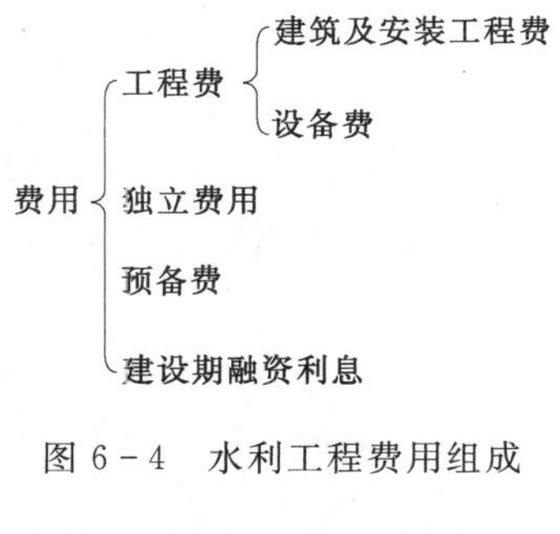

图6-4　水利工程费用组成

一、建筑及安装工程费

建筑及安装工程费由直接费、间接费、利润、材料补差及税金组成。

（一）直接费

直接费指建筑安装工程施工过程中直接消耗在工程项目上的活劳动和物化劳动。由基本直接费、其他直接费组成。

基本直接费包括人工费、材料费、施工机械使用费。

其他直接费包括冬雨季施工增加费、夜间施工增加费、特殊地区施工增加费、临时设施费、安全生产措施费和其他。

1. 基本直接费

（1）人工费。人工费指直接从事建筑安装工程施工的生产工人开支的各项费用，内容包括：

1）基本工资。由岗位工资和年应工作天数内非作业天数的工资组成。

a. 岗位工资。指按照职工所在岗位各项劳动要素测评结果确定的工资。

b. 生产工人年应工作天数以内非作业天数的工资，包括生产工人开会学习、培训期间的工资，调动工作、探亲、休假期间的工资，因气候影响的停工工资，女工哺乳期间的工资，病假在六个月以内的工资及产、婚、丧假期的工资。

2）辅助工资。指在基本工资之外，以其他形式支付给生产工人的工资性收入，包括根据国家有关规定属于工资性质的各种津贴，主要包括艰苦边远地区津贴、施工津贴、夜餐津贴、节假日加班津贴等。

（2）材料费。材料费指用于建筑安装工程项目上的消耗性材料、装置性材料和周转性材料摊销费。包括定额工作内容规定应计入的未计价材料和计价材料。

材料预算价格一般包括材料原价、运杂费、运输保险费和采购及保管费四项。

1）材料原价。指材料指定交货地点的价格。

2）运杂费。指材料从指定交货地点至工地分仓库或相当于工地分仓库（材料堆放场）所发生的全部费用。包括运输费、装卸费及其他杂费。

3）运输保险费。指材料在运输途中的保险费。

4）采购及保管费。指材料在采购、供应和保管过程中所发生的各项费用。主要包括材料的采购、供应和保管部门工作人员的基本工资、辅助工资、职工福利费、劳动保护费、养老保险费、失业保险费、医疗保险费、工伤保险费、生育保险费、住房公积金、教育经费、办公费、差旅交通费及工具用具使用费；仓库、转运站等设施的检修费、固定资产折旧费、技术安全措施费；材料在运输、保管过程中发生的损耗等。

（3）施工机械使用费。施工机械使用费指消耗在建筑安装工程项目上的机械磨损、维修和动力燃料费用等。包括折旧费、修理及替换设备费、安装拆卸费、机上人工费和动力燃料费等。

1）折旧费。指施工机械在规定使用年限内回收原值的台时折旧摊销费用。

2）修理及替换设备费。修理费指施工机械使用过程中，为了使机械保持正常功能而进行修理所需的摊销费用和机械正常运转及日常保养所需的润滑油料、擦拭用品的费用，以及保管机械所需的费用。

替换设备费指施工机械正常运转时所耗用的替换设备及随机使用的工具、附具等摊销费用。

3）安装拆卸费。指施工机械进出工地的安装、拆卸、试运转和场内转移及辅助设施的摊销费用。部分大型施工机械的安装拆卸不在其施工机械使用费中计列，包含在其他施工临时工程中。

4）机上人工费。指施工机械使用时机上操作人员人工费用。

5）动力燃料费。指施工机械正常运转时所耗用的风、水、电、油和煤等费用。

2. 其他直接费

(1) 冬雨季施工增加费。冬雨季施工增加费指在冬雨季施工期间为保证工程质量所需增加的费用。包括增加施工工序，增设防雨、保温、排水等设施增耗的动力、燃料、材料以及因人工、机械效率降低而增加的费用。

根据不同地区，按基本直接费的百分率计算。

西南区、中南区、华东区：0.5%～1.0%；

华北区：1.0%～2.0%；

西北区、东北区：2.0%～4.0%；

西藏自治区：2.0%～4.0%。

西南区、中南区、华东区中，按规定不计冬季施工增加费的地区取小值，计算冬季施工增加费的地区可取大值；华北区中，内蒙古等较严寒地区可取大值，其他地区取中值或小值；西北区、东北区中，陕西、甘肃等省取小值，其他地区可取中值或大值。各地区包括的省（自治区、直辖市）如下：

1）华北地区：北京、天津、河北、山西、内蒙古等5个省（自治区、直辖市）。

2）东北地区：辽宁、吉林、黑龙江等3个省。

3）华东地区：上海、江苏、浙江、安徽、福建、江西、山东等7个省（直辖市）。

4）中南地区：河南、湖北、湖南、广东、广西、海南等6个省（自治区）。

5）西南地区：重庆、四川、贵州、云南等4个省（直辖市）。

6）西北地区：陕西、甘肃、青海、宁夏、新疆等5个省（自治区）。

(2) 夜间施工增加费。夜间施工增加费指施工场地和公用施工道路的照明费用。照明线路工程费用包括在"临时设施费"中；施工附属企业系统、加工厂、车间的照明费用，列入相应的产品中，均不包括在本项费用之内。

夜间施工增加费按基本直接费的百分率计算：

1）枢纽工程。建筑工程0.5%，安装工程0.7%。

2）引水工程。建筑工程0.3%，安装工程0.6%。

3）河道工程。建筑工程0.3%，安装工程0.5%。

(3) 特殊地区施工增加费。特殊地区施工增加费指在高海拔、原始森林、沙漠等特殊地区施工而增加的费用，其中高海拔地区施工增加费已计入定额，其他特殊增加费应按工程所在地区规定标准计算，地方没有规定的不得计算此项费用。

(4) 临时设施费。临时设施费指施工企业为进行建筑安装工程施工所必需的但又未被划入施工临时工程的临时建筑物、构筑物和各种临时设施的建设、维修、拆除、摊销等。如：供风、供水（支线）、供电（场内）、照明、供热系统及通信支线，土石料场，简易砂石料加工系统，小型混凝土拌和浇筑系统，木工、钢筋、机修等辅助加工厂，混凝土预制构件厂，场内施工排水，场地平整、道路养护及其他小型临时设施等。

临时设施费按基本直接费的百分率计算：

1）枢纽工程。建筑及安装工程3.0%。

2）引水工程。建筑及安装工程1.8%～2.8%。若工程自采加工人工砂石料，费率取上限；若工程自采加工天然砂石料，费率取中值；若工程采用外购砂石料，费率取下限。

3）河道工程。建筑及安装工程1.5%～1.7%。灌溉田间工程取下限，其他工程取中上限。

（5）安全生产措施费。安全生产措施费指为保证施工现场安全作业环境及安全施工、文明施工所需要，在工程设计已考虑的安全支护措施之外发生的安全生产、文明施工相关费用。

安全生产措施费按基本直接费的百分率计算：

1）枢纽工程。建筑及安装工程2.0%。

2）引水工程。建筑及安装工程1.4%～1.8%。一般取下限标准，隧洞、渡槽等大型建筑物较多的引水工程、施工条件复杂的引水工程取上限标准。

3）河道工程。建筑及安装工程1.2%。

（6）其他。包括施工工具用具使用费，检验试验费，工程定位复测及施工控制网测设，工程点交、竣工场地清理，工程项目及设备仪表移交生产前的维护费，工程验收检测费等。

1）施工工具用具使用费。指施工生产所需，但不属于固定资产的生产工具，检验、试验用具等的购置、摊销和维护费。

2）检验试验费。指对建筑材料、构件和建筑安装物进行一般鉴定、检查所发生的费用，包括自设实验室所耗用的材料和化学药品费用，以及技术革新和研究试验费，不包括新结构、新材料的试验费和建设单位要求对具有出厂合格证明的材料进行试验、对构件进行破坏性试验，以及其他特殊要求检验试验的费用。

3）工程项目及设备仪表移交生产前的维护费。指竣工验收前对已完工程及设备进行保护所需费用。

4）工程验收检测费。指工程各级验收阶段为检测工程质量发生的检测费用。

其他按基本直接费的百分率计算：

a. 枢纽工程。建筑工程1.0%，安装工程1.5%。

b. 引水工程。建筑工程0.6%，安装工程1.1%。

c. 河道工程。建筑工程0.5%，安装工程1.0%。

特别说明：

(a) 砂石备料工程其他直接费费率取0.5%。

(b) 掘进机施工隧洞工程其他直接费取费费率执行以下规定：土石方类工程、钻孔灌浆及锚固类工程，其他直接费费率为2%～3%；掘进机由建设单位采购、设备费单独列项时，台时费中不计折旧费，土石方类工程、钻孔灌浆及锚固类工程其他直接费费率为4%～5%。敞开式掘进机费率取低值，其他掘进机取高值。

（二）间接费

间接费指施工企业为建筑安装工程施工而进行组织与经营管理所发生的各项费用。间接费构成产品成本，由规费和企业管理费组成。

1. 规费

规费指政府和有关部门规定必须缴纳的费用。包括社会保险费和住房公积金。

（1）社会保险费：

1）养老保险费。指企业按照规定标准为职工缴纳的基本养老保险费。

2）失业保险费。指企业按照规定标准为职工缴纳的失业保险费。

3）医疗保险费。指企业按照规定标准为职工缴纳的基本医疗保险费。

4）工伤保险费。指企业按照规定标准为职工缴纳的工伤保险费。

5）生育保险费。指企业按照规定标准为职工缴纳的生育保险费。

（2）住房公积金。指企业按照规定标准为职工缴纳的住房公积金。

2. 企业管理费

指施工企业为组织施工生产和经营管理活动所发生的费用。内容包括：

（1）管理人员工资。指管理人员的基本工资、辅助工资。

（2）差旅交通费。指施工企业管理人员因公出差、工作调动的差旅费，误餐补助费，职工探亲路费，劳动力招募费，职工离退休、退职一次性路费，工伤人员就医路费，工地转移费，交通工具运行费及牌照费等。

（3）办公费。指企业办公用文具、印刷、邮电、书报、会议、水电、燃煤（气）等费用。

（4）固定资产使用费。指企业属于固定资产的房屋、设备、仪器等的折旧、大修理、维修费或租赁费等。

（5）工具用具使用费。指企业管理使用不属于固定资产的工具、用具、家具、交通工具和检验、试验、测绘、消防用具等的购置、维修和摊销费。

（6）职工福利费。指企业按照国家规定支出的职工福利费，以及由企业支付离退休职工的易地安家补助费、职工退职金、六个月以上的病假人员工资、按规定支付给离休干部的各项经费。职工发生工伤时企业依法在工伤保险基金之外支付的费用，其他在社会保险基金之外依法由企业支付给职工的费用。

（7）劳动保护费。指企业按照国家有关部门规定标准发放的一般劳动防护用品的购置及修理费、保健费、防暑降温费、高空作业及进洞津贴、技术安全措施以及洗澡用水、饮用水的燃料费等。

（8）工会经费。指企业按职工工资总额计提的工会经费。

（9）职工教育经费。指企业为职工学习先进技术和提高文化水平按职工工资总额计提的费用。

（10）保险费。指企业财产保险、管理用车辆等保险费用，高空、井下、洞内、水下、水上作业等特殊工种安全保险费、危险作业意外伤害保险费等。

（11）财务费用。指施工企业为筹集资金而发生的各项费用，包括企业经营期间发生的短期融资利息净支出、汇兑净损失、金融机构手续费，企业筹集资金发生的其他财务费用，以及投标和承包工程发生的保函手续费等。

（12）税金。指企业按规定交纳的房产税、管理用车辆使用税、印花税等。

（13）其他。包括技术转让费、企业定额测定费、施工企业进退场费、施工企业承担的施工辅助工程设计费、投标报价费、工程图纸资料费及工程摄影费、技术开发费、业务招待费、绿化费、公证费、法律顾问费、审计费、咨询费等。

根据工程性质不同，间接费标准划分为枢纽工程、引水工程、河道工程三部分标准

（表 6－12）。

表 6－12　　　　间接费费率表

序号	工程类别	计算基础	间接费费率/%		
			枢纽工程	引水工程	河道工程
一	建筑工程				
1	土方工程	直接费	7	4～5	3～4
2	石方工程	直接费	11	9～10	7～8
3	砂石备料工程（自采）	直接费	4	4	4
4	模板工程	直接费	8	6～7	5～6
5	混凝土浇筑工程	直接费	8	7～8	6～7
6	钢筋制安工程	直接费	5	4	4
7	钻孔灌浆工程	直接费	9	8～9	8
8	锚固工程	直接费	9	8～9	8
9	疏浚工程	直接费	6	6	5～6
10	掘进机施工隧洞工程（1）	直接费	3	3	3
11	掘进机施工隧洞工程（2）	直接费	5	5	5
12	其他工程	直接费	9	7～8	6
二	机电、金属结构设备安装工程	人工费	75	70	70

引水工程：一般取下限标准，隧洞、渡槽等大型建筑物较多的引水工程、施工条件复杂的引水工程取上限标准。

河道工程：灌溉田间工程取下限，其他工程取上限。

（三）利润

利润指按规定应计入建筑安装工程费用中的利润。利润按直接费和间接费之和的 7%计算。

（四）材料补差

材料补差指根据主要材料消耗量、主要材料预算价格与材料基价之间的差值，计算的主要材料补差金额。材料基价是指计入基本直接费的主要材料的限制价格。

（五）税金

税金指国家对施工企业承担建筑、安装工程作业收入所征收的营业税、城乡维护建设税和教育费附加。

为了计算简便，在编制概算时，可按下列公式和税率计算：

税金＝(直接费＋间接费＋利润＋材料补差)×计算税率

（注：若建筑、安装工程中含未计价装置性材料费，则计算税金时应计入未计价装置性材料费。）

现行计算税率标准如下：

建设项目在市区的：3.48%；

建设项目在县城镇的：3.41%；

建设项目在市区或县城镇以外的：3.28%。

国家对税率标准调整时，可以相应调整计算标准。

二、设备费

设备费包括设备原价、运杂费、运输保险费和采购及保管费。

1. 设备原价

(1) 国产设备。其原价指出厂价。

(2) 进口设备。以到岸价和进口征收的税金、手续费、商检费及港口费等各项费用之和为原价。

(3) 大型机组及其他大型设备分段运至工地后的拼装费用，应包括在设备原价内。

2. 运杂费

运杂费指设备由厂家运至工地现场所发生的一切运杂费用。包括运输费、装卸费、包装绑扎费、大型变压器充氮费及可能发生的其他杂费。

3. 运输保险费

运输保险费指设备在运输过程中的保险费用。

4. 采购及保管费

采购及保管费指建设单位和施工企业在负责设备的采购、保管过程中发生的各项费用。主要包括：

(1) 采购保管部门工作人员的基本工资、辅助工资、职工福利费、劳动保护费、养老保险费、失业保险费、医疗保险费、工伤保险费、生育保险费、住房公积金、教育经费、办公费、差旅交通费、工具用具使用费等。

(2) 仓库、转运站等设施的运行费、维修费、固定资产折旧费、技术安全措施费和设备的检验、试验费等。

三、独立费用

独立费用由建设管理费、工程建设监理费、联合试运转费、生产准备费、科研勘测设计费和其他六项组成。

(一) 建设管理费

建设管理费指建设单位在工程项目筹建和建设期间进行管理工作所需的费用。包括建设单位开办费、建设单位人员费、项目管理费三项。

1. 建设单位开办费

建设单位开办费指新组建的工程建设单位，为开展工作所必须购置的办公设施、交通工具等以及其他用于开办工作的费用。

2. 建设单位人员费

建设单位人员费指建设单位从批准组建之日起至完成该工程建设管理任务之日止，需开支的建设单位人员费用。主要包括工作人员的基本工资、辅助工资、职工福利费、劳动保护费、养老保险费、失业保险费、医疗保险费、工伤保险费、生育保险费、住房公积金等。

3. 项目管理费

项目管理费指建设单位从筹建到竣工期间所发生的各种管理费用。包括：

(1) 工程建设过程中用于资金筹措、召开董事（股东）会议、视察工程建设所发生的会议和差旅等费用。

(2) 工程宣传费。

(3) 土地使用税、房产税、印花税、合同公证费。

(4) 审计费。

(5) 施工期间所需的水情、水文、泥沙、气象监测费和报汛费。

(6) 工程验收费。

(7) 建设单位人员的教育经费、办公费、差旅交通费、会议费、交通车辆使用费、技术图书资料费、固定资产折旧费、零星固定资产购置费、低值易耗品摊销费、工具用具使用费、修理费、水电费、采暖费等。

(8) 招标业务费。

(9) 经济技术咨询费。包括勘测设计成果咨询、评审费，工程安全鉴定、验收技术鉴定、安全评价相关费用，建设期造价咨询，防洪影响评价、水资源论证、工程场地地震安全性评价、地质灾害危险性评价及其他专项咨询等发生的费用。

(10) 公安、消防部门派驻工地补贴费及其他工程管理费用。

（二）工程建设监理费

工程建设监理费指建设单位在工程建设过程中委托监理单位，对工程建设的质量、进度、安全和投资进行监理所发生的全部费用。

（三）联合试运转费

联合试运转费指水利工程的发电机组、水泵等安装完毕，在竣工验收前，进行整套设备带负荷联合试运转期间所需的各项费用。主要包括联合试运转期间所消耗的燃料、动力、材料及机械使用费，工具用具购置费，施工单位参加联合试运转人员的工资等。

（四）生产准备费

生产准备费指水利建设项目的生产、管理单位为准备正常的生产运行或管理发生的费用。包括生产及管理单位提前进厂费、生产职工培训费、管理用具购置费、备品备件购置费和工器具及生产家具购置费。

1. 生产及管理单位提前进厂费

生产及管理单位提前进厂费指在工程完工之前，生产、管理单位一部分工人、技术人员和管理人员提前进厂进行生产筹备工作所需的各项费用。内容包括提前进厂人员的基本工资、辅助工资、职工福利费、劳动保护费、养老保险费、失业保险费、医疗保险费、工伤保险费、生育保险费、住房公积金、教育经费、办公费、差旅交通费、会议费、技术图书资料费、零星固定资产购置费、低值易耗品摊销费、工具用具使用费、修理费、水电费、采暖费等，以及其他属于生产筹建期间应开支的费用。

2. 生产职工培训费

生产职工培训费指生产及管理单位为保证生产、管理工作顺利进行，对工人、技术人员和管理人员进行培训所发生的费用。

3. 管理用具购置费

管理用具购置费指为保证新建项目的正常生产和管理所必须购置的办公和生活用具等费用。包括办公室、会议室、资料档案室、阅览室、文娱室、医务室等公用设施需要配置的家具器具。

4. 备品备件购置费

备品备件购置费指工程在投产运行初期，由于易损件损耗和可能发生的事故，而必须准备的备品备件和专用材料的购置费。不包括设备价格中配备的备品备件。

5. 工器具及生产家具购置费

工器具及生产家具购置费指按设计规定，为保证初期生产正常运行所必须购置的不属于固定资产标准的生产工具、器具、仪表、生产家具等的购置费。不包括设备价格中已包括的专用工具。

（五）科研勘测设计费

科研勘测设计费指工程建设所需的科研、勘测和设计等费用。包括工程科学研究试验费和工程勘测设计费。

1. 工程科学研究试验费

工程科学研究试验费指为保障工程质量，解决工程建设技术问题，而进行必要的科学研究试验所需的费用。

2. 工程勘测设计费

工程勘测设计费指工程从项目建议书阶段开始至以后各设计阶段发生的勘测费、设计费和为勘测设计服务的常规科研试验费。不包括工程建设征地移民设计、环境保护设计、水土保持设计各设计阶段发生的勘测设计费。

（六）其他

1. 工程保险费

工程保险费指工程建设期间，为使工程能在遭受水灾、火灾等自然灾害和意外事故造成损失后得到经济补偿，而对工程进行投保所发生的保险费用。

2. 其他税费

其他税费指按国家规定应缴纳的与工程建设有关的税费。

四、预备费

预备费包括基本预备费和价差预备费。

1. 基本预备费

基本预备费主要为解决在工程建设过程中，设计变更和有关技术标准调整增加的投资以及工程遭受一般自然灾害所造成的损失和为预防自然灾害所采取的措施费用。

2. 价差预备费

价差预备费主要为解决在工程建设过程中，因人工工资、材料和设备价格上涨以及费用标准调整而增加的投资。

五、建设期融资利息

根据国家财政金融政策规定，工程在建设期内需偿还并应计入工程总投资的融资利息。

知识技能训练

1．工程造价的含义？工程造价预测的方法有哪些？

2．请将下列几组概念中相关的概念用直线连接起来：

设计预算	估算定额	初步设计阶段
投资估算	概算定额	施工阶段
施工预算	预算定额	可行性研究阶段
设计概算	施工定额	施工图设计阶段

3．定额的使用原则是什么？怎样才能正确使用好定额？

4．已知某浆砌块石平面护坡工程，设计砂浆强度等级为M10，砌石所需材料已运到距工作面20m以内，求每立方米浆砌石所需人工、主要材料、机械台时预算耗用量？

5．水利工程是如何进行项目划分的？其内容如何？

6．简述水利水电工程建设项目费用组成。

模块七　工程概算编制

单元一　基础单价编制

【单元重点】

人工预算单价计算，材料预算价格计算，施工机械台时费计算，电风水价格及砂石料单价计算。

【学习目标】

掌握人工预算单价，材料预算价格，施工机械台时费，电风水价格及砂石料单价计算方法并准确计算。

任务一　人工预算单价计算

人工预算单价是计算建筑安装工程人工费的重要基础。人工预算单价应根据国家有关规定，和不同时期、不同部门、不同地区的人工单价组成内容和标准，按水利水电施工企业工人工资标准和工程所在地工资区类别结合水利工程特点准确进行计算。

一、人工预算单价的组成

人工预算单价是指生产工人单位时间（工时）的工资和其他各项费用之和。人工预算单价由基本工资、辅助工资和工资附加费组成。

1. 基本工资

基本工资指由岗位工资和年功工资以及年应工作天数内非作业天数的工资组成。

（1）岗位工资是指按照职工所在岗位各项劳动要素测评结果确定的工资。

（2）年功工资是指按照职工工作年限确定的工资，随工作年限增加而逐年累加。

（3）生产工人年应工作天数以内非作业天数的工资，包括职工开会学习、培训期间的工资，调动工作、探亲、休假期间的工资，因气候影响的停工工资，女工哺乳期间的工资，病假在六个月以内的工资及产、婚、丧假期的工资。

2. 辅助工资

辅助工资指在基本工资之外，以其他形式支付给职工的工资性收入，包括根据国家有关规定属于工资性质的各种津贴，主要包括地区津贴、施工津贴、夜餐津贴、节日加班津贴等。

3. 工资附加费

工资附加费指按照国家规定提取的职工福利基金、工会经费、养老保险费、医疗保险费、工伤保险费、职工失业保险基金和住房公积金。

二、人工预算单价计算

人工预算单价按表 7－1 标准计算。

表 7－1　　**人工预算单价计算标准**　　单位：元/工时

类别与等级		一般地区	一类区	二类区	三类区	四类区	五类区 西藏二类区	六类区 西藏三类区	西藏 四类区
枢纽工程	工长	11.55	11.80	11.98	12.26	12.76	13.61	14.63	15.40
	高级工	10.67	10.92	11.09	11.38	11.88	12.73	13.74	14.51
	中级工	8.90	9.15	9.33	9.62	10.12	10.96	11.98	12.75
	初级工	6.13	6.38	6.55	6.84	7.34	8.19	9.21	9.98
引水工程	工长	9.27	9.47	9.61	9.84	10.24	10.92	11.73	12.11
	高级工	8.57	8.77	8.91	9.14	9.54	10.21	11.03	11.40
	中级工	6.62	6.82	6.96	7.19	7.59	8.26	9.08	9.45
	初级工	4.64	4.84	4.98	5.21	5.61	6.29	7.10	7.47
河道工程	工长	8.02	8.19	8.31	8.52	8.86	9.46	10.17	10.49
	高级工	7.40	7.57	7.70	7.90	8.25	8.34	9.55	9.88
	中级工	6.16	6.33	6.46	6.66	7.01	7.50	8.31	8.63
	初级工	4.26	4.43	4.55	4.76	5.10	5.70	6.41	6.73

注　1. 艰苦边远地区划分执行人事部、财政部《关于印发〈完善艰苦边远地区津贴制度实施方案〉的通知》（国人部发〔2006〕61 号）及各省（自治区、直辖市）关于艰苦边远地区津贴制度实施意见。一至六类地区的类别划分参见《水利工程设计概（估）算编制规定》（水总〔2014〕429 号）的附录 7，执行时应根据最新文件进行调整。一般地区指附录 7 之外的地区。

2. 西藏地区的类别执行西藏特殊津贴制度相关文件规定，其二至四类区划分的具体内容见《水利工程设计概（估）算编制规定》（水总〔2014〕429 号）的附录 8。

3. 跨地区建设项目的人工预算单价可按主要建筑物所在地确定，也可按工程规模或投资比例进行综合确定。

三、人工预算单价计算示例

【例 7－1】 陕西省咸阳市长武县修建一座水库枢纽工程，求该工程初级工人工预算单价。

【解】（1）查 2014 年《水利工程设计概（估）算编制规定》（水总〔2014〕429 号）附录 7，确定陕西省咸阳市长武县属于一类区。

（2）查表 7－1，可知该水库枢纽工程的初级工人工预算单价为 6.38 元/工时。

【例 7－2】 河北省邯郸市某县修建一引水工程，求该工程中级工人工预算单价。

【解】（1）查 2014 年《水利工程设计概（估）算编制规定》（水总〔2014〕429 号）附录 7，确定河北省邯郸市属于一般地区。

（2）查表 7－1，可知该引水工程的中级工人工预算单价为 6.62 元/工时。

任务二　材料预算价格计算

材料是指用于建筑安装工程中，直接消耗在工程上的消耗性材料、构成工程实体的装置性材料和施工中重复使用的周转性材料，是建筑安装工人加工或施工的劳动对象。材料费是建筑安装工程投资的重要组成部分，所占比重一般在30%以上，有的甚至达到60%左右。因此，正确计算材料预算价格对于准确地确定工程投资具有重要意义。

材料预算价格是指材料（包括构件、成品及半成品）由来源地或交货地点运到施工工地分仓库或相当于工地分仓库（材料堆放场）的出库价格，材料从工地分仓库至施工现场用料点的场内运杂费已计入定额内。材料预算价格可用图7-1表示。

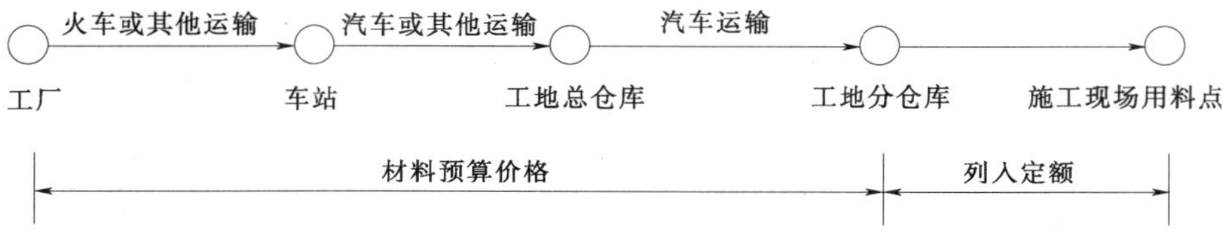

图7-1　材料预算价格构成示意图

一、水利水电工程材料的分类

水利水电工程建设中所用材料品种繁多、数量大、其来源地、供应、运输方式和规格也多种多样，按其对工程投资影响的程度，可分为主要材料和其他材料。

（1）主要材料。指工程施工中用量大或用量虽小但价格昂贵，对工程造价影响大的材料。这类材料的价格应按品种逐一详细计算。

水利水电工程常用的主要材料有：水泥、粉煤灰、钢材、木材、油料、火工产品、电缆和母线等。在大量用沥青混凝土防渗的工程中，沥青应视为主要材料；水闸施工中若用紫铜片止水，量虽小但价高，应视为主要材料。

（2）其他材料（次要材料）。是相对主要材料而言的，两者之间并没有严格的界限，要根据工程对某种材料用量的多少及其在工程投资中的比重来确定。指除主要材料之外的所有材料，其对工程造价影响较小，但品种繁多，该部分价格不需要详细计算。

二、主要材料预算价格的组成与计算

材料预算价格一般包括材料原价、运杂费、运输保险费、采购及保管费四项。主要材料预算价格计算公式为

材料预算价格=(材料原价+运杂费)×(1+采购及保管费率)+运输保险费

1．材料原价

材料原价是指材料市场价或在指定交货地点的价格。材料按市场价格计算（炸药等火工产品除外），即按工程所在地区就近大的物资供应公司的供货价、材料交易中心的市场成交价或业主（或设计方）选定的生产厂家的出厂价以及工程所在地建设工程造价管理部门公布的价格信息计算，但必须充分考虑材料来源、供货比例对材料价格的影响，对同种材料，产地、供应商家不同，其价格也有不同。需根据市场调查的详细资料，经过科学论证，确定其市场价，按不同产地的价格和供应比例，采取加权平均的方法计算。

（1）水泥。由生产企业根据生产成本和市场供求情况自主定价，一般采用厂家出厂

价。在可行性研究阶段编制投资估算时，水泥市场价可统一按袋装水泥价格计算。袋装水泥的包装费按规定计入原价，不计回收，不计押金。

（2）木材。工程所需木材由林区贮木场直接供应的，原则上均应执行设计所选定的木场的大宗市场批发价；由工程所在地区木材公司供应的，采用该地区木材公司规定的木材大宗市场批发价。

木材原价的代表规格，按二类（杉木）、三类（松木）树种各占50%，Ⅰ、Ⅱ等材各50%考虑。长度按2～3.8m，径级20～28cm。

（3）汽油、柴油。其原价按工程所在地区石油公司的批发价计算。汽油、柴油按车辆要求及工程所在地区气温条件确定规格型号。

（4）炸药。按国家及地方有关规定计算其预算价格。代表规格按2号岩石铵梯炸药。

（5）钢材。包括钢筋、钢板及型钢，根据设计所需要的规格品种的市场价计算。如果设计提供品种规格有困难时，钢筋代表规格可按Q235碳素结构钢ϕ16～18比例占70%、低合金钢采用20MnSiϕ20～25比例占30%计算。或二者比例由设计确定，钢板、型钢的代表规格、型号和比例，也按设计要求确定。

上述5种建筑材料为工程概预算编制中一般必须编制预算价格的主要材料，在具体工程中须根据工程项目进行增删。如工程中无石方开挖，则无须计算火工品的预算价格；如大体积混凝土掺用的粉煤灰则应作为主要材料，编制其预算价格。由于砂石料在水利水电工程中需用量较大，一般自行开采，其预算价格将在后面作专门的介绍。

2. 运杂费

运杂费是指材料由产地或交货地点运到工地分仓库或相当于工地分仓库（材料堆放场）所发生的各种运输工具的运输费、调车费、装卸费及其他费用。

在编制运杂费时，应详细收集工程所在地区及有关部门的运杂费价格资料，按施工组织设计中选定的材料来源、运输方式、运输工具、里程以及厂家和交通部门规定的取费标准进行计算。

特殊材料或部件运输，要考虑特殊措施费、改造路面和桥梁费等。

运杂费计算中应注意以下几个问题：

（1）编制材料预算价格时，应先绘制运输流程示意图，避免在计算过程中，发生遗漏和重复。

（2）确定运量比例。一个工程若有两种以上的对外交通方式，要确定各运输方式在工程材料运输中所占比例。采用铁路专用线，在施工初期往往不能通车，要采用公路等其他运输方式。因此，在确定运量比例时，应充分重视施工初期的运输方式。

（3）整车与零担比。整车与零担比是指火车运输中整车和零担货物的比例，又称“整零比”。整车运价较零担便宜，材料运输时，尽可能采用整车方式运输。具体整零比视工程规模情况来定，规模大，直供量多，整车比例就高。根据已建大、中型水利水电工程实际情况，水泥、木材、炸药、汽油、柴油等按整车计算，钢材可考虑一部分零担，其比例大型工程按10%～20%，中型工程按20%～30%选取。计算时，按整车和零担所占的百分率加权平均计算运价，具体公式为

$$运价=整车运价\times整车量(\%)+零担运价\times零担量(\%)$$

(4) 装载系数。材料实际运输时，因批量运输可能装不满一整车而不能满载；或虽已装满，但由于材料容重小，而其运输量达不到车皮的标记吨位；或为保证行车安全，对炸药类危险品不允许满载。这就存在实际运输重量与车辆标记重量不同的问题，而交通运输部门在整车运输时按标重收费，超过标重按实际重量计算费用。因此应考虑装载系数。

装载系数 K＝实际运输重量÷运输车辆标记重量

只有火车整车运输钢材、木材等时，才考虑装载系数，见表 7-2，供计算时参考。

考虑装载系数后的实际运价计算为

实际运价＝规定运价÷装载系数

表 7-2　　装载系数表

序号	材料名称		单　位	装载系数
1	水泥、油料		t/车皮 t	1.0
2	木材		m^3/车皮 t	0.90
3	钢材	大型工程	t/车皮 t	0.90
		中型工程	t/车皮 t	0.80～0.85
4	炸药		t/车皮 t	0.65～0.70

(5) 毛重。运输部门往往是以物资毛重计费，因此运费中要考虑材料的毛重系数。

毛重系数＝毛重÷净重＝(物资实际重量＋包装品重量)÷物资实际重量

单位毛重＝材料单位重量×毛重系数

实际运价＝规定运价×毛重系数

水泥、钢材、油料的单位毛重与材料单位重量基本一致；木材的单位重量与材质有关，一般为 0.6～0.8t/m^3，毛重系数 1.0；炸药毛重系数为 1.17；油料自备油桶运输时其毛重系数：汽油为 1.15，柴油为 1.14。

(6) 铁路运输按铁道部现行的《铁路货物运价规则》，根据货物运价号、运输里程运价率及有关规定计算运杂费；公路和水路运输按工程所在省、自治区、直辖市交通部门的现行规定计算。

3. 运输保险费

材料运输保险费是指材料在运输途中的保险费。一般按工程所在省、自治区、直辖市或中国人民保险公司的有关规定计算。

4. 采购及保管费

材料采购及保管费是指材料在采购、供应和保管过程中所发生的各项费用，主要包括材料的采购、供应和保管部门工作人员的基本工资、辅助工资、工资附加费、教育经费、办公费、差旅交通费、工具用具使用费；仓库、转运站等设施的检修费、固定资产折旧费、技术安全措施费和材料检验费；材料在运输过程中发生的损耗等。现行规定：按材料运到工地仓库的价格（不包括运输保险费）作为计算基数，采购及保管费率见表 7-3。

表 7－3 采购及保管费率表

序 号	材 料 名 称	费率/%
1	水泥、碎（砾）石、砂、块石	3
2	钢材	2
3	油料	2
4	其他材料	2.5

材料采购及保管费＝(材料原价＋运杂费)×采购及保管费率

三、其他材料预算价格的确定

其他材料品种繁多，其费用占投资比例很小，一般不作详细计算，其他材料预算价格可参考工程所在地区的工业与民用建筑安装工程材料预算价格或信息价格。

四、材料补差

主要材料预算价格超过表 7－4 规定的材料基价时，应按基价计入工程单价参与取费，预算价与基价的差值以材料补差形式计算，材料补差列入单价表中并计取税金。

主要材料预算价格低于基价时，按预算价计入工程单价。

计算施工电、风、水价格时，按预算价参与计算。

表 7－4 主要材料基价表

序 号	材料名称	单位	基价/元
1	柴油	t	3500
2	汽油	t	3600
3	钢筋	t	3000
4	水泥	t	300
5	炸药	t	6000

五、材料预算价格计算示例

【例 7－3】 某水利工地使用 42.5 级普通水泥，系本省境内甲厂和乙厂供应。

已知：水泥交货价均为 350 元/t，供货比例为甲厂：乙厂＝60：40，厂家运至工地水泥罐的运杂费（含上罐费）分别为：甲厂 110 元/t，乙厂 150 元/t，水泥运输保险费的计算是按当地有关规定取材料原价的 2‰，计算该种水泥的预算价格。

【解】 甲厂水泥预算价格：

$$(350+110)\times(1+3\%)+350\times2‰=474.50(\text{元/t})$$

乙厂水泥预算价格：

$$(350+150)\times(1+3\%)+350\times2‰=515.70(\text{元/t})$$

$$\text{水泥综合预算价格}=474.50\times60\%+515.70\times40\%=490.98(\text{元/t})$$

【例 7－4】 某大型工程由甲、乙两厂供应钢筋，甲厂供应 60%，乙厂供应 40%，从甲厂用火车将钢筋运至工地铁路转运站，运输距离 150km；从乙厂用火车将钢筋运至工地铁路转运站，运距500km；从铁路转运站用汽车运至工地分仓库，运距20km。求钢筋的综合预算价格。

已知：根据铁路部门颁发的货物运价费率，甲厂供应的火车整车运价为9.5元/t，零担运价为0.02元/kg；乙厂供应的火车整车运价为19.2元/t，零担运价为0.054元/kg；火车运输整车与零担比为8∶2。整车装载系数为0.90；碳素结构钢筋的出厂价为2200元/t，20MnSi钢筋出厂价为2400元/t，根据设计要求两种规格的钢筋所占比重分别为40%和60%；汽车运输价为0.30元/（t·km）；火车、汽车装卸费15元/t（每装、卸一次）；铁路出库综合费4.60元/t，运输保险费率2‰。

【解】（1）运输流程的运杂费计算：运杂费计算见表7-5。

表7-5　　主要材料运杂费计算表

编号	1	2	3	材料名称	钢　筋			材料编号	
交货条件	甲厂	乙厂		运输方式	火车	汽车	船运	火车	
交货地点	××市	××市		货物等级		特等		零担	整车
交货比例	60%	40%		装载系数	0.90			20%	80%
编号	运输费用项目	运输起讫点		运输距离/km	计算公式				合计/元
1	铁路运杂费	甲厂—转运站		150	9.5÷0.90×0.8+0.02×1000×0.2+15×2+4.60				47.04
	公路运杂费	转运站—工地		20	0.3×20+15×2				36.00
	水路运杂费								
	场内运杂费								
	综合运杂费								83.04
2	铁路运杂费	乙厂—转运站		500	19.2÷0.90×0.8+0.054×1000×0.2+15×2+4.60				62.47
	公路运杂费	转运站—工地		20	0.3×20+15×2				36.00
	水路运杂费								
	场内运杂费								
	综合运杂费								98.47
每吨运杂费					83.04×0.6+98.47×0.4				89.21

（2）钢筋的预算价格计算：钢筋的综合预算价格计算见表7-6。

材料预算价格=（材料原价+运杂费）×（1+采购及保管费率）+运输保险费

表7-6　　主要材料预算价格计算表

编号	名称规格	单位	价格/（元/t）					
			原价	运杂费	运至工地仓库价格	采购及保管费	保险费	预算价格
1	碳素结构钢筋	t	2200	89.21	2289.21	68.68	4.40	2362.29
2	20MnSi钢筋	t	2400	89.21	2489.21	74.68	4.80	2568.69
钢筋综合价格		2362.29×0.4+2568.69×0.6						2486.13

任务三　施工机械台时费

施工机械台时费是指一台机械在一个小时（台时）内，为使机械正常运转所支出和分摊的各项费用之和。施工机械台时费是计算机械使用费的基础单价。随着水利水电工程施工机械化程度的提高，机械使用费所占工程投资比例越来越大，目前已达20%～30%。因此，正确计算施工机械台时费就变得十分重要。

一、施工机械台时费的组成

水利工程施工机械台时费由一类和二类费用组成。

1. 一类费用

一类费用包括折旧费、修理及替换设备费（含大修理费、经常性修理费）和安装拆卸费，现行部颁定额是按定额编制年的价格水平以金额形式表示，编制台时费时，应按编制年价格水平进行调整，具体按国家有关规定执行。

2. 二类费用

二类费用是指施工机械正常运转时机上人工、动力、燃料消耗费，以工时数量和实物消耗量表示，编制台时费时按国家规定的人工预算工资和工程所在地的物价水平分别计算。

二、施工机械台时费的计算

定额机械台时费的计算：

$$一类费用=定额金额\times编制年调整系数$$

$$二类费用=定额机上人工工时\times人工预算单价+\sum(动力燃料额定消耗量\times预算价格)$$

现行台时费定额规定机上人工预算单价按中级工计算。

【例 7－5】 试计算 20t 自卸汽车台时费。

已知：该工程的中级工人工工时预算单价 8.90 元/工时，0 号柴油预算价格 2.80 元/kg，台时一类费用调整系数为 1.00。

【解】 查《台时费定额》编号 3019，得

$$一类费用=83.37\times1.00=83.37(元/台时)$$

$$二类费用=1.3\times8.90+16.2\times2.80=56.93(元/台时)$$

则该工程 20t 自卸汽车台时费为 83.37＋56.93＝140.30（元/台时）

任务四　其他基础单价计算

一、电、风、水价格计算

电、风、水在水利水电工程施工过程中耗用量大，其价格将直接影响到施工机械台时费的高低，因此，编制电、风、水预算价格时，应根据施工组织设计确定的电、风、水的

供应方式、布置形式、设备配置情况等资料分别计算。

（一）施工用电价格

水利水电工程施工用电，一般有外购电（由国家或地方电网及其他电厂供电）和自发电（由项目法人或承包人自建发电厂发电）两种形式。其中国家电网供电电源可靠，电价低廉，是水利工程施工的主要电源。

施工用电按用途可分为生产用电和生活用电两部分。生产用电系指直接计入工程成本中的用电量，包括施工机械用电、施工照明用电和其他生产用电；生活用电系指生活、文化、福利设施的室内外照明和其他生活用电。水利水电工程概预算中的电价计算仅指生产用电，生活用电不直接用于生产，应在间接费内计列或由职工负担。

1．电价的组成

施工用电价格由基本电价、电能损耗摊销费和供电设施维修摊销费组成。

（1）基本电价。对外购电是指所需支付的供电价格，包括电网电价、电力建设基金及各种按有关规定的加价；对自发电是指发电厂发电的单位成本（包括柴油发电厂、燃煤发电厂及水力发电厂等）。

（2）电能损耗摊销费。外购电指从施工企业与供电部门的产权分界处（供电部门计量收费点）起到施工现场最后一级降压变压器低压侧止，所有变配电设备及输电线路上所发生的电能损耗摊销费用。

自发电是指从发电厂的出线侧到现场各施工点最后一级降压变压器低压侧止，所有变配电设备和输电线路上的电能损耗摊销费用。从最后一级降压变压器低压侧至施工用电点的施工设备和低压配电线路损耗已包括在各用电施工设备的台时耗电定额内，计算电价时不再考虑。

（3）供电设施维修摊销费：指摊入电价的变配电设备的基本折旧费、修理费、安装和拆卸费、变配电设备和线路的维修费及运行维护费。

2．电价的计算

（1）外购电电价 J_w。

$$J_w=\frac{J}{(1-k_1)(1-k_2)}+C_g$$

式中　J_w——外购电电价，元/(kW·h)；

J——基本电价，元/(kW·h)，包括电力建设基金、电网电价等各种有关规定的加价，按国家有关部门批准的各省、市、自治区非工业、普通工业用电电价执行；

k_1——高压输电线路损耗率，取3%～5%；

k_2——变配电设备及配电线路损耗率，取4%～7%；

C_g——供电设施维修摊销费（变配电设备除外），取0.04～0.05元/(kW·h)。

为施工用电架设的施工场外供电线路，如电压等级在枢纽工程35kV、引水及河道工程10kV及以上时，场外供电线路、变电站等设备及土建费用，按现行规定列入施工临时工程中的施工场外供电工程项目内。

（2）自发电电价 J_z。

$$J_z=\frac{C_T}{\sum pK(1-k_1)(1-k_2)}+C_g+C_L$$

式中　J_z——自发电电价，元/(kW·h)；

C_T——柴油发电机组（台）时总费用，元；

$\sum p$——柴油发电机额定容量之和，kW；

K——发电机出力系数，一般取0.8～0.85；

k_1——厂用电率，取3%～5%；

k_2——变配电设备及配电线路损耗率，取5%～8%；

C_g——供电设施维修摊销费，同外购电；

C_L——单位冷却水费，采用循环水冷却时，C_L=0.05～0.07元/(kW·h)；若采用水泵供给非循环水冷却，则水泵组（台）时费应计入C_T之内。

如果工程为自发电与外购电共用，则按外购电与自发电电量比例加权平均计算综合电价。

（二）施工用风、水价格

施工用风价格由基本风价、供风损耗和供风设施维修摊销费组成。

施工用水价格由基本水价、供水损耗摊销费和供水设施维修摊销费组成。

施工用风、水价格计算方法与施工用电价格计算类似。

【例7-6】 某工程施工用电，由国家电网供电90%，自发电10%，已知：电网非工业用电价为0.436元/(kW·h)，国家批准的附加费0.05元/(kW·h)，三峡建设基金0.007元/(kW·h)。柴油发电机总容量为1000kW，其中200kW一台，400kW两台，并配备3.7kW水泵三台供给冷却水，以上三种机械台时费分别为149.38元/台时、267.50元/台时和11.55元/台时，试计算其综合电价。

【解】 (1) 计算外购电电价J_w。取k_1=0.04，k_2=0.07，C_g=0.05元/(kW·h)。

$$J_w=\frac{J}{(1-k_1)(1-k_2)}+C_g=\frac{0.436+0.05+0.007}{(1-0.04)(1-0.07)}+0.05=0.602\text{ 元/(kW·h)}$$

(2) 计算自发电电价J_z。取K=0.8，k_1=0.04，k_2=0.05，C_g=0.05元/(kW·h)

$$J_z=\frac{C_T}{\sum pK(1-k_1)(1-k_2)}+C_g$$
$$=\frac{149.38\times1+267.50\times2+11.55\times3}{1000\times0.8\times(1-0.04)(1-0.05)}+0.05=1.036\text{ 元/(kW·h)}$$

(3) 计算综合电价$J_{综}$。

$$J_{综}=0.602\times90\%+1.036\times10\%=0.645\text{ 元/(kW·h)}$$

二、砂石料单价计算

砂石料是水利水电工程中的主要建筑材料，常指砂、卵（砾）石、碎石、块石、条石等材料。由于其用量多，单价高低将直接影响工程投资，因此必须单独编制其单价。

（一）骨料单价计算的基本方法

砂石骨料单价是指从清除覆盖层、毛料开采运输、预筛破碎、筛洗储存直到将成品运至混凝土拌制系统骨料仓（场）为止的全部生产流程所发生的费用。骨料单价计算方法常用的有两种：系统单价法和工序单价法。

1. 系统单价法

系统单法是从原料开采运输到骨料运至搅拌楼（场）骨料料仓（堆）上的生产全过程的整个砂石料生产系统为计算单元，用系统单位时间的生产总费用除以系统单位时间的骨料产量计算骨料单价。

系统单价法避免了影响计算成果准确的损耗和体积变化这两个复杂因素，计算原理相对科学。但对施工组织设施设计深度要求较高，在选定系统设备、型号、数量及确定单位时间产量时有一定程度的任意性。

2. 工序单价法

工序单价法按骨料生产流程，分解成若干个工序，以工序为计算单元，按现行概预算定额相应子目计算各工序单价，然后累计计算成品骨料单价。该方法概念明确，计算结构科学，易于结合工程实际。目前，水利水电工程造价广泛采用。本节重点介绍工序单价法。

（二）骨料单价计算

骨料生产由覆盖层清除、毛料开采运输、筛洗加工、成品骨料运输、弃料处理等工序组成，根据设计提供的料场规划、生产流程、施工方法及有关资料套用概预算定额相关子目，分别计算各工序单价。现行定额已将毛料、半成品、成品骨料在运输过程中的运输损耗，骨料在破碎、筛洗、碾磨过程中的加工损耗，以及骨料在各工序堆存过程中的堆存损耗（如料仓垫底损耗）计入定额。

1. 覆盖层清除

天然砂砾料的料场一般在河滩，表层都有杂草、树木、腐殖土等覆盖层，在毛料开采前应剥离清除。覆盖层清除可采用土方工程定额计算工序单价，该工序单价可摊入骨料成品单价。

覆盖层清除摊销率＝覆盖层清除量(自然方)÷成品骨料总用量(成品堆方)×100％

覆盖层清除摊销单价＝覆盖层清除单价×覆盖层清除摊销率

2. 毛料开采运输

毛料（未经加工的砂砾料）从料场开采运至毛料堆存处的过程，可分为陆上开采运输和水下开采运输。毛料开采运输通常有几种情况：一是毛料开采后一部分直接运到筛分场堆存，而另一部分需暂存某堆料场，将来再倒运到筛分场，这种情况应分别计算单价，然后按比例加权平均计算综合工序单价；另一种情况是由多个料场供料时，当开挖、运输方式相同，可按料场供料比例，加权平均计算运距。如果开挖、运输方式不同，则应分别计算各料场单价，按供料比例加权平均计算工序单价。

3. 预筛分

预筛分是将毛料隔离超径石的过程，包括设条筛及重型振动筛两次隔离过程。超径石系指大于设计级配最大粒径的卵石，为满足设计级配要求，充分利用料源，预筛分隔离的超径石可进行一次或两次破碎，加工为需要粒径的碎石半成品。超径石破碎工序单价为

超径石破碎摊销单价＝超径石破碎量(t)÷设计骨料总用量(t)×超径石破碎定额单价

4. 筛分冲洗

为满足混凝土骨料质量和级配要求，将通过预筛分工序的半成品料，筛分为粒径等级符合设计级配、干净合格的成品料并分级堆存，其单价可直接套用筛洗定额计算。为满足设计级配要求，充分利用料源，在筛洗工序中可增加中间破碎工序，其工序单价为

中间破碎摊销单价＝中间破碎量（t）÷设计骨料总用量（t）×大石破碎定额单价

筛洗工序一般需设置两台筛分机，4层筛网和一台螺旋分级机，筛分为0.15～5mm（砂）和5～20mm、20～40mm、40～80mm、80～120mm五种径级的产品，在筛分过程中，供以压力水喷洒冲洗。

5. 成品骨料运输

成品骨料运输是指经过筛洗加工后的分级骨料，由筛分楼（场）成品料仓（场）运至拌和楼（场）骨料仓（场）的过程，运距较近采用皮带机，运距较远采用自卸汽车或机车运输。可采用相关运输定额计算工序单价。

6. 弃料处理

弃料处理是指因天然砂砾料中的自然级配组合与设计采用级配组合不同而产生的弃料和处理的过程。包括超径石弃料和剩余骨料弃料。由于有弃料发生，为满足设计骨料用量，需多开采砂砾料，并按设计要求对弃料进行处理，由此而增加的费用，应摊入成品骨料单价内。

弃料摊销率＝弃料处理量(堆方)÷成品骨料总用量(成品堆方)×100%

超径石弃料摊销单价＝(砂砾料开采运输单价＋预筛分单价＋弃料运输单价)×超径石弃料摊销率

剩余骨料弃料摊销单价＝成品骨料单价×剩余骨料摊销率

剩余骨料弃料摊销费式中成品骨料单价中不含覆盖层清除摊销费及成品骨料运输费。

7. 人工制砂

为补充天然砂不足，可利用砾石制砂，增加制砂工序，套用制砂定额时可根据岩石原料类别调整棒磨机钢棒消耗量计算其单价。

（三）成品骨料单价的计算步骤

1. 收集基本资料

（1）料场的位置、分布、地形、地质与水文地质条件，开采与运输条件。

（2）料场的储量与可开采量；各料场需清除覆盖层的厚度、性质、数量及清除方法等。

（3）毛料开采运输、预筛破碎、筛洗加工、废料处理和成品料堆存运输的施工方法。

（4）料场的天然级配与设计级配，级配平衡计算成果。

（5）骨料生产系统工艺流程及设备配置与生产能力。

2. 确定单价计算的基本参数

基本参数包括覆盖层清除摊销率、弃料处理摊销率等，按前述方法计算。

3. 计算成品骨料各工序单价

选用现行定额，根据天然骨料和人工骨料的施工方法、工艺流程等计算成品骨料各工序单价。

4. 计算成品骨料单价

砂石骨料综合单价＝覆盖层清除摊销单价＋开采加工单价＋弃料处理摊销单价

式中

覆盖层清除摊销单价＝∑(覆盖层清除单价×覆盖层清除摊销率)

弃料处理摊销单价＝∑(弃料处理单价×弃料处理摊销率)

开采加工单价＝∑(各工序开采加工工序单价)

(四) 块石、条石、料石单价计算

块（片）石、条（拱）石、料石单价是指将符合要求的石料运至施工现场堆料点的价格。一般包括料场覆盖（风化层，无用层）清除，石料开采，加工（修凿），石料运输，堆存以及石料在开采、加工、运输、堆存过程的损耗等。单价计算公式如下：

$$J_{石}=fD_f+(D_1+D_2)\times(1+K)$$

式中 $J_{石}$——石料单价，元/m³，块石按成品码方计，料石、条石按清料方计；

f——覆盖层清除率，清除量占成品石料方量的百分率；

D_f——覆盖层清除单价，根据施工方法，按定额相应子目计算，元/m³；

D_1——石料开采单价，根据岩石级别、石料种类和施工方法按相应定额子目计算，元/m³；

D_2——石料运输、堆存单价，根据施工方法和运距按相应定额子目计算，元/m³；

K——综合损耗率，块石可取4%；条石、料石可取2%。

块（片）石、条（拱）石、料石单价应根据地质报告有关资料和施工组织设计确定的工艺流程、施工方法，选用现行定额中的相应子目计算。

(五) 外购砂石料单价计算

对于地方中小型水利工程，一般砂石料用量较少，不宜自采加工。或由于当地砂石料缺乏，储量不能满足工程需要，可从附近砂石料市场采购。外购砂石料单价按本模块单元一的任务二主要材料预算价格计算。

外购砂、碎石（砾石）、块石、料石等材料预算价格超过70元/m³时，应按基价70元/m³计入工程单价参加取费，预算价格与基价的差额以材料补差形式进行计算，材料补差列入单价表中并计取税金。

三、混凝土、砂浆材料单价

(一) 混凝土材料单价

由编规，根据设计确定的不同工程部位的混凝土标号、级配和龄期，分别计算出每立方米混凝土材料单价，计入相应的混凝土工程概算单价内。其混凝土配合比的各项材料用量，应根据工程试验提供的资料计算，若无试验资料时，也可参照《水利建筑工程概算定额》附录混凝土材料配合表计算。

混凝土浇筑定额中，材料消耗定额的“混凝土”一项，系指完成定额单位产品所需的混凝土半成品量，包括冲毛（或凿毛）、干缩、施工损耗、运输损耗和接缝砂浆等的消耗量（概算定额还包括超填量）在内。混凝土半成品单价是指按施工配合比配制的每立方米混凝土中砂、石、水泥、水、掺合料及外加剂等各种材料的费用之和。

1. 确定混凝土中各种材料的用量

混凝土半成品中各种材料的用量，应按本工程混凝土配合比试验资料并考虑施工损耗量加以确定。其中水泥、砂、石预算用量应比配合比理论计算量分别增加2%、3%、4%。如无试验资料，也可参照定额附录混凝土材料配合比表，确定各种材料的用量。

在编制混凝土工程概算（或估算）单价时，如设计深度与试验资料不足，也可按下述方法计算每立方米混凝土半成品中的材料用量。

（1）水泥品种与强度等级的选定。拦河坝等大体积水工混凝土，一般可选用强度等级为42.5MPa和52.5MPa的水泥。对水位变化区外部混凝土，宜选用普通硅酸盐大坝水泥和普通硅酸盐水泥；对大体积建筑物内部混凝土，位于水下的混凝土和基础混凝土，宜选用矿渣硅酸盐大坝水泥、矿渣硅酸盐水泥和粉煤灰硅酸盐水泥。

（2）确定混凝土的强度等级和级配。混凝土的强度等级和级配是根据水工建筑物各结构部位的运用条件、设计要求和施工条件确定的。在资料不足的情况下，可参考表7-7选定。

（3）选用混凝土配合比。概预算定额附录中有纯混凝土、掺外加剂混凝土、掺粉煤灰混凝土以及碾压混凝土等多种材料配合比表可供选择。为节省水泥用量，宜采用掺外加剂的混凝土配合比，对大体积混凝土还应掺粉煤灰，并尽可能利用混凝土的后期强度。混凝土各龄期强度换算为28天龄期强度时，可参照表7-8系数进行换算。当换算介于两种强度等级之间时，应选用高一级的强度等级。

表7-7　混凝土强度等级与级配参考表

<table>
<tr><th colspan="2" rowspan="2">工程类别</th><th colspan="4">不同强度等级不同级配混凝土所占比例/%</th></tr>
<tr><th>C20～C25二级配</th><th>C20三级配</th><th>C15三级配</th><th>C10四级配</th></tr>
<tr><td colspan="2">大体积混凝土坝</td><td>8</td><td>32</td><td></td><td>60</td></tr>
<tr><td colspan="2">轻型混凝土坝</td><td>8</td><td>92</td><td></td><td></td></tr>
<tr><td colspan="2">水闸</td><td>6</td><td>50</td><td>44</td><td></td></tr>
<tr><td colspan="2">溢洪道</td><td>6</td><td>69</td><td>25</td><td></td></tr>
<tr><td colspan="2">进水塔</td><td>30</td><td>70</td><td></td><td></td></tr>
<tr><td colspan="2">进水口</td><td>20</td><td>60</td><td>20</td><td></td></tr>
<tr><td rowspan="2">隧洞衬砌</td><td>混凝土泵衬砌边顶拱</td><td>80</td><td>20</td><td></td><td></td></tr>
<tr><td>混凝土泵衬砌顶拱</td><td>30</td><td>70</td><td></td><td></td></tr>
<tr><td rowspan="2">竖井衬砌</td><td>混凝土泵浇筑</td><td>100</td><td></td><td></td><td></td></tr>
<tr><td>其他方法浇筑</td><td>30</td><td>70</td><td></td><td></td></tr>
<tr><td colspan="2">明渠混凝土</td><td></td><td>75</td><td>25</td><td></td></tr>
<tr><td colspan="2">地面厂房</td><td>35</td><td>35</td><td>30</td><td></td></tr>
<tr><td colspan="2">河床式电站厂房</td><td>50</td><td>25</td><td>25</td><td></td></tr>
<tr><td colspan="2">地下厂房</td><td>50</td><td>50</td><td></td><td></td></tr>
<tr><td colspan="2">扬水站</td><td>30</td><td>35</td><td>35</td><td></td></tr>
<tr><td colspan="2">大型船闸</td><td>10</td><td>90</td><td></td><td></td></tr>
<tr><td colspan="2">中小型船闸</td><td>30</td><td>70</td><td></td><td></td></tr>
</table>

表 7－8　　不同龄期混凝强度等级换算系数表

设计龄期/d	28	60	90	180
强度等级折合系数	1.00	0.83	0.77	0.71

注　概预算定额附录中的混凝土配合比表系按 28 天强度拟定，当混凝土的设计龄期与之不符时，应将设计龄期的强度折算为 28 天的强度，方可使用定额附录中的混凝土配合比表。

2. 掺粉煤灰混凝土材料用量确定

现行概预算定额附录中掺粉煤灰混凝土配合比的材料用量是按超量取代法（又称超量系数法）确定的，即按照与基准混凝土（纯混凝土）同稠度、等强度的原则，用超量取代法对基准混凝土中的材料量进行调整（调整系数称作粉煤灰超量系数）。计算步骤如下：

（1）掺粉煤灰混凝土的水泥用量。

$$C=C_0(1-f)$$

式中　C——粉煤灰混凝土水泥用量，kg；

C_0——与掺粉煤灰混凝土等强度、同稠度的纯混凝土水泥用量，kg；

f——水泥取代百分率，为水泥节约量（纯混凝土水泥用量与粉煤灰混凝土水泥用量之差）与纯混凝土水泥用量之比乘以百分之百，可参考表 7－9 选取。

表 7－9　　水泥取代百分率参考表

混凝土强度等级	普通硅酸盐水泥	矿渣硅酸盐水泥
≤C15	15%～25%	10%～20%
C20	10%～15%	10%
C25～C30	15%～20%	10%～15%

注　32.5（R）水泥及以下取下限，42.5（R）水泥及以上取上限。C20 及以上混凝土宜采用Ⅰ、Ⅱ级粉煤灰，C15 及以下素混凝土可采用Ⅲ级粉煤灰。

（2）确定粉煤灰的掺量。

$$F=K(C_0-C)$$

式中　F——粉煤灰掺量，kg；

K——粉煤灰取代（超量）系数，为粉煤灰的掺量与取代水泥量（即水泥节约量）的比值，可按表 7－10 取值。

表 7－10　　粉煤灰的取代（超量）系数表

粉煤灰级别	Ⅰ级	Ⅱ级	Ⅲ级
超量系数	1.0～1.4	1.2～1.7	1.5～2.0

（3）砂、石用量。掺粉煤灰混凝土灰重（即水泥及粉煤灰总重）较纯混凝土的灰重多，增加的灰重可按下式计算：

$$\Delta C=C+F-C_0$$

式中　ΔC——增加的灰重，kg。

按照与纯混凝土密度相等的原则，掺粉煤灰混凝土砂、石总重量应相应减少 ΔC，按含砂率相等的原则，则掺粉煤灰混凝土砂、石重可分别按下式计算：

$$S \approx S_0 - \Delta C S_0 / (S_0 + G_0)$$

$$G \approx G_0 - \Delta C G_0 / (S_0 + G_0)$$

式中　S——掺粉煤灰混凝土砂重，kg；

S_0——纯混凝土砂重，kg；

G——掺粉煤灰混凝土石重，kg；

G_0——纯混凝土石重，kg。

由于增加的灰重主要是代替细骨料砂填充粗骨料石的空隙，故简化计算时也可将增加的灰重全部从砂的重量中核减，石重不变。

（4）用水量。掺粉煤灰混凝土用水量 W 等于纯混凝土用水量 W_0。

（5）外加剂用量。外加剂用量 Y 可按掺粉煤灰混凝土水泥用量的 0.2%～0.3%计算，概预算定额是按 0.2%计。

当设计选用掺粉煤灰混凝土的水泥取代百分率（即定额中所称的“掺粉煤灰量”百分比）或粉煤灰取代系数与概预算定额附录中的不同时，可根据上述公式计算掺粉煤灰混凝土的材料用量。

【例 7-7】 某 C20 三级配掺粉煤灰混凝土，水灰比为 0.6，水泥标号为 42.5（R），水泥取代百分率为 15%，粉煤灰取代系数为 1.30，求该混凝土的配合比材料用量。

【解】（1）计算掺粉煤灰混凝土水泥用量。查《水利建筑工程概算定额》附录 7，C20 三级配纯混凝土配合比材料预算用量为：42.5 水泥 $C_0 = 218$kg，粗砂 $S_0 = 618$kg，卵石 $G_0 = 1627$kg，水 $W_0 = 0.125\text{m}^3$，则

$$C = 218 \times (1 - 15\%) = 185(\text{kg})$$

（2）计算粉煤灰掺量。

$$F = 1.30 \times (218 - 185) = 43(\text{kg})$$

（3）计算砂、石用量。

$$\Delta C = 185 + 43 - 218 = 10(\text{kg})$$

$$S = 618 - 10 \times 618 \div (618 + 1627) = 615(\text{kg})(\text{折合 } 0.42\ \text{m}^3)$$

$$G = 1627 - 10 \times 1627 \div (618 + 1627) = 1620(\text{kg})(\text{折合 } 0.95\ \text{m}^3)$$

（4）计算用水量。

$$W = W_0 = 0.125\text{m}^3$$

（5）计算外加剂用量。

$$Y = 185 \times 0.2\% = 0.37(\text{kg})$$

3. 混凝土材料单价

混凝土材料单价 $= \sum 1\text{m}^3$ 混凝土各材料预算用量×各种材料的预算价格

4. 计算混凝土材料单价应注意的问题

（1）当工程采用水泥的强度等级与定额附录配合比表不同时，应对配合比表的水泥（包括粉煤灰）用量进行调整，见表 7-11。定额配合比表中的水泥用量系按机械拌和拟定，若采用人工拌和，水泥用量应增加 5%。

（2）概预算定额附录混凝土配合比表系卵石、粗砂混凝土，如改用碎石或中、细砂，需按表 7-12 系数换算。

表 7-11 水泥强度等级与用量换算系数参考表

原强度等级＼代换强度等级	32.5	42.5	52.5
32.5	1.00	0.86	0.76
42.5	1.16	1.00	0.88
52.5	1.31	1.13	1.00

表 7-12 混凝土骨料换算系数表

项 目	水泥	砂	石子	水
卵石换为碎石	1.10	1.10	1.06	1.10
粗砂换为中砂	1.07	0.98	0.98	1.07
粗砂换为细砂	1.10	0.96	0.97	1.10
粗砂换为特细砂	1.16	0.90	0.95	1.16

注 1. 水泥按质量计，砂、石子按体积计。
2. 若实际采用碎石及中细砂时，则总的换算系数应为各单项换算系数的连乘积。
3. 粉煤灰的换算系数同水泥的换算系数。

(3) 大体积混凝土，为了节约水泥和温控的需要，常常采用埋块石混凝土。这时应将配合比表的材料用量，扣除埋块石实体的数量。计算式如下：

埋块石混凝土材料量＝配合比表材料用量×(1－埋块石率%)

埋石为实体方（自然方），而块石单价一般为码方，在计算埋石混凝土材料单价时应注意换算。

(二) 砂浆材料单价的计算

计算方法与混凝土材料单价的计算基本相同，根据设计确定的不同工程部位的砂浆标号，分别计算出每立方米砂浆材料单价，计入相应的砌筑工程概算单价内。其砂浆配合比的各项材料用量，应根据工程试验提供的资料计算，若无试验资料时，也可参照《水利建筑工程概算定额》附录混凝土材料配合表计算。

【例 7-8】 某渠道工程，采用浆砌块石平面护坡，设计砂浆强度等级为 M10，已知水泥 2.8 元/kg；砂 30 元/m^3；水 0.001 元/kg。求每立方米浆砌石用砂浆材料价格。

【解】 (1) 选用定额。查《水利建筑工程概算定额》平面护坡浆砌石，定额编号 30029，每 100m^3 砌体需砂浆 35.3 m^3。

(2) 确定砂浆材料预算用量。根据设计砂浆强度等级，查《水利建筑工程概算定额》附录 7 表 5-15 水泥砂浆材料配合比表，每立方米砂浆主要材料预算量：水泥 305kg，砂 1.10m^3。

(3) 计算每立方米砂浆材料单价。

水泥： $305\times35.3\div100=107.67$ (kg)

砂： $1.10\times35.3\div100=0.388(m^3)$

水： $0.183\times35.3\div100=107.67$(kg)

砂浆材料单价＝$107.67\times2.8+0.388\times30+107.67\times0.001=314.18$(元)

单元二　概算工程单价编制

【单元重点】

土方工程单价计算，石方工程单价计算，混凝土工程单价计算，模板工程等建筑工程单价及安装工程单价计算。

【学习目标】

掌握土方工程单价，石方工程单价，混凝土工程单价，模板工程等建筑工程单价及安装工程单价计算方法并准确计算。

任务一　建筑工程单价计算

一、建筑工程单价计算原理

1. 建筑工程单价编制步骤

（1）了解工程概况，熟识设计图纸，搜集基础资料，确定取费标准。

（2）根据工程特征和施工组织设计确定的施工条件、施工方法及设备配备情况，正确选用定额子目。

（3）根据本工程基础单价和有关费用标准，计算直接工程费、间接费、企业利润和税金。工程单价计算程序见表7-13。

2. 建筑工程单价编制方法

（1）直接费：

1）基本直接费。

人工费＝定额劳动量（工时）×人工预算单价（元/工时）

材料费＝定额材料用量×材料预算单价

机械使用费＝定额机械使用量（台时）×施工机械台时费（元/台时）

2）其他直接费。

其他直接费＝基本直接费×其他直接费费率之和

（2）间接费。

间接费＝直接费×间接费费率

（3）利润。

利润＝（直接费＋间接费）×利润率

（4）材料补差。

材料补差＝（材料预算价格－材料基价）×材料消耗量

（5）税金。

税金＝（直接费＋间接费＋利润＋材料补差）×税率

（6）建筑工程单价。

建筑工程单价＝直接费＋间接费＋利润＋材料补差＋税金

[注：建筑工程单价含有未计价材料（如输水管道）时，其格式参照安装工程单价。]

3. 建筑工程单价表现形式

(1) 工程单价编制一般采用列表法，工程单价表见表7-13。

表7-13 建筑工程单价计算表

序号	项目	计算方法
(一)	直接费	基本直接费+其他直接费
1	基本直接费	人工费+材料费+机械使用费
(1)	人工费	∑定额劳动力量(工时)×人工预算单价(元/工时)
(2)	材料费	∑定额材料用量×材料预算价格
(3)	机械使用费	∑定额机械使用量(台时)×施工机械台时费
2	其他直接费	基本直接费×其他直接费费率
(二)	间接费	(一)×间接费费率
(三)	企业利润	[(一)+(二)]×企业利润率
(四)	材料补差	∑(材料预算价格-材料基价)×材料消耗量
(五)	税金	∑[(一)+(二)+(三)]×税率
	工程单价	∑[(一)+…+(五)]

(2) 为了简化计算，也可采用综合系数法，也称公式法。方法是先根据各费率计算综合系数，再用直接费乘以综合系数计算出工程单价，公式如下：

$$J_{建}=J_{基}\times K+材料差价\times(1+税率)$$

其中

$$J_{基}=F_{人}+F_{材}+F_{机}$$

$$K=(1+a)\times(1+b)\times(1+c)\times(1+d)$$

式中 $J_{建}$——建筑工程单价；

$J_{基}$——建筑工程单价基本直接费单价；

K——综合系数；

$F_{人}$、$F_{材}$、$F_{机}$——人工费、材料费、机械使用费；

a、b、c、d——其他直接费费率、间接费费率、利润率、税率。

4. 定额使用的调整原则与注意事项

(1) 按规定必须编制单价的建筑工程项目，应严格执行《水利建筑工程概算定额》，不得任意调整。为此，必须根据设计所确定的有关技术条件（如石方开挖工程的岩石等级、断面尺寸、开挖与出渣方式、开挖与运输设备型号、规格、弃渣运距等）选用《水利建筑工程概算定额》的相应子目，编制概算单价。

(2) 现行《水利建筑工程概算定额》中没有的工程项目，可编制补充定额。或对于非水利水电专业工程，按照专业专用的原则，执行有关专业部颁发的相应定额，如公路工程执行交通部《公路工程概算定额》，市政工程执行各省、市的《市政工程单位估价表》等。

(3) 现行《水利建筑工程概算定额》虽有类似定额，但其技术条件有较大差异时，应编制补充定额，作为编制概（估）算单价的依据。

(4) 现行《水利建筑工程概算定额》各定额子目中，已按现行施工规范和有关规定，计入了不构成建筑工程单位实体的各种施工操作损耗、允许超挖及超填量、合理的施工附加量及体积变化等所需增加的人工、材料及机械台班消耗量，编制概（估）算时，应一律按设计结构工程量（按设计几何轮廓尺寸计算的工程量）计算。

（5）现行《水利建筑工程概算定额》中的材料及其他材料费，按目前水利工程平均消耗水平列量；定额中的施工机械台（组）时数量及其他机械使用费，按水利工程常用施工机械和典型施工方法的平均水平列量。编制概（估）算单价时，除定额中规定允许调整外，均不得对定额中的人工、材料、施工机械台时数量及施工机械的名称、规格、型号进行调整。

（6）如定额参数（建筑物尺寸、运距等）介于概算定额两子目之间，可用插入法调整定额。调整方法如下：

$$A=B+\frac{(C-B)(a-b)}{(c-b)}$$

式中　A——所求定额数；

B——小于 A 而接近 A 的定额数；

C——大于 A 而接近 A 的定额数；

a——A 项定额参数；

b——B 项定额参数；

c——C 项定额参数。

例如：平洞石方开挖（风钻钻孔）定额按开挖断面面积不大于 $10m^2$、$15m^2$、$30m^2$、$60m^2$、$120m^2$、$240m^2$ 区分不同岩石级别划分定额子目，若工程设计开挖断面面积介于定额给定面积之间，需进行内插；再如机械挖装自卸汽车运输土方定额，按运土运距 1km 为步长划分定额子目，若工程设计土方运距 0.5km，需对定额进行外插。

二、土方工程单价编制

土方工程包括土方开挖和土方填筑两大类。

影响土方工程单价的主要因素有土的级别、设计要求的开挖形状、施工条件、运土距离、施工条件等。

1. 土方开挖工程单价

土方开挖工程中一般都包括弃土的运输，土方开挖单价也多指挖运综合单价。土方开挖定额中有大量挖运综合子目，可以直接套用。若挖运方案与定额子目不同，需要分别套用开挖与运输定额子目计算直接费，再合并计算综合单价。

土方开挖工程按开挖设计形状分为以下几类：

（1）一般土方开挖定额适用于一般明挖土方工程和上口宽超过 16m 的渠道及上口面积大于 $80m^2$ 的柱坑土方工程。

（2）渠道土方开挖定额适用于上口宽小于或等于 16m 的梯形断面、长条形、底边需要修整的渠道土方工程。

（3）沟槽土方开挖定额，适用于上口宽小于或等于 8m 的矩形断面和边坡陡于 1∶0.5 的梯形断面；长度大于宽度 3 倍的长条形，只修底不修边坡的土方工程。

（4）柱坑土方开挖定额适用于上口面积小于或等于 80m²，长度小于宽度 3 倍，深度小于上口短边长度或直径，四侧垂直或边坡陡于 1∶0.5，不修边坡只修底的坑挖工程。

（5）平洞土方开挖定额，适用于水平夹角小于或等于 6°、断面大于 2.5m² 的洞挖土方工程。

（6）斜井土方开挖定额，适用于水平夹角 6°～75°、断面大于 2.5m² 的洞挖土方工程。

（7）竖井土方开挖定额，适用于水平夹角大于 75°、断面大于 2.5m² 的洞挖土方工程。

（8）砂砾（卵）石开挖和运输，按Ⅳ类土定额计算。

2. 土方填筑单价

土方填筑包括土料开采运输和压实两大工序。此外还包括料场覆盖层清除和土料处理等辅助工序。所以土方填筑工程是计算填筑综合单价。

（1）土料开采运输单价。土料开采运输单价是指自土料场开采运输土料至填筑工作面每立方米土料的费用。它是由覆盖层清除摊销单价和开采运输单价组成。在土石坝物料压实（填筑）概算综合单价中以土料运输材料单价（元/m³）的形式表示（只计基本直接费）。

覆盖层清除摊销单价(元/m³ 自然方)＝覆盖层清除单价×摊销比例(%)

摊销比例(%)＝覆盖层清除方量(m³ 自然方)÷土料开采总方量(m³ 自然方)×100%

开采运输单价，同土方开挖工程。应根据设计确定的土料级别、挖运机械、运输距离选用相应的定额计算。

（2）压实单价。现行概算定额的土料压实定额实际上是土方填筑定额，除列有土方压实所需的工、料、机消耗量外，还列有“土料运输”项目和定额用量。计算土方填筑综合单价时，应先计算定额的“土料运输”单价（只计基本直接费），再套用土料压实定额，并将“土料运输”单价作为材料预算价套入压实定额再计算土方填筑综合单价。

3. 土方工程单价编制注意事项

（1）土方工程定额中使用最多的是大型施工机械定额，如铲运机挖运土及挖掘机、装载机挖装土自卸汽车运输等项。使用定额时，首先要认真阅读总说明、章说明及各节定额的工作内容及适用范围。只有理解定额、熟悉定额，才能正确使用定额。

（2）挖掘机、装载机挖土定额系按挖装自然方拟定的，如挖装松土时，人工及挖装机械乘 0.85 调整系数。

（3）推土机推土定额系按推自然方拟定的，如推松土时，定额乘 0.80 调整系数。

（4）平洞、斜井土方开挖定额中的通风机台时量，是按一个工作面长度 200m 以内考虑，如超过 200m，应按定额表（表 7－14）所列系数进行调整（介于两子目之间的用插入法计算）。

表 7－14　　通风机械定额台时数量调整系数表

隧洞工作面长/m	200	300	400	500	600	700	800	900	1000
通风机台时调整系数	1.00	1.33	1.50	1.80	2.00	2.28	2.50	2.78	3.00

(5) 挖掘机及装载机挖装土自卸汽车运输定额，根据不同运距，选用不同子目及系数。

(6) 管道沟土方开挖如采用渠道开挖定额，要按土类级别减少人工用量。Ⅰ～Ⅱ类；13.1 工时；Ⅲ类 14.4 工时；Ⅳ类 15.7 工时。

(7) 选择洞井开挖定额的断面指设计的开挖断面，即内径加设计衬砌厚度，不包括超挖部分增加的断面。

(8) 在《水利建筑工程概算定额》中列出各种挖运施工方法填筑土石坝坝体或心(斜)墙的综合定额，已计入了从开采、运输到坝面填筑的各项施工损耗、超填量和施工附加量，采用时不再加计系数。再将覆盖层清除及伐树挖根的单位费用按相应比例摊入填筑单价，即可求得综合单价。当施工方法与定额规定不同，需要按各工序单价定额编制补充综合定额，用于计算综合单价，此时，除压实定额外，对取土备料和运输等定额应按下式增计施工损耗，并将自然方换算成压实方。

$$\text{成品实方定额数}=\text{自然方定额数}(1+A)\times\frac{\text{设计干容重}}{\text{天然干容重}}$$

其中，A 为综合系数，包括开采、上坝运输、雨后清理、边坡削坡、接缝削坡、施工沉陷、不可避免的压坏、超填及施工附加量等损耗因素。A 值可根据填筑部位和施工方法按表 7－15 选用。

表 7－15　　土石坝填筑综合系数表

填筑方法与部位	A/%	填筑方法与部位	A/%
机械填筑混合坝坝体土料	5.86	人工填筑心（斜）墙土料	3.43
机械填筑均质坝坝体土料	4.93	坝体砂砾料、反滤料填筑	2.20
机械填筑心（斜）墙土料	5.70	坝体堆石料填筑	1.40
人工填筑坝体土料	3.43		

(9) 关于土石方开挖料的利用，有直接利用料和间接利用料两种：

1) 直接利用料。利用开挖料直接运至填筑工作面，在开挖处计算开挖和运输费，在填筑处只计算碾压费。但要注意，不得在开挖和填筑单价中重计或漏计。

2) 间接利用料。即考虑开挖和填筑在施工进度安排上的时差，或因其他原因不能直接运至填筑工作面，即开挖料卸至某堆料场，填筑时再从堆料场取土，需经过二次倒运，在进行单价分析时，开挖处计算至堆料场的挖、运费，填筑处计算二次倒运的挖、运、压费。

(10) 现行《水利建筑工程概算定额》的第三章第十九节中，土石坝物料压实定额是按填筑土石坝拟定的，如为非土石堤、坝的一般土料、砂石料压实，其人工、机械定额乘以 0.8 调整系数；该节土料压实定额的土料运输量（自然方）126m^3 是按填筑土坝拟定的，如为一般土料压实（如船闸边墙背水面回填土等），其土料运输量（自然方）为 118m^3。

(11) 对不要求压实的一般土方回填，可只计算土方开挖运输单价。

【例 7－9】 西北地区某渠道工程开挖，土料为Ⅲ类土，采用人工开挖，胶轮车运土，运土距离为 120m。已知本工程初级工预算单价为 4.64 元/工时，工长为 9.27 元/工时，胶轮车台时费为 0.90 元/台时，其他直接费费率 6.1%，间接费费率 4%，利润率 7%，税率 3.28%求该渠道工程开挖概算单价。

【解】 查《水利建筑工程概算定额》10306、10307，由于题目中运土距离与定额不符，需对定额进行调整，计算表（表 7－16）如下。

表 7－16　　　　该工程土方挖运单价分析表

工程名称：人工开挖，胶轮车运输（Ⅲ类）

定额编号：部（02）概 10306、10307　　　　定额单位：$100m^3$

施工方法：

编号	名称及规格	单位	数量	单价/元	合计/元
一	直接费				1706.37
（一）	基本直接费				1608.27
1	人工费				1484.28
	工长	工时	5.4	9.27	50.06
	初级工	工时	267.6＋8.3×5	4.64	1434.22
2	材料费				31.53
	零星材料费	%	2		31.53
3	机械使用费				92.46
	胶轮车	台时	68.98＋6.75×5	0.9	92.46
（二）	其他直接费	%	6.1	1608.27	98.10
二	间接费	%	4	1706.37	68.25
三	企业利润	%	7	1774.62	124.22
四	材料补差				
五	税金	%	3.28	1898.84	62.28
合计					1961.12

【例 7－10】 中南地区某土石坝填筑工程，大量土方（Ⅲ类土）挖运采用 $1m^3$ 挖掘机挖、装 5t 自卸汽车运 1km，采用 74kW 拖拉机压实土料。已知本工程人工预算单价及定额机械台时费见表 7－17，工程所在地在县城镇以外。请计算该土石坝填筑工程概算单价。

【解】（1）查《水利建筑工程概算定额》10622，计算该土石坝填筑工程挖运工序的基本直接费。计算过程见下表，其中，单价表中材料补差项，柴油用量为各类机械柴油用量之和，计算式如下：

$$14.2\times1.04+8.4\times0.52+9.1\times10.23=112.23(kg)$$

（2）查《水利建筑工程概算定额》30075，计算该土石坝填筑工程概算单价。表 7－18 中材料补差项，柴油用量为土料挖运定额中各类机械柴油用量与压实定额中各类机械柴油用量之和。另外，土料挖运柴油用量还应乘以 1.02 的坝面施工干扰系数和 1.26 的体积转换以及耗损系数，计算式如下：$112.23\times1.02\times1.26+9.9\times2.06+10.6\times0.55+7.4\times0.55=174.53(kg)$。

表 7－17　　该工程土方挖运单价分析表

工程名称：$1m^3$ 挖掘机挖、装 5t 自卸汽车运（Ⅲ）1km

定额编号：部（02）概 10622　　定额单位：$100m^3$

施工方法：

编号	名称及规格	单位	数量	单价/元	合计/元
一	直接费				
（一）	基本直接费				787.53
1	人工费				42.91
	初级工	工时	7.0	6.13	42.91
2	材料费				30.29
	零星材料费	%	4	757.24	30.29
3	机械使用费				714.33
	挖掘机 $1m^3$	台时	1.04	127.22	132.31
	推土机 59kW	台时	0.52	64.20	33.38
	自卸汽车 5t	台时	10.23	53.63	548.63
四	材料补差				336.69
	柴油	kg	112.23	3	336.69

表 7－18　　该工程土方压实单价分析表

工程名称：拖拉机压实土料

定额编号：部（02）概 30075　　定额单位：$100m^3$

施工方法：Ⅲ类土，干容重≤$16.67kN/m^3$

编号	名称及规格	单位	数量	单价/元	合计/元
一	直接工程费				1515.13
（一）	直接费				1416.10
1	人工费				133.63
	初级工	工时	21.8	6.13	133.63
2	材料费				36.67
	零星材料费	%	10	366.69	36.67
3	机械使用费				233.06
	拖拉机（74kW）	台时	2.06	66.71	137.42
	推土机（74kW）	台时	0.55	90.26	49.64
	蛙式打夯机（2.8kW）	台时	1.09	11.82	12.88
	刨毛机	台时	0.55	56.01	30.81
	其他机械费	%	1	230.75	2.31
4	土料运输（自然方）	m^3	126	7.38×1.02	1012.74
（二）	其他直接费	%	7	1416.10	99.13
二	间接费	%	7	1515.13	106.06
三	企业利润	%	7	1621.19	113.48
四	材料补差				523.59
	柴油	kg	174.53	3.00	523.59
五	税金	%	3.28	2258.26	74.07
	合计				2332.33

三、石方开挖工程单价编制

（一）石方开挖工程单价

石方开挖工程多为建筑物、构筑物的基础、隧洞及地下工程的施工。包括开挖、运输两大工序，所以多算石方开挖工程综合单价。

1. *石方开挖*

（1）石方开挖工程类型有：一般石方开挖、一般坡面石方开挖、沟槽石方开挖、坡面沟槽石方开挖、坑石方开挖、基础石方开挖、基础坡面石方开挖、洞井石方开挖、地下厂房石方开挖等。

1）一般石方开挖。明挖工程中底宽超过7m的沟槽石方，上口面积大于160m^{2}的坑挖石方，以及倾角（与水平面成的角度）小于或等于20°并垂直于设计开挖面的平均厚度大于5m的坡面石方开挖。如岸边开敞式溢洪道、渠道进水口、护坦、海漫等石方开挖工程。

2）一般坡面石方开挖。是指设计倾角大于20°、垂直于设计面的平均厚度小于或等于5m的石方开挖工程。

3）沟槽石方开挖。是指底宽小于或等于7m，两侧呈垂直或有边坡的条形石方开挖工程，如渠道、截水槽、排水沟等。

4）坡面沟槽石方开挖。是指槽底轴线与水平夹角大于20°的沟槽石方开挖。

5）坑石方开挖。是指上口面积小于或等于160m^2，深度小于或等于上口短边长度或直径的石方开挖工程，如机座、集水坑、墩柱基础开挖等。

6）基础石方开挖。综合了坡面和底部石方开挖，适用于不同开挖深度的基础石方开挖工程，如混凝土坝、水闸、厂房、溢流堰、消力池等基础石方开挖工程。

7）基础坡面石方开挖。是指设计倾角大于20°、垂直于设计面的平均厚度小于或等于5m的坡面基础石方开挖工程，如建造在岩基上的水闸等两岸边坡石方开挖。

8）洞井石方开挖。是指平洞、斜井、竖井等项目。平洞石方是指水平夹角小于或等于6°的洞挖工程；斜井石方是指水平夹角为6°～75°的洞挖工程；竖井石方是指水平夹角大于75°，上口面积大于5m^2、深度大于上口短边长度或直径的洞挖工程，如调压井、闸门井等。

9）地下厂房石方开挖。是指地下厂房或窑洞式厂房石方开挖工程。

一般石方开挖和一般坡面石方开挖的主要区别，是设计倾角的大小和开挖平均厚度。坡面一般石方开挖适用于设计倾角在20°以上，且开挖的平均厚度在5m以内；若设计倾角小于20°或者倾角虽大于20°，但开挖平均厚度大于5m的，则属一般石方开挖。

石方工程中，石方开挖、出渣均以自然方为计量单位。

（2）石方开挖单价。石方开挖一般包含了钻孔、爆破、撬移、解小、翻渣、清面、修整断面、安全处理、挖排水沟坑等工作内容。

《水利建筑工程概算定额》石方开挖均已按各部位的不同要求，根据规范的规定，分别按一定比例考虑了底部保护层、坡面保护层开挖、预裂爆破、光面爆破等因素，编制单价时不需单独列项计算。《水利建筑工程预算定额》未考虑底部保护层、坡面保护层开挖、预裂爆破、光面爆破等因素，需单独列项计算。

2. *石方运输*

石方运输分为洞内运输与洞外运输。运输距离是指从取料中心至卸料中心的全距离，例如坝基开挖的面积很大，应以坝基面积的中心点至弃渣场的中心点的距离作为水平运输距离。一般机械运输石渣时坡度已考虑在内。

洞内运距按工作面长度的一半计算。一个工程有几个弃渣场，而运输距离又不一样时，可按弃渣量比例算出加权平均运距，也可按各渣场运距及弃渣量分别计算。

各节运输定额，一般都有“露天”和“洞内”两部分内容。当有洞内外连续运输时，应分别套用定额。洞内运输部分，套用“洞内”运输定额的“基本运距”（装运卸）及“增运”子目；洞外运输部分，套用“露天”定额的“增运”子目（仅有运输工序）。当洞内、洞外为非连续运输（如洞内为胶轮车，洞外为自卸汽车）时，则洞外运输部分应套用“露天”定额的“基本运距”及“增运”子目。

3. *石方开挖工程综合单价*

在概（估）算中，石方运输费用不单独表示，而是在开挖费用中体现。反映在概算定额中，则是石方开挖各节定额子目中均列有“石渣运输”项目。编制概算单价时，先根据运输定额计算运输单价（只计算到基本直接费），再将石方运输基本直接费代入开挖定额中，便可计算出石方开挖综合单价。

（二）石方工程单价编制注意事项

（1）基础石方和坡面石方开挖定额应根据设计开挖线的垂直平均深度选用；明挖石方定额中的开挖定额梯段高度是综合考虑的，使用定额时无需调整。

（2）石方开挖定额中所列的“合金钻头”是指风钻（手持式、气腿式）用的钻头，“钻头”指液压履带钻或液压凿岩台车用的钻头。合金钻头数量，包括重复使用的次数在内，因此要把修磨费计入材料预算价格之中。

（3）岩石级别调整系数：如实际施工中遇到高于XIV级岩石时，可按相应定额中的XIII～XIV级岩石开采定额，乘表7-19系数进行调整。

表7-19　　高于XIV级岩石级别时定额调整系数表

项　　目	系　　数		
	人工	材料	机械
风钻为主各节定额	1.30	1.10	1.40
潜孔钻为主各节定额	1.20	1.10	1.30
液压多臂钻为主各节定额	1.15	1.10	1.15

（4）石方开挖定额的计量，应按工程设计开挖的几何轮廓尺寸计算，根据施工技术规范规定允许的超挖量及必要的施工附加量所消耗的人工、材料、机械的数量和费用等均已计入概算定额。

（5）洞挖石方定额中的通风机台时量是按一个工作面长度400m以内考虑，如超过400m，应按表7-20所列系数进行调整（介于两子目之间的用插入法计算）。

表 7-20　　通风机械定额台时数量调整系数表

隧洞工作面长/m	400	500	600	700	800	900	1000	1100	1200
通风机台时调整系数	1.00	1.20	1.33	1.43	1.50	1.67	1.80	1.91	2.00
隧洞工作面长/m	1300	1400	1500	1600	1700	1800	1900	2000	
通风机台时调整系数	2.15	2.29	2.40	2.50	2.65	2.78	2.90	3.00	

（6）石方工程定额中的人工：定额中的人工指完成该定额子目工作内容所需的人工消耗量，包括主要用工及辅助用工，按技术等级分别列示。石方开挖定额中的人工包括：①风钻人工；②爆破人工（炮工）：加工炸药、运输、装药、放炮、检查；③翻渣、清理人工；④移风管、拉电缆；⑤修整断面人工（一般石方不计）；⑥安全工（安全检查、橇顶人工）；⑦修洗钻工（风钻使用后的清洗）；⑧零星用工：值班，挖排水沟，搭拆简易脚手架、小马道挖炮泥、搬运回收钢钎等。

（7）石方开挖定额中的其他（零星）材料费：石方开挖定额中的其他（零星）材料费指除定额中已列示的炸药、雷管、导电（火）线、导爆管（索）、钻头以外的零星材料，包括：脚手架、排架、操作平台、棚架、漏斗等的搭拆摊销费，冲击器、钻杆、空心钢的摊销费，炮泥、燃香、火柴等次要材料费；其他材料费按占主材费的百分数计算，零星材料费按占人工费、机械费之和的百分数计算。

（8）石方开挖定额中的其他机械费：定额中的机械指完成该定额子目工作内容所需的机械消耗量，由主要机械和次要机械组成，主要机械以台（组）时表示，次要机械以其他机械费的形式出现，其他机械费按占主要机械的百分数表示。其他机械费指风钻施工中的修钎设备、用于场内运输的载重汽车及数量不大的一些零星机械等。

【例 7-11】 中南某地某引水工程的圆形平洞石方开挖（Ⅻ级岩石）分四个工作面进行，各工作面长度及石渣洞外运距如图 7-2 所示。已知本工程人工预算单价及定额机械台时费见表 7-21，工程所在地在县城镇以外。

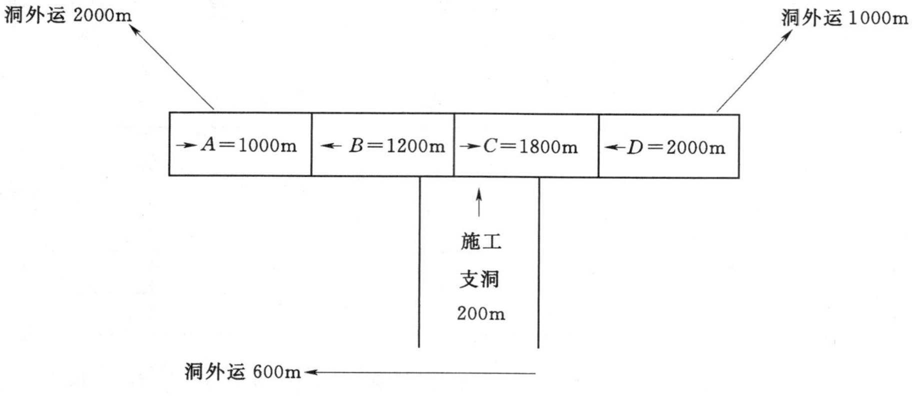

图 7-2　某圆形平洞开挖示意图

已知：隧洞衬砌完后内径 6m，衬砌厚度 0.5m，总长 $L=6000$m。平洞石方采用三臂液压凿岩台车开挖，洞内外均采用 $2m^3$ 挖掘机装 12t 自卸汽车运石渣。

已知人工、材料、机械台时费及有关费率见表 7-21。试计算：

（1）通风机定额综合调整系数？

（2）该平洞开挖石渣洞内、洞外综合运距？

（3）平洞石方开挖概算工程单价？

表 7－21　　　　人工、材料、机械台时单价、费率汇总表

序号	项目名称	单位	单价/元	序号	项目名称	单位	单价/元
1	工长	工时	9.27	14	柴油	kg	6.5
2	高级工	工时	8.57	15	外加剂	kg	4.0
3	中级工	工时	6.62	16	凿岩台车三臂	台时	646.62
4	初级工	工时	4.64	17	平台车	台时	100.57
5	钻头（D45）	个	350.00	18	轴流通风机（37kW）	台时	31.56
6	钻头（D102）	个	1500.00	19	挖掘机（$2m^3$）	台时	215.00
7	炸药 4 号抗水	kg	5.80	20	推土机（88kW）	台时	103.10
8	非电毫秒雷管	个	1.30	21	自卸汽车（12t）	台时	102.53
9	导爆管	m	0.23	22	其他直接费	%	6
10	水	m^3	0.50	23	间接费	%	按规定
11	32.5（R）水泥	t	300	24	企业利润	%	7
12	中砂	t	18	25	税金	%	3.28
13	碎石	t	20				

【解】 1. 计算通风机定额综合调整系数

（1）计算各工作面长度。

A 段：工作面长度 1000m。

B 段：工作面长度(200＋1200)＝1400m。

C 段：工作面长度(200＋1800)＝2000m。

D 段：工作面长度 2000m。

（2）计算各段工程量比例。

A 段：1000÷6000＝16.7％。

B 段：1200÷6000＝20.0％。

C 段：1800÷6000＝30.0％。

D 段：2000÷6000＝33.3％。

（3）计算各工作面综合长度

1000m×16.7％＋1400m×20.0％＋2000m×30.0％＋2000m×33.3％＝1713m

（4）求通风机定额综合调整系数。在计算平洞石方开挖单价时，应对定额中的通风机台时定额量乘以调整系数。查通风机调整系数表可知，工作面长 1700m 及 1800m 时，通风机调整系数分别为 2.65 和 2.78，用内插法求得通风机械台时定额量调整系数为

2.65＋(2.78－2.65)÷(1800－1700)×(1713－1700)＝2.67

2. 计算平洞开挖石渣洞内、洞外综合运距

（1）求出开挖各段的洞内、洞外运距。

A段：由西向东开挖，洞内运距为 1000÷2=500(m)，洞外运距为 2000m。

B段：由东向西开挖（从施工支洞进洞），洞内运距为 200+1200÷2=800(m)，洞外运距为 600m。

C段：由西向东开挖（从施工支洞进洞），洞内运距为 200+1800÷2=1100(m)，洞外运距为 600m。

D段；由东向西开挖，洞内运距为 2000÷2=1000(m)，洞外运距为 1000m。

（3）按各段所占比例求出综合运距。

洞内运距：500m×16.7%+800m×20.0%+1100m×30.0%+1000m×33.3%=907m，取 900m。

洞外运距：2000m×16.7%+600m×20.0%+600m×30.0%+1000m×33.3%=967m，取 1000m。

故该平洞石方开挖的石渣运输综合运距为洞内 900m、洞外增运 1000m。

3. 计算平洞石方开挖概算工程单价

（1）计算洞挖石渣运输单价（直接费）。

洞内运输 900m，选用定额 20474 及 20475 内插计算；洞外运输 1000m，选用定额 20473 计算，求得石渣运输单价（直接费）为 17.70 元/m^3。其中，单价表 7－22 中材料补差项，柴油用量为各类机械柴油用量之和，计算式如下：20.2×1.94+12.6×0.97+12.4×11.3=191.53(kg)。

表 7－22　　建筑工程单价分析表

项目名称：石渣运输

定额编号：部（02）概 20474+20475 内插+20473　　定额单位：100m^3 自然方

施工方法：2m^3 挖掘机装石渣 12t 自卸车洞内运 0.9km，洞外运 1.0km 弃渣

编号	名称及规格	单位	数量	单价/元	合价/元
一	直接费				1770.27
（一）	基本直接费				1770.27
1	人工费				59.86
	初级工	工时	12.9	4.64	59.86
2	材料费				34.71
	零星材料费	%	2	1735.56	34.71
3	机械使用费				1675.70
	挖掘机（2m^3）	台时	1.940	215.00	417.10
	推土机（88kW）	台时	0.97	103.10	100.01
	自卸汽车（12t）	台时	11.30	102.53	1158.59
四	材料补差				574.59
	柴油	kg	191.53	3	574.59

注　12t 自卸汽车台时数 11.30=9.79+1.51。

（2）计算平洞石方开挖概算工程单价。

设计开挖断面积为 $S=3.5\times3.5\times3.14=38.47(m^2)$，据此及已知条件选用定额 20243 及 20247 内插计算，如工长工时定额为 $7.8+(11.1-7.8)/(60-30)\times(60-38.47)=10.168$；轴流通风机台时定额为 $17.19+(23.13-17.19)/(60-30)\times(60-38.47)=21.45$。下列单价表 7－23 中材料补差项，柴油用量为石方运输定额中各类机械柴油用量与石方开挖定额中各类机械柴油用量之和，计算式如下：$191.53+7.2\times2.29+16\times1.53=232.5(kg)$。

表 7－23　　建筑工程单价分析表

项目名称：平洞石方开挖

定额编号：部（02）概 20243＋20247 内插　　定额单位：$100m^3$ 自然方

施工方法：开挖断面 $38.47m^3$，三臂液压凿岩台车开挖Ⅺ级岩石，$2m^3$ 挖掘机装 12t 自卸汽车运石渣洞内运 0.9km、洞外运 1.0 弃渣。工作面综合长度 1713m，轴流通风机定额×2.67 调整系数

编号	名称及规格	单位	数量	单价/元	合价/元
一	直接费				10037.42
（一）	基本直接费				9469.26
1	人工费				1857.01
	工长	工时	94.28	9.27	94.28
	中级工	工时	726.48	6.62	726.48
	初级工	工时	1036.25	4.64	1036.25
2	材料费				2013.72
	钻头（D45）	个	0.69	350.00	241.50
	钻头（D102）	个	0.01	1500.00	15.00
	炸药 4 号抗水	kg	164.53	5.80	954.27
	非电毫秒雷管	个	127.22	1.30	165.39
	导爆管	m	857.06	0.23	197.12
	其他材料费	%	28	1573	440.44
3	机械使用费				5598.53
	凿岩台车三臂	台时	2.29	646.62	1480.76
	平台车	台时	1.53	100.57	153.87
	轴流通风机（37kW）（21.45×2.67＝57.27）	台时	57.27	31.56	1807.44
	其他机械费	%	3	3442	103.26
4	石渣运输	m^3	116	17.70	2053.20
（二）	其他直接费	%	6	9469.26	568.16
二	间接费	%	10	10037.42	1003.74
三	企业利润	%	7	11041.16	772.88
四	材料补差				697.50
	柴油	kg	232.5	3	697.50
五	税金	%	3.28	12511.54	410.38
	合计				12921.92

四、砌石工程单价编制

水利工程中的护坡、护底、挡土墙、桥墩等部位多为砌石工程；尤其是地方水利工程，应用最为广泛。砌石工程单价有砌石材料单价和砌筑单价两部分。

1. *石料单价*

对片石、块石和卵石，按码方计；对条石、料石以清料方计。计算单价时应予注意。不同计量单位间换算关系可参考表 7-24。

表 7-24　　石方松实系数表

项目	自然方	松方	实方	码方	备　注
石方	1	1.53	1.31		包括碎石、堆石料
砂	1	1.07	0.94		
混合料	1	1.19	0.88		包括砂石料、反滤料
块石	1	1.75	1.43	1.67	包括片石、大卵石

例如：填筑 $1m^3$ 堆石坝压实方，折算成堆石料松方（堆方）应为 $1.53\div1.31=1.17(m^3)$；砌筑 $1m^3$ 干砌石实体方，折算成块石料码方应为 $1.67\div1.43=1.17(m^3)$。

计算方法就是本模块中砂石料材料单价所述计算方法。

2. *胶结材料单价*

如为浆砌石或细石混凝土砌石，则需根据设计确定胶结材料（如水泥砂浆、细石混凝土等）的强度等级，计算胶结材料的单价。计算方法就是本模块中混凝土、砂浆材料单价所述计算方法，单价为半成品单价，即每立方米材料中各原材料费用之和，不包括拌和运输费用。干砌石不需使用胶结材料，不需计算胶结材料单价。

3. *砌筑工程单价*

根据设计确定的砌体形式和施工方法，套用相应定额，将石料单价和胶结材料单价代入即可计算砌筑工程单价。砌石定额中的石料数量，均已考虑了施工操作损耗和体积变化（码方、清料方与实方间的体积变化）因素。

4. *砌筑工程单价编制注意事项*

(1) 砌体工程量应按设计几何轮廓尺寸计算，施工规范允许的超填量、施工附加量、操作损耗已包含在定额中。

(2) 石料自料场至施工现场堆放点的运输费用，应包括在石料单价内。施工现场堆放点至工作面的场内运输已包括在砌石工程定额内。编制砌石工程概（估）算单价时，不得重复计算石料运输费用。

(3) 浆砌石定额中均已计入了一般要求的勾缝，对于防渗要求高的部位，如设计要求开槽勾缝，应增加开槽勾缝所需的费用。

(4) 料石砌筑定额包括了砌体外露一面的一般修凿，如设计要求作装饰性修凿，应另行增加装饰性修凿费用。

【例 7-12】 中南地区某引水工程水闸工程，有 M10 浆砌块石挡土墙。已知本工程人工预算单价、材料预算价格及定额机械台时费见表 7-25，工程所在地在县城镇以外。请计算该工程的概算单价。

【解】（1）查《水利建筑工程概算定额》30033，计算表见表7－25。

表7－25　　建筑工程单价分析表

工程名称：M10浆砌块石挡土墙

定额编号：部（02）概30033　　定额单位：$100m^3$

施工方法：

编号	名称及规格	单位	数量	单价/元	合计/元
一	直接费				19175.68
（一）	基本直接费				18332.39
1	人工费				4621.88
	工长	工时	16.7	9.27	154.81
	中级工	工时	339.4	6.62	2246.83
	初级工	工时	478.5	4.64	2220.24
2	材料费				13425.60
	块石	m^3	108	70.00	7560.00
	砂浆（M10）	m^3	34.4	168.57	5798.81
	其他材料费	%	0.5	13358.81	66.79
3	机械费				284.91
	砂浆搅拌机（$0.4m^3$）	台时	6.38	21.92	139.85
	胶轮车	台时	161.18	0.90	145.06
（二）	其他直接费	%	4.6	18332.39	843.29
二	间接费	%	9	19175.68	1725.81
三	企业利润	%	7	20901.49	1463.10
四	材料补差				
五	税金	%	3.28	22364.60	733.56
	合计				23098.16

五、混凝土工程单价编制

混凝土工程包括常态混凝土浇筑、碾压混凝土、预制混凝土、沥青混凝土以及与混凝土结构相关的钢筋制安、止水、伸缩缝等内容。混凝土工程定额的计量单位，除注明者外，均为建筑物及构筑物的成品实体方。

（一）现浇混凝土工程单价

现浇混凝土包括混凝土拌和、运输、浇筑等工序。现浇混凝土浇筑定额中列有混凝土、混凝土拌和、混凝土运输数量，编制混凝土工程单价时先根据相应定额计算混凝土材料价格、混凝土拌和及混凝土运输基本直接费，再将其代入混凝土浇筑定额中即可计算混凝土工程单价。

模板的安拆和材料周转摊销费用要另行计算单价，工程量根据混凝土浇筑施工的仓面划分计算立模面积，作为三级项目计入概算中。

1. 混凝土材料价格

混凝土材料定额中的“混凝土”，系指完成单位产品所需的混凝土半成品量，其中包括干缩，运输、浇筑损耗及超填量在内。混凝土半成品的单价，为配制混凝土所需水泥、骨料、水、掺合料及其外加剂等的费用之和。各项材料用量定额，按试验资料（计入拌制场内运输及操作损耗：水泥 2.5%、砂 3%、石子 4%）计算；无试验资料时，可采用本定额附录中的混凝土材料配合比表列示量。

2. 混凝土拌制

（1）混凝土拌制定额均以半成品方为计量单位，不包括干缩，运输、浇筑损耗及超填量在内。

（2）混凝土拌制定额按拌制常态混凝土拟定，若拌制加冰、加掺合料等其他混凝土，则按下表 7－26 的系数对拌制定额进行调整。

表 7－26　　混凝土拌制定额调整系数表

搅拌楼规格	混凝土类别			
	常态混凝土	加冰混凝土	加粉煤灰混凝土	碾压混凝土
1×2.0m^3 强制式	1.00	1.20	1.00	1.00
2×2.5m^3 强制式	1.00	1.17	1.00	1.00
2×1.0m^3 自落式	1.00	1.00	1.10	1.30
2×1.5m^3 自落式	1.00	1.00	1.10	1.30
3×1.5m^3 自落式	1.00	1.00	1.10	1.30
2×3.0m^3 自落式	1.00	1.00	1.10	1.30
4×3.0m^3 自落式	1.00	1.00	1.10	1.30

（3）“骨料或水泥系统”是指运输骨料或水泥及掺合料进入搅拌楼所必须配备与搅拌楼相衔接的机械设备。分别包括：自骨料接料斗开始的胶带输送机及供料设备；自水泥及掺和料罐开始的水泥提升机械或空气输送设备以及胶带输送机和吸尘设备等。

（4）搅拌机（楼）清洗用水已计入拌制定额的零星材料费中。

3. 混凝土运输

（1）现浇混凝土运输，指混凝土自搅拌楼或搅拌机出料口至浇筑现场工作面的全部水平和垂直运输。计算混凝土的运输单价。如果有水平和垂直运输，要分别计算。洞内运输，人工和机械要乘 1.25 系数调整。

（2）混凝土运输定额均以半成品方为计量单位，不包括干缩，运输、浇筑损耗及超填量在内。

4. 混凝土浇筑

（1）混凝土浇筑定额中包括浇筑和工作面运输（不含浇筑现场垂直运输）所需全部人工、材料和机械的数量及费用。

（2）混凝土浇筑的仓面清洗用水，地下工程混凝土浇筑施工照明用电，已分别计入浇筑定额的用水量及其他材料费中。

（3）平洞、竖井、地下厂房、渠道等混凝土衬砌定额中所列示的开挖断面和衬砌厚度按设计尺寸选取。定额与设计厚度不符，可用插入法计算。

5. 混凝土单价编制中注意事项

（1）混凝土拌制及浇筑定额中，不包括骨料预冷、加冰、通水等温控所需人工、材料、机械的数量和费用。

（2）碾压混凝土在混凝土材料和施工工艺方法与常态混凝土都有很大不同，但是单价的计算基本相同，其中定额中 RCC 法为全部采用碾压施工的混凝土，其中已经综合了部分变态混凝土的施工，RCD 法为外部为常态混凝土，中心为碾压混凝土，该定额为两种混凝土的综合定额。

（3）定额中的水泥系统是水泥在进入拌和楼前与拌和楼相衔接的输送水泥的设备系统。骨料系统是指骨料从拌和楼前的成品料堆起输送到拌和楼接料斗的供料设备系统。

（4）平洞混凝土衬砌适用于水平夹角小于或等于 6°，单独作业的隧洞衬砌混凝土施工。如果开挖和衬砌交叉作业，人工和机械乘 1.1 系数，水平夹角大于 6°的斜井衬砌，按平洞定额人工、机械乘 1.23 系数计算。

（二）预制混凝土工程单价

预制混凝土工程包括混凝土预制、构件运输、构件安装三大主要工序，具体工作内容有预制场地的冲洗、清理、配料、拌制、浇筑、振捣、养护、模板的制作安装和拆除、现场的冲洗、拌浆、吊装、砌筑、勾缝以及预制厂和安装现场内运输用辅助工作。

《水利建筑工程概算定额》中有混凝土预制及安装、预制混凝土运输两类定额子目。

在编制预制混凝土工程单价时，先根据预制混凝土构件运输定额计算出基本直接费，再将其代入混凝土预制与安装定额中即可计算出预制混凝土综合工程单价。

在使用预制定额时不用再计算混凝土的拌制，也不用计算模板工程量和单价。但是预制定额中不包括预制构件从预制厂至安装现场的运输、安装用混凝土的运输。需要按施工组织设计确定的运输方式和距离选用相应运输定额。

混凝土构件预制及安装定额，包括预制及安装过程中所需人工、材料、机械的数量和费用。若预制混凝土构件单位重量超过定额中起重机械起重量时，可用相应起重量机械替换，台时量不变。

预制混凝土定额中的模板材料为单位混凝土成品方的摊销量，已考虑了周转。

（三）沥青混凝土工程单价

沥青混凝土工程单价的编制方法和现浇常规混凝土编制方法相同。

沥青混凝土的开级配和密级配是按密实度即孔隙率划分的，孔隙率＞5％为开级配，＜5％为密级配。

（四）钢筋工程单价

钢筋工程工作内容包括：钢筋加工、绑扎、焊接、运输、现场安装等工序，概（预）算定额混凝土分章中都有“钢筋制作与安装”子目，套用该子目即可计算出钢筋工程单价。

《水利建筑工程概算定额》中钢筋制作安装定额中已经包含了加工损耗、搭接损耗及施工架立筋附加量，使用时不需要根据具体部位进行调整。

【例 7-13】 中南某地某引水水闸工程，底板为100cm厚3级配C20混凝土，混凝土采用0.8 m^3 搅拌机拌制，混凝土运输采用1t机动翻斗车运400m，人工平仓浇筑。已知本工程人工预算单价、材料预算单价及定额机械台时费见表7-27，工程所在地在县城镇以外。请计算该工程混凝土底板的概算单价。

表 7-27　人工、材料、机械台时单价、费率汇总表

序号	项目名称	单位	单价/元	序号	项目名称	单位	单价/元
1	工长	工时	11.73	9	机动翻斗车	台时	13.37
2	高级工	工时	11.03	10	振捣器 插入式 1.1kW	台时	2.15
3	中级工	工时	9.08	11	风（砂）水枪（6m^3/min）	台时	28.63
4	初级工	工时	7.1	12	其他直接费	%	6.1
5	水	m^3	0.4	13	间接费	%	按规定
6	混凝土（C20 3级配）	m^3	184.02	14	企业利润	%	7
7	混凝土搅拌机（0.8m^3）	台时	31.4	15	税金	%	3.28
8	胶轮车	台时	0.9				

【解】 计算过程详见表7-28～表7-30。

表 7-28　建筑工程单价分析表（一）

工程名称：混凝土拌制

定额编号：部（02）概 40172　　　　定额单位：100m^3

施工方法：0.8m^3 搅拌机拌制混凝土

编号	名称及规格	单位	数量	单价/元	合计/元
一	直接费				
(一)	基本直接费				2140.14
1	人工费				1735
	中级工	工时	93.8	9.08	851.70
	初级工	工时	124.4	7.1	883.24
2	材料费				41.96
	零星材料费	%	2	2098.184	41.96
3	机械使用费				363
	混凝土搅拌机（0.8m^3）	台时	9.07	31.4	284.8
	胶轮车	台时	87.15	0.9	78.44
	合计				2119

表 7－29　　　　　　　　**建筑工程单价分析表（二）**

工程名称：机动翻斗车运混凝土

定额编号：部（02）概 40195　　　　　　　　　　　　定额单位：100m³

施工方法：运 400m

编号	名称及规格	单位	数量	单价/元	合计/元
一	直接费				
（一）	基本直接费				1007.42
1	人工费				560.09
	中级工	工时	37.6	9.08	341.41
	初级工	工时	30.8	7.1	218.68
2	材料费				48
	零星材料费	%	5	959.448	47.97
3	机械使用费				399
	机动翻斗车	台时	29.87	13.37	399.36
	合计				1007.42

表 7－30　　　　　　　　**建筑工程单价分析表（三）**

工程名称：C20 混凝土底板（厚 100cm）

定额编号：部（2002）概 40057　　　　　　　　　　　　定额单位：100m³

施工方法：

编号	名称及规格	单位	数量	单价/元	合计/元
一	直接费				31667
（一）	基本直接费				29846
1	人工费				4949.04
	工长	工时	17.6	11.73	206.45
	高级工	工时	23.4	11.03	258.10
	中级工	工时	310.6	9.08	2820.25
	初级工	工时	234.4	7.1	1664.24
2	材料费				20767
	混凝土（C20　3 级配）	m³	112	184.02	20610.24
	水	m³	133	0.4	53.2
	其他材料费	%	0.5	20663.44	103.32
3	机械费				605.19
	插入式振捣器（1.1kW）	台时	45.84	2.15	98.56
	风（砂）水枪（6m³/min）	台时	17.08	28.63	489
	其他机械费	%	3	587.56	17.63
4	混凝土拌制	m³	112	21.40	2396.80
5	混凝土运输	m³	112	10.07	1127.84
（二）	其他直接费	%	6.1	29846	1821
二	间接费	%	7	31667	2217
三	企业利润	%	7	33884	2372
四	材料补差				
五	税金	%	3.28	36256	1189
	合计				37445

六、模板工程单价编制

模板用于支承具有塑流性质的混凝土拌和物的重量和侧压力，使其按设计要求凝固成型。模板制作、安装及拆除是混凝土施工中一道重要工序，它不仅影响混凝土的外观质量、制约混凝土施工速度，对混凝土工程造价也影响很大。据统计，在大中型水利工程施工中，模板费用一般占混凝土总费用的 8%～15%，在一些复杂的单项工程和小型工程中甚至达到 20%以上。

为适应水利工程建设管理的需要，现行概、预算定额，将模板制作、安装定额单独计列，不再含在混凝土浇筑定额中，简化了混凝土定额子目，细化了混凝土工程费用的构成，使混凝土定额更准确、更简单，也使模板与混凝土定额的组合更灵活、适应性更强，便于概（估）算及招标文件的编制，有利于工程投资的控制。

（一）模板定额的工作内容

1. 模板制作的主要工作内容

模板制作主要包括：木模板制作，木桁（排）架制作，木立柱、围图制作，钢架制作，预埋铁件制作等以及模板的运输。各工作包含的内容如下：

（1）木模板制作。板条锯断、刨光、裁口，骨架（或圆弧板带）锯断、刨光、板条骨架拼钉，板面刨光、修整。

（2）木桁（排）架制作。枋木锯断、刨平、打孔，砍刨拼装，上螺栓，夹板。

（3）木立柱、围图制作。枋木锯断、刨平、打孔。

（4）钢架制作。型材下料、切断、打孔、组装、焊接。

（5）预埋铁件制作。拉筋切断、弯曲、套扣、型材下料、切割、组装、焊接。

（6）模板运输。包括模板、立柱、围图及桁（排）架等，自工地加工厂或存放场运输至安装工作面。

2. 模板安装、拆除工作内容

定额的主要工作内容有模板（包括模板、排架、钢架、预埋件等）的安装、拆除、除灰、制脱模剂、维修、倒仓、拉筋割断等。

（二）模板工程单价的编制

现行部颁概、预算定额将模板分为“制作”定额和“安装、拆除”定额两项，前者以材料形式出现在后者定额中，均以 $100m^2$ 立模面积的摊销量计入定额，考虑了周转和回收，可直接用立模面积查套定额，计算模板单价。

首先计算模板制作单价。该单价在计算时只计算到基本直接费，作为计算模板安装单价时材料费中的模板材料预算单价。

把制作单价基本直接费作为模板材料预算单价代入安装定额计算模板工程单价。

1. 外购模板预算价格的计算

模板属周转性材料，其费用应进行摊销。此前的部颁概、预算定额中，模板的制作费是按摊销量形式计入混凝土定额；现行部颁概、预算定额的模板制作定额的工、料、机用量是考虑多次周转和回收后使用一次的摊销量，也就是说，按现行模板制作定额计算的模板制作单价是按模板使用一次所摊销的价格。

如采用外购钢模板，定额中的模板预算价格计算公式为

定额的模板预算价格＝(外购模板预算价格－残值)÷周转次数×综合系数

一般公式中残值为10%，周转次数为50次，综合系数为1.15。

2. 立模面积计算

(1) 计算原则。模板定额的计量单位为100m^2立模面积，故模板计量应与定额计量单位一致，应按混凝土与模板的接触面积计算，即按混凝土结构物体形及施工分缝要求所需的立模面积计算。

大体积混凝土施工分缝应结合混凝土性能、浇筑设备能力、温控防裂措施、水工要求、施工技术规范要求等，由施工组织设计确定。

(2) 立模面积系数参考表。编制概算时，模板的工程量一般应按工程量计算规定计算，若设计深度不能满足模板计算要求时，可参考《水利建筑工程概算定额》附录9《水利工程混凝土建筑物立模面系数表》计算各种混凝土坝、电站厂房、蜗壳、尾水肘管、渡槽、水闸及溢洪道等常见混凝土建筑物的模板工程量。

(三) 模板工程单价编制注意事项

(1) 定额中模板材料均按预算消耗量计算，包括了制作、安装、拆除、维修的损耗和消耗，并考虑了周转和回收。

(2)《水利建筑工程概算定额》隧洞衬砌模板及涵洞模板定额中的堵头和键槽模板已按一定比例摊入定额中，不再计算立模面面积。《水利建筑工程预算定额》须计算堵头和键槽模板立模面面积，并单独编制其单价。

(3) 模板定额中的“铁件”和“预制混凝土柱”均按成品预算价格计算。《水利建筑工程概算定额》铁件包括铁钉、铁丝及预埋铁件，《水利建筑工程预算定额》中铁件和预埋铁件分列。

(4) 模板定额中的材料，除模板本身，还包括支撑模板的立柱、围囹、桁(排)架及铁件等。对于悬空建筑物(如渡槽槽身)的模板，计算到支撑模板结构的承重梁(或枋木)为止，承重梁以下的支撑结构未包括在本定额内，需另行计算。

(5) 滑模台车、针梁模板台车和钢模台车的行走机构、构架、模板及其支撑型钢，为拉滑模板或台车行走及支立模板所配备的电动机、卷扬机、千斤顶等动力设备，均作为整体设备以工作台时计入定额。

(6) 滑模台车定额中的材料包括滑模台车轨道及安装轨道所用的埋件、支架和铁件。针梁模板台车和钢模台车轨道及安装轨道所用的埋件等应计入其他施工临时工程。

(7) 坝体廊道模板，均采用一次性(一般为建筑物结构的一部分)预制混凝土模板。混凝土模板制作与安装，可按混凝土工程定额中的混凝土预制及安装相应子目编制。若混凝土工程定额中没有相应的子目，采用编制补充定额的方法计算。

(8)《水利建筑工程概算定额》中第五章模板工程(五-1～五-11)的其他材料费计算基数不包括模板本身的费用。

(9) 异形模板的键槽模板定额适用于混凝土零星键槽；对坝体纵横缝键槽模板，应按悬臂组合钢模板的键槽模板定额计算。键槽部位平面模板的立模面积计算时，不扣除键槽部位的面积。

【例7-14】 中南某地某引水水闸工程，有一安装吊车梁的牛腿柱。已知本工程人工预算单价、材料预算价格及定额机械台时费见表7-31，工程所在地在县城镇以外。请计算该工程的模板制作安装工程概算单价。

已知人工、材料、机械台时费及有关费率见表7-31。

表7-31　人工、材料、机械台时单价、费率汇总表

序号	项目名称	单位	单价/元	序号	项目名称	单位	单价/元
1	工长	工时	11.73	11	钢筋切断机（20kW）	台时	21.92
2	高级工	工时	11.03	12	钢筋弯曲机（ϕ6～40）	台时	12.46
3	中级工	工时	9.08	13	载重汽车（5t）	台时	50.23
4	初级工	工时	7.10	14	电焊机（25kV·A）	台时	11.74
5	组合钢模板	kg	4.85	15	汽车起重机（8t）	台时	74.31
6	型钢	kg	4.00	16	其他直接费	%	6.10
7	卡扣件	kg	5.30	17	间接费	%	按规定
8	铁件	kg	3.80	18	企业利润	%	7.00
9	电焊条	kg	5.00	19	税金	%	3.28
10	型钢剪断机（13kW）	台时	28.23				

【解】 悬臂组合钢模板制作采用定额50082，钢模板安装、拆除采用定额50022。计算见表7-32和表7-33。

表7-32　建筑工程单价分析表（一）

分项工程名称：牛腿模板制作

定额编号：部（02）概50082　　　　定额单位：100m²

施工方法：

编号	名称及规格	单位	数量	单价/元	合计/元
一	直接费				
（一）	基本直接费				4785
1	人工费				2102
	工长	工时	16	11.73	187.68
	高级工	工时	54	11.03	595.62
	中级工	工时	103.9	9.08	943.41
	初级工	工时	52.9	7.1	375.59
2	材料费				1636
	钢模板	kg	64	4.85	310.4
	型钢	kg	224	4	896
	卡扣件	kg	18	5.3	95.4
	铁件	kg	4	3.8	15.2
	电焊条	kg	57.3	5	286.5

续表

编号	名称及规格	单位	数量	单价/元	合计/元
	其他材料费	%	2	1603.5	32.07
3	机械使用费				1047
	型钢剪断机（13kW）	台时	8.37	28.23	236.29
	钢筋切断机（20kW）	台时	1.27	21.92	27.84
	钢筋弯曲机（ϕ6～40）	台时	3.32	12.46	41.37
	载重汽车（5t）	台时	2.48	50.23	124.57
	电焊机（25kV·A）	台时	48.3	11.74	567.04
	其他机械费	%	5	997.11	49.86
	合计				4785

表 7-33　　建筑工程单价分析表（二）

工程名称：牛腿模板安装

定额编号：部（02）概 50022　　定额单位：100m²

施工方法：

编号	名称及规格	单位	数量	单价/元	合计/元
一	直接费				38872
（一）	基本直接费				36637
1	人工费				3593
	工长	工时	34.2	11.73	401.17
	高级工	工时	39.7	11.03	437.89
	中级工	工时	272.2	9.08	2471.58
	初级工	工时	39.7	7.1	281.87
2	材料费				30109
	模板	m²	100	47.85	4785
	铁件	kg	6440	3.8	24472
	电焊条	kg	52.3	5	261.5
	其他材料费	%	2	29518.5	590.37
3	机械使用费				2935
	汽车起重机（8t）	台时	26.42	74.31	1963.27
	电焊机（25kV·A）	台时	50.13	11.74	588.53
	其他机械费	%	15	2551.8	382.77
（二）	其他直接费	%	6.1	36637	2235
二	间接费	%	6	38872	2332
三	企业利润	%	7	41204	2884
四	材料补差				
五	税金	%	3.28	44088	1446
	合计				45534

任务二　设备安装工程单价编制

设备安装工程包括机电设备安装工程和金属结构设备安装工程两大部分。

一、设备安装工程单价编制方法

设备安装工程单价有实物量形式和费率形式两种，根据定额确定使用形式。

（一）实物量形式的安装单价

1. 直接费

（1）基本直接费。

人工费＝定额劳动量（工时）×人工预算单价（元/工时）

材料费＝定额材料用量×材料预算单价

机械使用费＝定额机械使用量（台时）×施工机械台时费（元/台时）

（2）其他直接费。

其他直接费＝基本直接费×其他直接费费率之和

2. 间接费

间接费＝人工费×间接费费率

3. 利润

利润＝（直接费＋间接费）×利润率

4. 材料补差

材料补差＝（材料预算价格－材料基价）×材料消耗量

5. 未计价装置性材料费

未计价装置性材料费＝未计价装置性材料用量×材料预算单价

6. 税金

税金＝（直接费＋间接费＋利润＋材料补差＋未计价装置性材料费）×税率

7. 安装工程单价

单价＝直接费＋间接费＋利润＋材料补差＋未计价装置性材料费＋税金

计算见表7-34。

表7-34　　实物量形式安装工程单价计算表

序号	项　目	计　算　方　法
（一）	直接费	基本直接费＋其他直接费
1	基本直接费	人工费＋材料费＋机械使用费
（1）	人工费	Σ（定额劳动量×人工预算单价）
（2）	材料费	Σ（定额材料用量×材料预算单价）
（3）	机械使用费	Σ（定额机械使用量×施工机械台时费）
2	其他直接费	基本直接费×其他直接费费率之和
（二）	间接费	人工费×间接费费率

续表

序号	项　　目	计　算　方　法
(三)	企业利润	(直接费+间接费)×企业利润率
(四)	材料补差	Σ(材料预算价格－材料基价)×材料消耗量
(五)	未计价装置材料费	Σ(未计价装置材料用量×材料预算单价)
(六)	税金	Σ[(一)+…+(五)]×税率
	工程单价	Σ[(一)+…+(六)]

(二) 费率形式的安装单价

1. 直接费＝基本直接费＋其他直接费

(1) 基本直接费。

人工费＝定额人工费(%)×设备原价

材料费＝定额材料费(%)×设备原价

机械使用费＝定额机械使用费(%)×设备原价

装置性材料费＝定额装置性材料费(%)×设备原价

(2) 其他直接费。

其他直接费＝基本直接费×其他直接费费率之和(%)

2. 间接费

间接费＝人工费×间接费费率(%)

3. 利润

利润＝[直接费＋间接费]×利润率(%)

4. 税金

税金＝[直接费＋间接费＋利润]×税率(%)

5. 安装工程单价

单价＝直接费＋间接费＋利润＋税金

计算见表7-35。

表7-35　　费率形式安装工程单价计算表

序号	项　　目	计　算　方　法
(一)	直接费	基本直接费+其他直接费
1	基本直接费	人工费+材料费+机械使用费+装置性材料费
(1)	人工费	定额人工费(%)×设备原价
(2)	材料费	定额材料费(%)×设备原价
(3)	机械使用费	定额机械使用费(%)×设备原价
(4)	装置性材料费	定额装置性材料费(%)×设备原价
2	其他直接费	基本直接费×其他直接费费率之和
(二)	间接费	人工费×间接费费率
(三)	企业利润	(直接费+间接费)×利润率
(四)	税　金	(直接费+间接费+企业利润)×税率
	安装工程单价	Σ[(一)+…+(四)]

二、设备安装工程概算单价编制注意事项

（1）“装置性材料”是个专用名词。它本身属于材料，但又是被安装对象，安装后构成工程的实体，交付电厂使用。

装置性材料可分为主要装置性材料（未计价装置性材料）和次要装置性材料。

1）主要装置性材料。在定额中，未计入这些主要装置性材料的用量。在计算单价时要按照设计确定的规格型号，计入损耗，只计取税金计入安装工程单价。

计算未计价装置性材料价值时，其用量要考虑一定的操作损耗。操作损耗率按表7-36计算。

2）次要装置材料。机电设备及金属结构设备在安装过程所需的装置性材料，它们在安装费子目中已经包含了，不能单独列项计算投资。次要装置性材料已计入定额中，也称已计价装置性材料费。

表7-36　　装置性材料操作损耗率表

序号	材料名称	操作损耗率/%
1	钢板（齐边）： （1）压力钢管直管 （2）压力钢管弯管、叉管、渐变管	 5 15
2	钢板（毛边）压力钢管	17
3	型钢	5
4	管材及管件	3
5	电力电缆	1
6	控制电缆、高频电缆	1.5
7	绝缘导线	1.8
8	硬母线（包括铜、铝、钢质的带形、管形及槽形母线）	2.3
9	裸软导线（包括铜、铝、钢及钢芯铝线）	1.3
10	压接式线夹、螺栓、垫圈、铝端头、护线条及紧固件	2
11	金具	1
12	绝缘子	2
13	塑料制品（包括塑料槽板、塑料管、塑料板等）	5

注　1. 裸软导线的损耗率中已包括因弧垂及因杆位高低差而增加的长度，但变电站中的母线、引下线、跳线和设备连接线等弯曲的弧度而增加的长度，将不应以弧垂看待，而应计入基本长度中。
2. 电力电缆及控制电缆的损耗率中，未包括预留长度和敷设时因各种弯曲弧度而增加的长度，这些长度均应计入设计长度中。

（2）本定额包括的工作内容和费用：

1）设备安装前后的开箱、检查、清扫、滤油、注油、刷漆和喷漆工作。

2）安装现场的水平搬运和垂直搬运。

3）随设备成套供应的管路及部件的安装。

4）设备单体试运转、管和罐的水压试验、焊接及安装的质量检查。

5）现场脚手架、施工平台的搭拆工作及其材料的摊销，专用特殊工器具的摊销。

6）竣工验收移交生产前对设备的维护、检修和调整。

7）次要的施工过程和工序。

8）施工准备及完工后的现场清理工作。

9）本定额各章说明的工作内容。

（3）设备与材料按以下原则划分：

1）制造厂成套供货范围内的部件、备品备件、设备腔体内的定量填充物（透平油、变压器油、六氟化硫气体）等均作为设备。

2）不论设备成套供货，现场加工或零星购置的贮气罐、阀门、盘用仪表、机组本体上的梯子，平台和栏杆等均作为设备，不能因为供货来源不同而改变设备的性质。

3）管道和阀门如构成设备本体部件时，应作为设备，否则应作为材料。

4）随设备供应的保护罩、网门等，凡已计入相应设备出厂价格内的，应作为设备，否则作为材料。

5）电缆、电缆头、电缆和管道用的支架、母线、金具、滑触线和架、屏盘的基础型钢、钢轨、石棉板、穿墙隔板、绝缘子、一般用保护网、罩、门、梯子、平台、栏杆和蓄电池木架等均作为材料。

6）制作压力钢管用的钢板也作为材料。

【例 7－15】 中南某枢纽工程安装设备有控制保护系统安装、接地装置安装、18t 平板钢闸门安装，控制保护系统设备原价 100 元，请分别计算该工程项目的概算单价，所有单价计算见表 7－37～表 7－39。

表 7－37　　安装工程单价表（一）

工程名称：控制保护系统安装

定额编号：部（99）概 06004　　　　定额单位：项

型号规格：

编号	名称及规格	单位	数量	单价/元	合计
一	直接费				7.95
1	基本直接费				7.7
(1)	人工费	%	3.5	100	3.5
(2)	材料费	%	1	100	1
(3)	装置性材料费	%	2.2	100	2.2
(4)	机械使用费	%	1	100	1
2	其他直接费	%	3.2	7.7	0.25
二	间接费	%	75	3.5	1.75
三	企业利润	%	7	9.7	0.68
四	税金	%	3.28	10.38	0.34
	合计				10.72

表 7-38 **安装工程单价表（二）**

分项工程名称：接地装置安装

定额编号：部（99）概 06022 定额单位：t

型号规格：

编号	名称及规格	单位	数量	单价/元	合计/元
一	直接费				10153
（一）	基本直接费				9375
1	人工费				6677
	工长	工时	33	14.63	482.79
	高级工	工时	180	13.74	2473.2
	中级工	工时	256	11.98	3066.88
	初级工	工时	71	9.21	653.91
2	材料费				751
	镀锌型钢	kg	39	5	195
	电焊条	kg	31	5	155
	氧气	m^3	6	3.5	21
	乙炔气	m^3	3	13	39
	油漆	kg	16	10	160
	镀锌螺栓	套	7	8	56
	其他材料费	%	20	626	125.2
3	机械使用费				1947
	电焊机（20～30kV·A）	台时	85	11.74	997.9
	摇臂钻床（ϕ20～50）	台时	38	16.44	624.72
	其他机械费	%	20	1622.62	324.52
（二）	其他直接费	%	8.3	9375	778
二	间接费	%	75.00	6677	5008
三	企业利润	%	7.00	15161	1061
四	未计价装置性材料费				5086
	镀锌型钢	kg	820	5	4100
	钢管	kg	210	4.2	882
	钢板	kg	20	5.2	104
五	税金	%	3.28	21283	564
	合计				21872

表 7-39　　安装工程单价表（三）

分项工程名称：平板钢闸门安装

定额编号：部（99）概 10002　　定额单位：t

型号规格：每扇闸门自重≤20t

编号	名称及规格	单位	数量	单价/元	合计/元
一	直接费				1407
(一)	基本直接费				1299
1	人工费				1104
	工长	工时	5	14.63	73.15
	高级工	工时	23	13.74	316.02
	中级工	工时	42	11.98	503.16
	初级工	工时	23	9.21	211.83
2	材料费				111
	钢板	kg	3.4	5.2	17.68
	电焊条	kg	4.5	5	22.5
	氧气	m^3	2	3.5	7
	乙炔气	m^3	0.9	13	11.7
	汽油 70 号	kg	2.2	3.6	7.92
	油漆	kg	2.2	10	22
	棉纱头	kg	0.9	7.5	6.75
	其他材料费	%	16	95.55	15.29
3	机械使用费				84
	门式起重机（10t）	台时	0.8	51.16	40.93
	电焊机（20～30kV·A）	台时	3	11.74	35.22
	其他机械费	%	10	76.15	7.62
(二)	其他直接费	%	8.3	1299	108
二	间接费	%	75	1104	828
三	企业利润	%	7	2235	156
四	税金	%	3.28	2391	78
	合计				2469

单元三　工程总概算编制

【单元重点】

总概算内容与编制依据，工程量计算，分部工程概算编制，工程总概算编制。

【学习目标】

掌握总概算内容与编制依据，能计算工程量，能编制工程总概算及编制分部工程概算。

任务一　总概算内容与编制依据

一、设计概算编制依据

(1) 国家及省、自治区、直辖市颁发的有关法令法规、制度、规程。

(2) 水利工程设计概（估）算编制规定。

(3) 水利水电建筑工程概算定额、水利水电设备安装工程概算定额、水利工程施工机械台时费定额和有关行业主管部门颁发的定额。

(4) 水利工程设计工程量计算规则。

(5) 初步设计文件及图纸。

(6) 有关合同协议及资金筹措方案。

(7) 其他。

二、设计概算文件编制程序

1. 收集基本资料、熟悉设计图纸

编制工程概算要对工程情况进行充分了解。第一，要熟悉设计图纸，将工程项目内容、工程部位搞清楚，了解设计意图；第二，要深入工程现场了解工程现场情况，收集与工程概算有关的基本资料；第三，还要对施工组织设计（包括施工导流等主要施工技术措施）进行充分研究，了解施工方法，措施、运输距离、机械设备、劳动力配备等情况，以便正确合理编制工程单价及工程概算。

2. 划分工程项目

建筑工程概算项目划分参考前面已经介绍的有关内容和《工程项目划分》的有关规定进行。《工程项目划分》第三级项目中，仅列有代表性的项目。编制概算时可根据工程的具体情况对三级基础上进行必要的再划分，形成四级项目，甚至五级项目。

3. 编制工程概算单价

建筑工程单价应根据工程的具体情况和施工方案，采用国家和地方颁发的现行定额及费用标准进行编制。

4. 计算工程量

工程量是以物理计量单位来表示的各个分项工程的结构构件、材料等的数量。它是编制工程概算的基本条件之一。工程量计算的准确与否，直接影响工程概算投资大小。因此，工程量计算应严格执行《水利水电工程设计工程量计算规定》。

5. 编制工程概算

建筑工程概算是按照《水利水电初步设计概算编制办法》中规定，采用工程量乘以单价的方法逐项计算工程费用，并按工程项目划分逐级向上合并汇总而得。

6. 工料分析

工料分析即工日、材料用量分析计算，它是编制施工组织设计的主要依据之一，也是施工单位编制投标报价和施工计划的依据。

工日、材料用量是按照完成单位工程量所需的人工、材料用量乘以相应工程总量而计算出来的。

三、概算文件的组成

概算文件包括设计概算报告（正件）、附件、投资对比分析报告。

（一）概算正件组成内容

1. 编制说明

（1）工程概况。工程概况包括：流域、河系，兴建地点，工程规模，工程效益，工程布置型式，主体建筑工程量，主要材料用量，施工总工期等。

（2）投资主要指标。投资主要指标包括：工程总投资和静态总投资，年度价格指数，基本预备费率，建设期融资额度、利率和利息等。

（3）编制原则和依据：

1）概算编制原则和依据。

2）人工预算单价，主要材料，施工用电、水、风以及砂石料等基础单价的计算依据。

3）主要设备价格的编制依据。

4）建筑安装工程定额、施工机械台时费定额和有关指标的采用依据。

5）费用计算标准及依据。

6）工程资金筹措方案。

（4）概算编制中其他应说明的问题。

（5）主要技术经济指标表。主要技术经济指标表是根据工程特性表编制的，反映工程主要技术经济指标。

2. 工程概算总表

工程概算总表应汇总工程部分、建设征地移民补偿、环境保护工程、水土保持工程总概算表。

3. 工程部分概算表和概算附表

（1）概算表：

1）工程部分总概算表。

2）建筑工程概算表。

3）机电设备及安装工程概算表。

4）金属结构设备及安装工程概算表。

5）施工临时工程概算表。

6）独立费用概算表。

7）分年度投资表。

8）资金流量表（枢纽工程）。

（2）概算附表：

1）建筑工程单价汇总表。

2）安装工程单价汇总表。

3）主要材料预算价格汇总表。

4）次要材料预算价格汇总表。

5）施工机械台时费汇总表。

6）主要工程量汇总表。

7）主要材料量汇总表。

8）工时数量汇总表。

（二）概算附件组成内容

（1）人工预算单价计算表。

（2）主要材料运输费用计算表。

（3）主要材料预算价格计算表。

（4）施工用电价格计算书（附计算说明）。

（5）施工用水价格计算书（附计算说明）。

（6）施工用风价格计算书（附计算说明）。

（7）补充定额计算书（附计算说明）。

（8）补充施工机械台时费计算书（附计算说明）。

（9）砂石料单价计算书（附计算说明）。

（10）混凝土材料单价计算表。

（11）建筑工程单价表。

（12）安装工程单价表。

（13）主要设备运杂费率计算书（附计算说明）。

（14）施工房屋建筑工程投资计算书（附计算说明）。

（15）独立费用计算书（勘测设计费可另附计算书）。

（16）分年度投资计算表。

（17）资金流量计算表。

（18）价差预备费计算表。

（19）建设期融资利息计算书（附计算说明）。

（20）计算人工、材料、设备预算价格和费用依据的有关文件、询价报价资料及其他。

（三）投资对比分析报告

应从价格变动、项目及工程量调整、国家政策性变化等方面进行详细分析，说明初步设计阶段与可行性研究阶段（或可行性研究阶段与项目建议书阶段）相比较的投资变化原因和结论，编写投资对比分析报告。工程部分报告应包括以下附表：

（1）总投资对比表。

（2）主要工程量对比表。

（3）主要材料和设备价格对比表。

（4）其他相关表格。

投资对比分析报告应汇总工程部分、建设征地移民补偿、环境保护、水土保持各部分对比分析内容。

注意：1）设计概算报告（正件）、投资对比分析报告可单独成册，也可作为初步设计报告（设计概算章节）的相关内容。

2）设计概算附件宜单独成册，并应随初步设计文件报审。

任务二 工程量计算

工程量计算的准确性直接影响工程造价编制质量。因此工程造价人员除应具有一定的水工、施工、机电等方面的专业知识外，还应掌握水利工程工程量计算的规则和方法。

水利水电工程各设计阶段的工程量，对优选设计方案和准确预测各设计阶段的工程投资非常重要。水利部于2005年批准颁布了SL 328—2005《水利水电工程设计工程量计算规定》，该标准自2006年1月1日起实施。该标注适用于大中型水利水电工程项目建议书、可行性研究和初步设计阶段的设计工程量计算。小型水利工程的设计工程量可参照进行计算。

一、水利工程工程量分类

1. 设计工程量

设计工程量由图纸工程量和设计阶段扩大工程量两部分组成。设计工程量就是工程概（估）算的工程量。

（1）图纸工程量。图纸工程量是指按设计图纸计算的工程量。即按照水工建筑物的几何轮廓尺寸计算的工程量。例如，对于混凝土工程就是混凝土工程项目设计尺寸（长、宽、高）计算的形成实物的工程方量。

（2）设计阶段扩大工程量。设计阶段扩大工程量是指由于前期各设计阶段的设计工作深度有限，可能引起工程量的遗漏或设计考虑不周而带来的设计工程量不足的问题，为留有一定的余地，根据设计阶段不同而增加的工程量。在工程量计算规则中用阶段扩大系数进行处理。

2. 施工超挖工程量

为保证水工建筑物的安全，施工开挖一般不允许欠挖。为保证建筑物的设计尺寸，施工超挖往往是不可避免的。影响施工超挖工程量的因素主要有施工方法、施工技术、施工管理水平、地质条件及施工环境等。

3. 施工附加工程量

施工附加工程量是指为顺利完成主体工程项目施工而必须增加附加施工的工程量。例如：为开挖渠道、土方运输而设置的斜坡道，小断面圆形隧洞为满足施工交通需要扩挖下部而增加的工程量，隧洞开挖工程为满足交通和爆破安全而设置的错车道、避炮洞等增加的工程量，为固定钢筋网而增加的固定筋的工程量等。

4. 施工超填工程量

施工超填工程量是指由施工超挖工程量和施工附加工程的增加量而引起的相应增加的回填工程量。如隧洞的施工超挖工程量和施工附加工程量需用混凝土回填而增加的混凝土工程量。

5. 施工损失工程量

(1) 体积变化损失工程量。体积变化损失工程量是指施工期沉陷、体积变化影响而增加的工程量。如土石方填筑工程施工中施工期沉陷而增加的工程量，混凝土体积收缩而增加的工程量等。

(2) 运输及操作损耗工程量。运输及操作损耗工程量是指混凝土、土石方在运输、操作过程中的损耗工程量，以及围垦工程、堵坝抛填工程的损耗工程量等。

(3) 其他损耗工程量。其他损耗工程量是指土石方填筑工程施工后，按设计边坡要求的削坡工程量，接缝削坡损失工程量，黏土心（斜）墙及土坝的雨后坝面清理损失工程量，混凝土防渗墙一期、二期墙槽接头孔重复造孔及混凝土浇筑增加的工程量。

6. 质量检查工程量

(1) 基础处理检查工程量。基础处理检查工程量大多数采用钻一定数量检查孔的方法进行质量检查。

(2) 其他检查工程量。其他检查工程量如土石方填筑工程通常采用的挖试验坑的方法来检验其填筑体的干密度等。

7. 试验工程量

试验工程量如土石坝工程为取得石场爆破参数和土石坝碾压参数而进行的爆破试验、碾压试验而增加的工程量。

二、各类工程量在各设计阶段的处理

在编制工程概（估）算时，应按工程量计算规则和项目划分及定额等有关规定，正确处理上述的各类工程量。

1. 设计工程量

设计工程量是图纸工程量乘以设计阶段系数，可行性研究、初步设计阶段的设计阶段系数应采用 SL 328—2005《水利水电工程设计工程量计算规定》中的系数值，见表 7-40。利用施工图设计阶段成果计算工程造价的，不论是预算或是调整概算，其设计阶段系数均为 1，即设计工程量就是图纸工程量，不再保留设计阶段扩大系数。

表 7-40　　水利水电工程设计工程量阶段系数表

类别	设计阶段	土石方开挖工程量/万 m^3				混凝土工程量/万 m^3			
		>500	200～500	50～200	<50	>300	100～300	50～100	<50
永久工程或建筑物	项目建议书	1.03～1.05	1.05～1.07	1.07～1.09	1.09～1.11	1.03～1.05	1.05～1.07	1.07～1.09	1.09～1.11
	可行性研究	1.02～1.03	1.03～1.04	1.04～1.06	1.06～1.08	1.02～1.03	1.03～1.04	1.04～1.06	1.06～1.08
	初步设计	1.01～1.02	1.02～1.03	1.03～1.04	1.04～1.05	1.01～1.02	1.02～1.03	1.03～1.04	1.04～1.05
施工临时工程	项目建议书	1.05～1.07	1.07～1.10	1.10～1.12	1.12～1.15	1.05～1.07	1.07～1.10	1.10～1.12	1.12～1.15
	可行性研究	1.04～1.06	1.06～1.08	1.08～1.10	1.10～1.13	1.04～1.06	1.06～1.08	1.08～1.10	1.10～1.13
	初步设计	1.02～1.04	1.04～1.06	1.06～1.08	1.08～1.10	1.02～1.04	1.04～1.06	1.06～1.08	1.08～1.10

续表

类别	设计阶段	土石方填筑砌石工程量/万 m^3				钢筋/t	钢材/t	模板/t	灌浆/t
		>500	200～500	50～200	<50				
永久工程或建筑物	项目建议书	1.03～1.05	1.05～1.07	1.07～1.09	1.09～1.11	1.08	1.06	1.11	1.16
	可行性研究	1.02～1.03	1.03～1.04	1.04～1.06	1.06～1.08	1.06	1.05	1.08	1.15
	初步设计	1.01～1.02	1.02～1.03	1.03～1.04	1.04～1.05	1.03	1.03	1.05	1.10
施工临时工程	项目建议书	1.05～1.07	1.07～1.10	1.10～1.12	1.12～1.15	1.10	1.10	1.12	1.18
	可行性研究	1.04～1.06	1.06～1.08	1.08～1.10	1.10～1.13	1.08	1.08	1.09	1.17
	初步设计	1.02～1.04	1.04～1.06	1.06～1.08	1.08～1.10	1.05	1.05	1.06	1.12

注　1. 若采用混凝土立模面系数乘以混凝土工程量计算模板工程量时，不应再考虑模板阶段系数。

2. 若采用混凝土含钢率或含钢量乘以混凝土工程量计算钢筋工程量时，不应再考虑钢筋阶段系数。

3. 截流工程的工程量阶段系数可取 1.25～1.35。

2. 施工超挖工程量、施工附加工程量及施工超填工程量

施工中允许的超挖、超填量、合理的施工附加量及施工操作损耗，已计入概算定额，不应包括在设计工程量中。设计工程量为按建筑物或工程的设计几何轮廓尺寸计算出的工程量。项目划分中三级项目的设计图纸工程量乘以相应阶段系数后作为提供造价专业编制概（估）算的工程量。

阶段系数为变幅值，可根据工程地质条件和建筑物结构复杂程度等因素选取，复杂的取大值，简单的取小值。阶段系数表中只列出主要工程项目的阶段系数，对其他工程项目，可依据与主要工程项目的关系参照选取。

预算定额不包括施工中超挖、超填及施工附加量，因此，若有些项目概（估）算或工程标底采用预算定额编制，应考虑施工中超挖、超填及施工附加量等因素。

3. 试验工程量

碾压试验、爆破试验、级配试验、灌浆试验等大型试验均为设计工作提供重要参数，应列入独立费用中的勘测设计费或工程科研试验费中。

三、计算工程量的注意事项

1. 工程项目的设置

工程项目的设置除必须满足 SL 328—2005《水利水电工程设计工程量计算规定》提出的基本要求［如土石方开挖工程量应按岩土分类级别计算，并将明挖、暗挖分开。明挖宜分一般、坑槽、基础、坡面等；暗挖宜分平洞、斜井、竖井和地下厂房等；土石方填筑工程量应根据建筑物设计断面中不同部位不同填筑材料的设计要求分别计算，以建筑物实体方计量；砌筑工程量应按不同砌筑材料、砌筑方式（干砌、浆砌等）和砌筑部位分别计算，以建筑物砌体方计量；混凝土工程量应根据设计图纸分部位、分强度、分级配计算等］外，还必须与概算定额子目划分相适应，如土石方填筑工程应按抛石、堆石料、垫层料等分列；固结灌浆应按深孔（地质钻机钻孔）、浅孔（风钻钻孔）分列等。

2. 必须与采用的定额相一致

水利工程概预算的项目及工程量的计算应与定额章节子目的设置和定额单位以及定额

的有关规定相一致。有的工程项目，工程量单位可以有两种表示方式，如喷射混凝土可以用 m^2，也可以用 m^3；混凝土防渗墙可以用 m^2（阻水面积），也可以用 m（进尺）和 m^3（混凝土体积）；高压喷射混凝土防渗墙可以用 m^2（阻水面积），也可以用 m（进尺）。设计采用的工程量单位应与定额单位一致，否则要换算为定额单位。

工程量计算也要与定额的单位相适应，例如岩基帷幕灌浆，如果定额中已将建筑物的钻孔、封孔工作量摊入岩基段的钻孔灌浆中，则工程量只计算岩基段钻孔灌浆量。

任务三 分部工程概算编制

一、建筑工程

建筑工程按主体建筑工程、交通工程、房屋建筑工程、供电设施工程、其他建筑工程分别采用不同的方法编制。

（一）主体建筑工程

（1）主体建筑工程概算按设计工程量乘以工程单价进行编制。

（2）主体建筑工程量应遵照《水利水电工程设计工程量计算规定》，按项目划分要求，计算到三级项目。

（3）当设计对混凝土施工有温控要求时，应根据温控措施设计，计算温控措施费用，也可以经过分析确定指标后，按建筑物混凝土方量进行计算。

（4）细部结构工程。参照水工建筑工程细部结构指标表确定，见表 7－41。

表 7－41 水工建筑工程细部结构指标表

项目名称	混凝土重力坝、重力拱坝、宽缝重力坝、支墩坝	混凝土双曲拱坝	土坝、堆石坝	水闸	冲沙闸、泄洪闸	进水口、进水塔	溢洪道	隧洞
单位	元/m^3（坝体方）			元/m^3（混凝土）				
综合指标	16.2	17.2	1.15	48	42	19	18.1	15.3
项目名称	竖井、调压井	高压管道	电（泵）站地面厂房	电（泵）站地下厂房	船闸	倒虹吸、暗渠	渡槽	明渠（衬砌）
单位	元/m^3（混凝土）							
综合指标	19	4	37	57	30	17.7	54	8.45

注 1. 表中综合指标包括多孔混凝土排水管、廊道木模制作与安装、止水工程（面板坝除外）、伸缩缝工程、接缝灌浆管路、冷却水管路、栏杆、照明工程、爬梯、通气管道、排水工程、排水渗井钻孔及反滤料、坝坡踏步、孔洞钢盖板、厂房内上下水工程、防潮层、建筑钢材及其他细部结构工程。
2. 表中综合指标仅包括基本直接费内容。
3. 改扩建及加固工程根据设计确定细部结构工程的工程量。其他工程，如果工程设计能够确定细部结构工程的工程量，可按设计工程量乘以工程单价进行计算，不再按表 7－41 指标计算。

（二）交通工程

交通工程投资按设计工程量乘以单价进行计算，也可根据工程所在地区造价指标或有关实际资料，采用扩大单位指标编制。

（三）房屋建筑工程

1. 永久房屋建筑

（1）用于生产、办公的房屋建筑面积，由设计单位按有关规定结合工程规模确定，单位造价指标根据当地相应建筑造价水平确定。

（2）值班宿舍及文化福利建筑的投资按主体建筑工程投资的百分率计算。

枢纽工程：

投资≤50000万元：1.0%～1.5%；

50000万元<投资≤100000万元：0.8%～1.0%；

投资>100000万元：0.5%～0.8%；

引水工程：0.4%～0.6%；

河道工程：0.4%。

注意：投资小或工程位置偏远者取大值，反之取小值。

（3）除险加固工程（含枢纽、引水、河道工程）、灌溉田间工程的永久房屋建筑面积由设计单位根据有关规定结合工程建设需要确定。

2. 室外工程投资

一般按房屋建筑工程投资的15%～20%计算。

（四）供电设施工程

供电设施工程根据设计的电压等级、线路架设长度及所需配备的变配电设施要求，采用工程所在地区造价指标或有关实际资料计算。

（五）其他建筑工程

（1）安全监测设施工程，指属于建筑工程性质的内外部观测设施。安全监测工程项目投资应按设计资料计算。如无设计资料时，可根据坝型或其他工程型式，按照主体建筑工程投资的百分率计算。

当地材料坝：0.9%～1.1%；

混凝土坝：1.1%～1.3%；

引水式电站（引水建筑物）：1.1%～1.3%；

堤防工程：0.2%～0.3%。

（2）照明线路、通信线路等三项工程投资按设计工程量乘以单价或采用扩大单位指标编制。

（3）其余各项按设计要求分析计算。

二、机电设备及安装工程

机电设备及安装工程投资由设备费和安装工程费两部分组成。

（一）设备费

设备费包括设备原价、运杂费、运输保险费和采购保管费。

1. 设备原价

以出厂价或设计单位分析论证后的询价为设备原价。

2. 运杂费

运杂费分主要设备运杂费和其他设备运杂费，均按占设备原价的百分率计算。

(1) 主要设备运杂费费率，见表7-42。

表7-42　主要设备运杂费费率表　%

设备分类		铁路		公路		公路直达基本费率
		基本运距1000km	每增运500km	基本运距100km	每增运20km	
水轮发电机组		2.21	0.30	1.06	0.15	1.01
主阀、桥机		2.99	0.50	1.85	0.20	1.33
主变压器	120000kVA及以上	3.50	0.40	2.80	0.30	1.20
	120000kVA以下	2.97	0.40	0.92	0.15	1.20

设备由铁路直达或铁路、公路联运时，分别按里程求得费率后叠加计算；如果设备由公路直达，应按公路里程计算费率后，再加公路直达基本费率。

(2) 其他设备运杂费费率，见表7-43。

表7-43　其他设备运杂费费率表　%

类别	适用地区	费率
Ⅰ	北京、天津、上海、江苏、浙江、江西、安徽、湖北、湖南、河南、广东、山西、山东、河北、陕西、辽宁、吉林、黑龙江等省（直辖市）	3～5
Ⅱ	甘肃、云南、贵州、广西、四川、重庆、福建、海南、宁夏、内蒙古、青海等省（自治区、直辖市）	5～7

工程地点距铁路线近者费率取小值，远者取大值。新疆、西藏地区的设备运杂费率可视具体情况另行确定。

3. 运输保险费

按有关规定计算。

4. 采购及保管费

按设备原价、运杂费之和的0.7%计算。

5. 运杂综合费率

运杂综合费率＝运杂费费率＋(1＋运杂费费率)×采购及保管费费率＋运输保险费费率

上述运杂综合费率，适用于计算国产设备运杂费。进口设备的国内段运杂综合费率，按国产设备运杂综合费率乘以相应国产设备原价占进口设备原价的比例系数进行计算（即按相应国产设备价格计算运杂综合费率）。

6. 交通工具购置费

交通工具购置费指工程竣工后，为保证建设项目初期生产管理单位正常运行必须配备的车辆和船只所产生的费用。

交通设备数量应由设计单位按有关规定、结合工程规模确定，设备价格根据市场情况、结合国家有关政策确定。

无设计资料时，可按表7-44方法计算。除高原、沙漠地区外，不得用于购置进口、豪华车辆。灌溉田间工程不计此项费用。

计算方法：以第一部分建筑工程投资为基数，按表 7-44 的费率，以超额累进方法计算。

表 7-44　　交通工具购置费费率表

第一部分建筑工程投资/万元	费率/%	辅助参数/万元
10000 及以内	0.50	0
10000～50000	0.25	25
50000～100000	0.10	100
100000～200000	0.06	140
200000～500000	0.04	180
500000 以上	0.02	280

简化计算公式为：第一部分建筑工程投资×该档费率＋辅助参数。

（二）安装工程费

安装工程投资按设备数量乘以安装单价进行计算。

【例 7-16】 由国家投资兴建的某大型水电站位于四川省（六类工资区）某县的边远山区，需要安装 4 台水轮机，其型号为 HL286-LJ-800，调速器为 DT-150，油压装置为 YS-8，全套设备自重 1750t（其中：主机自重 1680t），全套设备平均出厂价为 3.0 万元/t。电站水轮机用透平油总计为 1000t，透平油预算价格为 6.0 元/kg，运杂费率为 6.5%，运输保险费率 0.4%，试求一台水轮机所需投资（辅机安装费暂不计）。

已知数据如下：

（1）人工预算单价：工长：14.63 元/工时；高级工：13.74 元/工时；中级工：11.98 元/工时；初级工：9.21 元/工时。

（2）其他直接费率：8.30%。

（3）间接费费率：75%。

（4）企业利润率：7%。

（5）税金计算税率：3.28%。

（6）设备采购及保管费费率：0.7%。

（7）材料单价、机械台时单价见本案例表 7-45。

【解】（一）设备费

1. 设备出厂价＝3 万元/t×1750t＝5250 万元
2. 运杂费＝5250 万元×6.5%＝341.25 万元
3. 运输保险费＝5250 万元×0.4%＝21 万元
4. 采购及保管费＝(5250＋341.25)万元×0.7%＝39.14 万元
5. 透平油价款＝(1000÷4)×0.60＝150 万元

小计：5801.39 万元/台

（二）水轮机安装费

水轮机自重 1680t/台，介于水轮机安装定额子目 1600t 与 1800t 之间，需进行内插，以工长定额工时量为例计算

$$8149+(9452-8149)\times(1680-1600)/(1800-1600)=8670.2(\text{工时})$$

表 7-45　　**安装工程单价表**

工程名称：水轮机安装

定额编号：01029 和 01030 插入调整　　定额单位：台

规格型号：HL286-LJ-800，水轮机主机自重 1680t					
编号	名称及规格	单位	数量	单价/元	合计/元
一	直接费				3603694
(一)	基本直接费				3327511
1	人工费				2106319
	工长	工时	8670	14.63	126842
	高级工	工时	41616	13.74	571804
	中级工	工时	98839	11.98	1184091
	初级工	工时	24276	9.21	223582
2	材料费	kg			401781
	钢板	kg	7506	3.5	26271
	型钢	kg	28156	3.02	85031
	钢管	kg	2369	3.6	8528
	钢材	kg	518	19.26	9977
	电焊条	kg	5014	7.1	35599
	氧气	m^3	6472	3	19416
	乙炔气	m^3	2789	15	41835
	汽油（70 号）	kg	2515	3.64	9155
	透平油	kg	266	6	1596
	油漆	kg	1886	16	30176
	木材	m^3	15.1	1100	16610
	电	kW·h	62938	0.61	38392
	其他材料费	%	23	322586	79195
3	机械使用费				819411
	桥式起重机	台时	1678	332.78	558405
	电焊机（20～30kV·A）	台时	4414	9.53	42065
	车床（ϕ400～600）	台时	856	24.69	21135
	刨床（B650）	台时	695	14.73	10237
	摇臂钻床（ϕ50）	台时	941	19.03	17907
	压力滤油机（150 型）	台时	525	11.01	5780
	其他机械费	%	25	655529	163882
(二)	其他直接费	%	8.30	3327511	276183
二	间接费	%	75	2106319	1579739
三	企业利润	%	7	5183433	362840
四	税金	%	3.28	5546273	181917
	合计				5728191

（三）一台水轮机所需投资

5801.39 万元/台＋572.82 万元/台＝6374.21 万元/台

三、金属结构设备及安装工程

编制方法同第二部分机电设备及安装工程。

四、施工临时工程

（一）导流工程

导流工程按设计工程量乘以工程单价进行计算。

（二）施工交通工程

施工交通工程按设计工程量乘以工程单价进行计算，也可根据工程所在地区造价指标或有关实际资料，采用扩大单位指标编制。

（三）施工场外供电工程

根据设计的电压等级、线路架设长度及所需配备的变配电设施要求，采用工程所在地区造价指标或有关实际资料计算。

（四）施工房屋建筑工程

施工房屋建筑工程包括施工仓库和办公、生活及文化福利建筑两部分。施工仓库，指为工程施工而临时兴建的设备、材料、工器具等仓库；办公、生活及文化福利建筑，指施工单位、建设单位、监理单位及设计代表在工程建设期所需的办公用房、宿舍、招待所和其他文化福利设施等房屋建筑工程。

不包括列入临时设施和其他施工临时工程项目内的电、风、水，通信系统，砂石料系统，混凝土拌和及浇筑系统，木工、钢筋、机修等辅助加工厂，混凝土预制构件厂，混凝土制冷、供热系统，施工排水等生产用房。

1. 施工仓库

建筑面积由施工组织设计确定，单位造价指标根据当地相应建筑造价水平确定。

2. 办公、生活及文化福利建筑

（1）枢纽工程，按下列公式计算：

$$I=\frac{AUP}{NL}K_1K_2K_3$$

式中　I——房屋建筑工程投资；

A——建安工作量，按工程一至四部分建安工作量（不包括办公用房、生活及文化福利建筑和其他施工临时工程）之和乘以（1＋其他施工临时工程百分率）计算；

U——人均建筑面积综合指标，按 12～15m^2/人标准计算；

P——单位造价指标，参考工程所在地区的永久房屋造价指标（元/m^2）计算；

N——施工年限，按施工组织设计确定的合理工期计算；

L——全员劳动生产率，一般按 80000～120000 元/(人·年)；施工机械化程度高取大值，反之取小值；采用掘进机施工为主的工程全员劳动生产率应适当提高；

K_1——施工高峰人数调整系数，取 1.10；

K_2——室外工程系数，取1.10～1.15，地形条件差的可取大值，反之取小值；

K_3——单位造价指标调整系数，按不同施工年限，采用表7-46中的调整系数。

表7-46 单位造价指标调整系数表

工期	2年以内	2～3年	3～5年	5～8年	8～11年
系数	0.25	0.40	0.55	0.70	0.80

（2）引水工程按一至四部分建安工作量的百分率计算（表7-47）。

表7-47 引水工程施工房屋建筑工程费率表

工　期	百　分　率	工　期	百　分　率
≤3年	1.5%～2.0%	>3年	1.0%～1.5%

一般饮水工程取中上限，大型饮水工程取下限。

掘进机施工隧洞工程按表中费率乘0.5调整系数。

（3）河道工程按一至四部分建安工作量的百分率计算（表7-48）。

表7-48 河道工程施工房屋建筑工程费率表

工　期	百　分　率	工　期	百　分　率
≤3年	1.5%～2.0%	>3年	1.0%～1.5%

（五）其他施工临时工程

按工程一至四部分建安工作量（不包括其他施工临时工程）之和的百分率计算。

（1）枢纽工程为3.0%～4.0%。

（2）引水工程为2.5%～3.0%。一般引水工程取下限，隧洞、渡槽等大型建筑物较多的引水工程、施工条件复杂的引水工程取上限。

（3）河道工程为0.5%～1.5%。灌溉田间工程取下限，建筑物较多、施工排水量大或施工条件复杂的河道工程取上限。

五、独立费用

（一）建设管理费

1. 枢纽工程

枢纽工程建设管理费以一至四部分建安工作量为计算基数，按表7-49所列费率，以超额累进方法计算。

表7-49 枢纽工程建设管理费费率表

一至四部分建安工作量/万元	费率/%	辅助参数/万元
50000及以内	4.5	0
50000～100000	3.5	500
100000～200000	2.5	1500
200000～500000	1.8	2900
500000以上	0.6	8900

简化计算公式为：一至四部分建安工作量×该档费率＋辅助参数（下同）。

2. 引水工程

引水工程建设管理费以一至四部分建安工作量为计算基数，按表 7－50 所列费率，以超额累进方法计算。原则上应按整体工程投资统一计算，工程规模较大时可分段计算。

表 7－50　　　　引水工程建设管理费费率表

一至四部分建安工作量/万元	费率/%	辅助参数/万元
50000 及以内	4.2	0
50000～100000	3.1	550
100000～200000	2.2	1450
200000～500000	1.6	2650
500000 以上	0.5	8150

3. 河道工程

河道工程建设管理费以一至四部分建安工作量为计算基数，按表 7－51 所列费率，以超额累进方法计算。原则上应按整体工程投资统一计算，工程规模较大时可分段计算。

表 7－51　　　　河道工程建设管理费费率表

一至四部分建安工作量/万元	费率/%	辅助参数/万元
10000 及以内	3.5	0
10000～50000	2.4	110
50000～100000	1.7	460
100000～200000	0.9	1260
200000～500000	0.4	2260
500000 以上	0.2	3260

（二）工程建设监理费

按照国家发展改革委员会发改价格〔2007〕670 号文颁发的《建设工程监理与相关服务收费管理规定》及其他相关规定执行。

（三）联合试运转费

费用指标见表 7－52。

表 7－52　　　　联合试运转费用指标表

水电站工程	单机容量/万 kW	≤1	≤2	≤3	≤4	≤5	≤6	≤10	≤20	≤30	≤40	>40
	费用/(万元/台)	6	8	10	12	14	16	18	22	24	32	44
泵站工程	电力泵站	50～60 元/kW										

（四）生产准备费

1. 生产及管理单位提前进厂费

（1）枢纽工程按一至四部分建安工程量的 0.15%～0.35%计算，大（1）型工程取小值，大（2）型工程取大值。

（2）引水工程视工程规模参照枢纽工程计算。

（3）河道工程、除险加固工程、田间工程原则上不计此项费用。若工程含有新建大型泵站、泄洪闸、船闸等建筑物时，按建筑物投资参照枢纽工程计算。

2. 生产职工培训费

按一至四部分建安工作量的0.35%～0.55%计算。枢纽工程、引水工程取中上限，河道工程取下限。

3. 管理用具购置费

（1）枢纽工程按一至四部分建安工作量的0.04%～0.06%计算，大（1）型工程取小值，大（2）型工程取大值。

（2）引水工程按建安工作量的0.03%计算。

（3）河道工程按建安工作量的0.02%计算。

4. 备品备件购置费

按占设备费的0.4%～0.6%计算。大（1）型工程取下限，其他工程取中、上限。

注：

（1）设备费应包括机电设备、金属结构设备以及运杂费等全部设备费。

（2）电站、泵站同容量、同型号机组超过一台时，只计算一台的设备费。

5. 工器具及生产家具购置费

按占设备费的0.1%～0.2%计算。枢纽工程取下限，其他工程取中、上限。

（五）科研勘测设计费

1. 工程科学研究试验费

按工程建安工作量的百分率计算。其中：枢纽和引水工程取0.7%；河道工程取0.3%。

灌溉田间工程一般不计此项费用。

2. 工程勘测设计费

项目建议书、可行性研究阶段的勘测设计费及报告编制费：执行国家发展改革委员会发改价格〔2006〕1352号文颁布的《水利、水电工程建设项目前期工作工程勘察收费标准》和原国家计划委员会计价格〔1999〕1283号文颁布的《建设项目前期工作咨询收费暂行规定》。

初步设计、招标设计及施工图设计阶段的勘测设计费：执行原国家计划委员会、建设部计价格〔2002〕10号文颁布的《工程勘察设计收费标准》。

应根据所完成的相应勘测设计工作阶段确定工程勘测设计费，未发生的工作阶段不计相应阶段勘测设计费。

（六）其他

1. 工程保险费

按工程一至四部分投资合计的4.5‰～5.0‰计算，田间工程原则上不计此项费用。

2. 其他税费

按国家有关规定计取。

任务四 分年度投资及资金流量编制

一、分年度投资

分年度投资是根据施工组织设计确定的施工进度和合理工期而计算出的工程各年度预计完成的投资额。

1. 建筑工程

(1) 建筑工程分年度投资表应根据施工进度的安排，对主要工程按各单项工程分年度完成的工程量和相应的工程单价计算。对于次要的和其他工程，可根据施工进度，按各年所占完成投资的比例，摊入分年度投资表。

(2) 建筑工程分年度投资的编制可视不同情况按项目划分列至一级项目或二级项目，分别反映各自的建筑工程量。

2. 设备及安装工程

设备及安装工程分年度投资应根据施工组织设计确定的设备安装进度计算各年预计完成的设备费和安装费。

3. 费用

根据费用的性质和费用发生的时段，按相应年度分别进行计算。

二、资金流量

资金流量是为满足工程项目在建设过程中各时段的资金需求，按工程建设所需资金投入时间计算的各年度使用的资金量。资金流量表的编制以分年度投资表为依据，按建筑安装工程、永久设备购置费和独立费用三种类型分别计算。本资金流量计算办法主要用于初步设计概算。

1. 建筑及安装工程资金流量

(1) 建筑工程可根据分年度投资表的项目划分，以各年度建筑工作量作为计算资金流量的依据。

(2) 资金流量是在原分年度投资的基础上，考虑预付款、预付款的扣回、保留金和保留金的偿还等编制出的分年度资金安排。

(3) 预付款一般可划分为工程预付款和工程材料预付款两部分。

1) 工程预付款按划分的单个工程项目的建安工作量的10%～20%计算，工期在3年以内的工程全部安排在第一年，工期在3年以上的可安排在前两年。工程预付款的扣回从完成建安工作量的30%起开始，按完成建安工作量的20%～30%扣回至预付款全部回收完毕为止。

对于需要购置特殊施工机械设备或施工难度较大的项目，工程预付款可取大值，其他项目取中值或小值。

2) 工程材料预付款。水利工程一般规模较大，所需材料的种类及数量较多，提前备料所需资金较大，因此考虑向施工企业支付一定数量的材料预付款。可按分年度投资中次年完成建安工作量的20%在本年提前支付，并于次年扣回，以此类推，直至本项目竣工。

(4) 保留金。水利工程的保留金，按建安工作量的2.5%计算。在计算概算资金流量时，按分项工程分年度完成建安工作量的5%扣留至该项工程全部建安工作量的2.5%时终止（即完成建安工作量的50%时），并将所扣的保留金100%计入该项工程终止后一年（如该年已超出总工期，则此项保留金计入工程的最后一年）的资金流量表内。

2. 永久设备购置费资金流量

永久设备购置费资金流量计算，划分为主要设备和一般设备两种类型分别计算。

(1) 主要设备的资金流量计算。主要设备为水轮发电机组、大型水泵、大型电机、主阀、主变压器、桥机、门机、高压断路器或高压组合电器、金属结构闸门启闭设备等。按设备到货周期确定各年资金流量比例，具体比例见表7-53。

表7-53 主要设备资金流量比例表

到货周期＼年数	第1年	第2年	第3年	第4年	第5年	第6年
1年	15%	75%①	10%			
2年	15%	25%	50%①	10%		
3年	15%	25%	10%	40%①	10%	
4年	15%	25%	10%	10%	30%①	10%

① 数据的年份为设备到货年份。

(2) 其他设备。其资金流量按到货前一年预付15%定金，到货年支付85%的剩余价款。

3. 独立费用资金流量

独立费用资金流量主要是勘测设计费的支付方式应考虑质量保证金的要求，其他项目则均按分年投资表中的资金安排计算。

(1) 可行性研究和初步设计阶段的勘测设计费按合理工期分年平均计算。

(2) 施工图设计阶段勘测设计费的95%按合理工期分年平均计算，其余5%的勘测设计费用作为设计保证金，计入最后一年的资金流量表内。

任务五 工程总概算编制

一、预备费

1. 基本预备费

计算方法：根据工程规模、施工年限和地质条件等不同情况，按工程一至五部分投资合计（依据分年度投资表）的百分率计算。

初步设计阶段为5.0%～8.0%。

技术复杂、建设难度大的工程项目取大值，其他工程取中小值。

2. 价差预备费

计算方法：根据施工年限，以资金流量表的静态投资为计算基数。

按有关部门适时发布的年物价指数计算。计算公式为

$$E=\sum_{n=1}^{N}F_n[(1+p)^n-1]$$

式中　E——价差预备费；

N——合理建设工期；

n——施工年度；

F_n——建设期间资金流量表内第 n 年的投资；

p——年物价指数。

【例 7-17】 某项目的静态投资为 250000 万元，按本项目进度计划，项目建设期为 5 年，5 年的投资分年度使用比例为第 1 年 10%，第 2 年 20%，第 3 年 30%，第 4 年 30%，第 5 年 10%，建设期内国家发布的平均物价上涨指数为 6%。试估计该项目建设期的价差预备费。

【解】 第 1 年投资计划用款额：

$$F_1=250000\times10\%=25000(万元)$$

第 1 年价差预备费：

$$E_1=F_1[(1+P)-1]=25000\times[(1+6\%)-1]=1500(万元)$$

第 2 年投资计划用款额：

$$F_2=250000\times20\%=50000(万元)$$

第 2 年价差预备费：

$$E_2=F_2[(1+P)^2-1]=50000\times[(1+6\%)^2-1]=6180(万元)$$

第 3 年投资计划用款额：

$$F_3=250000\times30\%=75000(万元)$$

第 3 年价差预备费：

$$E_3=F_3[(1+P)^3-1]=75000\times[(1+6\%)^3-1]=14326.2(万元)$$

第 4 年投资计划用款额：

$$F_4=250000\times30\%=75000(万元)$$

第 4 年价差预备费：

$$E_4=F_4[(1+P)^4-1]=75000\times[(1+6\%)^4-1]=19685.8(万元)$$

第 5 年投资计划用款额：

$$F_5=250000\times10\%=25000(万元)$$

第 5 年价差预备费：

$$E_5=F_5[(1+P)^5-1]=25000\times[(1+6\%)^5-1]=8455.6(万元)$$

所以，项目建设期的价差预备费为：

$$E=E_1+E_2+E_3+E_4+E_5=1500+6180+14326.2+19685.8+8455.6=50147.6(万元)$$

二、建设期融资利息

计算公式为

$$S=\sum_{n=1}^{N}\left[\left(\sum_{m=1}^{n}F_{m}b_{m}-\frac{1}{2}F_{n}b_{n}\right)+\sum_{m=0}^{n-1}S_{m}\right]i$$

式中　S——建设期融资利息；

N——合理建设工期；

n——施工年度；

m——还息年度；

F_n、F_m——在建设期资金流量表内的第 n、m 年的投资；

b_n、b_m——各施工年份融资额占当年投资比例；

i——建设期融资利率；

S_m——第 m 年的付息额度。

三、静态总投资

一至五部分投资与基本预备费之和构成工程部分静态投资。编制工程部分总概算表时，在第五部分独立费用之后，应顺序计列以下项目：

(1) 一至五部分投资合计。

(2) 基本预备费。

(3) 静态投资。

工程部分、建设征地移民补偿、环境保护工程、水土保持工程的静态投资之和构成静态总投资。

四、总投资

静态总投资、价差预备费、建设期融资利息之和构成总投资。

编制工程概算总表时，在工程投资总计中应顺序计列以下项目：

(1) 静态总投资（汇总各部分静态投资）。

(2) 价差预备费。

(3) 建设期融资利息。

(4) 总投资。

知识技能训练

一、思考题

1. 试述人工预算单价的计算方法。

2. 材料预算价格和机械台时费分别由哪些费用组成？

3. 试述风、水、电单价的计算方法。

4. 什么是覆盖层清除摊销率和弃料处理摊销率？如何计算覆盖层清除摊销费和弃料处理摊销费？

5. 试述天然砂石骨料单价的计算方法。

6. 建筑安装工程单价由哪几部分费用组成？如何进行计算？

7. 土石坝填筑综合单价为什么不是各工序单价之和？其概算和预算综合单价计算有何不同？

8. 石方开挖《水利建筑工程概算定额》与《水利建筑工程预算定额》所包含的内容及工程计量有何不同？

9. 混凝土材料单价与混凝土工程单价有何区别？如何进行混凝土工程单价的编制？

10. 安装工程单价编制方法有哪几种？与建筑工程单价编制有何不同？

二、计算题（人工及材料单价可根据具体情况自己确定或使用前面计算的结果）

1. 某水利工程电网供电占97%，自备柴油发电机组（400kW机组两台）供电占3%。该电网电价及附加费见表7－54。自备柴油发电机组能量利用系数0.85，厂用电率4%，变配电设备及配电线路损耗率6%，高压输电线路损耗率5%，循环冷却水摊销费0.04元/(kW·h)，供电设施维修摊销费0.03元/(kW·h)，柴油发电机组台时费240.60元/台时，试计算施工用电综合电价。

表7－54　　电网电价及附加费表

项目名称	单位	单价
大宗工业用电	元/(kW·h)	0.381
非工业用电	元/(kW·h)	0.432
三峡工程建设基金	元/(kW·h)	0.007
国家批准的附加费	元/(kW·h)	0.052

2. 某水利工程人工预算单价中级工8.90元/工时，0号柴油2.80元/kg，台时一类费用调整系数1.0，试按现行机械台时费定额计算$1m^3$液压挖掘机台时费。

3. 编制某枢纽工程堆石坝堆石料填筑概算综合单价。

已知：(1) 料场覆盖层清除单价为3.56元/m^3，覆盖层清除率5%（占开采量的比例）。

(2) 料场堆石开采采用150型潜孔钻钻孔，深孔爆破，岩石为Ⅸ级，用$3m^3$液压挖掘机装20t自卸汽车运输上坝，运距4km，采用14t振动碾压实。

(3) 另有30%的石料（占填筑料的比例）来自弃渣场，弃渣石料采用$3m^3$装载机装20t自卸汽车运输上坝，运距3km。

4. 某枢纽地下工程交通洞，洞深400m，底坡20%（水平夹角11.3°），洞身岩石为白云岩，坚固系数$f=11$，设计开挖断面面积$15m^2$。采用光面爆破、风钻钻孔（下行）电力起爆，$0.6m^3$耙斗装岩机装$3.5m^3$矿车，单筒绞车｛卷筒$1.2\times1.0[\phi\times B(m)]$，功率75kW｝提升出渣，试编制其概算单价。

5. 西北某引水工程水闸底板厚150cm，混凝土强度等级为C15（三级配），埋石率10%，混凝土组成材料及价格见表7－55。采用$0.8m^3$搅拌机拌和混凝土，混凝土运输采用胶轮车，运距80m。试编制该水闸底板混凝土工程概算单价（不包括块石运输及影响浇筑的费用）。

表 7-55　　混凝土组成材料及价格表

名　　称	水泥	中砂	碎石	水
材料预算价格	260 元/t	30 元/m^3	30 元/m^3	0.30 元/m^3

6. 计算下列项目的概算单价（使用水利部 2002 定额）。

（1）油压调速器安装（YS-20）。

（2）电压等级 10.5kV 的发电电压设备安装。

（3）截面为 750mm^2 带型铝母线安装。

（4）自重 23t 卷扬式启闭机安装。

模块八　水利工程招投标与清单计价

单元一　水利工程招投标

【单元重点】

水利工程招标范围及招标程序，水利工程投标主要注意事项，水利工程开标、评标和中标。

【学习目标】

掌握水利工程招标范围及招标程序并能组织招标，能组织安排投标，掌握水利工程开标、评标和中标的办法并组织实施。

任务一　招　投　标

水利工程建设项目的勘察设计、施工、监理以及与水利工程建设有关的重要设备、材料采购等根据需要都要进行招标投标。

一、招标范围

符合下列具体范围并达到规模标准之一的水利工程建设项目必须进行招标。

1. 具体范围

（1）关系社会公共利益、公共安全的防洪、排涝、灌溉、水力发电、引（供）水、滩涂治理、水土保持、水资源保护等水利工程建设项目。

（2）使用国有资金投资或者国家融资的水利工程建设项目。

（3）使用国际组织或者外国政府贷款、援助资金的水利工程建设项目。

2. 规模标准

（1）施工单项合同估算价在200万元人民币以上的。

（2）重要设备、材料等货物的采购，单项合同估算价在100万元人民币以上的。

（3）勘察设计、监理等服务的采购，单项合同估算价在50万元人民币以上的。

（4）项目总投资额在3000万元人民币以上，但分标单项合同估算价低于第1、2、3条规定的标准的项目。

二、招标分类

招标分为公开招标和邀请招标。依法必须招标的项目中，国家重点水利项目、地方重点水利项目及全部使用国有资金投资或者国有资金投资占控股或者主导地位的项目应当公开招标，但有下列情况之一的，按第十一条的规定经批准后可采用邀请招标：

（1）项目总投资额在3000万元人民币以上，但分标单项合同估算价低于第1、2、3条规定的标准的项目。

（2）项目技术复杂，有特殊要求或涉及专利权保护，受自然资源或环境限制，新技术或技术规格事先难以确定的项目。

（3）应急度汛项目。

（4）其他特殊项目。

三、不招标

下列项目可不进行招标，但须经项目主管部门批准：

（1）涉及国家安全、国家秘密的项目。

（2）应急防汛、抗旱、抢险、救灾等项目。

（3）项目中经批准使用农民投工、投劳施工的部分（不包括该部分中勘察设计、监理和重要设备、材料采购）。

（4）不具备招标条件的公益性水利工程建设项目的项目建议书和可行性研究报告。

（5）采用特定专利技术或特有技术的。

（6）其他特殊项目。

四、自行招标

当招标人具备以下条件时，按有关规定和管理权限经核准可自行办理招标事宜：

（1）具有项目法人资格（或法人资格）。

（2）具有与招标项目规模和复杂程度相适应的工程技术、概预算、财务和工程管理等方面专业技术力量。

（3）具有编制招标文件和组织评标的能力。

（4）具有从事同类工程建设项目招标的经验。

（5）设有专门的招标机构或者拥有3名以上专职招标业务人员。

（6）熟悉和掌握招标投标法律、法规、规章。

当招标人不具备以上条件时，应当委托符合相应条件的招标代理机构办理招标事宜。

五、招标条件

水利工程建设项目招标应当具备以下条件：

（1）勘察设计招标应当具备的条件：

1）勘察设计项目已经确定。

2）勘察设计所需资金已落实。

3）必需的勘察设计基础资料已收集完成。

（2）监理招标应当具备的条件：

1）初步设计已经批准。

2）监理所需资金已落实。

3）项目已列入年度计划。

（3）施工招标应当具备的条件：

1）初步设计已经批准。

2）建设资金来源已落实，年度投资计划已经安排。

3）监理单位已确定。

4）具有能满足招标要求的设计文件，已与设计单位签订适应施工进度要求的图纸交付合同或协议。

5）有关建设项目永久征地、临时征地和移民搬迁的实施、安置工作已经落实或已有明确安排。

（4）重要设备、材料招标应当具备的条件：

1）初步设计已经批准。

2）重要设备、材料技术经济指标已基本确定。

3）设备、材料所需资金已落实。

六、招标程序

招标工作一般按下列程序进行：

（1）招标前，按项目管理权限向水行政主管部门提交招标报告备案。报告具体内容应当包括：招标已具备的条件、招标方式、分标方案、招标计划安排、投标人资质（资格）条件、评标方法、评标委员会组建方案以及开标、评标的工作具体安排等。

（2）编制招标文件。

（3）发布招标信息（招标公告或投标邀请书）。

（4）发售资格预审文件。

（5）按规定日期接受潜在投标人编制的资格预审文件。

（6）组织对潜在投标人资格预审文件进行审核。

（7）向资格预审合格的潜在投标人发售招标文件。

（8）组织购买招标文件的潜在投标人现场踏勘。

（9）接受投标人对招标文件有关问题要求澄清的函件，对问题进行澄清，并书面通知所有潜在投标人。

（10）组织成立评标委员会，并在中标结果确定前保密。

（11）在规定时间和地点，接受符合招标文件要求的投标文件。

（12）组织开标评标会。

（13）在评标委员会推荐的中标候选人中，确定中标人。

（14）向水行政主管部门提交招标投标情况的书面总结报告。

（15）发中标通知书，并将中标结果通知所有投标人。

（16）进行合同谈判，并与中标人订立书面合同。

七、招标注意事项

采用公开招标方式的项目，招标人应当在国家发展计划委员会指定的媒介发布招标公告，其中大型水利工程建设项目以及国家重点项目、中央项目、地方重点项目同时还应当在《中国水利报》发布招标公告，公告正式媒介发布至发售资格预审文件（或招标文件）的时间间隔一般不少于10日。招标人应当对招标公告的真实性负责。招标公告不得限制潜在投标人的数量。

采用邀请招标方式的，招标人应当向3个以上有投标资格的法人或其他组织发出投标邀请书。

投标人少于3个的，招标人应当重新招标。

招标人应当根据国家有关规定，结合项目特点和需要编制招标文件。

招标人应当对投标人进行资格审查，并提出资格审查报告，经参审人员签字后存档备查。

在一个项目中，招标人应当以相同条件对所有潜在投标人的资格进行审查，不得以任何理由限制或者排斥部分潜在投标人。

招标人对已发出的招标文件进行必要澄清或者修改的，应当在招标文件要求提交投标文件截止日期至少15日前，以书面形式通知所有投标人。该澄清或者修改的内容为招标文件的组成部分。

依法必须进行招标的项目，自招标文件开始发出之日起至投标人提交投标文件截止之日止，最短不应当少于20日。

招标文件应当按其制作成本确定售价，一般可按1000元至3000元人民币标准控制。

招标文件中应当明确投标保证金金额，一般可按以下标准控制：

（1）合同估算价为10000万元人民币以上时，投标保证金金额不超过合同估算价的5‰。

（2）合同估算价为3000万～10000万元人民币时，投标保证金金额不超过合同估算价的6‰。

（3）合同估算价为3000万元人民币以下时，投标保证金金额不超过合同估算价的7‰，但最低不得少于1万元人民币。

八、投标

投标主要要求有以下几条：

（1）投标人必须具备水利工程建设项目所需的资质（资格）。

（2）投标人应当按照招标文件的要求编写投标文件，并在招标文件规定的投标截止时间之前密封送达招标人。在投标截止时间之前，投标人可以撤回已递交的投标文件或进行更正和补充，但应当符合招标文件的要求。

（3）投标人必须按招标文件规定投标，也可附加提出“替代方案”，且应当在其封面上注明“替代方案”字样，供招标人选用，但不作为评标的主要依据。

（4）两个或两个以上单位联合投标的，应当按资质等级较低的单位确定联合体资质（资格）等级。招标人不得强制投标人组成联合体共同投标。

（5）投标人在递交投标文件的同时，应当递交投标保证金。招标人与中标人签订合同后5个工作日内，应当退还投标保证金。

(6) 投标人应当对递交的资质（资格）预审文件及投标文件中有关资料的真实性负责。

任务二　开标、评标和中标

一、开标

开标由招标人主持，邀请所有投标人参加。开标应当按招标文件中确定的时间和地点进行。开标人员至少由主持人、监标人、开标人、唱标人、记录人组成，上述人员对开标负责。

开标一般按以下程序进行：

(1) 主持人在招标文件确定的时间停止接收投标文件，开始开标。

(2) 宣布开标人员名单。

(3) 确认投标人法定代表人或授权代表人是否在场。

(4) 宣布投标文件开启顺序。

(5) 依开标顺序，先检查投标文件密封是否完好，再启封投标文件。

(6) 宣布投标要素，并作记录，同时由投标人代表签字确认。

(7) 对上述工作进行记录，存档备查。

二、评标

(一) 评标标准

评标标准和方法应当在招标文件中载明，在评标时不得另行制定或修改、补充任何评标标准和方法。招标人在一个项目中，对所有投标人评标标准和方法必须相同。

评标标准分为技术标准和商务标准，一般包含以下内容：

1. 勘察设计评标标准

(1) 投标人的业绩和资信。

(2) 勘察总工程师、设计总工程师的经历。

(3) 人力资源配备。

(4) 技术方案和技术创新。

(5) 质量标准及质量管理措施。

(6) 技术支持与保障。

(7) 投标价格和评标价格。

(8) 财务状况。

(9) 组织实施方案及进度安排。

2. 监理评标标准

(1) 投标人的业绩和资信。

(2) 项目总监理工程师经历及主要监理人员情况。

(3) 监理规划（大纲）。

（4）投标价格和评标价格。

（5）财务状况。

3. 施工评标标准

（1）施工方案（或施工组织设计）与工期。

（2）投标价格和评标价格。

（3）施工项目经理及技术负责人的经历。

（4）组织机构及主要管理人员。

（5）主要施工设备。

（6）质量标准、质量和安全管理措施。

（7）投标人的业绩、类似工程经历和资信。

（8）财务状况。

4. 设备、材料评标标准

（1）投标价格和评标价格。

（2）质量标准及质量管理措施。

（3）组织供应计划。

（4）售后服务。

（5）投标人的业绩和资信。

（6）财务状况。

（二）评标方法

评标方法可采用综合评分法、综合最低评标价法、合理最低投标价法、综合评议法及两阶段评标法。

施工招标设有标底的，评标标底可采用以下方法确定：

（1）招标人组织编制的标底A。

（2）以全部或部分投标人报价的平均值作为标底B。

（3）以标底A和标底B的加权平均值作为标底。

（4）以标底A值作为确定有效标的标准，以进入有效标内投标人的报价平均值作为标底。

施工招标未设标底的，按不低于成本价的有效标进行评审。

评标工作由评标委员会负责。评标委员会由招标人的代表和有关技术、经济、合同管理等方面的专家组成，成员人数为7人以上单数，其中专家（不含招标人代表人数）不得少于成员总数的2/3。

公益性水利工程建设项目中，中央项目的评标专家应当从水利部或流域管理机构组建的评标专家库中抽取；地方项目的评标专家应当从省、自治区、直辖市人民政府水行政主管部门组建的评标专家库中抽取，也可从水利部或流域管理机构组建的评标专家库中抽取。

评标专家的选择应当采取随机的方式抽取。根据工程特殊专业技术需要，经水行政主管部门批准，招标人可以指定部分评标专家，但不得超过专家人数的1/3。

评标委员会成员不得与投标人有利害关系。所指利害关系包括：是投标人或其代理人的近亲属；在5年内与投标人曾有工作关系；或有其他社会关系或经济利益关系。

评标委员会成员名单在招标结果确定前应当保密。

（三）评标程序

评标工作一般按以下程序进行：

（1）招标人宣布评标委员会成员名单并确定主任委员。

（2）招标人宣布有关评标纪律。

（3）在主任委员主持下，根据需要，讨论通过成立有关专业组和工作组。

（4）听取招标人介绍招标文件。

（5）组织评标人员学习评标标准和方法。

（6）经评标委员会讨论，并经1/2以上委员同意，提出需投标人澄清的问题，以书面形式送达投标人。

（7）对需要文字澄清的问题，投标人应当以书面形式送达评标委员会。

（8）评标委员会按招标文件确定的评标标准和方法，对投标文件进行评审，确定中标候选人推荐顺序。

（9）在评标委员会2/3以上委员同意并签字的情况下，通过评标委员会工作报告，并报招标人。评标委员会工作报告附件包括有关评标的往来澄清函、有关评标资料及推荐意见等。

（四）评标注意事项

招标人对有下列情况之一的投标文件，可以拒绝或按无效标处理：

（1）投标文件密封不符合招标文件要求的。

（2）逾期送达的。

（3）投标人法定代表人或授权代表人未参加开标会议的。

（4）未按招标文件规定加盖单位公章和法定代表人（或其授权人）的签字（或印鉴）的。

（5）招标文件规定不得标明投标人名称，但投标文件上标明投标人名称或有任何可能透露投标人名称的标记的。

（6）未按招标文件要求编写或字迹模糊导致无法确认关键技术方案、关键工期、关键工程质量保证措施、投标价格的。

（7）未按规定交纳投标保证金的。

（8）超出招标文件规定，违反国家有关规定的。

（9）投标人提供虚假资料的。

评标委员会经过评审，认为所有投标文件都不符合招标文件要求时，可以否决所有投标，招标人应当重新组织招标。对已参加本次投标的单位，重新参加投标不应当再收取招标文件费。

评标委员会应当进行秘密评审，不得泄露评审过程、中标候选人的推荐情况以及与评标有关的其他情况。

在评标过程中，评标委员会可以要求投标人对投标文件中含义不明确的内容采取书面方式作出必要的澄清或说明，但不得超出投标文件的范围或改变投标文件的实质性内容。

三、中标

评标委员会经过评审，从合格的投标人中排序推荐中标候选人。

中标人的投标应当符合下列条件之一：

（1）能够最大限度地满足招标文件中规定的各项综合评价标准。

（2）能够满足招标文件的实质性要求，并且经评审的投标价格合理最低；但投标价格低于成本的除外。

招标人可授权评标委员会直接确定中标人，也可根据评标委员会提出的书面评标报告和推荐的中标候选人顺序确定中标人。当招标人确定的中标人与评标委员会推荐的中标候选人顺序不一致时，应当有充足的理由，并按项目管理权限报水行政主管部门备案。

自中标通知书发出之日起30日内，招标人和中标人应当按照招标文件和中标人的投标文件订立书面合同，中标人提交履约保函。招标人和中标人不得另行订立背离招标文件实质性内容的其他协议。

招标人在确定中标人后，应当在15日之内按项目管理权限向水行政主管部门提交招标投标情况的书面报告。

当确定的中标人拒绝签订合同时，招标人可与确定的候补中标人签订合同，并按项目管理权限向水行政主管部门备案。

由于招标人自身原因致使招标工作失败（包括未能如期签订合同），招标人应当按投标保证金双倍的金额赔偿投标人，同时退还投标保证金。

单元二　水利工程工程量清单计价

【单元重点】

工程量清单计价，GB 50501—2007《水利工程工程量清单计价规范》内容。

【学习目标】

掌握GB 50501—2007《水利工程工程量清单计价规范》内容，能编织工程量清单，能按工程量清单计价编写投标书并组织投标。

任务一　工程量清单计价的认识

GB 50501—2007《水利工程工程量清单计价规范》是根据《中华人民共和国招标投标法》和现行国家标准GB 50500—2003《建设工程工程量清单计价规范》制定的，适用水利枢纽工程、水力发电、引（调）水、供水、灌溉、河湖整治、堤防等新建、扩建、改建、加固工程的招标投标工程。

1. 工程量清单的概念

工程量清单是由建设工程招标人发出的，对招标工程的全部项目，按统一的项目编码、工程量计算规则、项目划分和计量单位计算出的工程数量列出的表格。工程量清单可以由招标人自行编制，也可以由其委托有资质的招标代理机构或咨询单位编制。工程量清单是招标文件的组成部分。

2. 工程量清单计价的概念

工程量清单计价是指在建设工程招标时由招标人计算出工程量，并作为招标文件内容提供给投标人，再由投标人根据招标人提供的工程量自主报价的一种计价行为。就投标单位而言，工程量清单计价可称为工程量清单报价。

3. 工程量清单的作用

工程量清单除了为潜在的投标人提供必要的信息外，还具有以下作用：

(1) 为投标人提供一个公开、公平、公正的竞争环境。二程量清单由招标人统一提供，统一的工程量避免了由于计算不准确、项目不一致等人为因素造成的不公正影响，创造了一个公平的竞争环境。

(2) 工程量清单是计价和询标、评标的基础。无论是标底的编制还是企业投标报价，都必须以工程量清单为基础进行。同样也为今后的招标、评标奠定了基础。

(3) 为施工过程中支付工程进度款提供依据。根据相关合同条款，工程量清单为施工过程中的进度款支付提供了依据。

(4) 为办理工程结算及工程索赔提供了重要依据。

(5) 设有标底价格的招标工程，招标人利用工程量清单编制标底价格，供评标时参考。

任务二 GB 50501—2007《水利工程工程量清单计价规范》的认识

GB 50501—2007《水利工程工程量清单计价规范》中对工程量清单的格式进行了统一规定，其内容有：工程量清单封面、填表须知、总说明、分类分项工程量清单、措施项目清单、其他项目清单、零星工作项清单和其他辅助表格。工程量清单的编写应由招标人完成，除以上规定的内容以外，招标人可根据具体情况进行补充。工程量清单主要有分类分项工程量清单、措施项目清单、其他项目清单、零星工作项目清单四部分，其中分类分项工程量清单是核心。

GB 50501—2007《水利工程工程量清单计价规范》内容主要如下。

1. 工程量清单封面

招标人需在工程量清单封面上填写：拟建的工程项目名称、招标人（招标单位）、法定代表人、中介机构法定代表人、造价工程师及注册证号、编制时间。

2. 工程量清单填表须知

招标人在编写工程量清单表格时，必须按照规定的要求完成。具体规定有四条：

(1) 工程量清单及其计价格式中所有要求签字、盖章的地方，必须由规定的单位和人员盖章、签字（其中法定代表人也可由其授权委托的代理人签字、盖章）。

(2) 工程量清单及其计价格式中的任何内容不得随意删除或涂改。

(3) 工程量清单计价格式中列明的所有需要填报的单价和合价，投标人均应填报，未填报的单价和合价，视为此项费用已包含在工程量清单的其他单价及合价中。

（4）金额（价格）均应以________币表示。

3. 工程量清单总说明

工程量清单的总说明主要是招标人用于说明招标工程的工程概况、招标范围、工程量清单的编制依据、工程质量的要求、主要材料的价格来源等。

（1）工程概况是指建设规模、工程特征、计划工期、施工现场实际情况、交通运输情况、自然地理条件、环境保护要求等。

（2）工程招标和分包范围。

（3）工程量清单编制依据。

（4）工程质量、材料、施工等的特殊要求，即工程质量要求达到的标准、主要材料的材质等级标准、规格型号、价格要求及其他。

（5）招标人自行采购材料的名称、规格型号、数量等。

（6）预留金、自行采购材料的金额数量。

（7）其他需说明的问题。

4. 分类分项工程量清单

分类分项工程量清单包括项目编码、项目名称、计量单位、工程数量和主要技术条款编码五项内容。编制分类分项工程量清单，主要就是将设计图纸规定要实施完成的工程的全部对象、内容和任务等列成清单，列出分类分项工程的项目名称，计算出相应项目的有效自然（或实体）工程数量，制作完成工程量清单表。

分类分项工程量清单应根据《水利工程工程量清单计价规范》附录 A 和附录 B 规定的统一项目编码、统一项目名称、统一计量单位、统一工程量计算规则进行编制。

（1）项目编码。项目编码用 12 位阿拉伯数字表示。前 9 位为全国统一编码，不得变动，后 3 位是清单项目名称编码，由清单编制人根据设计图纸的要求、拟建工程的实际情况和项目特征设置。各位编码的含义如下：

第 1、2 位编码“50”为水利工程分类的顺序码。

第 3、4 位编码为水利建筑工程和水利安装工程分类的顺序码，“01”为水利建筑工程、“02”水利安装工程。

第 5、6 位编码为分类工程的顺序码，如“01”为土方开挖工程、“02”为石方开挖工程、“03”为土方填筑工程。

第 7、8、9 位编码为分类工程项目名称的顺序码。

第 10、11、12 位编码为具体清单项目名称的顺序码，由工程量清单编制人确定。

（2）项目名称。分部分项工程量清单的项目名称是以工程实体设置的，在编制工程量清单时，以 GB 50501—2007《水利工程工程量清单计价规范》附录中的项目名称为主，考虑到拟建工程项目的规格、型号、材质等特征要求的实际情况，可使其工程量清单的项目名称具体化，以便能够反映出影响实际工程造价的主要因素。

随着科学技术的发展，新材料、新技术、新的施工工艺将不断出现和应用。因此，凡附录中的缺项，在工程量清单编制时，编制人可作补充。补充项目应填写在工程量清单相应分类工程项目之后，并在“项目编码”栏中以“补”字表示。

（3）计量单位。工程数量的计量单位应按规定采用基本单位。

(4) 工程数量。工程数量是工程量清单的核心内容。工程量计算是工程量清单编制中工作量最大的工作，需要细致、熟练，计算结果应当准确，能实事求是地反映工程实物的状态、内容和数量，以作为编制标底价格、投标报价等的基础依据。分类分项工程量计算的依据是设计图纸和统一的工程量计算规则。工程量计算规则是指对清单项目工程量的计算规定。除另有说明外，所有清单项目的工程量应以有效实体工程量为准，并以完成后的净值计算，投标人在投标报价时，应在单价中考虑施工中的各种损耗和需要增加的工程量。

5. 措施项目清单

措施项目是指为了完成工程项目施工，发生于工程施工前和施工过程中的技术、生活、安全等方面的非工程实体的项目。在措施项目清单中将这些非工程实体的项目逐一列出。

在编制措施项目清单时，应考虑在工程施工前和施工过程中所将要发生的多种因素，除工程本身的因素外，还要涉及水文、气象、环境、安全等因素和施工企业的实际情况。

"措施项目一览表"所列内容是各专业工程均可列出的措施项目，主要有：环境保护，文明施工，安全防护，小型临时工程，施工企业进退场费，大型施工设备安拆费。

措施项目清单根据拟建工程的具体情况和设计要求列项编制，对 GB 50501—2007《水利工程工程量清单计价规范》中所列项目，可以根据工程的规模、涵盖的内容等具体实际情况，编制人可作增减。

6. 其他项目清单

其他项目清单只列预留金一项，招标人可根据招标工程具体情况进行补充。预留金是招标人为可能发生的工程变更而预留的金额。此处的工程变更主要是指工程量清单漏项、有误引起的工程量增加和施工中的设计变更引起标准提高或工程量增加等。

7. 零星工作项目清单

零星工作项目费是指完成招标人提出的、工程量暂估的零星工作所需的费用。零星工作项目一般不能以实物量计量。为了准确地计价，零星工作项目表应详细列出人工、材料、机械名称和相应数量。人工应按工种列项，材料和机械应按规格、型号列项。

知识技能训练

一、思考题

1. 试述水利工程招标的范围。
2. 试述水利工程招标的程序。
3. 水利工程评标方法有哪些？
4. 水利工程评标标准有哪些？
5. 试述 GB 50501—2007《水利工程工程量清单计价规范》内容。
6. 分类分项工程量清单项目编码怎么编？

二、案例

某工程项目由于技术复杂、难度大，对施工单位的施工设备和同类工程施工经验要求高。业主在对有关单位和在建工程考察的基础上，经项目审批部门同意，邀请了 3 家国有一级施工企业参加投标。业主要求投标单位将技术标和商务标分别装订报送。招标文件确定的评标规定如下：

（1）技术标共 30 分，其中施工方案 10 分、施工总工期 10 分、工程质量 10 分。满足业主总工期要求（36 个月）者得 4 分，每提前 1 个月加 1 分，不满足者为废标；自报工程质量合格者得 4 分，自报工程质量优良者得 6 分（若实际工程质量未达到优良将扣罚合同价的 2%），近三年内获鲁班工程奖每项加 2 分，获省优工程奖每项加 1 分。

（2）商务标共 70 分。报价不超过标底（35500 万元）的±5%者为有效标，超过者为废标。报价为标底的 98%者得满分（70 分），在此基础上，报价每下降 1%，扣 1 分，每上升 1%，扣 2 分（计分按四舍五入取整）。

经评标专家评审，各投标单位的得分情况见表 8-1。

表 8-1　各投标单位的得分情况

投标单位	报价/万元	施工方案得分	总工期/月	自报工程质量	鲁班工程奖	省优工程奖
A	35642	8	33	优良	1	1
B	34364	9	31	优良	0	2
C	33867	8	32	合格	0	1

问题：

（1）该工程采用邀请招标方式且仅邀请 3 家施工单位投标，是否违反有关规定？

（2）分别计算各投标单位的技术标、商务标得分。

（3）计算各投标单位的综合得分，并按综合得分最高者中标的原则确定中标单位。

参 考 文 献

[1] 潘家铮．中国水力发电工程：施工卷［M］．北京：中国电力出版社，2000.

[2] 司兆乐．水利水电枢纽施工技术［M］．北京：中国水利水电出版社，2002.

[3] 吴立．凿岩爆破工程［M］．武汉：中国地质大学出版社，2005.

[4] 冯叔瑜．爆破员读本［M］．北京：冶金工业出版社，1992.

[5] 袁光裕．水利工程施工［M］．北京：中国水利水电出版社，2005.

[6] 钟汉华．水利水电工程施工技术［M］．北京：中国水利水电出版社，2004.

[7] 梅锦煜．水利水电工程施工手册：土石方工程［M］．北京：中国电力出版社，2002.

[8] 李德武．隧洞［M］．北京：中国铁道出版社，2004.

[9] 水利电力部水利水电建设总局．砌石坝施工［M］．北京：中国水利水电出版社，1983.

[10] 赵旭升．水利水电工程施工组织与造价［M］．杨凌：西北农林科技大学出版社，2009.

[11] 方国华．水利水电工程概预算［M］．郑州：黄河水利出版社，2002.